普通高等学校"十二五"规划教材

高等数学

（机电类）

下册

朱泰英　张圣勤　主编

中国铁道出版社有限公司
CHINA RAILWAY PUBLISHING HOUSE CO., LTD.

内 容 简 介

本书是根据教育部非数学类专业数学基础课程教学指导分委员会制定的《工科类本科数学基础课程教学基本要求》编写的面向普通高等学校机电类专业的高等数学教材，是上海市教委“高等数学”重点课程建设项目的一个组成部分。

作者本着优化结构体系，降低理论要求，强化思想教育，加强实际应用的原则，以高等数学在本科教育中的功能定位和作用为依据，在引进先进计算工具的基础上强调数学基础理论和思想的学习，适当减少烦琐的计算技能训练，较好地处理了理论教学与实际应用的关系、学科的独立性与相关科学的关系，尽量做到传统而不失其先进性，简明而不失其系统性，扼要而不失其操作性。

全书共分两册，本书是下册。主要内容有空间解析几何及向量代数、多元函数微分法及其应用、重积分、曲线积分与曲面积分、无穷级数、MATLAB 数学实验等，书后附有习题参考答案及 MATIAT 常用基本命令速查表。本书既适合作为大学机电类本科学生的高等数学教材，也可以作为一般工程技术人员数学参考书。

图书在版编目(CIP)数据

高等数学. 下册，机电类 / 朱泰英，张圣勤主编. —北京：
中国铁道出版社，2013.1（2021.12重印）
普通高等学校“十二五”规划教材
ISBN 978-7-113-15724-1

Ⅰ.①高…　Ⅱ.①朱…②张…　Ⅲ.①高等数学-高等学校-教材　Ⅳ.①O13

中国版本图书馆 CIP 数据核字(2013)第 001105 号

书　　名：高等数学(机电类)·下册
作　　者：朱泰英　张圣勤

策　　划：李小军　　编辑部电话：(010) 63549508
责任编辑：李小军　马洪霞　　封面设计：付　巍
编辑助理：何　佳　　封面制作：刘　颖
责任印制：樊启鹏

出版发行：中国铁道出版社有限公司（100054，北京市西城区右安门西街 8 号）
网　　址：http://www.tdpress.com/51eds/
印　　刷：三河市兴达印务有限公司
版　　次：2013 年 1 月第 1 版　2021 年 12 月第 5 次印刷
开　　本：720 mm×960 mm　1/16　印张：18.75　字数：377 千
书　　号：ISBN 978-7-113-15724-1
定　　价：39.00 元

前　　言

本书是根据教育部非数学类专业数学基础课程教学指导分委员会制定的《工科类本科数学基础课程教学基本要求》编写的面向普通高等学校机电类专业的高等数学教材，是上海市教委"高等数学"重点课程建设项目的一个组成部分。

2009年发布的数学软件MATLAB与Mathematica都增加了云计算模块，标志着工程计算已经迈入了云计算的大门。随着世界范围内计算工具和计算技术的发展，工程技术领域烦琐复杂的手工计算已经成为历史。因此，高校的数学课程学什么，怎么学的问题越来越突出。

数学是科学皇冠上的明珠，是人类思维的体操。高等数学作为技术本科院校一门重要的基础课，无论对学生综合素质的培养，还是对后继课程的学习，都具有十分重要的意义。要实现技术型本科教育的培养目标，数学教学是必不可少且极其重要的一环。

根据本科院校的培养目标，高等数学课程的任务是在高中或中职数学的基础上，进一步加强数学基础知识的学习和基本能力的训练，培养学生科学的世界观，提高逻辑思维能力，培养学生严谨、慎密的科学态度，提高正确、熟练的运算能力。通过数学教学，使学生初步建立辩证唯物主义观点，养成良好的个性品质，逐步提高分析问题和解决问题的能力，为学习后继课程和从事专业技术工作打下良好的基础。

在本教材的编写中我们试着解决以下四个矛盾：一是达到本科高等教育的文化水平与学时时间的有限性之间的矛盾；二是数学学科本身的系统性、严密性与教材的实用性、有限性之间的矛盾；三是数学学科知识的传统性与现代计算工具和技术的先进性之间的矛盾；四是教材的系统性、应用性与教学改革的开拓性、操作性的矛盾。本教材本着"优化结构体系，降低理论要求，强化思想教育，加强实际应用"的原则，以高等数学在本科教育中的功能定位和作用为依据，在不影响知识的系统性和完整性的基础上少一些烦琐的推理和证明，多一些实际应用的内容；在引进先进计算工具的基础上强调数学的基础理论和思想的学习，适当减少计算技能训练。在教材内容上尽可能处理好理论教学与实际应用的关系、学科的独立性与相关科学的关系，尽量做到传统而不失其先进性，简明而不失其系统性，扼要而不失其操作性。

本教材共分两册，本册是下册。主要内容有空间解析几何及向量代数、多元函数微分学及其应用、重积分、曲线积分和曲面积分、无穷级数、MATLAB数学实验等。本教材由朱泰英教授、张圣勤副教授担任主编，并承担全书的统稿工作。各章分工有：

第 8 章由欧阳庚旭编写；第 9 章由周钢编写；第 10 章由鞠银编写；第 11 章、第 13 章由张圣勤编写；第 12 章由朱泰英编写。刘三明教授对本书的编写提出了很多有益的建议；武文佳和刘美玲两位博士对本书的部分章节进行了审订。

在编写本书过程中，我们参考的主要国内外教材及有关网站列于书后，在此向有关人员表示衷心的感谢。

编者力图把高等数学中的种种奇妙的思想和方法解释得更加通俗易懂，力图把高等数学的学习变得更加容易，并力图照顾到各种读者的需要，但限于编者水平和时间，书中疏漏之处在所难免，恳请读者指正，以便以后完善提高。

编者

2012 年 9 月

目　录

第8章　空间解析几何及向量代数

我们知道，平面解析几何是用代数的方法来研究平面上的几何图形．空间解析几何与平面几何相仿，也是用代数作工具来研究几何图形的．也就是说，通过建立空间坐标系，把空间的几何图形用图形上点所满足的代数方程来表示，从而用代数方程的一些性质来研究图形的性质．并且空间解析几何还能给二元函数提供直观的几何解释，因此我们在介绍多元函数的微积分之前先介绍空间解析几何的知识．

本章首先介绍工程技术中广泛应用的向量代数知识以及相关运算，然后建立空间直角坐标系，介绍空间曲面和空间曲线的部分内容，最后应用向量代数讨论空间的平面和直线．

§8.1　向量及其线性运算

8.1.1　向量概念

通常我们所遇到的物理量有两种．一种是由数值大小决定的量，称为**数量**或**标量**．如温度、时间、质量、密度等；另一种是既有大小又有方向的量，称为**向量**或**矢量**，如速度、加速度、位移、力矩等．

在数学中，往往用一条有方向的线段，又称**有向线段**来表示向量．有向线段的长度表示该向量的大小，有向线段的方向表示该向量的方向．以 M_1 为起点，M_2 为终点的有向线段表示的向量记为 $\overrightarrow{M_1M_2}$（见图 8-1）．有时用一个粗体字母或者上面带有箭头的字母来表示，比如：$\boldsymbol{a},\boldsymbol{j},\boldsymbol{k},\boldsymbol{v}$ 或者 $\vec{a},\vec{i},\vec{j},\vec{k}$ 等．

M_2

M_1

图 8-1

向量的大小叫做向量的**模**．向量 $\overrightarrow{M_1M_2}$，$\vec{a}$，$\boldsymbol{a}$ 的模依次记做 $|\overrightarrow{M_1M_2}|$，$|\vec{a}|$，$|\boldsymbol{a}|$．

模为 0 的向量称为**零向量**，记作 $\mathbf{0}$．零向量的方向是任意的．

模为 1 的向量称为**单位向量**．

在实际问题中，有的向量与始点无关（比如指南针），而有的与始点有关（比如点的运动速度）．在数学上只考虑前一种，即与始点无关的向量，并称为**自由向量**，简称**向量**．

由于我们不考虑始点的所在位置，因而规定，两个方向相同，大小相等的向量 $\boldsymbol{a}$ 和 $\boldsymbol{b}$ 称为**相等向量**，记为 $\boldsymbol{a}=\boldsymbol{b}$．又说：如果两个向量经过平行移动后能够完全重合，就称为两个向量相等．

若向量 $\boldsymbol{a},\boldsymbol{b}$ 长度相等,方向相反,就称为它们互为**负向量**,用 $\boldsymbol{a}=-\boldsymbol{b}$ 或者 $\boldsymbol{b}=-\boldsymbol{a}$ 表示;若 $\boldsymbol{a},\boldsymbol{b}$ 方向相同或者相反,则称 $\boldsymbol{a},\boldsymbol{b}$ 为**平行向量**,记为 $\boldsymbol{a}/\!/\boldsymbol{b}$.

当两个平行向量的起点放在同一点时,它们的终点和公共起点应在一条直线上,因此,两向量平行,又称两向量**共线**.

8.1.2　向量的线性运算

1. 向量的加减法

在研究物体受力时,作用于一个质点的两个力可以看作两个向量.而它们的合力就是以这两个向量作为邻边的平行四边形的对角线上的向量.我们现在讨论向量的加法就是对合力这个概念在数学上的抽象和概括.

向量的加法　设 $\boldsymbol{a},\boldsymbol{b}$ 为两个(非零)向量,把 $\boldsymbol{a},\boldsymbol{b}$ 平行移动使它们的始点重合于 M,并以 $\boldsymbol{a},\boldsymbol{b}$ 为邻边作平行四边形,把以点 M 为一端的对角线向量 $\overrightarrow{MN}$ 定义为 $\boldsymbol{a},\boldsymbol{b}$ 的和,记为 $\boldsymbol{a}+\boldsymbol{b}$(见图 8-2).由 $\boldsymbol{a},\boldsymbol{b}$ 求 $\boldsymbol{a}+\boldsymbol{b}$ 的过程叫做向量的**加法**,这样用平行四边形的对角线来定义两个向量的和的方法叫做**平行四边形法则**(见图 8-2).

由于平行四边形的对边平行且相等,所以从图 8-2 可以看出,$\boldsymbol{a}+\boldsymbol{b}$ 也可以按下列方法得出:把 $\boldsymbol{b}$ 平行移动,使它的始点与 $\boldsymbol{a}$ 的终点重合,这时,从 $\boldsymbol{a}$ 的始点到 $\boldsymbol{b}$ 的终点的有向线段 $\overrightarrow{MN}$ 就表示向量 $\boldsymbol{a}$ 与 $\boldsymbol{b}$ 的和 $\boldsymbol{a}+\boldsymbol{b}$(见图 8-3).这个方法叫做**三角形法则**.

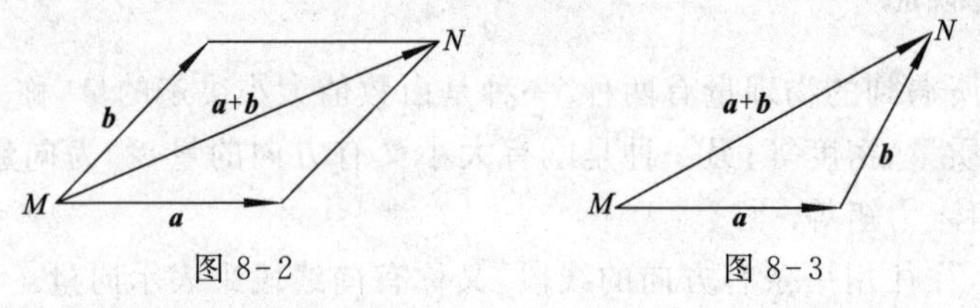

图 8-2　　　　图 8-3

对于任意向量 $\boldsymbol{a}$,我们有:$\boldsymbol{a}+(-\boldsymbol{a})=\boldsymbol{0}$;$\boldsymbol{a}+\boldsymbol{0}=\boldsymbol{0}+\boldsymbol{a}=\boldsymbol{a}$.

向量的加法满足下列运算规律:

(1)**交换律**:$\boldsymbol{a}+\boldsymbol{b}=\boldsymbol{b}+\boldsymbol{a}$(见图 8-4);

(2)**结合律**:$(\boldsymbol{a}+\boldsymbol{b})+\boldsymbol{c}=\boldsymbol{a}+(\boldsymbol{b}+\boldsymbol{c})$(见图 8-5).

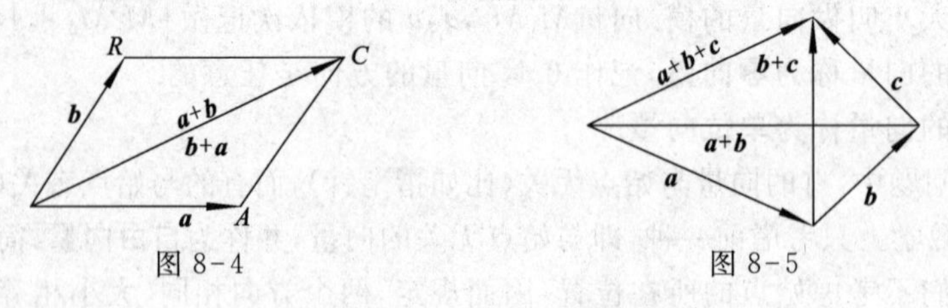

图 8-4　　　　图 8-5

向量的减法　向量 $\boldsymbol{a},\boldsymbol{b}$ 的差规定为 $\boldsymbol{a}$ 与 $\boldsymbol{b}$ 的负向量 $(-\boldsymbol{b})$ 的和,记作 $\boldsymbol{a}-\boldsymbol{b}=\boldsymbol{a}+(-\boldsymbol{b})$.按定义容易用作图法得到向量 $\boldsymbol{a}$ 与 $\boldsymbol{b}$ 的差.把向量 $\boldsymbol{a}$ 与 $\boldsymbol{b}$ 的始点放在一起,则由 $\boldsymbol{b}$

的终点到 $\boldsymbol{a}$ 的终点的向量就是 $\boldsymbol{a}$ 与 $\boldsymbol{b}$ 的差 $\boldsymbol{a}-\boldsymbol{b}$(见图 8-6). 由图可见,$\boldsymbol{a}-\boldsymbol{b}$ 是平行四边形另一对角线上的向量.

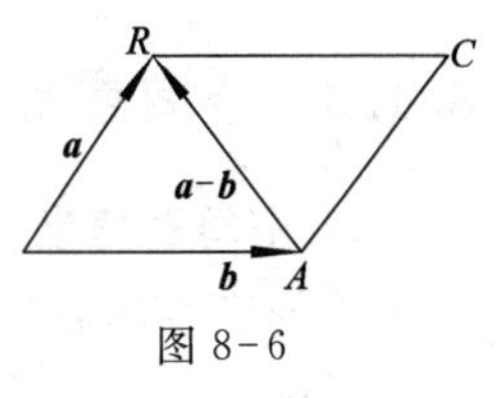

图 8-6

2. 向量与数的乘法

设 λ 是一实数,向量 $\boldsymbol{a}$ 与数 λ 的乘积 $\lambda\boldsymbol{a}$ 是一个这样的向量:

当 $\lambda>0$ 时,$\lambda\boldsymbol{a}$ 的方向与 $\boldsymbol{a}$ 的方向相同,它的模等于 $|\boldsymbol{a}|$ 的 λ 倍,即 $|\lambda\boldsymbol{a}|=\lambda|\boldsymbol{a}|$;

当 $\lambda<0$ 时,$\lambda\boldsymbol{a}$ 的方向与 $\boldsymbol{a}$ 的方向相反,它的模等于 $|\boldsymbol{a}|$ 的 $|\lambda|$ 倍,即 $|\lambda\boldsymbol{a}|=|\lambda||\boldsymbol{a}|$.

当 $\lambda=0$ 时,$\lambda\boldsymbol{a}$ 是零向量,即 $\lambda\boldsymbol{a}=\boldsymbol{0}$.

向量与数的乘积满足下列运算规则(λ,μ 为实数):

(1)**结合律**:$\lambda(\mu\boldsymbol{a})=\mu(\lambda\boldsymbol{a})=(\mu\lambda)\boldsymbol{a}$;

(2)**分配律**:$(\lambda+\mu)\boldsymbol{a}=\lambda\boldsymbol{a}+\mu\boldsymbol{a}$,$\lambda(\boldsymbol{a}+\boldsymbol{b})=\lambda\boldsymbol{a}+\lambda\boldsymbol{b}$.

设 $\boldsymbol{e}_a$ 是与 $\boldsymbol{a}$ 方向相同的单位向量,则根据向量与数的乘法的定义,可以将 $\boldsymbol{a}$ 写成 $\boldsymbol{a}=|\boldsymbol{a}|\boldsymbol{e}_a$,这样就把一个向量的大小和方向都明显地表示出来了. 由此也有 $\boldsymbol{e}_a=\dfrac{\boldsymbol{a}}{|\boldsymbol{a}|}$. 就是说,一个非零向量除以它的模就得到与它同方向的单位向量.

由于向量 $\lambda\boldsymbol{a}$ 与 $\boldsymbol{a}$ 平行,因此我们常用向量与数的乘积来说明两个向量的平行关系. 即有

定理　设向量 $\boldsymbol{a}\neq\boldsymbol{0}$,则向量 $\boldsymbol{b}/\!/\boldsymbol{a}$ 的充要条件是存在唯一的实数 λ,使 $\boldsymbol{b}=\lambda\boldsymbol{a}$.

证　充分性显然,只证其必要性.

设 $\boldsymbol{b}/\!/\boldsymbol{a}$,取 $|\lambda|=\dfrac{|\boldsymbol{b}|}{|\boldsymbol{a}|}$,当 $\boldsymbol{b}$ 与 $\boldsymbol{a}$ 同向时,λ 取正值,当 $\boldsymbol{b}$ 与 $\boldsymbol{a}$ 反向时,λ 取负值,即有 $b=\lambda\boldsymbol{a}$. 这是因为此时 $\boldsymbol{b}$ 与 $\lambda\boldsymbol{a}$ 同向,且 $|\lambda a|=|\lambda||\boldsymbol{a}|=\dfrac{|\boldsymbol{b}|}{|\boldsymbol{a}|}|\boldsymbol{a}|=|\boldsymbol{b}|$.

再证 λ 的唯一性. 设 $\boldsymbol{b}=\lambda\boldsymbol{a}$,又设 $\boldsymbol{b}=\mu\boldsymbol{a}$,两式相减,得 $(\lambda-\mu)\boldsymbol{a}=\boldsymbol{0}$,即 $|\lambda-\mu||\boldsymbol{a}|=0$. 由 $|\boldsymbol{a}|\neq0$,故 $|\lambda-\mu|=0$,即 $\lambda=\mu$.

例 1　已知平行四边形两邻边向量 $\overrightarrow{OA}=\boldsymbol{a}$,$\overrightarrow{OB}=\boldsymbol{b}$,其对角线交点为 M,求 $\overrightarrow{OM}$,$\overrightarrow{MA}$,$\overrightarrow{MB}$.

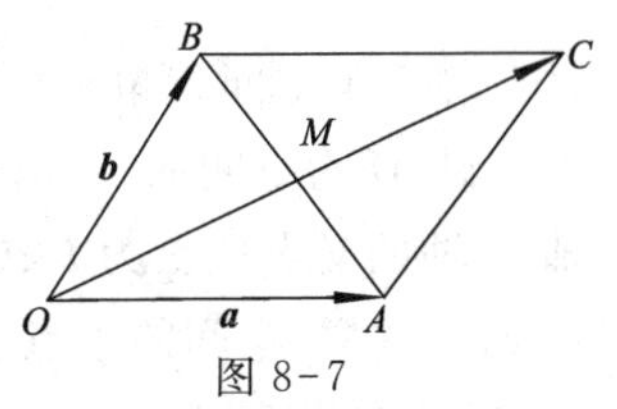

图 8-7

解　如图 8-7 所示,显然 $\overrightarrow{OC}=2\overrightarrow{OM}$,又 $\overrightarrow{OC}=\boldsymbol{a}+\boldsymbol{b}$.

所以 $2\overrightarrow{OM}=\boldsymbol{a}+\boldsymbol{b}$,$\Rightarrow\overrightarrow{OM}=\dfrac{\boldsymbol{a}+\boldsymbol{b}}{2}$.

又因为 $\overrightarrow{OM}+\overrightarrow{MA}=\overrightarrow{OA}=\boldsymbol{a}$,即 $\dfrac{1}{2}(\boldsymbol{a}+\boldsymbol{b})+\overrightarrow{MA}=\boldsymbol{a}$,

所以 $\overrightarrow{MA}=\boldsymbol{a}-\dfrac{1}{2}(\boldsymbol{a}+\boldsymbol{b})=\dfrac{1}{2}(\boldsymbol{a}-\boldsymbol{b})$. 又 $\overrightarrow{MB}=-\overrightarrow{MA}=\dfrac{1}{2}(\boldsymbol{b}-\boldsymbol{a})$.

8.1.3 空间直角坐标系

1. 空间直角坐标系

在研究空间解析几何的开始,我们要首先建立空间直角坐标系.

空间直角坐标系是平面直角坐标系的推广.过空间一定点 O,作三条两两互相垂直的数轴,它们都以 O 为原点.这三条数轴分别叫做 x **轴(横轴)**、y **轴(纵轴)**、z **轴(竖轴)**,统称**坐标轴**.它们的正方向按右手法则确定,即以右手握住 z 轴,右手的四个手指指向 x 轴的正向,并以 $\frac{\pi}{2}$ 角度转向 y 轴的正向时,大拇指的指向就是 z 轴的正向(见图 8-8),这样的三条坐标轴就组成了一空间直角坐标系 $Oxyz$,点 O 叫做**坐标原点**.

三条坐标轴两两分别确定一个平面,这样定出的三个相互垂直的平面:xOy,yOz,zOx,统称为**坐标面**.三个坐标面把空间分成八个部分,称为八个**卦限**,上半空间($z>0$)中,从含有 x 轴、y 轴、z 轴正半轴的那个卦限数起,按逆时针方向分别叫做Ⅰ,Ⅱ,Ⅲ,Ⅳ卦限,下半空间($z<0$)中,与Ⅰ,Ⅱ,Ⅲ,Ⅳ四个卦限依次对应地叫做Ⅴ,Ⅵ,Ⅶ,Ⅷ卦限(见图 8-9).

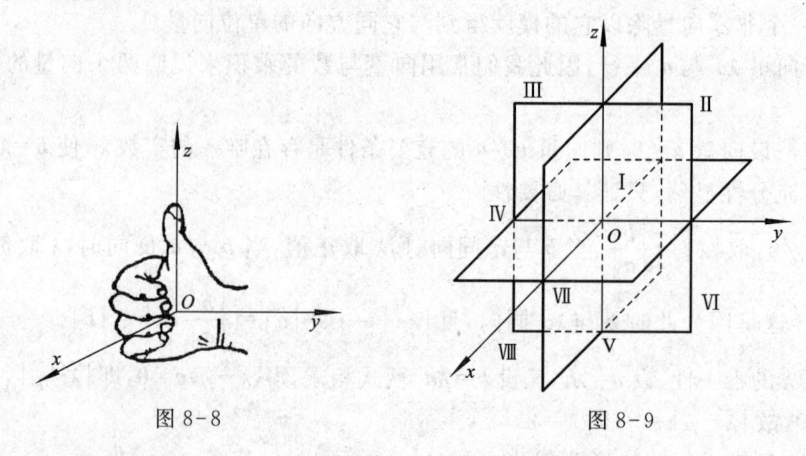

图 8-8　　　　图 8-9

确定了空间直角坐标系后,就可以建立起空间点与数组之间的对应关系.

设 M 为空间的一点,过点 M 作三个平面分别垂直于三条坐标轴,它们与 x 轴、y 轴、z 轴的交点依次为 P、Q、R(见图 8-10).这三点在 x 轴、y 轴、z 轴上的坐标依次为 x,y,z.这样,空间的一点 M 就唯一地确定了一个有序数组 (x,y,z),它称为点 M 的**直角坐标**,并依次把 x,y 和 z 叫做点 M 的**横坐标**,**纵坐标**和**竖坐标**.坐标为 (x,y,z) 的点 M 通常记为 $M(x,y,z)$.

反过来,给定了一有序数组 (x,y,z),我们可以在 x 轴上取坐标为 x 的点 P,在 y 轴上取坐标为 y 的点 Q,在 z 轴上取坐标为 z 的点 R,然后通过 P、Q 与 R 分别作 x

轴，y 轴与 z 轴的垂直平面，这三个平面的交点 M 就是具有坐标(x,y,z)的点（见图8-10）. 从而对应于一有序数组(x,y,z)，必有空间的一个确定的点 M. 这样，就建立了空间的点 M 和有序数组(x,y,z)之间的一一对应关系.

如图 8-10 所示，x 轴，y 轴和 z 轴上的点的坐标分别为 $P(x,0,0)$，$Q(0,y,0)$，$R(0,0,z)$；xOy 面，yOz 面和 zOx 面上的点的坐标分别为 $A(x,y,0)$，$B(0,y,z)$，$C(x,0,z)$；坐标原点 O 的坐标为 $O(0,0,0)$. 它们各具有一定的特征，应注意区分.

2. 向量的坐标表示

设空间直角坐标系 $Oxyz$，以 $\boldsymbol{i},\boldsymbol{j},\boldsymbol{k}$ 分别表示沿 x 轴、y 轴、z 轴正向的单位向量，并称它们为这一坐标系的**基本单位向量**.

任给向量 $\boldsymbol{r}$，若坐标系中有点 M，使$\overrightarrow{OM}=\boldsymbol{r}$. 以此为对角线、三条坐标轴为棱做长方体 $RHMK-OPNQ$，如图 8-11 所示，有 $\boldsymbol{r}=\overrightarrow{OM}=\overrightarrow{OP}+\overrightarrow{PN}+\overrightarrow{NM}=\overrightarrow{OP}+\overrightarrow{OQ}+\overrightarrow{OR}$.

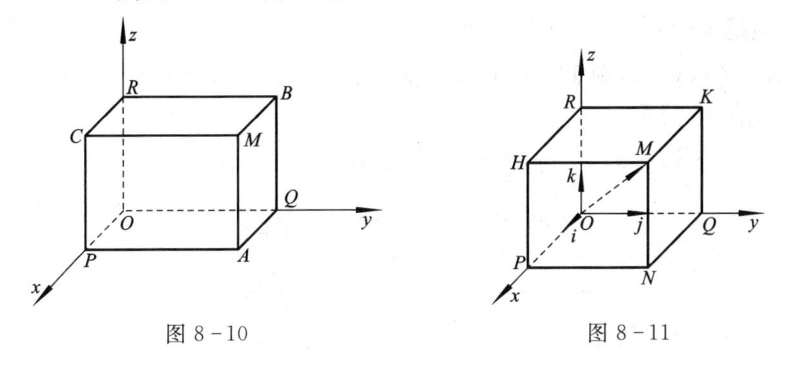

图 8-10　　　　图 8-11

设$\overrightarrow{OP}=x\boldsymbol{i}$，$\overrightarrow{OQ}=y\boldsymbol{j}$，$\overrightarrow{OR}=z\boldsymbol{k}$，则 $\boldsymbol{r}=\overrightarrow{OM}=x\boldsymbol{i}+y\boldsymbol{j}+z\boldsymbol{k}$. 这就是向量 $\boldsymbol{r}$ 在坐标系中的坐标表示式. 其中 $x\boldsymbol{i}$，$y\boldsymbol{j}$，$z\boldsymbol{k}$ 是向量 $\boldsymbol{r}=\overrightarrow{OM}$在三个坐标轴上的**分向量**，$x,y,z$ 分别称为该向量的**坐标分量**.

显然，给定向量 $\boldsymbol{r}$，就确定了点 M，及$\overrightarrow{OP}$、$\overrightarrow{OQ}$、$\overrightarrow{OR}$三个向量，进而确定了 x,y,z 三个有序数；反之，给定三个有序数 x,y,z，也就确定了向量 $\boldsymbol{r}$ 与点 M.

$$M\leftrightarrow\boldsymbol{r}=\overrightarrow{OM}=x\boldsymbol{i}+y\boldsymbol{j}+z\boldsymbol{k}\leftrightarrow(x,y,z),$$

据此，定义：有序数 x,y,z 称为向量 $\boldsymbol{r}$ 的**坐标**，记作 $\boldsymbol{r}=(x,y,z)$；有序数 x,y,z 也称为点 M 的坐标，记作 $M(x,y,z)$.

向量 $\boldsymbol{r}=\overrightarrow{OM}$称为点 M 关于原点 O 的**向径**. 上述定义表明，一个点与该点的向径有相同的坐标. 记号(x,y,z)既表示 M，又表示向量$\overrightarrow{OM}$.

8.1.4　向量的坐标运算

利用向量的坐标，可得向量的加法、减法以及向量与数的乘法的运算：

设：$\boldsymbol{a}=(a_x,a_y,a_z)$，$\boldsymbol{b}=(b_x,b_y,b_z)$，则

$$\boldsymbol{a}+\boldsymbol{b}=(a_x+b_x,a_y+b_y,a_z+b_z)=(a_x+b_x)\boldsymbol{i}+(a_y+b_y)\boldsymbol{j}+(a_z+b_z)\boldsymbol{k};$$

$$\boldsymbol{a}-\boldsymbol{b}=(a_x-b_x,a_y-b_y,a_z-b_z)=(a_x-b_x)\boldsymbol{i}+(a_y-b_y)\boldsymbol{j}+(a_z-b_z)\boldsymbol{k};$$

$$\lambda\boldsymbol{a}=(\lambda a_x,\lambda a_y,\lambda a_z)=(\lambda a_x)\boldsymbol{i}+(\lambda a_y)\boldsymbol{j}+(\lambda a_z)\boldsymbol{k}.$$

由此可见,对向量进行加、减及与数相乘,只需对向量的各个坐标分别进行相应的数量运算即可.

当向量 $\boldsymbol{a}\neq\boldsymbol{0}$ 时,向量 $\boldsymbol{a}/\!/\boldsymbol{b}$ 的充要条件$\frac{b_x}{a_x}=\frac{b_y}{a_y}=\frac{b_z}{a_z}$.

例 2 设向量 $\boldsymbol{a}=\overrightarrow{M_1M_2}$,$M_1$、$M_2$ 的坐标分别为 $M_1(x_1,y_1,z_1)$ 及 $M_2(x_2\,y_2,z_2)$,求$\overrightarrow{M_1M_2}$的坐标.

解 $\overrightarrow{M_1M_2}=\overrightarrow{OM_2}-\overrightarrow{OM_1}=(x_2,y_2,z_2)-(x_1,y_1,z_1)=(x_2-x_1,y_2-y_1,z_2-z_1)$

例 3 已知两点 $A(x_1,y_1,z_1)$和 $B(x_2,y_2,z_2)$以及实数 $\lambda(\lambda\neq-1)$,在直线 AB 上求点 M,使$\overrightarrow{AM}=\lambda\overrightarrow{MB}$.

解 设 $M(x,y,z)$,则$\overrightarrow{AM}=(x-x_1,y-y_1,z-z_1)$,$\overrightarrow{MB}=(x_2-x,y_2-y,z_2-z)$,由题意知,$\overrightarrow{AM}=\lambda\overrightarrow{MB}$.

从而
$$(x-x_1,y-y_1,z-z_1)=\lambda(x_2-x,y_2-y,z_2-z),$$

$$x-x_1=\lambda(x_2-x)\Rightarrow x=\frac{x_1+\lambda x_2}{1+\lambda},$$

$$y-y_1=\lambda(y_2-y)\Rightarrow y=\frac{y_1+\lambda y_2}{1+\lambda},$$

$$z-z_1=\lambda(z_2-z)\Rightarrow z=\frac{z_1+\lambda z_2}{1+\lambda},$$

即 M 为有向线段$\overrightarrow{AB}$的定比分点. M 为中点时,$x=\frac{x_1+x_2}{2}$,$y=\frac{y_1+y_2}{2}$,$z=\frac{z_1+z_2}{2}$.

8.1.5 向量的模、方向角、投影

有了向量的坐标表达式之后,向量的模,方向都可以用坐标表示.

1. 向量的模与两点间的距离公式

设向量 $\boldsymbol{r}=(x,y,z)$,作$\overrightarrow{OM}=\boldsymbol{r}$,如图 8-11 所示,有 $\boldsymbol{r}=\overrightarrow{OM}=\overrightarrow{OP}+\overrightarrow{OQ}+\overrightarrow{OR}=x\boldsymbol{i}+y\boldsymbol{j}+z\boldsymbol{k}$.

按勾股定理可得
$$|\boldsymbol{r}|=|\overrightarrow{OM}|=\sqrt{|\overrightarrow{OP}|^2+|\overrightarrow{OQ}|^2+|\overrightarrow{OR}|^2},$$

从而向量模的坐标表示式
$$|\boldsymbol{r}|=\sqrt{x^2+y^2+z^2}.$$

空间上任意两点 $M_1(x_1,y_1,z_1)$,$M_2(x_2,y_2,z_2)$之间的距离 $|M_1M_2|$ 就是向量$\overrightarrow{M_1M_2}$的模,

即
$$|M_1M_2|=\sqrt{(x_1-x_2)^2+(y_1-y_2)^2+(z_1-z_2)^2}.$$

例 4　在 z 轴上求与 $A(-4,1,7)$ 和 $B(3,5,-2)$ 两点等距离的点.

解　设 M 为所求的点,因为 M 在 z 轴上,故可设 M 的坐标为 $(0,0,z)$.
根据题意,由 $|AM|=|BM|$ 得

$$\sqrt{(0-(-4))^2+(0-1)^2+(z-7)^2}=\sqrt{(0-3)^2+(0-5)^2+(z-(-2))^2}.$$

解得,$z=\frac{14}{9}$. 所以 $M(0,0,\frac{14}{9})$.

例 5　已知 $A(4,0,5)$,$B(7,1,3)$,求与 $\overrightarrow{AB}$ 同方向的单位向量 $\boldsymbol{e}$.

解　$|\overrightarrow{AB}|=\sqrt{(7-4)^2+(1-0)^2+(3-5)^2}=\sqrt{14}$,　$\overrightarrow{AB}=(3,1,-2)$,

所以
$$\boldsymbol{e}=\frac{\overrightarrow{AB}}{|\overrightarrow{AB}|}=\frac{1}{\sqrt{14}}(3,1,-2).$$

2. 方向角与方向余弦

与平面解析几何里用倾角表示直线对坐标轴的倾斜程度相类似,我们可以用向量 $\boldsymbol{a}=\overrightarrow{M_1M_2}$ 与三条坐标轴(正向)的夹角 α、β、γ 来表示此向量的方向,并规定 $0\leqslant\alpha\leqslant\pi$,$0\leqslant\beta\leqslant\pi$,$0\leqslant\gamma\leqslant\pi$.(见图 8-12)$\alpha$、$\beta$、$\gamma$ 叫做向量 $\boldsymbol{a}$ 的**方向角**.

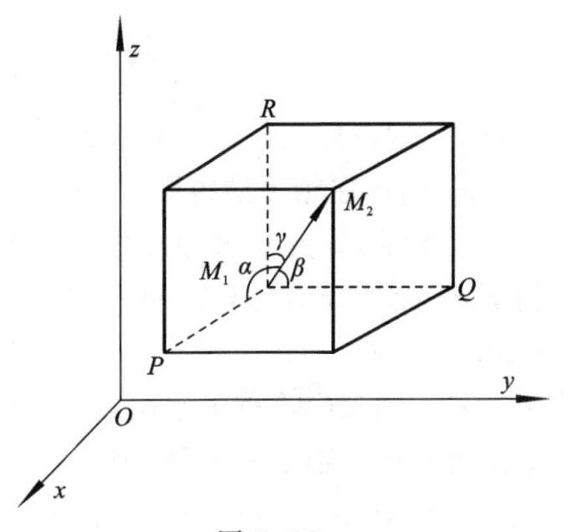

图 8-12

设 $\boldsymbol{a}=\overrightarrow{M_1M_2}=(a_x,a_y,a_z)$,过点 M_1,M_2 各作垂直于三条坐标轴的平面,如图 8-12 所示,可以看出,由于 $\angle PM_1M_2=\alpha$. 又 $M_2P\perp M_1P$,所以

$$a_x=M_1P=|\overrightarrow{M_1M_2}|\cos\alpha=|\boldsymbol{a}|\cos\alpha;$$

$$a_y=M_1Q=|\overrightarrow{M_1M_2}|\cos\beta=|\boldsymbol{a}|\cos\beta;$$

同理 $a_z=M_1R=|\overrightarrow{M_1M_2}|\cos\gamma=|\boldsymbol{a}|\cos\gamma$.

所以
$$\cos\alpha=\frac{a_x}{\sqrt{a_x^2+a_y^2+a_z^2}},\quad \cos\beta=\frac{a_y}{\sqrt{a_x^2+a_y^2+a_z^2}},\quad \cos\gamma=\frac{a_z}{\sqrt{a_x^2+a_y^2+a_z^2}}.$$

通常用数组 $\cos\alpha$,$\cos\beta$,$\cos\gamma$ 来表示向量 $\boldsymbol{a}$ 的方向,叫做向量 $\boldsymbol{a}$ 的**方向余弦**. 且有

$$\cos^2\alpha+\cos^2\beta+\cos^2\gamma=\frac{a_x^2+a_y^2+a_z^2}{a_x^2+a_y^2+a_z^2}=1.$$

例 6　已知两点 $P_1(2,-2,5)$ 及 $P_2(-1,6,7)$,试求:

(1)$\overrightarrow{P_1P_2}$ 的模;　(2)$\overrightarrow{P_1P_2}$ 的方向余弦;　(3)与 $\overrightarrow{P_1P_2}$ 同方向的单位向量 $\boldsymbol{e}$.

解　(1)$|\overrightarrow{P_1P_2}|=\sqrt{a_x^2+a_y^2+a_z^2}=\sqrt{(-3)^2+8^2+2^2}=\sqrt{77}$.

(2)$\cos\alpha=\frac{a_x}{|\overrightarrow{P_1P_2}|}=\frac{-3}{\sqrt{77}}$,　$\cos\beta=\frac{a_y}{|\overrightarrow{P_1P_2}|}=\frac{8}{\sqrt{77}}$,　$\cos\gamma=\frac{a_z}{|\overrightarrow{P_1P_2}|}=\frac{2}{\sqrt{77}}$.

(3)$\boldsymbol{e}=\frac{1}{\sqrt{77}}(-3,8,2)$.

例 7 设有向量$\overrightarrow{P_1P_2}$,已知$|\overrightarrow{P_1P_2}|=2$,它与 x 轴和 y 轴的夹角分别为$\frac{\pi}{3}$和$\frac{\pi}{4}$,如果 P_1 的坐标为(1,0,3),求 P_2 的坐标.

解 设向量$\overrightarrow{P_1P_2}$的方向角为 α、β、γ,则 $\alpha=\frac{\pi}{3}$,$\cos\alpha=\frac{1}{2}$;$\beta=\frac{\pi}{4}$,$\cos\beta=\frac{\sqrt{2}}{2}$.

因为 $\cos^2\alpha+\cos^2\beta+\cos^2\gamma=1$,所以 $\cos\gamma=\pm\frac{1}{2}$,故 $\gamma=\frac{\pi}{3}$或 $\gamma=\frac{2\pi}{3}$.

设 P_2 的坐标为(x,y,z),则

$$\cos\alpha=\frac{x-1}{|P_1P_2|}\Rightarrow\frac{x-1}{2}=\frac{1}{2}\Rightarrow x=2,$$

$$\cos\beta=\frac{y-0}{|P_1P_2|}\Rightarrow\frac{y-0}{2}=\frac{\sqrt{2}}{2}\Rightarrow y=\sqrt{2},$$

$$\cos\gamma=\frac{z-3}{|P_1P_2|}\Rightarrow\frac{z-3}{2}=\pm\frac{1}{2}\Rightarrow z=4,z=2,$$

所以 P_2 的坐标为$(2,\sqrt{2},4)$,$(2,\sqrt{2},2)$.

3. 向量在轴上的投影

一般地,设点 O 及单位向量 $\boldsymbol{e}$ 确定 u 轴(见图 8-13).任给 $\boldsymbol{r}$,作$\overrightarrow{OM}=\boldsymbol{r}$,再过点 M 作与 u 轴垂直的平面交 u 轴于点 M'.

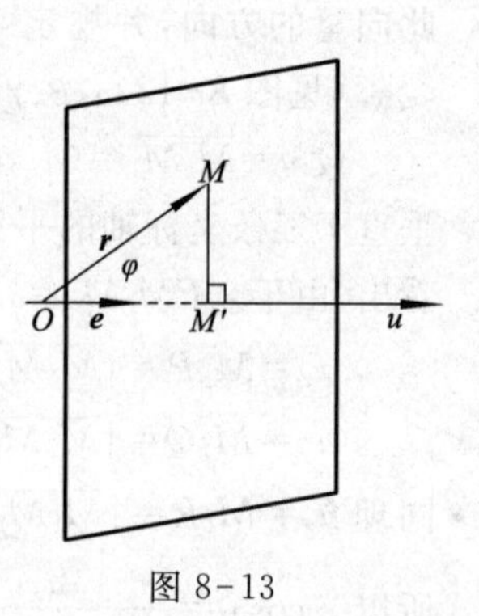

图 8-13

其中向量$\overrightarrow{OM'}$称为 $\boldsymbol{r}$ 在 u 轴上的**分向量**,设$\overrightarrow{OM'}=\lambda\boldsymbol{e}$,则数 λ 为 $\boldsymbol{r}$ 在 u 轴上的**投影**,记为 $\mathrm{Prj}_u\boldsymbol{r}$.

显然 $\mathrm{Prj}_u\boldsymbol{r}=|\boldsymbol{r}|\cos\varphi$,$\varphi$ 为 $\boldsymbol{r}$ 与 u 轴的夹角.

向量的投影具有与坐标相同的性质:

性质 1 $\mathrm{Prj}_u(\boldsymbol{a}+\boldsymbol{b})=\mathrm{Prj}_u\boldsymbol{a}+\mathrm{Prj}_u\boldsymbol{b}$,

性质 2 $\mathrm{Prj}_u\lambda\boldsymbol{a}=\lambda\mathrm{Prj}_u\boldsymbol{a}$.

例 8 设 $\boldsymbol{m}=3\boldsymbol{i}+5\boldsymbol{j}+8\boldsymbol{k}$,$\boldsymbol{n}=2\boldsymbol{i}-4\boldsymbol{j}-7\boldsymbol{k}$,$\boldsymbol{p}=5\boldsymbol{i}+\boldsymbol{j}-4\boldsymbol{k}$,求向量 $\boldsymbol{a}=4\boldsymbol{m}+3\boldsymbol{n}-\boldsymbol{p}$ 在 x 轴上的投影及在 y 轴上的分向量.

解 因为 $\boldsymbol{a}=4\boldsymbol{m}+3\boldsymbol{n}-\boldsymbol{p}=4(3\boldsymbol{i}+5\boldsymbol{j}+8\boldsymbol{k})+3(2\boldsymbol{i}-4\boldsymbol{j}-7\boldsymbol{k})-(5\boldsymbol{i}+\boldsymbol{j}-4\boldsymbol{k})$
$=13\boldsymbol{i}+7\boldsymbol{j}+15\boldsymbol{k}$,

所以 $\boldsymbol{a}$ 在 x 轴上的投影为 $a_x=13$,在 y 轴上的分向量为 $7\boldsymbol{j}$.

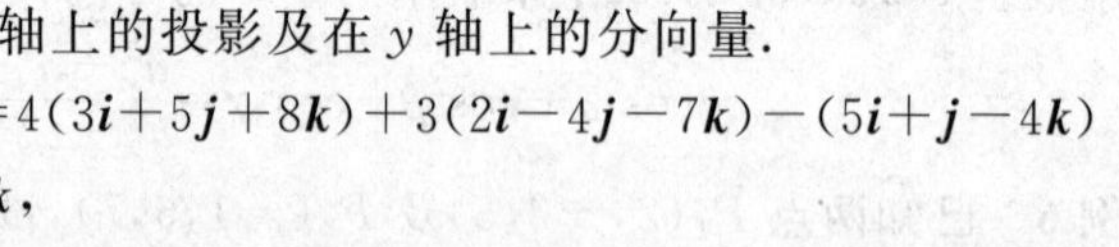

习 题 8.1

1. 在空间直角坐标系中,指出下列各点在哪个卦限.

$A(1,-5,3)$,$B(2,4,-1)$,$C(1,-5,-6)$,$D(-1,-2,1)$.

2. 已知点 $A(a,b,c)$，求它在各坐标平面上及各坐标轴上的垂足的坐标（即投影点的坐标）.

3. 求点 $P(x,y,z)$ 分别对称于 y 轴，z 轴及 xOy，zOx 坐标面的点的坐标.

4. 在 yOz 坐标面上，求与三个点 $A(3,1,2)$，$B(4,-2,-2)$，$C(0,5,-1)$ 等距离的点的坐标.

5. 在 x 轴上，求与点 $A(-4,1,7)$ 和点 $B(3,5,-2)$ 等距离的点.

6. 根据下列条件求点 B 的未知坐标：

(1) $A(4,-7,1)$，$B(6,2,z)$，$|AB|=11$；

(2) $A(2,3,4)$，$B(x,-2,4)$，$|AB|=5$.

7. 把三角形 ABC 的边 BC 五等分，并把分点 D_1，D_2，D_3，D_4 各与 A 连接，试以 $\overrightarrow{AB}=\boldsymbol{c}$，$\overrightarrow{BC}=\boldsymbol{a}$ 表示向量 $\overrightarrow{D_1A}$，$\overrightarrow{D_2A}$，$\overrightarrow{D_3A}$ 和 $\overrightarrow{D_4A}$.

8. 已知 $\boldsymbol{a}=(2,2,1)$，$\boldsymbol{b}=(8,-4,1)$，求与 $\boldsymbol{a}$ 同方向的单位向量及 $\boldsymbol{b}$ 的方向余弦.

9. 设 $\boldsymbol{m}=\boldsymbol{i}+2\boldsymbol{j}+3\boldsymbol{k}$，$\boldsymbol{n}=2\boldsymbol{i}+\boldsymbol{j}-3\boldsymbol{k}$ 和 $\boldsymbol{p}=3\boldsymbol{i}-4\boldsymbol{j}+\boldsymbol{k}$，求向量 $\boldsymbol{a}=2\boldsymbol{m}+3\boldsymbol{n}-\boldsymbol{p}$ 在 x 轴上的投影和在 y 轴上的分向量.

10. 一向量的终点为点 $B(-2,1,-4)$ 它在 x 轴，y 轴，z 轴上的投影依次为 3，-3 和 8，求该向量起点 A 的坐标.

11. 已知向量 $\boldsymbol{a}=\alpha\boldsymbol{i}+5\boldsymbol{j}-\boldsymbol{k}$ 和向量 $\boldsymbol{b}=3\boldsymbol{i}+\boldsymbol{j}+\gamma\boldsymbol{k}$ 共线，求系数 α 和 γ.

12. 已知向量 $\vec{a}$ 的两个方向余弦为 $\cos\alpha=\dfrac{2}{7}$，$\cos\beta=\dfrac{3}{7}$，且 $\boldsymbol{a}$ 与 z 轴的方向角是钝角. 求 $\cos\gamma$.

§8.2　数量积　向量积　混合积

8.2.1　两向量的数量积

如图 8-14 所示，设一物体在常力 $\boldsymbol{F}$ 作用下沿直线运动，产生了位移 $\boldsymbol{s}$，由物理学的知识可知，力 $\boldsymbol{F}$ 所作的功为 $W=|\boldsymbol{F}||\boldsymbol{s}|\cos\theta$（其中 θ 为 $\boldsymbol{F}$ 与 $\boldsymbol{s}$ 的夹角 $(\widehat{\boldsymbol{F},\boldsymbol{s}})$）.

这样，由两个向量 $\boldsymbol{F}$ 和 $\boldsymbol{s}$ 决定了一个数量 $|\boldsymbol{F}||\boldsymbol{s}|\cos(\widehat{\boldsymbol{F},\boldsymbol{s}})$. 根据这一实际背景，我们把由两个向量 $\boldsymbol{F}$ 和 $\boldsymbol{s}$ 所确定的数量 $|\boldsymbol{F}||\boldsymbol{s}|\cos(\widehat{\boldsymbol{F},\boldsymbol{s}})$ 定义为两向量 $\boldsymbol{F}$ 与 $\boldsymbol{s}$ 的**数量积**.

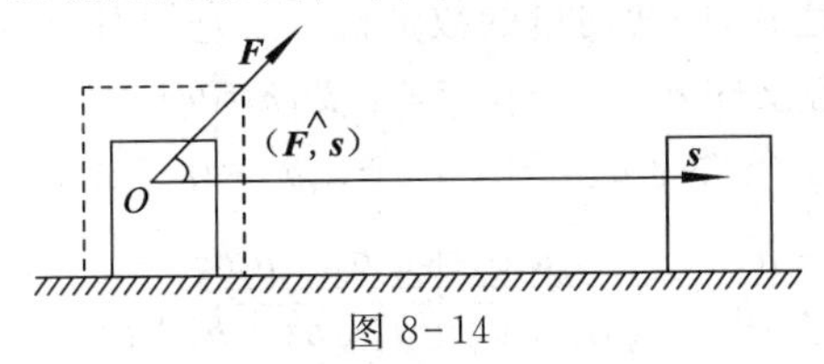

图 8-14

1. 定义

向量 $\boldsymbol{a}$ 与 $\boldsymbol{b}$ 的模与它们的夹角余弦的乘积，叫做 $\boldsymbol{a}$ 与 $\boldsymbol{b}$ 的数量积(也称为点乘积或内积)，记为 $\boldsymbol{a}\cdot\boldsymbol{b}$，即 $\boldsymbol{a}\cdot\boldsymbol{b}=|\boldsymbol{a}||\boldsymbol{b}|\cos\theta$(其中 θ 为 $\boldsymbol{a}$ 与 $\boldsymbol{b}$ 的夹角 $(\widehat{\boldsymbol{a},\boldsymbol{b}})$).

由定义知，力 $\boldsymbol{F}$ 对物体所作的功是力 $\boldsymbol{F}$ 与位移 $\boldsymbol{s}$ 的数量积，即 $W=\boldsymbol{F}\cdot\boldsymbol{s}$.

2. 性质与运算律

(1) $\boldsymbol{a}\cdot\boldsymbol{a}=|\boldsymbol{a}|^2$.

证 因为 $\theta=0$，所以 $\boldsymbol{a}\cdot\boldsymbol{a}=|\boldsymbol{a}||\boldsymbol{a}|\cos\theta=|\boldsymbol{a}|^2$.

(2) $\boldsymbol{a}\cdot\boldsymbol{b}=0$ 的充分必要条件是 $\boldsymbol{a}\perp\boldsymbol{b}$.

证 必要性：若 $\boldsymbol{a},\boldsymbol{b}$ 中至少有一个为 $\boldsymbol{0}$，$\boldsymbol{0}$ 的方向任意，规定 $\boldsymbol{0}$ 与任意向量都垂直.
若 $\boldsymbol{a},\boldsymbol{b}\neq\boldsymbol{0}$ 时，因为 $\boldsymbol{a}\cdot\boldsymbol{b}=0$，$|\boldsymbol{a}|\neq0$，$|\boldsymbol{b}|\neq0$，所以 $\cos\theta=0$，$\theta=\dfrac{\pi}{2}$，所以 $\boldsymbol{a}\perp\boldsymbol{b}$.

充分性：因为 $\boldsymbol{a}\perp\boldsymbol{b}$，所以 $\theta=\dfrac{\pi}{2}$，故 $\cos\theta=0$，$\boldsymbol{a}\cdot\boldsymbol{b}=|\boldsymbol{a}||\boldsymbol{b}|\cos\theta=0$.

(3) 若 $\boldsymbol{a},\boldsymbol{b}\neq\boldsymbol{0}$，则 $\cos(\widehat{\boldsymbol{a},\boldsymbol{b}})=\dfrac{\boldsymbol{a}\cdot\boldsymbol{b}}{|\boldsymbol{a}|\cdot|\boldsymbol{b}|}$.

(4) 交换律：$\boldsymbol{a}\cdot\boldsymbol{b}=\boldsymbol{b}\cdot\boldsymbol{a}$；

(5) 分配律：$(\boldsymbol{a}+\boldsymbol{b})\cdot\boldsymbol{c}=\boldsymbol{a}\cdot\boldsymbol{c}+\boldsymbol{b}\cdot\boldsymbol{c}$；

(6) 若 λ 为数：$(\lambda\boldsymbol{a})\cdot\boldsymbol{b}=\boldsymbol{a}\cdot(\lambda\boldsymbol{b})=\lambda(\boldsymbol{a}\cdot\boldsymbol{b})$，若 λ、μ 为数：$(\lambda\boldsymbol{a})\cdot(\mu\boldsymbol{b})=\lambda\mu(\boldsymbol{a}\cdot\boldsymbol{b})$.

3. 数量积的坐标表达式

有了向量的坐标之后，可以把向量运算转化为数的运算，从而也可以把数量积用坐标表示出来，省去向量形式计算的麻烦.

设 $\boldsymbol{a}=a_x\boldsymbol{i}+a_y\boldsymbol{j}+a_z\boldsymbol{k}$，$\boldsymbol{b}=b_x\boldsymbol{i}+\mathrm{b}_y\boldsymbol{j}+b_z\boldsymbol{k}$，则

$$\begin{aligned}\boldsymbol{a}\cdot\boldsymbol{b}&=(a_x\boldsymbol{i}+a_y\boldsymbol{j}+a_z\boldsymbol{k})\cdot(b_x\boldsymbol{i}+b_y\boldsymbol{j}+b_z\boldsymbol{k})\\&=a_xb_x\boldsymbol{i}\cdot\boldsymbol{i}+a_xb_y\boldsymbol{i}\cdot\boldsymbol{j}+a_xb_z\boldsymbol{i}\cdot\boldsymbol{k}+\\&\quad a_yb_x\boldsymbol{j}\cdot\boldsymbol{i}+a_yb_y\boldsymbol{j}\cdot\boldsymbol{j}+a_yb_z\boldsymbol{j}\cdot\boldsymbol{k}+\\&\quad a_zb_x\boldsymbol{k}\cdot\boldsymbol{i}+a_zb_y\boldsymbol{k}\cdot\boldsymbol{j}+a_zb_z\boldsymbol{k}\cdot\boldsymbol{k}\end{aligned}$$

因为 $\boldsymbol{i},\boldsymbol{j},\boldsymbol{k}$ 互相垂直，所以 $\boldsymbol{i}\cdot\boldsymbol{j}=\boldsymbol{j}\cdot\boldsymbol{k}=\boldsymbol{k}\cdot\boldsymbol{i}=0$，
因为 $|\boldsymbol{i}|=|\boldsymbol{j}|=|\boldsymbol{k}|=1$，所以 $\boldsymbol{i}\cdot\boldsymbol{i}=\boldsymbol{j}\cdot\boldsymbol{j}=\boldsymbol{k}\cdot\boldsymbol{k}=1$.
因此

$$\boldsymbol{a}\cdot\boldsymbol{b}=a_xb_x+a_yb_y+a_zb_z.$$

这就是数量积的坐标表达式，即两向量的数量积等于它们对应坐标分量乘积的代数和.

由数量积的定义，若已知 $\boldsymbol{a}=a_x\boldsymbol{i}+a_y\boldsymbol{j}+a_z\boldsymbol{k}$，$\boldsymbol{b}=b_x\boldsymbol{i}+b_y\boldsymbol{j}+b_z\boldsymbol{k}$，则有

(1) $\boldsymbol{a}\perp\boldsymbol{b}$ 的充分必要条件是 $a_xb_x+a_yb_y+a_zb_z=0$.

(2) $\cos(\widehat{\boldsymbol{a},\boldsymbol{b}})=\dfrac{\boldsymbol{a}\cdot\boldsymbol{b}}{|\boldsymbol{a}|\cdot|\boldsymbol{b}|}=\dfrac{a_xb_x+a_yb_y+a_zb_z}{\sqrt{a_x^2+a_y^2+a_z^2}\sqrt{b_x^2+b_y^2+b_z^2}}$.

例 1　已知 $\boldsymbol{a}=(1,1,-4)$，$\boldsymbol{b}=(1,-2,2)$，求(1)$\boldsymbol{a}\cdot\boldsymbol{b}$；(2)$\boldsymbol{a}$ 与 $\boldsymbol{b}$ 的夹角 θ；(3)$\boldsymbol{a}$ 在 $\boldsymbol{b}$ 上的投影.

解　(1)$\boldsymbol{a}\cdot\boldsymbol{b}=1\cdot1+1\cdot(-2)+(-4)\cdot2=-9$.

(2)$\cos\theta=\dfrac{a_xb_x+a_yb_y+a_zb_z}{\sqrt{a_x^2+a_y^2+a_z^2}\sqrt{b_x^2+b_y^2+b_z^2}}=-\dfrac{1}{\sqrt{2}}$，所以 $\theta=\dfrac{3\pi}{4}$.

(3)$\boldsymbol{a}\cdot\boldsymbol{b}=|\boldsymbol{b}|\mathrm{Prj}_{\boldsymbol{b}}\boldsymbol{a}$，故 $\mathrm{Prj}_{\boldsymbol{b}}\boldsymbol{a}=\dfrac{\boldsymbol{a}\cdot\boldsymbol{b}}{|\boldsymbol{b}|}=-3$.

例 2　证明向量 $\boldsymbol{c}$ 与向量 $(\boldsymbol{a}\cdot\boldsymbol{c})\boldsymbol{b}-(\boldsymbol{b}\cdot\boldsymbol{c})\boldsymbol{a}$ 垂直.

证　
$$\begin{aligned}[(\boldsymbol{a}\cdot\boldsymbol{c})\boldsymbol{b}-(\boldsymbol{b}\cdot\boldsymbol{c})\boldsymbol{a}]\cdot\boldsymbol{c}&=[(\boldsymbol{a}\cdot\boldsymbol{c})\boldsymbol{b}\cdot\boldsymbol{c}-(\boldsymbol{b}\cdot\boldsymbol{c})\boldsymbol{a}\cdot\boldsymbol{c}]\\&=(\boldsymbol{c}\cdot\boldsymbol{b})[\boldsymbol{a}\cdot\boldsymbol{c}-\boldsymbol{a}\cdot\boldsymbol{c}]=0,\end{aligned}$$

所以
$$[(\boldsymbol{a}\cdot\boldsymbol{c})\boldsymbol{b}-(\boldsymbol{b}\cdot\boldsymbol{c})\boldsymbol{a}]\perp\boldsymbol{c}.$$

例 3　在 xOy 平面上求一单位向量 $\boldsymbol{e}$ 与 $\boldsymbol{p}=(-4,3,7)$ 垂直.

解　设所求向量为 $\boldsymbol{e}=(a,b,c)$，因为它在 xOy 平面上，所以 $c=0$.

又 $\boldsymbol{e}=(a,b,0)$ 与 $\boldsymbol{p}=(-4,3,7)$ 垂直，且 $\boldsymbol{e}$ 是单位向量，

故有
$$-4a+3b=0,\qquad a^2+b^2=1.$$

由此求得
$$a=\pm\frac{3}{5},\qquad b=\pm\frac{4}{5}.$$

因此，所求向量
$$\boldsymbol{e}=\left(\pm\frac{3}{5},\pm\frac{4}{5},0\right).$$

8.2.2　两向量的向量积

如图 8-15 所示，设 O 为一根杠杆 L 的支点，有一力 $\boldsymbol{F}$ 作用于该杠杆上 P 点处. 力 $\boldsymbol{F}$ 与 OP 的夹角为 θ，则力 $\boldsymbol{F}$ 对支点 O 的力矩是一向量 $\boldsymbol{M}$，它的大小 $|\boldsymbol{M}|=|OQ||\boldsymbol{F}|=|OP||\boldsymbol{F}|\sin\theta$，$\boldsymbol{M}$ 的方向垂直于 OP 与 $\boldsymbol{F}$ 所决定的平面，指向由 OP 与 $\boldsymbol{F}$ 的右手规则确定.

这种由两个已知向量按上面的规则来确定另一个向量的方法，在物理中经常会遇到. 于是，我们把由这种方式产生的第三个向量抽象概括为两向量的向量积.

1. 定义

向量 $\boldsymbol{a}$ 与 $\boldsymbol{b}$ 的向量积是一个新的向量 $\boldsymbol{c}$，记 $\boldsymbol{c}=\boldsymbol{a}\times\boldsymbol{b}$. $\boldsymbol{c}$ 的模 $|\boldsymbol{c}|=|\boldsymbol{a}||\boldsymbol{b}|\sin\theta$(其中 θ 为 $\boldsymbol{a}$ 与 $\boldsymbol{b}$ 的夹角)，$\boldsymbol{c}$ 垂直于 $\boldsymbol{a}$，$\boldsymbol{b}$ 所在的平面，$\boldsymbol{c}$ 的正向按右手规则由 $\boldsymbol{a}$ 转向 $\boldsymbol{b}$ 确定(见图 8-16).

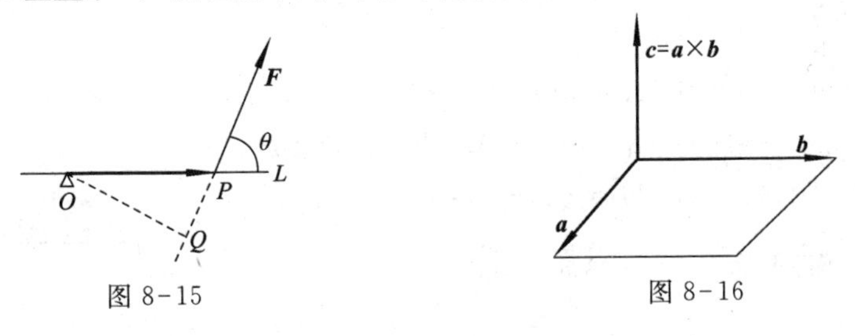

图 8-15　　图 8-16

2. 性质与运算律

(1)$\boldsymbol{a}\times\boldsymbol{a}=\boldsymbol{0}$.

(2)$\boldsymbol{a}/\!/\boldsymbol{b}$ 的充分必要条件是 $\boldsymbol{a}\times\boldsymbol{b}=\boldsymbol{0}$.

证 充分性:$\boldsymbol{a},\boldsymbol{b}$ 中至少有一个为 $\boldsymbol{0}$,显然成立.

若 $\boldsymbol{a}\neq\boldsymbol{0},\boldsymbol{b}\neq\boldsymbol{0}$,因为 $\boldsymbol{a}/\!/\boldsymbol{b}$,故 $\theta=0$ 或 π,所以 $\sin\theta=0$.
所以,$|\boldsymbol{a}\times\boldsymbol{b}|=|\boldsymbol{a}||\boldsymbol{b}|\sin\theta=0$. 从而 $\boldsymbol{a}\times\boldsymbol{b}=\boldsymbol{0}$.

必要性:因为 $\boldsymbol{a}\times\boldsymbol{b}=\boldsymbol{0}$,所以 $|\boldsymbol{a}\times\boldsymbol{b}|=|\boldsymbol{a}||\boldsymbol{b}|\sin\theta=0$.
则 $\sin\theta=0,\theta=0$ 或 π,所以 $\boldsymbol{a}/\!/\boldsymbol{b}$.

(3)$|\boldsymbol{a}\times\boldsymbol{b}|$ 表示以 $\boldsymbol{a}$ 和 $\boldsymbol{b}$ 为邻边的平行四边形的面积.

(4)**反交换律**:$\boldsymbol{a}\times\boldsymbol{b}=-\boldsymbol{b}\times\boldsymbol{a}$.

(5)**分配律**:$(\boldsymbol{a}+\boldsymbol{b})\times\boldsymbol{c}=\boldsymbol{a}\times\boldsymbol{c}+\boldsymbol{b}\times\boldsymbol{c}$.

(6)若 λ 为数:$(\lambda\boldsymbol{a})\times\boldsymbol{b}=\boldsymbol{a}\times(\lambda\boldsymbol{b})=\lambda(\boldsymbol{a}\times\boldsymbol{b})$.

3. 坐标表达式

设 $\boldsymbol{a}=a_x\boldsymbol{i}+a_y\boldsymbol{j}+a_z\boldsymbol{k}$, $\boldsymbol{b}=b_x\boldsymbol{i}+b_y\boldsymbol{j}+b_z\boldsymbol{k}$,则

$$\begin{aligned}\boldsymbol{a}\times\boldsymbol{b}&=(a_x\boldsymbol{i}+a_y\boldsymbol{j}+a_z\boldsymbol{k})\times(b_x\boldsymbol{i}+b_y\boldsymbol{j}+b_z\boldsymbol{k})\\&=a_xb_x\boldsymbol{i}\times\boldsymbol{i}+a_xb_y\boldsymbol{i}\times\boldsymbol{j}+a_xb_z\boldsymbol{i}\times\boldsymbol{k}+a_yb_x\boldsymbol{j}\times\boldsymbol{i}+a_yb_y\boldsymbol{j}\times\boldsymbol{j}+a_yb_z\boldsymbol{j}\times\boldsymbol{k}+\\&\quad a_zb_x\boldsymbol{k}\times\boldsymbol{i}+a_zb_y\boldsymbol{k}\times\boldsymbol{j}+a_zb_z\boldsymbol{k}\times\boldsymbol{k}.\end{aligned}$$

由基本单位向量的定义和性质,知

$$\boldsymbol{i}\times\boldsymbol{i}=\boldsymbol{j}\times\boldsymbol{j}=\boldsymbol{k}\times\boldsymbol{k}=\boldsymbol{0};$$

$$\boldsymbol{i}\times\boldsymbol{j}=\boldsymbol{k},\boldsymbol{j}\times\boldsymbol{k}=\boldsymbol{i},\boldsymbol{k}\times\boldsymbol{i}=\boldsymbol{j},$$

则

$$\boldsymbol{a}\times\boldsymbol{b}=(a_yb_z-a_zb_y)\boldsymbol{i}-(b_xa_z-a_xb_z)\boldsymbol{j}+(a_xb_y-b_xa_y)\boldsymbol{k}$$

向量积还可用三阶行列式表示

$$\boldsymbol{a}\times\boldsymbol{b}=\begin{vmatrix}\boldsymbol{i}&\boldsymbol{j}&\boldsymbol{k}\\a_x&a_y&a_z\\b_x&b_y&b_z\end{vmatrix}.$$

显然,$\boldsymbol{a}/\!/\boldsymbol{b}$ 的充分必要条件为$\frac{a_x}{b_x}=\frac{a_y}{b_y}=\frac{a_z}{b_z}$($b_x$、$b_y$、$b_z$ 不能同时为零,但允许两个为零),例如,$\frac{a_x}{0}=\frac{a_y}{0}=\frac{a_z}{b_z}\Rightarrow a_x=0,a_y=0$.

例 4 如图 8-17 所示,在顶点为 $A(1,-1,2)$、$B(5,-6,2)$和 $C(1,3,-1)$的三角形中,求 AC 边上的高 BD.

解 $\overrightarrow{AC}=(0,4,-3)$,$\overrightarrow{AB}=(4,-5,0)$

$\triangle ABC$ 的面积为 $S=\frac{1}{2}|\overrightarrow{AB}\times\overrightarrow{AC}|$

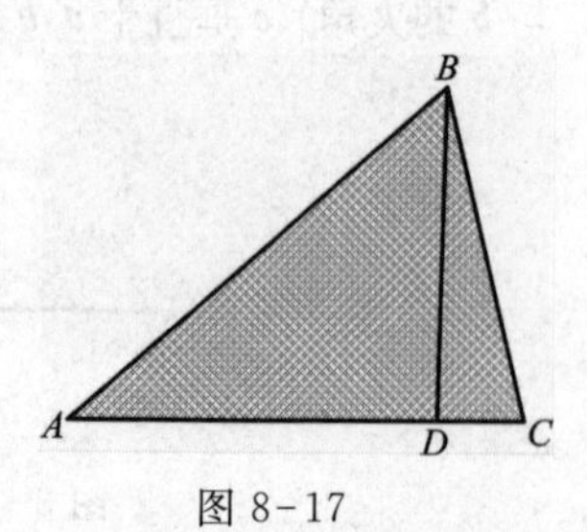

图 8-17

$$=\frac{1}{2}\sqrt{15^2+12^2+16^2}=\frac{25}{2}.$$

又 $|\overrightarrow{AC}|=\sqrt{4^2+(-3)^2}=5$；　　$S=\frac{1}{2}|\overrightarrow{AC}|\cdot|\overrightarrow{BD}|$

有 $\frac{25}{2}=\frac{1}{2}\cdot 5\cdot|\overrightarrow{BD}|$，所以 $|\overrightarrow{BD}|=5$.

例 5　求与 $\boldsymbol{a}=3\boldsymbol{i}-2\boldsymbol{j}+4\boldsymbol{k},\boldsymbol{b}=\boldsymbol{i}+\boldsymbol{j}-2\boldsymbol{k}$ 都垂直的单位向量 $\boldsymbol{e}$.

解　$\boldsymbol{c}=\boldsymbol{a}\times\boldsymbol{b}=\begin{vmatrix}\boldsymbol{i} & \boldsymbol{j} & \boldsymbol{k}\\ a_x & a_y & a_z\\ b_x & b_y & b_z\end{vmatrix}=\begin{vmatrix}\boldsymbol{i} & \boldsymbol{j} & \boldsymbol{k}\\ 3 & -2 & 4\\ 1 & 1 & -2\end{vmatrix}=10\boldsymbol{j}+5\boldsymbol{k}.$

因为 $|\boldsymbol{c}|=\sqrt{10^2+5^2}=5\sqrt{5}$，所以 $\boldsymbol{e}=\pm\frac{\boldsymbol{c}}{|\boldsymbol{c}|}=\pm\left(\frac{2}{\sqrt{5}}\boldsymbol{j}+\frac{1}{\sqrt{5}}\boldsymbol{k}\right).$

例 6　设向量 $\boldsymbol{m},\boldsymbol{n},\boldsymbol{p}$ 两两垂直，符合右手规则，且 $|\boldsymbol{m}|=4,|\boldsymbol{n}|=2,|\boldsymbol{p}|=3$，计算 $(\boldsymbol{m}\times\boldsymbol{n})\cdot\boldsymbol{p}$.

解　$|\boldsymbol{m}\times\boldsymbol{n}|=|\boldsymbol{m}||\boldsymbol{n}|\sin(\widehat{\boldsymbol{m},\boldsymbol{n}})=4\times2\times1=8.$

依题意知，$\boldsymbol{m}\times\boldsymbol{n}$ 与 $\boldsymbol{p}$ 同向，故 $\theta=(\widehat{\boldsymbol{m}\times\boldsymbol{n},\boldsymbol{p}})=0$，

所以　$$(\boldsymbol{m}\times\boldsymbol{n})\cdot\boldsymbol{p}=|\boldsymbol{m}\times\boldsymbol{n}|\cdot|\boldsymbol{p}|\cos\theta=8\cdot3=24.$$

8.2.3　向量的混合积*

设已知三个向量 $\boldsymbol{a}$、$\boldsymbol{b}$、$\boldsymbol{c}$，数量 $(\boldsymbol{a}\times\boldsymbol{b})\cdot\boldsymbol{c}$ 称为这三个向量的**混合积**，记为 $[\boldsymbol{a},\boldsymbol{b},\boldsymbol{c}]$.
设 $\boldsymbol{a}=a_x\boldsymbol{i}+a_y\boldsymbol{j}+a_z\boldsymbol{k}$，$\boldsymbol{b}=b_x\boldsymbol{i}+b_y\boldsymbol{j}+b_z\boldsymbol{k}$，$\boldsymbol{c}=c_x\boldsymbol{i}+c_y\boldsymbol{j}+c_z\boldsymbol{k}$，
则可得向量的混合积的坐标表示式为

$$[\boldsymbol{a},\boldsymbol{b},\boldsymbol{c}]=(\boldsymbol{a}\times\boldsymbol{b})\cdot\boldsymbol{c}=\begin{vmatrix}a_x & a_y & a_z\\ b_x & b_y & b_z\\ c_x & c_y & c_z\end{vmatrix}.$$

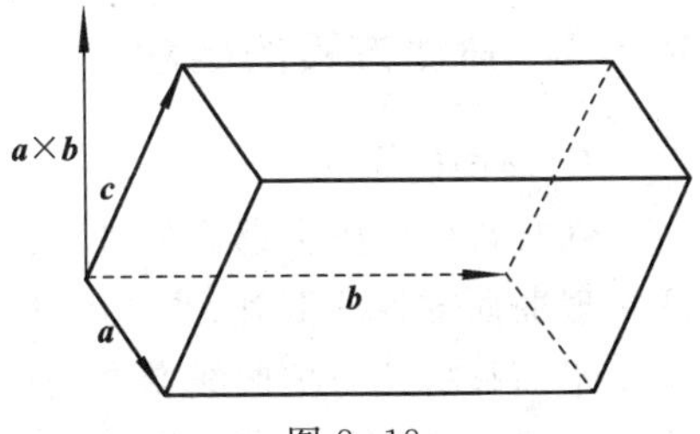

向量混合积的几何意义(见图 8-18)：

向量的混合积 $[\boldsymbol{a},\boldsymbol{b},\boldsymbol{c}]=(\boldsymbol{a}\times\boldsymbol{b})\cdot\boldsymbol{c}$ 是这样的一个数，它的绝对值表示以向量 $\boldsymbol{a}$、$\boldsymbol{b}$、$\boldsymbol{c}$ 为棱的平行六面体的体积.

图 8-18

例 7　已知 $[\boldsymbol{a},\boldsymbol{b},\boldsymbol{c}]=2$，计算 $[(\boldsymbol{a}+\boldsymbol{b})\times(\boldsymbol{b}+\boldsymbol{c})]\cdot(\boldsymbol{c}+\boldsymbol{a})$.

解　$[(\boldsymbol{a}+\boldsymbol{b})\times(\boldsymbol{b}+\boldsymbol{c})]\cdot(\boldsymbol{c}+\boldsymbol{a})=[\boldsymbol{a}\times\boldsymbol{b}+\boldsymbol{a}\times\boldsymbol{c}+\boldsymbol{b}\times\boldsymbol{b}+\boldsymbol{b}\times\boldsymbol{c})]\cdot(\boldsymbol{c}+\boldsymbol{a})$

$=(\boldsymbol{a}\times\boldsymbol{b})\cdot\boldsymbol{c}+(\boldsymbol{a}\times\boldsymbol{c})\cdot\boldsymbol{c}+\boldsymbol{0}\cdot\boldsymbol{c}+(\boldsymbol{b}\times\boldsymbol{c})\cdot\boldsymbol{c}+(\boldsymbol{a}\times\boldsymbol{b})\cdot\boldsymbol{a}+(\boldsymbol{a}\times\boldsymbol{c})\cdot\boldsymbol{a}+$

$\boldsymbol{0}\cdot\boldsymbol{a}+(\boldsymbol{b}\times\boldsymbol{c})\cdot\boldsymbol{a}=2(\boldsymbol{a}\times\boldsymbol{b})\cdot\boldsymbol{c}=2[\boldsymbol{a},\boldsymbol{b},\boldsymbol{c}]=4.$

习 题 8.2

1. 设给定向量 $\boldsymbol{a}=(1,1,-4)$,$\boldsymbol{b}=(2,-2,1)$.

(1)计算 $\boldsymbol{a}\cdot\boldsymbol{b}$;　(2)求 $\boldsymbol{a}$ 与 $\boldsymbol{b}$ 的夹角;　(3)求 $\mathrm{Prj}_{\boldsymbol{a}}\boldsymbol{b}$.

2. 求与 $\boldsymbol{a}=2\boldsymbol{i}-\boldsymbol{j}+2\boldsymbol{k}$ 共线且满足方程 $\boldsymbol{a}\cdot\boldsymbol{x}=-18$ 的向量 $\boldsymbol{x}$.

3. 设 $\boldsymbol{a}$ 与 $\boldsymbol{b}$ 是非零向量.若 $\boldsymbol{a}+3\boldsymbol{b}$ 垂直于 $7\boldsymbol{a}-5\boldsymbol{b}$,$\boldsymbol{a}-4\boldsymbol{b}$ 垂直于 $7\boldsymbol{a}-2\boldsymbol{b}$,求 $\boldsymbol{a}$ 与 $\boldsymbol{b}$ 之间的夹角.

4. $|\boldsymbol{a}|=5$,$|\boldsymbol{b}|=2$,$(\widehat{\boldsymbol{a},\boldsymbol{b}})=\frac{\pi}{3}$,求:

(1)$|(2\boldsymbol{a}-3\boldsymbol{b})\times(\boldsymbol{a}+2\boldsymbol{b})|$;　(2)$(2\boldsymbol{a}-3\boldsymbol{b})^2$.

5. 已知向量 $\boldsymbol{a}=2\boldsymbol{i}-3\boldsymbol{j}+\boldsymbol{k}$,$\boldsymbol{b}=\boldsymbol{i}-\boldsymbol{j}+3\boldsymbol{k}$ 和 $\boldsymbol{c}=\boldsymbol{i}-2\boldsymbol{j}$.计算下列各式:

(1)$(\boldsymbol{a}\cdot\boldsymbol{b})\boldsymbol{c}-(\boldsymbol{a}\cdot\boldsymbol{c})\boldsymbol{b}$;　(2)$(\boldsymbol{a}+\boldsymbol{b})\times(\boldsymbol{b}+\boldsymbol{c})$;

(3)$(\boldsymbol{a}\times\boldsymbol{b})\cdot\boldsymbol{c}$;　(4)$\boldsymbol{a}\times\boldsymbol{b}\times\boldsymbol{c}$.

6. 已知两向量 $\boldsymbol{a}=2\boldsymbol{i}-\boldsymbol{j}+\boldsymbol{k}$ 和 $\boldsymbol{b}=\boldsymbol{i}+2\boldsymbol{j}-\boldsymbol{k}$,求同时垂直于向量 $\boldsymbol{a}$ 和 $\boldsymbol{b}$ 的单位向量 $\boldsymbol{e}$.

7. 设向量 $\boldsymbol{a}$ 和 $\boldsymbol{b}$ 的夹角为 $\frac{\pi}{3}$,且 $|\boldsymbol{a}|=3$,$|\boldsymbol{b}|=2$,求 $|\boldsymbol{a}+\boldsymbol{b}|$.

8. 证明:(1)$\boldsymbol{a}\times\boldsymbol{p}$,$\boldsymbol{a}\times\boldsymbol{q}$,$\boldsymbol{a}\times\boldsymbol{r}$ 这三个向量共面.

(2)若 $\boldsymbol{a}\times\boldsymbol{b}+\boldsymbol{b}\times\boldsymbol{c}+\boldsymbol{c}\times\boldsymbol{a}=\boldsymbol{0}$,则 $\boldsymbol{a},\boldsymbol{b},\boldsymbol{c}$ 三向量共面.

§8.3　曲面及其方程

8.3.1　曲面方程的概念

1. 曲面的概念

在日常生活中会遇到各种曲面,如反光镜的镜面、管道的外表面及锥面等.本节建立一般曲面方程的概念,并学习常见的曲面方程.

平面解析几何把曲线看作动点的轨迹,类似地,空间解析几何可把曲面当作是一个动点或一条动曲线按一定规律而运动产生的轨迹.

定义 1　如果曲面 Σ 上所有的点都满足方程 $F(x,y,z)=0$,且不在曲面 Σ 上的任何点都不满足方程 $F(x,y,z)=0$,则称方程 $F(x,y,z)=0$ 为**曲面 Σ 的方程**,而称 Σ 为 $F(x,y,z)=0$ 的**图形**.

下面来建立几个常见的曲面的方程.

例 1　建立球心在点 $M_0(x_0,y_0,z_0)$、半径为 R 的球面方程.

解　设 $M(x,y,z)$ 是球面上任一点，根据题意有 $|MM_0|=R$，则

$$\sqrt{(x-x_0)^2+(y-y_0)^2+(z-z_0)^2}=R,$$

即
$$(x-x_0)^2+(y-y_0)^2+(z-z_0)^2=R^2.$$

这就是球面上的点的坐标所满足的方程. 而不在球面上的点的坐标都不满足这方程. 所以方程就是以 $M_0(x_0,y_0,z_0)$ 为球心、R 为半径的球面方程.

特殊地，球心在原点时，球面方程为

$$x^2+y^2+z^2=R^2.$$

例 2　求与原点 O 及 $M_0(2,3,4)$ 的距离之比为 $1:2$ 的点的全体所组成的曲面方程.

解　设 $M(x,y,z)$ 是曲面上任一点，根据题意有 $\dfrac{|MO|}{|MM_0|}=\dfrac{1}{2}$，

即
$$\frac{\sqrt{x^2+y^2+z^2}}{\sqrt{(x-2)^2+(y-3)^2+(z-4)^2}}=\frac{1}{2},$$

所求方程为

$$\left(x+\frac{2}{3}\right)^2+(y+1)^2+\left(z+\frac{4}{3}\right)^2=\frac{116}{9}.$$

例 3　已知 $A(1,2,3)$，$B(2,-1,4)$，求线段 AB 的垂直平分面的方程.

解　设 $M(x,y,z)$ 是所求平面上任一点，根据题意有 $|MA|=|MB|$，则

$$\sqrt{(x-1)^2+(-2)^2+(z-3)^2}=\sqrt{(x-2)^2+(y+1)^2+(z-4)^2},$$

化简得所求方程
$$2x-6y+2z-7=0.$$

以上表明，作为点的几何轨迹的曲面可以用它的点的坐标间的方程来表示. 反之，变量 x,y,z 间的方程通常表示一个曲面. 因此在空间解析几何中关于曲面的研究，有两个基本问题：

(1)已知一曲面作为点的几何轨迹，建立曲面的方程；

(2)已知坐标 x,y,z 间的一个方程，研究曲面的形状.

例 4　方程 $x^2+y^2+z^2-2x+4y=0$ 表示怎样的曲面？

解　通过配方，原方程可以改写为 $(x-1)^2+(y+2)^2+z^2=5$，由例 1 可知原方程表示球心在点 $M_0(1,-2,0)$、半径 $R=\sqrt{5}$ 的球面.

8.3.2　旋转曲面

定义

一平面曲线 C 绕着该平面内一定直线 l 旋转一周所形成的曲面叫做**旋转曲面**. 曲线 C 叫做旋转曲面的**母线**，直线 l 叫做**旋转曲面的轴**.

设在 yOz 面上有一已知曲线 C,它的方程为 $f(y,z)=0$,将这曲线绕 z 轴旋转一周,就得到一个以 z 轴为轴的旋转曲面(见图 8-19).现在求这个旋转曲面的方程.

在旋转曲面上任取一点 $M(x,y,z)$,设这点是母线 C 上的点 $M_1(0,y_1,z_1)$ 绕 z 轴旋转而得到的.点 M 与 M_1 的 z 坐标相同,且它们到 z 轴的距离相等,所以

$$\begin{cases} z=z_1 \\ \sqrt{x^2+y^2}=|y_1| \end{cases}.$$

因为点 M_1 在曲线 C 上,所以

$$f(y_1,z_1)=0.$$

将上述关系代入这个方程中,得

$$f(\pm\sqrt{x^2+y^2},z)=0,$$

这就是所求**旋转曲面的方程**.

由此可见,在曲线 C 的方程 $f(y,z)=0$ 中将 y 改成 $\pm\sqrt{x^2+y^2}$,便得曲线 C 绕 z 轴旋转所成的旋转曲面的方程.

同理,曲线 C 绕 y 轴旋转一周,所成的旋转曲面的方程:$f(y,\pm\sqrt{x^2+z^2})=0$.

对于其他坐标面上的曲线,绕该坐标面内任一坐标轴旋转所得到的旋转曲面的方程可用类似的方法求得.

特别地,一直线绕与它相交的一条定直线旋转一周就得到圆锥面,动直线与定直线的交点叫做**圆锥面的顶点**(见图 8-20).

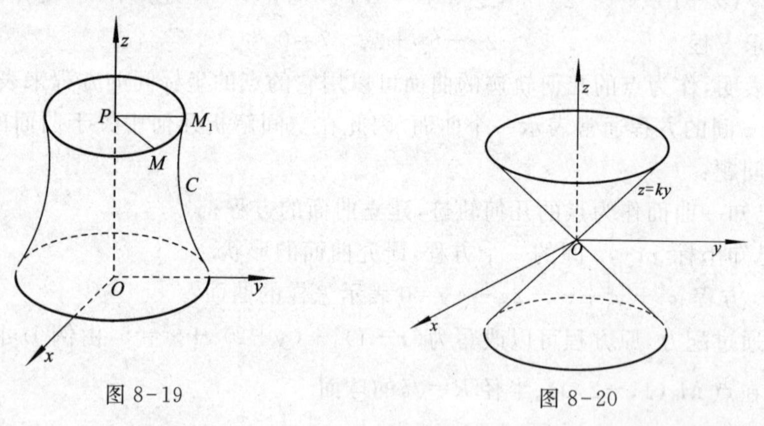

图 8-19　　　图 8-20

例 5　求 yOz 面上的直线 $z=ky$ 绕 z 轴旋转一周所形成的旋转曲面的方程.

解　因为旋转轴为 z 轴,所以只要将方程 $z=ky$ 中的 y 改成 $\pm\sqrt{x^2+y^2}$,便得到旋转曲面——**圆锥面的方程**

$$z=\pm k\sqrt{x^2+y^2}$$

或
$$z^2=k^2(x^2+y^2)$$

例 6　将 xOz 坐标面上的双曲线 $\frac{x^2}{a^2}-\frac{z^2}{c^2}=1$ 分别绕 z 轴和 x 轴旋转一周，求所形成的旋转曲面的方程.

解　将双曲线绕 z 轴旋转一周，所生成的旋转曲面方程：$\frac{x^2+y^2}{a^2}-\frac{z^2}{c^2}=1$，称为**旋转单叶双曲面**(见图 8-21).

将双曲线绕 x 轴旋转一周，所生成的旋转曲面方程：$\frac{x^2}{a^2}-\frac{y^2+z^2}{c^2}=1$，称为**旋转双叶双曲面**(见图 8-22).

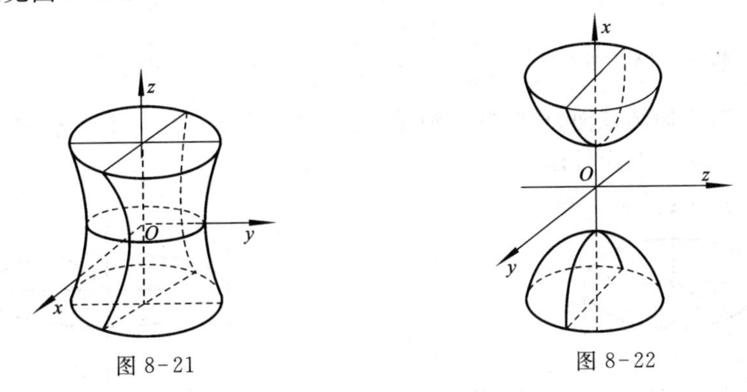

图 8-21　　图 8-22

8.3.3　柱面

设给定一条曲线 C 及直线 l，则平行于直线 l 且沿曲线 C 移动的直线 L 所形成的曲面叫做**柱面**. 定曲线 C 叫做柱面的**准线**，动直线 L 叫做柱面的**母线**(见图 8-23).

如果柱面的准线是 xOy 面上的曲线 C，其方程为 $f(x,y)=0$，柱面的母线平行于 z 轴，则方程 $f(x,y)=0$ 就是这个柱面的方程(见图 8-24). 因为在此柱面上任取一点 $M(x,y,z)$，过点 M 作直线平行于 z 轴，此直线与 xOy 面相交于点 $M_0(x,y,0)$，点 M_0 就是点 M 在 xOy 面上的投影，于是点 M_0 必落在准线上，它在 xOy 面上的坐标 (x,y) 必满足方程 $f(x,y)=0$，这个方程不含 z 的项，所以点 M 的坐标 (x,y,z) 也满足方程 $f(x,y)=0$.

因此，在空间直角坐标系中，方程 $f(x,y)=0$ 所表示的图形就是母线平行于 z 轴的柱面. 同理可知，只含 y、z 而不含 x 的方程 $\varphi(y,z)=0$ 和只含 x、z 而不含 y 的方程 $\psi(x,z)=0$ 分别表示母线平行于 x 轴和 y 轴的柱面.

注意到在上述三个柱面方程中都缺少一个变量，缺少哪一个变量，该柱面的母线就平行于哪一个坐标轴.

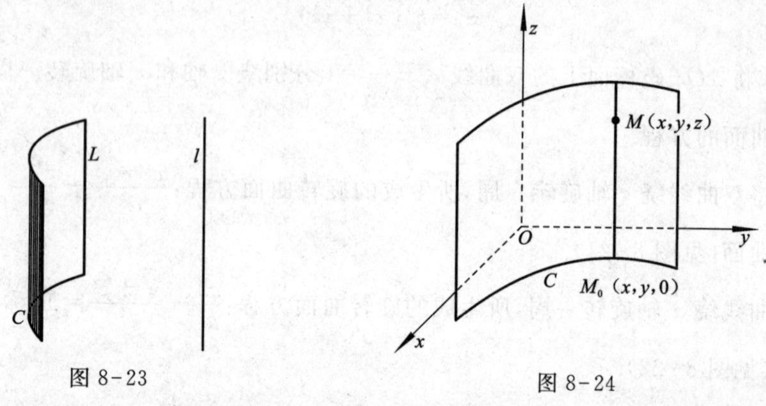

图 8-23　　图 8-24

例如,方程 $x^2+y^2=a^2$, $\frac{x^2}{a^2}+\frac{y^2}{b^2}=1$, $\frac{x^2}{a^2}-\frac{y^2}{b^2}=1$, $x^2=2py$ 分别表示母线平行于 z 轴的圆柱面、椭圆柱面、双曲柱面和抛物柱面(见图 8-25),因为它们的方程都是二次的,所以统称为**二次柱面**.

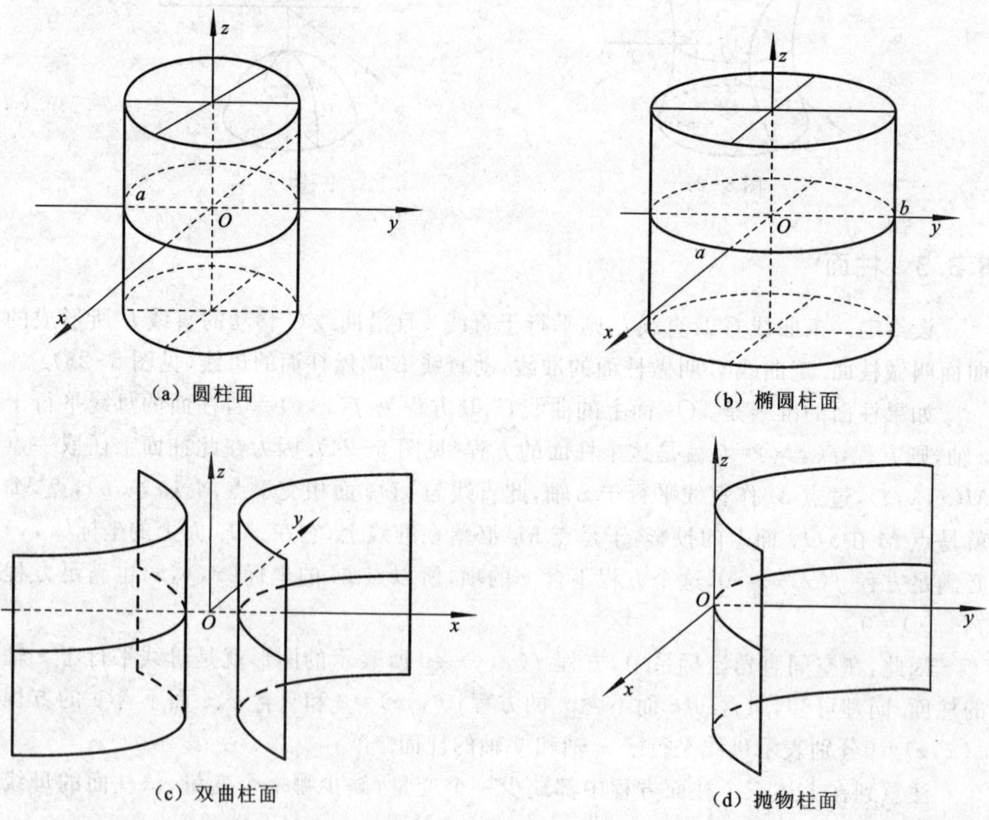

(a) 圆柱面　　(b) 椭圆柱面

(c) 双曲柱面　　(d) 抛物柱面

图 8-25

8.3.4　二次曲面

定义 2　在空间直角坐标系中，方程 $F(x,y,z)=0$ 一般代表曲面，若 $F(x,y,z)=0$ 为一次方程，则它代表一次曲面，即平面；若 $F(x,y,z)=0$ 为二次方程，则它所表示的曲面称为**二次曲面**.

如何通过方程去了解它所表示的曲面的形状？我们可以利用坐标面或平行于坐标面的平面与曲面相截，通过考察其交线（截痕）的方法，从不同的角度去了解曲面的形状，然后加以综合，从而了解整个曲面的形状，这种方法叫做**截痕法**. 下面我们用截痕法来研究几个二次曲面的形状.

1. 椭球面

$$\frac{x^2}{a^2}+\frac{y^2}{b^2}+\frac{z^2}{c^2}=1$$

所表示的曲面称为**椭球面**.（a,b,c 均大于 0）

由椭球面的方程知　$\frac{x^2}{a^2}\leqslant 1,\quad \frac{y^2}{b^2}\leqslant 1,\quad \frac{z^2}{c^2}\leqslant 1.$

从而　$|x|\leqslant a,\quad |y|\leqslant b,\quad |z|\leqslant c.$

这说明椭球面完全包含在 $x=\pm a, y=\pm b, z=\pm c$ 这六个平面所围成的长方体内. a, b, c 叫做椭球面的**半轴**.

用三个坐标面截这椭球面所得的截痕都是椭圆

$$\begin{cases}\frac{x^2}{a^2}+\frac{y^2}{b^2}=1\\ z=0\end{cases},\quad \begin{cases}\frac{y^2}{b^2}+\frac{z^2}{c^2}=1\\ x=0\end{cases},\quad \begin{cases}\frac{x^2}{a^2}+\frac{z^2}{c^2}=1\\ y=0\end{cases}.$$

用平行于 xOy 坐标面的平面 $z=h(|h|\leqslant c)$ 截该椭球面所得交线为椭圆

$$\begin{cases}\frac{x^2}{a^2}+\frac{y^2}{b^2}=1-\frac{h^2}{c^2}\\ z=h\end{cases}.$$

该椭圆的半轴为 $\frac{a}{c}\sqrt{c^2-h^2}$ 与 $\frac{b}{c}\sqrt{c^2-h^2}$. 当 $|h|$ 由 0 逐渐增大到 c 时，椭圆由大变小，最后（当 $|h|=c$ 时）缩成一个点（即顶点 $(0,0,c)$, $(0,0,-c)$）. 如果 $|h|>c$，平面 $z=h$ 与椭球面不相交.

用平行于 yOz 面或 zOx 面的平面去截椭球面，可得到类似的结果.

容易看出，椭球面关于各坐标面、各坐标轴和坐标原点都是对称的. 综合以上讨论可知椭球面的图形如图 8-26所示.

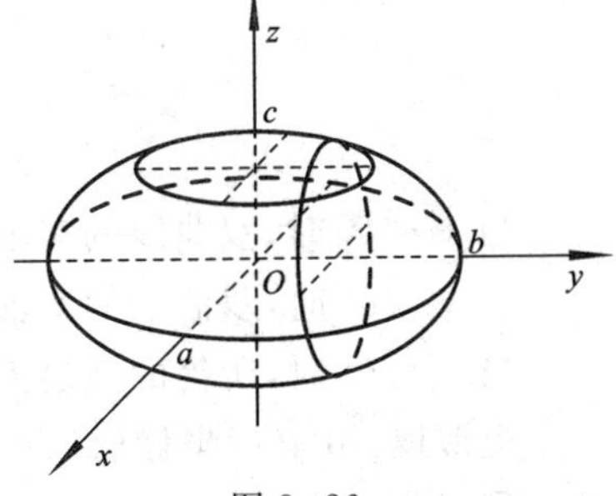

图 8-26

若$a=b$,方程变为$\frac{x^2}{a^2}+\frac{y^2}{a^2}+\frac{z^2}{c^2}=1$,由旋转曲面的知识可知,该方程表示$xOz$面上的椭圆$\frac{x^2}{a^2}+\frac{z^2}{c^2}=1$绕$z$轴旋转而成的旋转椭球面.

若$a=b=c$,方程变为$x^2+y^2+z^2=a^2$,它表示一个球心在原点,半径为a的球面.

2. 双曲面

(1)单叶双曲面

方程$\frac{x^2}{a^2}+\frac{y^2}{b^2}-\frac{z^2}{c^2}=1$所表示的曲面叫做**单叶双曲面**.($a,b,c$均大于0)

下面讨论$\frac{x^2}{a^2}+\frac{y^2}{b^2}-\frac{z^2}{c^2}=1$的形状:

用xOy坐标面($z=0$)截此曲面,所得的截痕为中心在原点,两个半轴分别为a,b的椭圆

$$\begin{cases}\frac{x^2}{a^2}+\frac{y^2}{b^2}=1\\ z=0\end{cases}.$$

用平行于坐标面xOy的平面$z=z_1$截此曲面,所得截痕是中心在z轴上的椭圆

$$\begin{cases}\frac{x^2}{a^2}+\frac{y^2}{b^2}=1+\frac{z_1^2}{c^2}\\ z=z_1\end{cases}.$$

它的两个半轴分别为$\frac{a}{c}\sqrt{c^2+z_1^2}$和$\frac{b}{c}\sqrt{c^2+z_1^2}$.当$|z_1|$由0逐渐增大时,椭圆的两个半轴分别从$a,b$逐渐增大.

用zOx坐标面($y=0$)截此曲面,所得的截痕为中心在原点的双曲线

$$\begin{cases}\frac{x^2}{a^2}-\frac{z^2}{c^2}=1\\ y=0\end{cases}.$$

它的实轴与x轴相合,虚轴与z轴相合.

用平行于坐标面zOx的平面$y=y_1$截此曲面,所得的截痕是中心在y轴上的双曲线,即

$$\begin{cases}\frac{x^2}{a^2}-\frac{z^2}{c^2}=1-\frac{y_1^2}{b^2}\\ y=y_1\end{cases}.$$

当$y_1^2<b^2$时,双曲线的实轴平行于x轴,虚轴平行于z轴;

当$y_1^2>b^2$时,双曲线的实轴平行于z轴,虚轴平行于x轴;

当$y_1^2=b^2$时,所得的截痕为两条相交的直线.

类似地,用yOz坐标面($x=0$)和平行于yOz面的平面$x=x_1$截此曲面,所得的截痕也是双曲线.

因此，单叶双曲面$\frac{x^2}{a^2}+\frac{y^2}{b^2}-\frac{z^2}{c^2}=1$的形状如图 8-27 所示.

(2)双叶双曲面

方程$\frac{x^2}{a^2}+\frac{y^2}{b^2}-\frac{z^2}{c^2}=-1$所表示的曲面叫做**双叶双曲面**.($a,b,c$ 均大于 0)

同样可用截痕法讨论得曲面形状如图 8-28 所示.

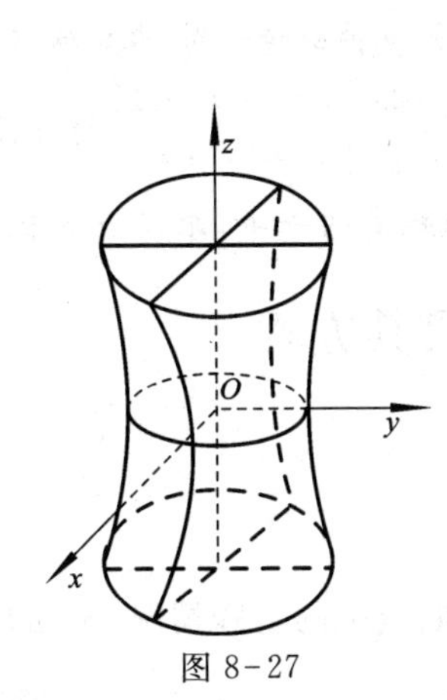

图 8-27

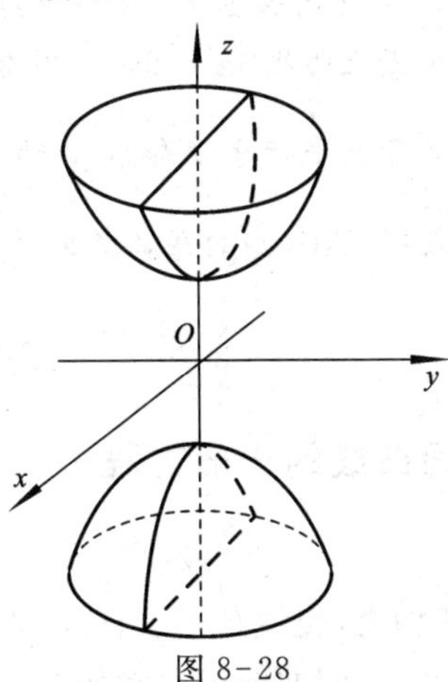

图 8-28

3. 抛物面

(1)椭圆抛物面

方程

$$\frac{x^2}{p}+\frac{y^2}{q}=2z$$

所表示的曲面叫做**椭圆抛物面**(见图 8-29，其中 $p>0,q>0$).

(2)双曲抛物面

方程

$$\frac{x^2}{p}-\frac{y^2}{q}=2z$$

所表示的曲面叫做**双曲抛物面**或**鞍形曲面**(见图 8-30，其中 $p>0,q>0$).

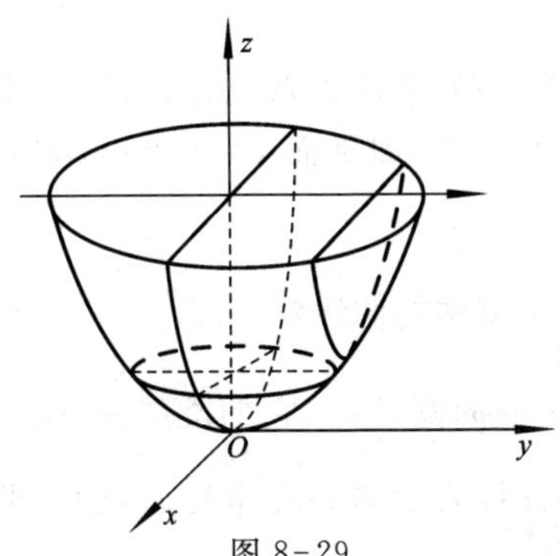

图 8-29

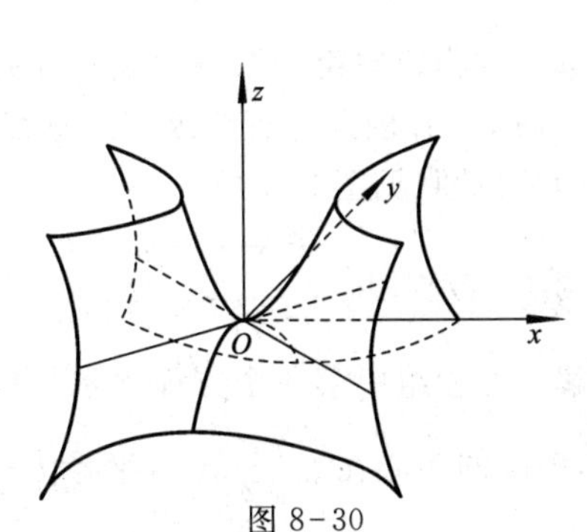

图 8-30

习 题 8.3

1. 建立以点(1,3,−2)为球心,且通过坐标原点的球面方程.
2. 求过点(1,2,5)且与三个坐标平面相切的球面方程.
3. 将 yOz 面上曲线 $z=-y^2+1$ 绕 z 轴旋转一周,求旋转曲面的方程.
4. 将 xOy 面上曲线 $4x^2-9y^2=36$ 分别绕 x 轴和 y 轴旋转一周,求旋转曲面的方程.
5. 分别求母线平行于 x 轴和 y 轴且通过曲线 $\begin{cases}2x^2+y^2+z^2=16\\x^2+z^2-y^2=0\end{cases}$ 的柱面方程.
6. 一动点到(1,0,0)的距离为到平面 $x=4$ 的距离的一半,求动点的轨迹方程.

§8.4 空间曲线及其方程

8.4.1 空间曲线的一般方程

定义

两平面若相交,交线是一条直线,直线是空间曲线中的特殊情况,平面是曲面中的特殊情况,因此,空间曲线可以看作两个曲面的交线.

设曲线 C 是曲面 $\Sigma_1:F(x,y,z)=0$ 与曲面 $\Sigma_2:G(x,y,z)=0$ 的交线,则 C 上点的坐标满足方程组

$$\begin{cases}F(x,y,z)=0\\G(x,y,z)=0\end{cases}. \tag{1}$$

反过来,若点 M 不在曲线 C 上,则它不可能同时在两个曲面上,所以它的坐标不满足方程组(1)因此,曲线 C 可以用方程组(1)来表示. 方程组(1)叫做**空间曲线 C 的一般方程**.

例 1 方程组 $\begin{cases}x^2+y^2+z^2=2\\z=1\end{cases}$ 表示怎样的曲线?

解 方程组中第一个方程表示球心在坐标原点 O,半径为 $\sqrt{2}$ 的球面,第二个方程表示平面 $z=1$. 因此方程组就表示球面与平面的交线圆,即平面 $z=1$ 上以(0,0,1)为圆心的单位圆(见图 8-31).

例 2 方程组 $\begin{cases}x^2+y^2-ax=0\\z=\sqrt{a^2-x^2-y^2}\end{cases}$ $(a>0)$表示怎样的曲线?

解 方程组中第一个方程表示母线平行于 z 轴的圆柱面,它的准线是 xOy 面上的圆,该圆的圆心在点 $\left(\frac{a}{2},0\right)$,半径为 $\frac{a}{2}$. 第二个方程表示球心在坐标原点 O,半径为

a 的上半球面.因此方程组就表示上述半球面与圆柱面的交线(见图 8-32).

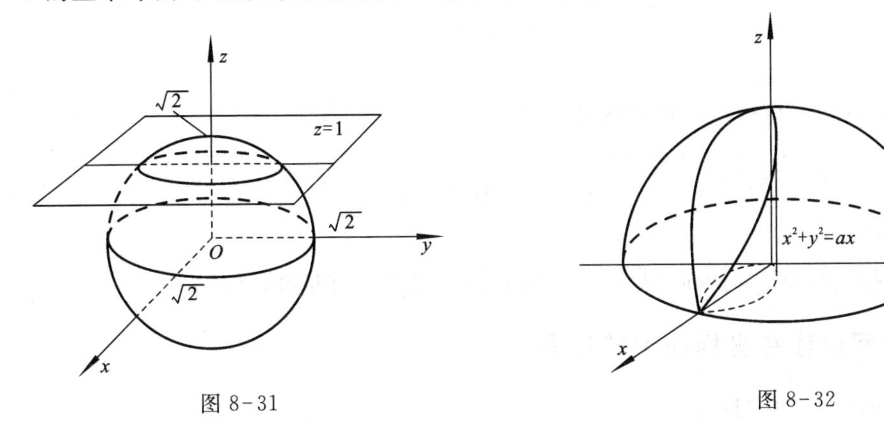

图 8-31　　　　图 8-32

8.4.2　空间曲线的参数方程

对于空间曲线 C 的方程除了上面的一般式方程外,也可以用参数形式表示,即将空间曲线 C 上点的坐标 x,y,z 用同一参变量 t 的函数来表示.

$$\begin{cases} x=x(t) \\ y=y(t) \quad (t_1\leqslant t\leqslant t_2) \\ z=z(t) \end{cases} \tag{2}$$

当给定 t 的一个值时,就得到曲线 C 上的一个点的坐标,当 t 在区间$[t_1,t_2]$上变动时,就可得到曲线 C 上的所有点.方程组(2)叫做**空间曲线的参数方程**.

例 3　设空间一动点 M 在圆柱面 $x^2+y^2=a^2$ 上以角速度 ω 绕 z 轴旋转,同时又以线速度 v 沿平行于 z 轴的正方向上升(其中 ω,v 都是常数),则动点 M 的轨迹叫做**螺旋线**.试求螺旋线的参数方程.

解　取时间 t 为参数,设运动开始时($t=0$)动点的位置在 $M_0(a,0,0)$,经过时间 t,动点的位置在 $M(x,y,z)$(见图 8-33),点 M 在 xOy 面上的投影为 $P(x,y,0)$.由于$\angle M_0OP=\omega t$,于是有

$$\begin{cases} x=a\cos\omega t \\ y=a\sin\omega t \end{cases}$$

因动点同时以线速度 v 沿平行于 z 轴的正方向上升,有

$$z=PM=vt,$$

因此,螺旋线的参数方程为

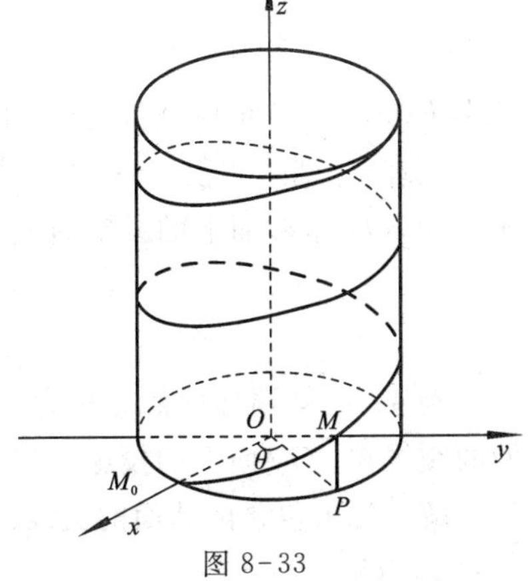

图 8-33

$$\begin{cases} x=a\cos \omega t \\ y=a\sin \omega t. \\ z=vt \end{cases}$$

如果令 $\theta=\omega t$，以 θ 为参数，则螺旋线的参数方程为

$$\begin{cases} x=a\cos \theta \\ y=a\sin \theta, \\ z=b\theta \end{cases} \quad 其中\ b=\frac{v}{\omega}.$$

螺旋线是实践中常用的曲线，如平头螺钉的外缘曲线就是螺旋线.

8.4.3 空间曲线在坐标面上的投影

设空间曲线 C 的方程为

$$\begin{cases} F_1(x,y,z)=0 \\ F_2(x,y,z)=0 \end{cases}, \tag{3}$$

现在要求它在 xOy 坐标面上的投影曲线的方程.

作曲线 C 在 xOy 面上的投影时，要通过曲线 C 上每一点作 xOy 面上的垂线，这相当于作一个母线平行于 z 轴且通过曲线 C 的柱面，这柱面与 xOy 面的交线就是曲线 C 在 xOy 面上的投影曲线. 所以关键在于求这个柱面的方程. 从方程(3)中消去变量 z，得到

$$F(x,y)=0 \tag{4}$$

方程(4)表示一个母线平行于 z 轴的柱面，此柱面必定包含曲线 C，所以它是一个以曲线 C 为准线、母线平行于 z 轴的柱面，叫做曲线 C 关于 xOy 面的**投影柱面**. 它与 xOy 面的交线就是空间曲线 C 在 xOy 面上的**投影曲线**，简称**投影**，曲线 C 在 xOy 面上的投影曲线方程为

$$\begin{cases} F(x,y)=0 \\ z=0 \end{cases},$$

其中 $F(x,y)=0$ 可以从方程(3)中消去 z 得到.

同理，分别从方程(3)消去 x 与 y 得到 $G(y,z)=0$ 和 $H(x,z)=0$，则曲线 C 在 yOz 和 zOx 坐标面上的投影曲线方程分别为

$$\begin{cases} G(y,z)=0 \\ x=0 \end{cases} \quad 和 \quad \begin{cases} H(x,z)=0 \\ y=0 \end{cases}.$$

例 4 已知两球面的方程为 $x^2+y^2+z^2=1$ 和 $x^2+(y-1)^2+(z-1)^2=1$，求它们的交线在 xOy 面上的投影方程.

解 先求包含两球面的交线而母线平行于 z 轴的柱面方程. 要由上述两球面方程消去 z，得

$$y+z=1.$$

再把 $z=1-y$ 代入球面方程，即得所求的柱面方程为

$$x^2+2y^2-2y=0.$$

于是两球面的交线在 xOy 面上的投影方程为

$$\begin{cases} x^2+2y^2-2y=0 \\ z=0 \end{cases}.$$

例 5　设一个立体由上半球面 $z=\sqrt{4-x^2-y^2}$ 和锥面 $z=\sqrt{3(x^2+y^2)}$ 所围成，求它在 xOy 面上的投影.

解　半球面和锥面的交线为

$$C:\begin{cases} z=\sqrt{4-x^2-y^2}, \\ z=\sqrt{3(x^2+y^2)}. \end{cases}$$

消去 z 得，投影柱面方程　$x^2+y^2=1.$

则交线 C 在 xOy 面上的投影为　$\begin{cases} x^2+y^2=1 \\ z=0 \end{cases}.$

这是 xOy 面上的一个圆.

于是所求立体在 xOy 面上的投影，就是该圆在 xOy 面上所围的部分 $x^2+y^2\leqslant 1$.

习　题　8.4

1. 求曲面 $x^2+y^2+4z^2=1$ 与曲面 $z^2=x^2+y^2$ 的交线在 xOy 平面上的投影柱面和投影曲线方程.

2. 将曲线方程 $\begin{cases} x^2+y^2+z^2=9 \\ y=x \end{cases}$ 化为参数方程.

3. 指出下列方程所表示的是何种曲线或曲面.

(1) $1-2z^2=2x^2+y^2$；　　(2) $2x^2+2y^2=1+3z^2$；

(3) $\begin{cases} x^2+4y^2=8z \\ z=8 \end{cases}$；　　(4) $\begin{cases} x^2+4y^2-16z^2=64 \\ y=0 \end{cases}$；

(5) $y^2-x^2=z^2$；　　(6) $x^2-2y^2=0$.

§8.5　平面及其方程

8.5.1　平面的点法式方程

与已知平面 π 垂直的非零向量 $\boldsymbol{n}$ 叫做该平面的**法线向量**，简称该平面的**法向量**.

显然,若 $\boldsymbol{n}$ 是平面 π 的法向量,则 π 上任一向量均与 $\boldsymbol{n}$ 垂直.

我们知道,过空间一点可以作而且只能作一平面垂直于一已知直线,所以当平面 π 上的一点 $M_0(x_0,y_0,z_0)$ 和它的法向量 $\boldsymbol{n}=(A,B,C)$ 为已知时,平面 π 的位置就完全确定了.

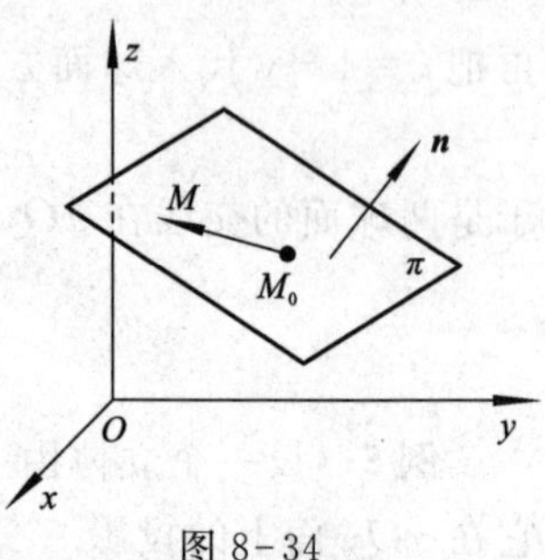

图 8-34

设 $M_0(x_0,y_0,z_0)$ 是平面 π 上一已知点,$\boldsymbol{n}=(A,B,C)$ 是它的法向量(见图 8-34),$M(x,y,z)$ 是平面 π 上的任一点,那么向量 $\overrightarrow{M_0M}$ 必与平面 π 的法向量 $\boldsymbol{n}$ 垂直,即它们的数量积等于零:$\boldsymbol{n}\cdot\overrightarrow{M_0M}=0$. 由于 $\boldsymbol{n}=(A,B,C)$,$\overrightarrow{M_0M}=(x-x_0,y-y_0,z-z_0)$,所以有

$$A(x-x_0)+B(y-y_0)+C(z-z_0)=0. \tag{1}$$

平面 π 上任一点的坐标都满足上述方程(1),不在平面 π 上的点的坐标都不满足上述方程(1). 所以方程(1)就是所求平面的方程. 因为所给的条件是已知一定点 (x_0,y_0,z_0) 和一个法向量 $\boldsymbol{n}=(A,B,C)$,方程(1)叫做**平面 π 的点法式方程**.

例 1 求过三点 $A(2,-1,4)$、$B(-1,3,-2)$ 和 $C(0,2,3)$ 的平面方程.

解 $\overrightarrow{AB}=(-3,4,-6)$,$\overrightarrow{AC}=(-2,3,-1)$,取 $\boldsymbol{n}=\overrightarrow{AB}\times\overrightarrow{AC}=(14,9,-1)$,则所求平面方程为 $14(x-2)+9(y+1)-(z-4)=0$,化简得 $14x+9y-z-15=0$.

例 2 求过点(1,1,1),且垂直于平面 $x-y+z=7$ 和 $3x+2y-12z+5=0$ 的平面方程.

解 $\boldsymbol{n}_1=(1,-1,1)$,$\boldsymbol{n}_2=(3,2,-12)$,取法向量 $\boldsymbol{n}=\boldsymbol{n}_1\times\boldsymbol{n}_2=(10,15,5)$,则所求平面方程为

$$10(x-1)+15(y-1)+5(z-1)=0,$$

化简得

$$2x+3y+z-6=0.$$

8.5.2 平面的一般方程

将方程(1)化简,得

$$Ax+By+Cz+D=0,$$

其中 $D=-Ax_0-By_0-Cz_0$,由于方程(1)是 x,y,z 的一次方程,所以任何平面都可以用三元一次方程来表示.

反过来,对于任给的一个三元一次方程

$$Ax+By+Cz+D=0, \tag{2}$$

我们取满足该方程的一组解 x_0,y_0,z_0,则

$$Ax_0+By_0+Cz_0+D=0, \tag{3}$$

将上述两等式相减,得

$$A(x-x_0)+B(y-y_0)+C(z-z_0)=0, \tag{4}$$

把它与平面的点法式方程(1)相比较,便知方程(4)是通过点 (x_0,y_0,z_0),且以 $\boldsymbol{n}=(A,B,C)$ 为法向量的平面方程. 因为方程(2)与(4)同解,所以任意一个三元一次方程(2)

的图形是一个平面. 方程(2)称为**平面的一般式方程**. 其中 x,y,z 的系数就是该平面的法向量 $\boldsymbol{n}$ 的坐标,即 $\boldsymbol{n}=(A,B,C)$.

例如,方程 $3x+2y-12z+5=0$ 表示一个平面,$\boldsymbol{n}=(3,2,-12)$是平面的一个法线向量.

下面讨论几种特殊的三元一次方程所表示的平面的特点.

(1)当 $D=0$ 时,$Ax+By+Cz=0$ 表示过原点的平面.

(2)当 $A=0$ 时,$By+Cz+D=0$ 表示平行于 x 轴的平面.

同理,$Ax+Cz+D=0$ 表示平行于 y 轴的平面,$Ax+By+D=0$ 表示平行于 z 轴的平面.

(3)当 $A=B=0$ 时,方程为 $Cz+D=0$ 表示平行于 xOy 面的平面.

同理,$Az+D=0$ 和 $Bz+D=0$ 分别表示平行于 yOz 面和 xOz 面的平面.

特别地,当 $D=0$ 时,$z=0$,$y=0$,$x=0$ 分别表示 xOy 面,xOz 面,yOz 面.

例 3　设平面过原点及点(6,−3,2),且与平面 $4x-y+2z=8$ 垂直,求此平面方程.

解　设平面为 $Ax+By+Cz+D=0$,则由平面过原点知,$D=0$,

由平面过点(6,−3,2)知,$6A-3B+2C=0$,

因为 $\boldsymbol{n}\perp(4,-1,2)$,所以 $4A-B+2C=0$. 因此得 $A=B=-\dfrac{2}{3}C$. 所求平面方程为 $2x+2y-3z=0$.

例 4　设平面与 x,y,z 三轴分别交于 $P(a,0,0)$、$Q(0,b,0)$、$R(0,0,c)$(其中 $a\neq 0,b\neq 0,c\neq 0$),求此平面方程.

解　设平面为 $Ax+By+Cz+D=0$,将三点坐标代入得$\begin{cases}aA+D=0\\bB+D=0,\\cC+D=0\end{cases}$

解得

$$A=-\frac{D}{a},B=-\frac{D}{b},C=-\frac{D}{c}.$$

将 $A=-\dfrac{D}{a},B=-\dfrac{D}{b},C=-\dfrac{D}{c}$代入所设方程得

$$\frac{x}{a}+\frac{y}{b}+\frac{z}{c}=1\quad(\text{平面的截距式方程}).$$

8.5.3　两平面的夹角

定义

两平面的法线向量的夹角 θ 称为**两平面的夹角**.(通常取锐角)

$\pi_1:A_1x+B_1y+C_1z+D_1=0$,则 $\boldsymbol{n}_1=(A_1,B_1,C_1)$.

$\pi_2:A_2x+B_2y+C_2z+D_2=0$,则 $\boldsymbol{n}_2=(A_2,B_2,C_2)$.

由两向量夹角余弦公式得

$$\cos\theta=\frac{|A_1A_2+B_1B_2+C_1C_2|}{\sqrt{A_1^2+B_1^2+C_1^2}\cdot\sqrt{A_2^2+B_2^2+C_2^2}}\quad(\text{两平面夹角余弦公式}).$$

由此公式和两平面法向量平行的条件得到:

(1)两个平面 π_1 与 π_2 互相垂直的充分必要条件是 $A_1A_2+B_1B_2+C_1C_2=0$.

(2)两个平面 π_1 与 π_2 互相平行的充分必要条件是 $\frac{A_1}{A_2}=\frac{B_1}{B_2}=\frac{C_1}{C_2}$.

例 5 研究以下各组中两平面的位置关系:

(1)$-x+2y-z+1=0$ 和 $y+3z-1=0$;

(2)$2x-y+z-1=0$ 和 $-4x+2y-2z-1=0$;

(3)$2x-y-z+1=0$ 和 $-4x+2y+2z-2=0$.

解 (1)$\cos\theta=\frac{|-1\times0+2\times1-1\times3|}{\sqrt{(-1)^2+2^2+(-1)^2}\cdot\sqrt{1^2+3^2}}$,即 $\cos\theta=\frac{1}{\sqrt{60}}$,从而两平面相交,夹角 $\theta=\arccos\frac{1}{\sqrt{60}}$.

(2)$\boldsymbol{n}_1=(2,-1,1)$,$\boldsymbol{n}_2=(-4,2,-2)$,所以 $\frac{2}{-4}=\frac{-1}{2}=\frac{1}{-2}$,故两平面平行.但是 $M(1,1,0)\in\pi_1$,$M(1,1,0)\notin\pi_2$,从而两平面平行但不重合.

(3)因为 $\frac{2}{-4}=\frac{-1}{2}=\frac{-1}{2}$,所以两平面平行.但是 $M(1,1,0)\in\pi_1$,$M(1,1,0)\in\pi_2$ 从而两平面重合.

例 6 设 $P_0(x_0,y_0,z_0)$ 是平面 $Ax+By+Cz+D=0$ 外一点,求 P_0 到平面的距离.

解 $\forall P_1(x_1,y_1,z_1)\in\pi$, $d=|\mathrm{Prj}_n\overrightarrow{P_1P_0}|$.

$$\mathrm{Prj}_n\overrightarrow{P_1P_0}=\overrightarrow{P_1P_0}\cdot n^0,\ \overrightarrow{P_1P_0}=(x_0-x_1,y_0-y_1,z_0-z_1),$$

$$\boldsymbol{n}^0=\left(\frac{A}{\sqrt{A^2+B^2+C^2}},\frac{B}{\sqrt{A^2+B^2+C^2}},\frac{C}{\sqrt{A^2+B^2+C^2}}\right),$$

所以 $\mathrm{Prj}_n\overrightarrow{P_1P_0}=\overrightarrow{P_1P_0}\cdot\boldsymbol{n}^0=\frac{A(x_0-x_1)}{\sqrt{A^2+B^2+C^2}}+\frac{B(y_0-y_1)}{\sqrt{A^2+B^2+C^2}}+\frac{C(z_0-z_1)}{\sqrt{A^2+B^2+C^2}}$

$$=\frac{Ax_0+By_0+Cz_0-(Ax_1+By_1+Cz_1)}{\sqrt{A^2+B^2+C^2}}.$$

因为 $Ax_1+By_1+Cz_1+D=0(P_1\in\pi)$,所以 $\mathrm{Prj}_n\overrightarrow{P_1P_0}=\frac{Ax_0+By_0+Cz_0+D}{\sqrt{A^2+B^2+C^2}}$,

故 $d=\frac{|Ax_0+By_0+Cz_0+D|}{\sqrt{A^2+B^2+C^2}}$(点到平面距离公式).

习　题　8.5

1. 求平行于向量 $\boldsymbol{v}_1=(1,0,1)$，$\boldsymbol{v}_2=(2,-1,3)$ 且过点 $P(3,-1,4)$ 的平面方程.

2. 求过 $(1,1,-1)$，$(-2,-2,2)$ 和 $(1,-1,2)$ 三点的平面方程.

3. 求平行于 xOz 平面且经过点 $(2,-5,3)$ 的平面方程.

4. 求过 z 轴和点 $(-3,1,-2)$ 的平面方程.

5. 求过点 $(8,-3,7)$ 和点 $(4,7,2)$ 且平行于 y 轴的平面方程.

6. 求与原点距离是 6 个单位且截距之比 $a:b:c=1:3:2$ 的平面方程.

7. 求过点 $P(-2,0,4)$ 且与两平面 $2x+y-z=0$，$x+3y+1=0$ 都垂直的平面方程.

8. 求与平面 $6x+3y+2z+12=0$ 平行的平面，且使点 $(0,2,-1)$ 与这两个平面的距离相等.

9. 求与已知平面 $8x+y+2z+5=0$ 平行且与三坐标平面所构成的四面体体积为 1 的平面方程.

10. 求平面 $2x-y+z=7$ 与 $x+y+2z=11$ 所构成的两个二面角的角平分面的方程.

§8.6　空间直线及其方程

8.6.1　空间直线的一般方程

空间直线 L 可以看作两个平面 π_1 和 π_2 的交线. 如果平面 π_1 和 π_2 的方程分别为 $A_1x+B_1y+C_1z+D_1=0$ 和 $A_2x+B_2y+C_2z+D_2=0$，那么，空间直线 L 上点的坐标应同时满足这两个平面方程，即应满足方程组

$$\begin{cases}A_1x+B_1y+C_1z+D_1=0\\A_2x+B_2y+C_2z+D_2=0\end{cases}. \tag{1}$$

反过来，如果点 M 不在直线 L 上，那么它不可能同时在平面 π_1 和 π_2 上，所以它的坐标不满足方程组(1).

因此，直线 L 可以用方程组(1)来表示，方程组(1)叫做**空间直线的一般方程**.

8.6.2　对称式方程和参数方程

为了建立直线的对称式方程，我们先引入直线的方向向量的概念.

与已知直线平行的非零向量称为该直线的**方向向量**. 显然，直线上任一向量都平

行于该直线的方向向量.

我们知道,过空间一点可作且只可作一条直线平行于一已知直线,所以当直线 L 上一点 $M_0(x_0,y_0,z_0)$ 和它的方向向量 $\boldsymbol{s}=(m,n,p)$ 已知时,就可以完全确定直线 L 的位置(见图 8-35).下面我们来建立此直线的方程.

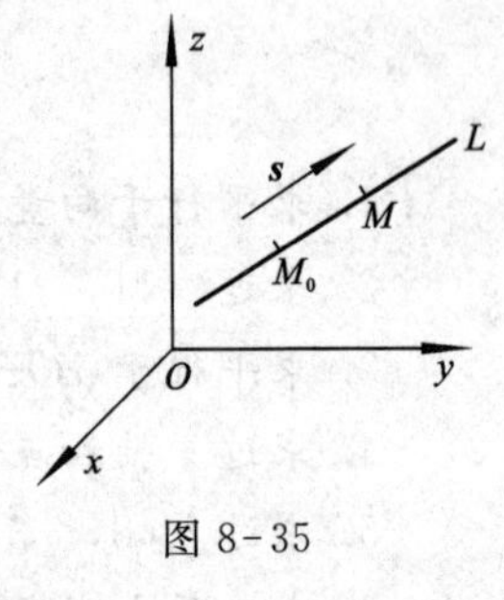

图 8-35

设点 $M(x,y,z)$ 是直线 L 上的任意一点,那么向量 $\overrightarrow{M_0M}$ 与 L 的方向向量 $\boldsymbol{s}$ 平行.所以两向量的对应坐标成比例,由于 $\overrightarrow{M_0M}=(x-x_0,y-y_0,z-z_0)$,$\boldsymbol{s}=(m,n,p)$,从而有

$$\frac{x-x_0}{m}=\frac{y-y_0}{n}=\frac{z-z_0}{p}. \tag{2}$$

当 m,n,p 中有一个为零时,例如 $m=0$,这时方程组应理解为

$$\begin{cases} x-x_0=0 \\ \dfrac{y-y_0}{n}=\dfrac{z-z_0}{p}, \end{cases}$$

当 m,n,p 中有两个为零时,例如 $m=n=0$,应理解为

$$\begin{cases} x-x_0=0 \\ y-y_0=0 \end{cases}.$$

反过来,如果点 M 不在直线 L 上,那么由于 $\overrightarrow{M_0M}$ 与 $\boldsymbol{s}$ 不平行,这两向量的对应坐标就不成比例.

因此,方程组(2)就是直线 L 的方程,叫做直线的**点向式方程**或**对称式方程**.方向向量 $\boldsymbol{s}$ 的坐标 m,n,p 称为直线 L 的一组方向数.

令
$$\frac{x-x_0}{m}=\frac{y-y_0}{n}=\frac{z-z_0}{p}=t,$$

得
$$\begin{cases} x=x_0+mt \\ y=y_0+nt. \\ z=z_0+pt \end{cases} \tag{3}$$

即直线 L 上动点的坐标 x,y,z 还可以用另一变量 t(称为参数)的函数来表达,当 t 取遍全体实数时,由(3)式所确定的点 $M(x,y,z)$ 的轨迹就构成直线 L.方程组(3)称为直线的**参数方程**.

例 1 把 $L:\begin{cases} x+y+z+1=0 \\ 2x-y+3z+4=0 \end{cases}$ 化为对称式方程、参数方程.

解 只须找出 L 的方向向量 $\boldsymbol{s}$ 和 L 上的任一点 M_0,即可得对称式方程和参数方程.取 $z_0=0$,代入方程,得

$$\begin{cases} x+y=-1 \\ 2x-y=-4 \end{cases},$$

解之，得

$$\begin{cases} x_0=-\dfrac{5}{3} \\ y_0=\dfrac{2}{3} \end{cases}.$$

故 M_0 的坐标为 $\left(-\dfrac{5}{3},\dfrac{2}{3},0\right)$.

再求方向向量 $\boldsymbol{s}$：记 $\boldsymbol{n}_1=(1,1,1)$，$\boldsymbol{n}_2=(2,-1,3)$，因 L 既在 π_1 上又在 π_2 上，从而 L 既垂直于 $\boldsymbol{n}_1$ 又垂直于 $\boldsymbol{n}_2$，可取 L 的方向向量

$$\boldsymbol{s}=\boldsymbol{n}_1\times\boldsymbol{n}_2=\begin{vmatrix} \boldsymbol{i} & \boldsymbol{j} & \boldsymbol{k} \\ 1 & 1 & 1 \\ 2 & -1 & 3 \end{vmatrix}=4\boldsymbol{i}-\boldsymbol{j}-3\boldsymbol{k},$$

从而对称式方程为

$$\frac{x+\dfrac{5}{3}}{4}=\frac{y-\dfrac{2}{3}}{-1}=\frac{z}{-3},$$

参数方程为

$$\begin{cases} x=-\dfrac{5}{3}+4t \\ y=\dfrac{2}{3}-t \\ z=-3t \end{cases}.$$

例 2　求与平面 $\pi_1: x-4z=3$ 和 $\pi_2: 2x-y-5z=1$ 的交线平行且过点 $A(-3,2,5)$ 的直线方程.

解　直线的方向向量

$$\boldsymbol{s}=\boldsymbol{n}_1\times\boldsymbol{n}_2=\begin{vmatrix} \boldsymbol{i} & \boldsymbol{j} & \boldsymbol{k} \\ 1 & 0 & -4 \\ 2 & -1 & -5 \end{vmatrix}=-4\boldsymbol{i}-3\boldsymbol{j}-\boldsymbol{k},$$

即 $\boldsymbol{s}=(-4,-3,-1)$

从而直线方程为

$$\frac{x+3}{4}=\frac{y-2}{3}=\frac{z-5}{1}.$$

8.6.3　两直线的夹角

定义 1　两直线方向向量的夹角 $\varphi\left(0\leqslant\varphi\leqslant\dfrac{\pi}{2}\right)$ 称为**两直线的夹角**.

设直线 $L_1:\dfrac{x-x_1}{m_1}=\dfrac{y-y_1}{n_1}=\dfrac{z-z_1}{p_1}$,记 $\boldsymbol{s}_1=(m_1,n_1,p_1)$.

直线 $L_2:\dfrac{x-x_2}{m_2}=\dfrac{y-y_2}{n_2}=\dfrac{z-z_2}{p_2}$,记 $\boldsymbol{s}_2=(m_2,n_2,p_2)$.

则
$$\cos\varphi=|\cos(\boldsymbol{s}_1,\boldsymbol{s}_2)|=\frac{|\boldsymbol{s}_1\cdot\boldsymbol{s}_2|}{|\boldsymbol{s}_1|\cdot|\boldsymbol{s}_2|}=\frac{|m_1m_2+n_1n_2+p_1p_2|}{\sqrt{m_1^2+n_1^2+p_1^2}\cdot\sqrt{m_2^2+n_2^2+p_2^2}}.$$

由此公式及两个向量平行的条件得到:

(1)两直线 L_1、L_2 垂直的充分必要条件是 $m_1m_2+n_1n_2+p_1p_2=0$.

(2)两直线 L_1、L_2 平行或重合的充分必要条件是$\dfrac{m_1}{m_2}=\dfrac{n_1}{n_2}=\dfrac{p_1}{p_2}$.

例 3 设直线 $L_1:\dfrac{x-1}{1}=\dfrac{y-5}{-2}=\dfrac{z+8}{1}$与直线 $L_2:\begin{cases}x-y=6\\2y+z=3\end{cases}$,求两直线的夹角 φ.

解 两直线的方向向量分别为

$$\boldsymbol{s}_1=(1,-2,1),\boldsymbol{s}_2=\boldsymbol{n}_1\times\boldsymbol{n}_2=\begin{vmatrix}\boldsymbol{i}&\boldsymbol{j}&\boldsymbol{k}\\1&-1&0\\0&2&1\end{vmatrix}=(-1,-1,2),$$

其中 $\boldsymbol{n}_1,\boldsymbol{n}_2$ 分别为 L_2 所对应的两平面的法线向量.

有
$$\cos\varphi=\frac{|\boldsymbol{s}_1\cdot\boldsymbol{s}_2|}{|\boldsymbol{s}_1|\cdot|\boldsymbol{s}_2|}=\frac{1}{2},$$

所以,两直线的夹角为
$$\varphi=\arccos\frac{1}{2}=\frac{\pi}{3}.$$

8.6.4 直线与平面的夹角

定义 2 直线 L 与它在平面 π 上的投影所成的角 $\theta\left(0\leqslant\theta\leqslant\dfrac{\pi}{2}\right)$称为直线 L 与平面 π 的夹角,如图 8-36 所示.

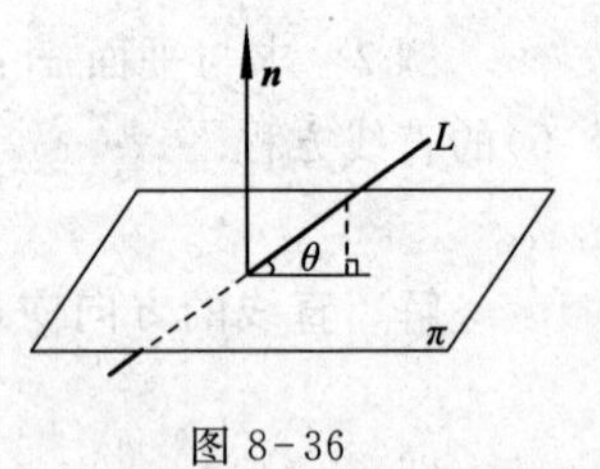

图 8-36

设直线 $L:\dfrac{x-x_0}{m}=\dfrac{y-y_0}{n}=\dfrac{z-z_o}{p}$,方向向量 $\boldsymbol{s}=(m,n,p)$;

平面 $\pi:Ax+By+Cz+D=0$,法线向量 $\boldsymbol{n}=(A,B,C)$,

则

$$\sin\theta=\left|\sin\left(\frac{\pi}{2}-(\widehat{\boldsymbol{n},\boldsymbol{s}})\right)\right|=|\cos(\widehat{\boldsymbol{n},\boldsymbol{s}})|=\frac{|Am+Bn+Cp|}{\sqrt{A^2+B^2+C^2}\sqrt{m^2+n^2+p^2}}.$$

由此公式可得直线与平面的位置关系:

(1)直线 L 与平面 π 垂直的充分必要条件是$\dfrac{A}{m}=\dfrac{B}{n}=\dfrac{C}{p}$.

(2)L 平行于 π 或 L 在 π 上的充分必要条件是 $Am+Bn+Cp=0$.

例 4　设直线 $L:\frac{x-1}{2}=\frac{y}{-1}=\frac{z+1}{2}$，平面 $\pi: x-y+2z=3$，求直线与平面的夹角.

解　$\boldsymbol{n}=(1,-1,2)$，$\boldsymbol{s}=(2,-1,2)$，则

$$\sin\theta=\frac{|Am+Bn+Cp|}{\sqrt{A^2+B^2+C^2}\cdot\sqrt{m^2+n^2+p^2}}=\frac{|1\times2+(-1)\times(-1)+2\times2|}{\sqrt{6}\cdot\sqrt{9}}=\frac{7}{3\sqrt{6}}.$$

所以 $\theta=\arcsin\frac{7}{3\sqrt{6}}$ 为所求夹角.

例 5　求直线 $\frac{x-2}{1}=\frac{y-3}{1}=\frac{z-4}{2}$ 与平面 $2x+y+z=6$ 的交点 M.

解　令 $\frac{x-2}{1}=\frac{y-3}{1}=\frac{z-4}{2}=t$，设交点 $M(2+t,3+t,4+2t)$

则代入平面方程，有 $2(2+t)+(3+t)+(4+2t)=6$

解得

$$t=-1$$

从而直线与平面的交点 $M(1,2,2)$.

例 6　求过点 $M(2,1,3)$ 与直线 $L:\frac{x+1}{3}=\frac{y-1}{2}=\frac{z}{-1}$ 垂直相交的直线.

解　先求过点 $M(2,1,3)$ 且垂直于已知直线 L 的平面

$$\pi: 3(x-2)+2(y-1)-(z-3)=0,$$

即

$$3x+2y-z-5=0.$$

再求已知直线 L 与该平面的交点. 把已知直线的参数方程

$$\begin{cases} x=-1+3t \\ y=1+2t \\ z=-t \end{cases},$$

代入平面方程，解之得

$$t=\frac{3}{7}.$$

再将求得的 t 值代入直线参数方程中，即得

$$x=\frac{2}{7},\quad y=\frac{13}{7},\quad z=-\frac{3}{7}.$$

所以平面 π 与直线 L 的交点　$M'\left(\frac{2}{7},\frac{13}{7},-\frac{3}{7}\right)$，

故所求直线的方向向量　$\boldsymbol{s}=\overrightarrow{MM'}=-\frac{6}{7}(2,-1,4)$，

故所求直线的方程为

$$\frac{x-2}{2}=\frac{y-1}{-1}=\frac{z-3}{4}.$$

有时用过直线的平面束方程解题比较方便.

通过定直线 L 的所有平面的全体称为过直线 L 的**平面束**.

设直线 L 的方程为

$$\begin{cases}A_1x+B_1y+C_1z+D_1=0\\A_2x+B_2y+C_2z+D_2=0\end{cases},$$

其中系数 A_1,B_1,C_1 与 A_2,B_2,C_2 不成比例.

称方程

$$A_1x+B_1y+C_1z+D_1+\lambda(A_2x+B_2y+C_2z+D_2)=0 \tag{4}$$

为过直线 L 的**平面束方程**,其中 λ 为任意常数. 容易证明方程(4)表示所有过直线 L 的平面(除平面 $A_2x+B_2y+C_2z+D_2=0$ 外).

例 7 求 $L:\begin{cases}x+y-z-1=0\\x-y+z+1=0\end{cases}$ 在平面 $\pi:x+y+z=0$ 上的投影方程.

解 只须求出过直线 L 且与 π 垂直的平面 π_1 的方程,然后与 π 的方程联立即得投影直线的一般方程.

设过 L 的平面束方程为

$$x+y-z-1+\lambda(x-y+z+1)=0,$$

即

$$(1+\lambda)x+(1-\lambda)y+(-1+\lambda)z+(-1+\lambda)=0,$$

由两平面垂直的充要条件知

$$(1+\lambda)\cdot 1+(1-\lambda)\cdot 1+(-1+\lambda)\cdot 1=0,$$

解得

$$\lambda=-1.$$

所以投影平面的方程为

$$y-z-1=0.$$

所以投影直线的方程是

$$\begin{cases}y-z-1=0\\x+y+z=0\end{cases}.$$

习 题 8.6

1. 用对称式及参数方程表示直线 $\begin{cases}x-y+z=1\\2x+y+z=4\end{cases}$.

2. 一直线 L 通过点 $(1,0,-3)$ 且与平面 $3x-4y+z=10$ 垂直,求 L 的方程.

3. 求过点 $M(1,2,1)$ 且与直线 $\begin{cases}x-5y+2z=1\\5y-z+2=0\end{cases}$ 平行的直线方程.

4. 试确定下列各组中直线和平面间的关系：

(1) $\frac{x+3}{-2}=\frac{y+4}{-7}=\frac{z}{3}$ 和 $4x-2y-2z=3$；(2) $\frac{x}{3}=\frac{y}{-2}=\frac{z}{7}$ 和 $3x-2y+7z=8$；

(3) $\frac{x-2}{3}=\frac{y+2}{1}=\frac{z-3}{-4}$ 和 $x+y+z=3$.

5. 求通过点 $(1,0,-2)$ 且与平面 $3x+4y-z+6=0$ 平行，又与直线 $\frac{x-3}{1}=\frac{y+2}{4}=\frac{z}{1}$ 垂直的直线方程.

6. 求原点到直线 $\frac{x-2}{1}=\frac{y+3}{2}=\frac{z-1}{-2}$ 的距离.

7. 求直线 $\begin{cases}2x-4y+z=0\\3x-y-2z=9\end{cases}$ 在平面 $4x-y+z=1$ 上的投影直线的方程.

8. 求通过直线 $\begin{cases}3x-2y+2=0\\x-2y-z+6=0\end{cases}$ 且与点 $(1,2,1)$ 的距离为 1 的平面方程.

9. 验证直线 l_1：$\frac{x+3}{3}=\frac{y+2}{-2}=\frac{z}{1}$ 和 l_2：$\begin{cases}x-3z=0\\y+2z+6=0\end{cases}$ 平行，并求过两直线的平面方程.

10. 求与点 $M(4,3,10)$ 关于直线 $\frac{x-1}{2}=\frac{y-2}{4}=\frac{z-3}{5}$ 对称的点.

11. 求过点 $(-1,2,3)$ 且平行于平面 $6x-2y-3z+1=0$，又与直线 $\frac{x-1}{3}=\frac{y+1}{2}=\frac{z-3}{-5}$ 相交的直线方程.

12. 计算两直线 $\frac{x+3}{4}=\frac{y-6}{-3}=\frac{z-3}{2}$，$\frac{x-4}{8}=\frac{y+1}{-3}=\frac{z+7}{3}$ 的距离.

复习题 8

1. 填空题

(1) 设 $\boldsymbol{a}=(2,5,-1)$，$\boldsymbol{b}=(1,3,2)$，问 λ 与 μ 有怎样的关系____________时，$\lambda\boldsymbol{a}+\mu\boldsymbol{b}$ 与 z 轴垂直.

(2) 若已知向量 $\boldsymbol{a}=(3,4,0)$，$\boldsymbol{b}=(1,2,2)$，则 $\boldsymbol{a}$，$\boldsymbol{b}$ 夹角平分线上的单位向量为____________.

(3) 若两个非零向量 $\boldsymbol{a}$，$\boldsymbol{b}$ 的方向余弦分别为 $\cos\alpha_1$，$\cos\beta_1$，$\cos\gamma_1$ 和 $\cos\alpha_2$，$\cos\beta_2$，$\cos\gamma_2$，设 $\boldsymbol{a}$，$\boldsymbol{b}$ 夹角为 φ，则 $\cos\varphi=$________________.

(4)过直线$\frac{x-1}{2}=\frac{y+2}{-3}=\frac{z-2}{2}$且与平面 $3x+2y-z-5=0$ 垂直的平面方程为__________.

(5)直线 l_1:$\frac{x-1}{1}=\frac{y-5}{-2}=\frac{z+8}{1}$与直线 l_2:$\begin{cases}x-y=6\\2y-z=3\end{cases}$的夹角 $\theta=$__________.

(6)点(3,-4,4)到直线$\frac{x-4}{2}=\frac{y-5}{-2}=\frac{z-2}{1}$的距离为__________.

(7)曲线$\begin{cases}x^2+y^2+z^2=1\\x+y+z=0\end{cases}$在 xOy 面上的投影曲线为__________.

(8)与两直线$\begin{cases}x=1\\y=-1+t\\z=2+t\end{cases}$及$\frac{x+1}{1}=\frac{y+2}{2}=\frac{z-1}{1}$都平行,且过原点的平面方程为__________.

2. 单项选择题

(1)点 $P(3,-2,2)$在平面 $3x-y+2z-21=0$ 上的投影点是________.

A. (3,-1,2)　　B. $\left(\frac{30}{7},-\frac{17}{7},\frac{20}{7}\right)$　　C. (7,2,1)　　D. (-2,-21,3)

(2)直线$\frac{x-2}{2}=\frac{y+2}{1}=\frac{z-4}{-3}$与平面 $x+y+z=4$ 的关系是________.

A. 直线在平面上　　B. 平行　　C. 垂直　　D. 三者都不是

(3)两平行平面 $2x-3y+4z+9=0$ 与 $2x-3y+4z-15=0$ 的距离为________.

A. $\frac{6}{29}$　　B. $\frac{24}{29}$　　C. $\frac{24}{\sqrt{29}}$　　D. $\frac{6}{\sqrt{29}}$

(4)xOz 平面上曲线 $z=e^x\ (x>0)$绕 x 轴旋转所得旋转曲面方程为________.

A. $\sqrt{y^2+z^2}=\mathrm{e}^x$　　B. $y^2+z^2=\mathrm{e}^x$　　C. $z=\mathrm{e}^{x^2+y^2}$　　D. $z=\mathrm{e}^{\sqrt{y^2+z^2}}$

3. 计算题

(1)化简$(\boldsymbol{a}+\boldsymbol{b})\cdot[(\boldsymbol{b}+\boldsymbol{c})\times(\boldsymbol{c}+\boldsymbol{a})]$.

(2)求与坐标原点 O 及点 $A(2,3,4)$距离之比为 1∶2 的点的全体所组成的曲面方程,它表示怎样的曲面?

(3)将空间曲线方程$\begin{cases}x^2+y^2+z^2=16\\x+z=0\end{cases}$化为参数方程.

(4)求中心点在直线$\begin{cases}2x+4y-z-7=0\\4x+5y+z-14=0\end{cases}$上且过点 $A(0,3,3)$和点 $B(-1,3,4)$的球面方程.

(5)求通过直线$\begin{cases}x+y+z=0\\2x-y+3z=0\end{cases}$且平行于直线 $x=2y=3z$ 的平面方程.

(6)点 $P(2,-1,-1)$关于平面 π 的对称点为 $P_1(-2,3,11)$，求 π 的方程.

(7)求直线 L：$\begin{cases}x+y-z-1=0\\x-y+z+1=0\end{cases}$在平面 π：$x+y+z=0$ 上投影直线 L_0 的方程.

(8)求过直线$\begin{cases}x+5y+z=0\\x-z+4=0\end{cases}$且与平面 $x-4y-8z+12=0$ 成$\frac{\pi}{4}$角的平面方程.

(9)求过点 $P(2,1,3)$且与直线 l：$\frac{x+1}{3}=\frac{y-1}{2}=\frac{z}{-1}$垂直相交的直线方程.

(10)直线过点 $A(-3,5,-9)$且和直线 l_1：$\begin{cases}y=3x+5\\z=2x-3\end{cases}$，$l_2$：$\begin{cases}y=4x-7\\z=5x+10\end{cases}$相交，求此直线方程.

数学文化 8

解析几何学奠基人——笛卡儿

笛卡儿(Rene Descartes，1596—1650)是法国哲学家、数学家、物理学家，解析几何学奠基人之一.1596 年 3 月 31 日生于图伦，1650 年 2 月 11 日卒于斯德哥尔摩.他出生于一个贵族家庭.早年就读于拉弗莱什公学时，因孱弱多病，被允许早晨在床上读书，养成了喜欢安静，善于思考的习惯.1612 年去普瓦捷大学攻读法学，四年后获博士学位.旋即去巴黎.1618 年从军，到过荷兰、丹麦、德国.1621 年回国，正值法国内乱，又去荷兰、瑞士、意大利旅行.1625 年返回巴黎.1628 年移居荷兰，从事哲学、天文学、物理学、化学和生理学等领域的研究，并通过数学家 M.梅森神父与欧洲主要学者保持联系.他的著作几乎全都是在荷兰完成的.1628 年著有《指导哲理之原则》，1634 年完成以哥白尼学说为基础的《论世界》(因伽利略受到迫害而未出版).1637 年，笛卡儿用法文写成三篇论文《折光学》、《气象学》和《几何学》，并为此写了一篇序言《科学中正确运用理性和追求真理的方法论》，哲学史上简称为《方法论》，6 月 8 日在莱顿匿名出版.此后又出版了《形而上学的沉思》和《哲学原理》(1644)等重要著作.1649 年冬，他应邀去为瑞典女王授课，1650 年初患肺炎，同年 2 月病逝.

笛卡儿生活在资产阶级与封建领主、科学与神学进行激烈斗争的时代.早在读书时，他就对统治欧洲思想界的经院哲学表示怀疑和不满.多年的游历，同社会各阶层人士的交往，多方面的科学研究以及不断地自我反省和思考，使他坚信必须抛弃经院哲

学,探求正确的思想方法,创立为实践服务的哲学,“才能成为自然的主人和统治者”.他认为数学是其他一切科学的理想和模型,提出了以数学为基础、以演绎法为核心的方法论,对后世的哲学、数学和自然科学的发展起了巨大作用.他一直为捍卫他的学说同教会和其他反动势力进行斗争.

《几何学》确定了笛卡儿在数学史上的地位.文艺复兴使欧洲学者继承了古希腊的几何学,也接受了东方传入的代数学.科学技术的发展使得用数学方法描述运动为人们关心的中心问题.笛卡儿分析了几何学与代数学的优缺点,表示要去“寻求另外一种包含这两门科学的好处而没有它们的缺点的方法”.在《几何学》卷一中,笛卡儿把几何问题化成代数问题,提出了几何问题的统一作图法.为此,他引入了单位线段以及线段的加、减、乘、除、开方等概念,从而把线段与数量联系起来,通过线段间的关系,“找出两种方式表达同一个量,这将构成一个方程”,然后根据方程的解所表示的线段间的关系作图.在卷二中,笛卡儿用这种新方法解决帕普斯问题时,在平面上以一条直线为基线,为它规定一个起点,又选定与之相交的另一条直线,它们分别相当于x轴、原点、y轴,构成一个斜坐标系.那么该平面上任一点的位置都可以用(x,y)唯一地确定.帕普斯问题化成一个含两个未知数的二次不定方程.笛卡儿指出,方程的次数与坐标系的选择无关,因此可以根据方程的次数等曲线分类.《几何学》提出了解析几何学的主要思想和方法,标志着解析几何学的诞生.恩格斯把它称为数学的转折点.此后,人类进入变量数学阶段.在卷三中,笛卡儿指出,方程可能有和它的次数一样多的根,还提出了著名的笛卡儿符号法则:方程正根的最多个数等于其系数变号的次数;其负根的最多个数(他称为假根)等于符号不变的次数.笛卡儿还改进了F.韦达创造的符号系统,用$a,b,c,\cdots$表示已知量,用$x,y,z,\cdots$表示未知量.

笛卡儿在物理学、生理学和天文学等方面也有许多创见.

第9章 多元函数微分法及其应用

我们在上册所学函数的自变量个数都是一个，但是在实际问题中，所涉及的函数的自变量的个数往往是两个或者更多，这就提出了多元函数及其微积分的问题. 本章将讨论多元函数的微分法及其应用. 我们主要讨论二元函数，因为从二元函数到二元以上的多元函数，很多概念、性质、方法等内容都可以类推.

§9.1 多元函数的基本概念

9.1.1 二元函数的定义

设 D 是平面上的一个非空点集，若对于 D 内的任一点 (x,y)，按照某种对应法则 f 都有唯一确定的实数 z 与之对应，则称 f 是 D 上的一个**二元函数**，记作 $z=f(x,y)$. 其中，D 称为该函数的**定义域**，x、y 称为**自变量**，z 称为**因变量**，集合 $\{z\mid z=f(x,y),(x,y)\in D\}$ 称为函数 f 的**值域**，记作 $f(D)$.

例如函数 $z=\sqrt{y-x^4}$ 的定义域为 $D=\{(x,y)\mid y\geqslant x^4,x,y\in\mathbf{R}\}$，值域为 $[0,+\infty)$.

一个二元函数的定义域是平面上的一个非空点集，由平面解析几何知道，当在平面上引入了一个直角坐标系后，平面上的点 P 与二元有序数对 (x,y) 之间就建立了一一对应关系，二元有序数对 (x,y) 的全体，即 $\mathbf{R}^2=\{(x,y)\mid x,y\in\mathbf{R}\}$ 就表示坐标平面. 下面我们就来了解一下平面点集的有关概念.

邻域：设 $P_0(x_0,y_0)\in\mathbf{R}^2$，$\delta$ 为一正数，称 $\mathbf{R}^2$ 中与 P_0 的距离小于 δ 的点 $P(x,y)$ 组成的平面点集为点 P_0 的 δ **邻域**，记作 $U(P_0,\delta)$，即

$$U(P_0,\delta)=\{(x,y)\mid\sqrt{(x-x_0)^2+(y-y_0)^2}<\delta\},$$

而 $U(P_0,\delta)$ 中除去点 P_0 后所剩部分，称为 P_0 的**去心** δ **邻域**，记作 $\mathring{U}(P_0,\delta)$. 当不需要强调邻域的半径时，可用 $U(P_0)$ 或 $\mathring{U}(P_0)$ 分别表示 P_0 的某个邻域或某个去心邻域.

我们可以利用邻域来描述点和点集之间的关系，设 P 为平面上任一点，E 是一平面点集，则 P 与 E 有以下三种关系：

内点：若存在 $\delta>0$，使得 $U(P,\delta)\subset E$，则称点 P 是 E 的**内点**.

外点：若存在 $\delta>0$，使得 $U(P,\delta)$ 内不含有 E 的任何点，则称点 P 为 E 的**外点**.

边界点:若在点 P 的的任一邻域内,既含有属于 E 的点,又含有不属于 E 的点,则称 P 为 E 的**边界点**,E 的所有边界点的集合称为 E 的**边界**.

点集 E 的内点必定属于 E;E 的外点必不属于 E;而 E 的边界点可能属于 E,也可能不属于 E.

例如,点集 $E=\{(x,y)\mid 1\leqslant x^2+y^2<9\}$,满足 $1<x^2+y^2<9$ 的点都是 E 的内点;满足 $x^2+y^2=1$ 的点均为 E 的边界点,它们都属于 E;满足 $x^2+y^2=9$ 的点也均为 E 的边界点,但它们都不属于 E. E 的边界是圆周 $x^2+y^2=1$ 和 $x^2+y^2=9$(见图 9-1).

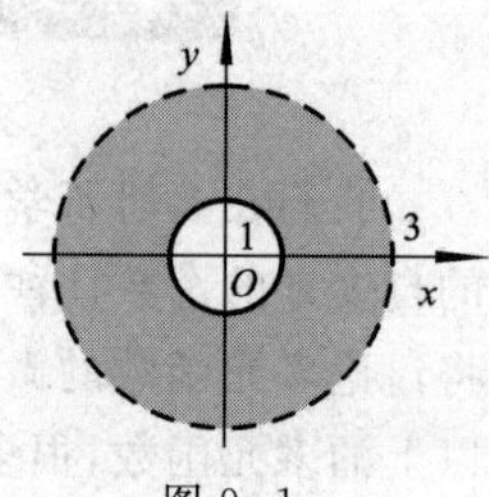

图 9-1

开集:若 E 的每一点都是它的内点,则称 E 为**开集**.

区域:设 E 为一开集,对于 E 内任意两点 P_1 和 P_2,若在 E 内总存在一条连接 P_1 和 P_2 的折线,则称 E 为**区域**(或**开区域**).区域与区域的边界所构成的集合称为**闭区域**.

如果存在常数 $k>0$,使得 $E\subset U(O,k)$,则称 E 为**有界区域**,否则称 E 为**无界区域**,这里 $U(O,k)$ 表示以原点 $O(0,0)$ 为心,k 为半径的邻域.

例如,$\{(x,y)\mid x^2+y^2<1\}$ 是 $\mathbf{R}^2$ 中的开区域;$\{(x,y)\mid x^2+y^2\leqslant 1\}$ 是 $\mathbf{R}^2$ 中的闭区域;而 $\{(x,y)\mid x+y\geqslant 0\}$ 为无界闭区域,$\{(x,y)\mid 1<x^2+y^2<9\}$ 为有界开区域.

设二元函数 $z=f(x,y)$ 的定义域为 $D(\subset\mathbf{R}^2)$,对于 D 中的任意一点 $P(x,y)$ 必有唯一的函数值 $z=f(x,y)$ 与之对应,这样三元有序数组 (x,y,z) 就确定了空间的一点 $M(x,y,z)$,所有这些点的集合就是函数 $z=f(x,y)$ 的图形,二元函数的图形通常是空间的一张曲面(见图 9-2).

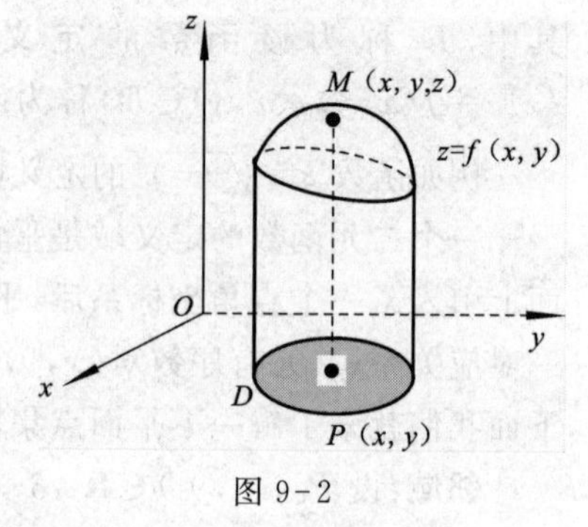

图 9-2

例如,二元函数 $z=ax+by+c$ 的图形是一个平面,而二元函数 $z=\sqrt{1-x^2-y^2}$ 的图形是以原点为中心,半径为 1 的上半球面.

一般地,由 n 元有序实数组 $(x_1,x_2,\cdots,x_n)$ 的全体构成的集合称为 n 维空间,记作 $\mathbf{R}^n$,即

$$\mathbf{R}^n=\{(x_1,x_2,\cdots,x_n)\mid x_i\in\mathbf{R},i=1,2,\cdots,n\}.$$

设 D 是 $\mathbf{R}^n$ 中的一个非空子集,f 为一对应法则,若对于 D 内每一个点 $P(x_1,x_2,\cdots,x_n)\in D$,都能由 f 唯一地确定一个实数 y,则称对应关系 f 为定义在 D 上的 **n 元函数**,记作 $y=f(x_1,x_2,\cdots,x_n),(x_1,x_2,\cdots,x_n)\in D$,其中 $x_1,x_2,\cdots,x_n$ 称为自变量,y 称为因变量,D 称为函数 f 的**定义域**,集合 $\{y\mid y=f(x_1,x_2,\cdots,x_n),(x_1,x_2,\cdots,x_n)\in D\}$ 称为函数 f 的**值域**,记为 $f(D)$.

9.1.2　二元函数的极限

我们先学习当$(x,y)\to(x_0,y_0)$时函数$z=f(x,y)$的极限.

定义　设函数$f(x,y)$在点$P_0(x_0,y_0)$的某去心邻域$\mathring{U}(P_0,\delta)$内有定义,A为常数,如果当$P(x,y)$充分接近$P_0(x_0,y_0)$但不等于$P_0(x_0,y_0)$时,$f(x,y)$充分接近常数A,则称A是$f(x,y)$当$P(x,y)\to P_0(x_0,y_0)$时的**极限**,记为$\lim\limits_{P\to P_0}f(P)=A$,

$\lim\limits_{(x,y)\to(x_0,y_0)}f(x,y)=A$ 或者 $f(P)\to A(P\to P_0)$,$f(x,y)\to A((x,y)\to(x_0,y_0))$.

我们把二元函数的极限叫做**二重极限**.下面我们用$\varepsilon-\delta$语言给出二重极限的严格定义:

设函数$f(x,y)$在点$P_0(x_0,y_0)$的某去心邻域$\mathring{U}(P_0,\delta)$内有定义,A为常数,如果对于任意给定的正数ε,总存在正数δ,使得当$0<\sqrt{(x-x_0)^2+(y-y_0)^2}<\delta$时,都有

$$|f(x,y)-A|<\varepsilon,$$

则称A是$f(x,y)$当$P(x,y)\to P_0(x_0,y_0)$时的**极限**.

这里应当注意,按照二重极限的定义,必须当动点$P(x,y)$以任何方式趋于定点$P_0(x_0,y_0)$时,$f(x,y)$都是以常数A为极限,才有$\lim\limits_{(x,y)\to(x_0,y_0)}f(x,y)=A$.

如果仅当$P(x,y)$以某种方式趋于$P_0(x_0,y_0)$时,$f(x,y)$趋于常数A,那么还不能断定$f(x,y)$存在极限.但如果当$P(x,y)$以不同方式趋于$P_0(x_0,y_0)$时,$f(x,y)$趋于不同的常数,我们便能断定$f(x,y)$的极限不存在.

例 1　判断下列极限是否存在,若存在求出其值

(1) $\lim\limits_{(x,y)\to(0,0)}\dfrac{xy}{x^2+y^2}$;　　(2) $\lim\limits_{(x,y)\to(0,1)}\dfrac{\sin(x^2y)}{x^2}$.

解　(1)当(x,y)沿直线$y=kx$(k为任意实数)趋向于$(0,0)$时,有

$$\lim_{\substack{(x,y)\to(0,0)\\ y=kx}}\frac{xy}{x^2+y^2}=\lim_{x\to0}\frac{kx^2}{x^2+k^2x^2}=\frac{k}{1+k^2}.$$

显然,极限值随k的不同而不同,因此$\lim\limits_{(x,y)\to(0,0)}\dfrac{xy}{x^2+y^2}$不存在.

(2)当$(x,y)\to(0,0)$时,$xy\to0$,$\sin(x^2y)\sim x^2y$,因此

$$\lim_{(x,y)\to(0,1)}\frac{\sin(x^2y)}{x^2}=\lim_{(x,y)\to(0,1)}\frac{x^2y}{x^2}=\lim_{(x,y)\to(0,1)}y=1.$$

9.1.3　二元函数的连续性

与一元函数一样,仍采用极限值等于函数值来定义二元函数的连续性.

定义　设函数$z=f(x,y)$在点$P_0(x_0,y_0)$的某个邻域$U(P_0)$内有定义,如果

$$\lim_{(x,y)\to(x_0,y_0)} f(x,y)=f(x_0,y_0),$$

则称函数 $z=f(x,y)$ 在点 $P_0(x_0,y_0)$ 处**连续**，否则称 $z=f(x,y)$ 在 $P_0(x_0,y_0)$ 处**间断**.

如果 $f(x,y)$ 在某一区域 D 上的每一点都连续，则称函数 $f(x,y)$ 在 D 上连续，或称 $f(x,y)$ 是 D 上的**连续函数**.

例如，可以证明函数 $f(x,y)=\begin{cases}\dfrac{xy^2}{x^2+y^2} & 当\ x^2+y^2\neq 0\\ 0 & 当\ x^2+y^2=0\end{cases}$ 在点(0,0)处连续，而函数 $f(x,y)=\begin{cases}\dfrac{xy}{x^2+y^2} & 当\ x^2+y^2\neq 0\\ 0 & 当\ x^2+y^2=0\end{cases}$ 在点(0,0)处不连续；而圆周 $x^2+y^2=3$ 上的每一点都是函数 $f(x,y)=\dfrac{1}{x^2+y^2-3}$ 的间断点．一般将 $x^2+y^2=3$ 称为 $f(x,y)$ 的间断线.

可以证明，多元连续函数的和、差、积仍为连续函数；连续函数的商在分母不为零处仍连续；多元连续函数的复合函数也是连续函数.

与一元初等函数类似，**多元初等函数**是指可用一个函数式所表示的多元函数，这个式子是由常数及具有不同自变量的多元基本初等函数经过有限次的四则运算和复合运算而得到的. 例如 $\dfrac{x-y^2}{1+x^2}$，$\cos(x-y)$，$e^{x^2-y^2-z^2}$ 都是多元初等函数.

一切多元初等函数在其定义区域内是连续的，所谓定义区域是指包含在定义域内的区域或闭区域.

由多元连续函数的连续性，如果要求多元连续函数 $f(P)$ 在点 P_0 处的极限，而该点又在此函数的定义区域内，则 $\lim\limits_{P\to P_0} f(P)=f(P_0)$.

例 2 计算极限 $\lim\limits_{(x,y)\to(1,2)} \dfrac{2x+y}{xy}$.

解 函数 $f(x,y)=\dfrac{2x+y}{xy}$ 是初等函数，它的定义域为 $D=\{(x,y)\mid x\neq 0, y\neq 0\}$，$P_0(1,2)$ 为 D 的内点，故存在 P_0 的某一邻域 $U(P_0)\subset D$，而任何邻域都是区域，所以 $U(P_0)$ 是 $f(x,y)$ 的一个定义区域，因此 $\lim\limits_{(x,y)\to(1,2)} f(x,y)=f(1,2)=2$.

一般地，求 $\lim\limits_{P\to P_0} f(P)$ 时，如果 $f(P)$ 是初等函数，且 P_0 是 $f(P)$ 的定义域的内点，则 $f(P)$ 在点 P_0 处连续，于是 $\lim\limits_{P\to P_0} f(P)=f(P_0)$.

例 3 计算极限 $\lim\limits_{(x,y)\to(0,0)} \dfrac{\sqrt{xy+4}-2}{xy}$.

解 $\lim\limits_{(x,y)\to(0,0)}\dfrac{\sqrt{xy+4}-2}{xy}=\lim\limits_{(x,y)\to(0,0)}\dfrac{(\sqrt{xy+4}-2)(\sqrt{xy+4}+2)}{xy(\sqrt{xy+4}+2)}$

$$=\lim_{(x,y)\to(0,0)}\frac{1}{\sqrt{xy+4}+2}=\frac{1}{4}.$$

一元连续函数在闭区间上的性质，也可推广到二元函数上去.

定理 1 （有界性定理）如果函数 $f(x,y)$ 在有界闭区域 D 上连续，则它在 D 上有界，即存在常数 $M>0$，使得 $|f(x,y)|\leqslant M,(x,y)\in D$.

定理 2 **（最大（小）值定理）**如果函数 $f(x,y)$ 在有界闭区域 D 上连续，则它在 D 上必有最大值和最小值，即存在 $(x_1,y_1),(x_2,y_2)\in D$，使得对任何 $(x,y)\in D$，都有

$$f(x_1,y_1)\leqslant f(x,y)\leqslant f(x_2,y_2).$$

定理 3 **（介值定理）**如果函数 $f(x,y)$ 在有界闭区域 D 上连续，则它必取得介于最大值 M 和最小值 m 之间的任何值，即对任何 $c\in(m,M)$，$\exists(x_0,y_0)\in D$，使得 $f(x_0,y_0)=c$.

习　题　9.1

1. 填空题：

(1) 函数 $z=\ln(y-x)+\dfrac{\sqrt{x}}{\sqrt{1-x^2-y^2}}$ 的定义域为__________；

(2) 函数 $z=\dfrac{\arcsin\dfrac{x^2+y^2}{2}}{\sqrt{x^2+y^2-1}}$ 的定义域为__________；

(3) 设 $f(x+y,e^y)=x^2y$，则 $f(x,y)=$__________；

(4) 函数 $f(x,y)=\dfrac{x^2-y^2}{(x^2+y^2)^2}$ 的间断点是__________.

2. 计算下列极限：

(1) $\lim\limits_{(x,y)\to(0,1)}\dfrac{1-xy}{x^2+y^2}$；　(2) $\lim\limits_{\substack{x\to0\\y\to3}}(1+xy)^{\frac{1}{x}}$；　(3) $\lim\limits_{\substack{x\to0\\y\to0}}\dfrac{xy}{2-\sqrt{xy+4}}$；

(4) $\lim\limits_{\substack{x\to0\\y\to1}}\dfrac{\sin(xy)-x^2y^2}{x}$；　(5) $\lim\limits_{\substack{x\to0\\y\to0}}\dfrac{1-\cos(x^2+y^2)}{(x^2+y^2)e^{x^2y^2}}$.

3. 证明极限 $\lim\limits_{\substack{x\to0\\y\to0}}\dfrac{xy^2}{x^2+y^4}$ 不存在.

§9.2 偏导数

9.2.1 偏导数的定义及其计算法

对于二元函数 $z=f(x,y)$,如果自变量 y 固定而只有自变量 x 变化,这时它可以看作 x 的一元函数,该一元函数对 x 的导数,就称为二元函数 $z=f(x,y)$ 对 x 的**偏导数**.

定义 设函数 $z=f(x,y)$ 在点 (x_0,y_0) 的某一邻域内有定义,当 y 固定在 y_0 而 x 在 x_0 处有增量 Δx 时,相应地函数有增量 $f(x_0+\Delta x,y_0)-f(x_0,y_0)$,该增量称为函数$z=f(x,y)$在点$(x_0,y_0)$对 x 的**偏增量** Δz_x,如果极限

$$\lim_{\Delta x\to 0}\frac{\Delta z_x}{\Delta x}=\lim_{\Delta x\to 0}\frac{f(x_0+\Delta x,y_0)-f(x_0,y_0)}{\Delta x}$$

存在,则称此极限为函数 $z=f(x,y)$ 在点 (x_0,y_0) 处对 x 的**偏导数**,记作

$$\left.\frac{\partial z}{\partial x}\right|_{\substack{x=x_0\\y=y_0}},\left.\frac{\partial f}{\partial x}\right|_{\substack{x=x_0\\y=y_0}},\left.z_x\right|_{\substack{x=x_0\\y=y_0}}\quad 或\ f_x(x_0,y_0).$$

类似地,函数 $z=f(x,y)$ 在点 (x_0,y_0) 处有对 y 的偏增量 Δz_y,则对 y 的偏导数可定义为

$$\lim_{\Delta y\to 0}\frac{\Delta z_y}{\Delta y}=\lim_{\Delta y\to 0}\frac{f(x_0,y_0+\Delta y)-f(x_0,y_0)}{\Delta y}.$$

记作
$$\left.\frac{\partial z}{\partial y}\right|_{\substack{x=x_0\\y=y_0}},\quad \left.\frac{\partial f}{\partial y}\right|_{\substack{x=x_0\\y=y_0}},\quad \left.z_y\right|_{\substack{x=x_0\\y=y_0}}\quad 或\ f_y(x_0,y_0).$$

偏导函数:如果函数 $z=f(x,y)$ 在区域 D 内每一点 (x,y) 处对 x 的偏导数都存在,那么这个偏导数就是 x、y 的函数,它就称为函数 $z=f(x,y)$ 对自变量 x 的**偏导函数**,记作$\dfrac{\partial z}{\partial x},\dfrac{\partial f}{\partial x},z_x$ 或 $f_x(x,y)$. 偏导函数的定义式:$f_x(x,y)=\lim\limits_{\Delta x\to 0}\dfrac{f(x+\Delta x,y)-f(x,y)}{\Delta x}$.

类似地,可定义函数 $z=f(x,y)$ 对 y 的偏导函数,记为$\dfrac{\partial z}{\partial y},\dfrac{\partial f}{\partial y},z_y$ 或 $f_y(x,y)$. 偏导函数的定义式:$f_y(x,y)=\lim\limits_{\Delta y\to 0}\dfrac{f(x,y+\Delta y)-f(x,y)}{\Delta y}$. 求$\dfrac{\partial f}{\partial x}$时,只要把 y 暂时看作常量而对 x 求导数;求$\dfrac{\partial f}{\partial y}$时,只要把 x 暂时看作常量而对 y 求导数. 即

$$f_x(x_0,y_0)=f_x(x,y)\big|_{(x_0,y_0)},f_y(x_0,y_0)=f_y(x,y)\big|_{(x_0,y_0)}.$$

偏导数的概念还可推广到二元以上的函数. 例如三元函数 $u=f(x,y,z)$ 在点 (x,y,z) 处对 x 的偏导数定义为 $f_x(x,y,z)=\lim\limits_{\Delta x\to 0}\dfrac{f(x+\Delta x,y,z)-f(x,y,z)}{\Delta x}$,其中 (x,y,z) 是函数 $u=f(x,y,z)$ 的定义域的内点.

一元函数的导数的几何意义是导数值为切线的斜率，二元函数 $z=f(x,y)$ 在点 (x_0,y_0) 处的偏导数的几何意义也有类似情况.

设 $M_0(x_0,y_0,f(x_0,y_0))$ 是曲面 $z=f(x,y)$ 上一点，过点 M_0 作平面 $y=y_0$，此平面与曲面的交线是平面 $y=y_0$ 上的一条曲线 $\begin{cases} z=f(x,y) \\ y=y_0 \end{cases}$，由于 $f_x(x_0,y_0)$ 即为一元函数 $z=f(x,y_0)$ 在点 x_0 处的导数，

$f_x(x_0,y_0)=\dfrac{\mathrm{d}f(x,y_0)}{\mathrm{d}x}\Big|_{x=x_0}$，故由一元函数导数的几何意义可知：

$f_x(x_0,y_0)$ 表示曲线 $\begin{cases} z=f(x,y) \\ y=y_0 \end{cases}$ 在点 M_0 处的切线 T_x 对 x 轴的斜率；

同理，$f_y(x_0,y_0)$ 表示曲线 $\begin{cases} z=f(x,y) \\ x=x_0 \end{cases}$ 在点 M_0 处的切线 T_y 对 y 轴的斜率，如图 9-3 所示.

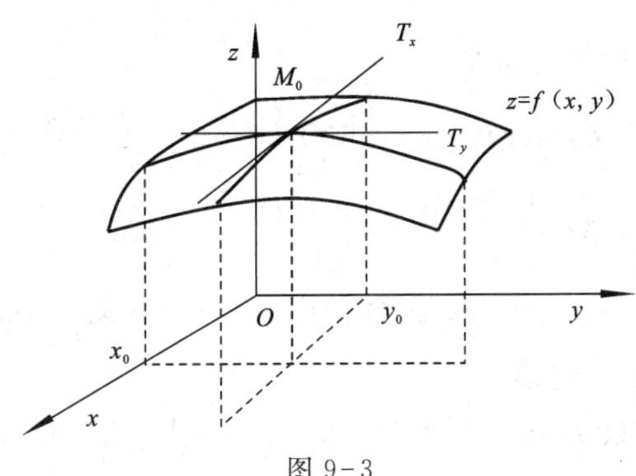

图 9-3

例 1　求 $f(x,y)=x^2+2xy+y^3-5$ 在点 $(1,2)$ 处的偏导数.

解　$\dfrac{\partial f(x,y)}{\partial x}=2x+2y$，$\dfrac{\partial f(x,y)}{\partial y}=2x+3y^2$.

$\dfrac{\partial f(x,y)}{\partial x}\Big|_{(1,2)}=2\cdot 1+2\cdot 2=6$，$\dfrac{\partial f(x,y)}{\partial y}\Big|_{(1,2)}=2\cdot 1+3\cdot 2^2=14$.

例 2　求 $z=x\cos(xy)$ 的偏导数.

解　$\dfrac{\partial z}{\partial x}=\cos(xy)-xy\sin(xy)$，$\dfrac{\partial z}{\partial y}=-x^2\sin(xy)$.

例 3　求 $r=\sqrt{x^2+y^2+z^2}$ 的偏导数.

解　$\dfrac{\partial r}{\partial x}=\dfrac{x}{\sqrt{x^2+y^2+z^2}}=\dfrac{x}{r}$，$\dfrac{\partial r}{\partial y}=\dfrac{y}{\sqrt{x^2+y^2+z^2}}=\dfrac{y}{r}$，$\dfrac{\partial r}{\partial z}=\dfrac{z}{\sqrt{x^2+y^2+z^2}}=\dfrac{z}{r}$.

例 4　设 $f(x,y)=x^2+(y-1)\arcsin\sqrt{\dfrac{x}{y}}$，求 $f_x\left(\dfrac{1}{2},1\right)$.

解 由已知得 $f(x,1)=x^2, f_x(x,1)=2x$,故 $f_x\left(\frac{1}{2},1\right)=f_x(x,1)\big|_{x=\frac{1}{2}}=1$

例 5 已知理想气体的状态方程为 $pV=RT$(R 为常数),求证,$\frac{\partial p}{\partial V}\cdot\frac{\partial V}{\partial T}\cdot\frac{\partial T}{\partial p}=-1$.

证 因为 $p=\frac{RT}{V},\frac{\partial p}{\partial V}=-\frac{RT}{V^2};V=\frac{RT}{p},\frac{\partial V}{\partial T}=\frac{R}{p};T=\frac{pV}{R},\frac{\partial T}{\partial p}=\frac{V}{R}$.

所以
$$\frac{\partial p}{\partial V}\cdot\frac{\partial V}{\partial T}\cdot\frac{\partial T}{\partial p}=-\frac{RT}{V^2}\cdot\frac{R}{p}\cdot\frac{V}{R}=-\frac{RT}{pV}=-1.$$

例 5 说明偏导数的记号是一个整体记号,不能看作分子分母之商.

在研究一元函数时,我们给出了 $y=f(x)$ 在点 x_0 可导与连续的关系,但在可导和连续的关系上,多元函数与一元函数是有所不同的.

例 6 讨论函数 $f(x,y)=\begin{cases}\frac{xy}{x^2+y^2} & 当\ x^2+y^2\neq 0\\ 0 & 当\ x^2+y^2=0\end{cases}$

在点(0,0)处的可偏导性和连续性.

解 由偏导数的定义,有 $f'_x(0,0)=\lim\limits_{\Delta x\to 0}\frac{f(\Delta x,0)-f(0,0)}{\Delta x}=\lim\limits_{\Delta x\to 0}\frac{0-0}{\Delta x}=0$,

$$f'_y(0,0)=\lim_{\Delta y\to 0}\frac{f(0,\Delta y)-f(0,0)}{\Delta y}=\lim_{\Delta y\to 0}\frac{0-0}{\Delta y}=0.$$

可见 $f(x,y)$ 在点(0,0)处可求偏导.但由§9.1 知极限 $\lim\limits_{(x,y)\to(0,0)}f(x,y)$ 不存在,因此 $f(x,y)$ 在点(0,0)处不连续.

例 6 表明,二元函数 $f(x,y)$ 在点 (x_0,y_0) 处可偏导,并不能保证它在该点连续,这是与一元函数的不同之处.

例 7 讨论函数
$$f(x,y)=\sqrt{x^2+y^2}$$
在点(0,0)处的可偏导性和连续性.

解 因为 $\lim\limits_{(x,y)\to(0,0)}f(x,y)=\lim\limits_{(x,y)\to(0,0)}\sqrt{x^2+y^2}=0=f(0,0)$,

所以 $f(x,y)$ 在点(0,0)处连续.

又由于 $\frac{f(\Delta x,0)-f(0,0)}{\Delta x}=\frac{|\Delta x|}{\Delta x}=\begin{cases}1 & 当\ \Delta x>0\\ -1 & 当\ \Delta x<0\end{cases}$,

故 $\lim\limits_{\Delta x\to 0}\frac{f(\Delta x,0)-f(0,0)}{\Delta x}$ 不存在,即 $f_x(0,0)$ 不存在,同理 $f_y(0,0)$ 也不存在.

此例说明,二元函数 $f(x,y)$ 在点 (x_0,y_0) 处连续,也不能确定它在该点可偏导,这一点与一元函数是相似的.

9.2.2　高阶偏导数

设函数 $z=f(x,y)$ 在区域 D 内具有偏导数

$$\frac{\partial z}{\partial x}=f_x(x,y),\qquad \frac{\partial z}{\partial y}=f_y(x,y),$$

那么在 D 内 $f_x(x,y)$ 和 $f_y(x,y)$ 都是 x,y 的函数,如果这两个函数的偏导数也存在,则称它们为函数 $z=f(x,y)$ 的**二阶偏导数**. 按照对变量求导次序的不同有下列四个二阶偏导数

$$\frac{\partial}{\partial x}\left(\frac{\partial z}{\partial x}\right)=\frac{\partial^2 z}{\partial x^2}=f_{xx}(x,y),\qquad \frac{\partial}{\partial y}\left(\frac{\partial z}{\partial x}\right)=\frac{\partial^2 z}{\partial x\partial y}=f_{xy}(x,y),$$

$$\frac{\partial}{\partial x}\left(\frac{\partial z}{\partial y}\right)=\frac{\partial^2 z}{\partial y\partial x}=f_{yx}(x,y),\qquad \frac{\partial}{\partial y}\left(\frac{\partial z}{\partial y}\right)=\frac{\partial^2 z}{\partial y^2}=f_{yy}(x,y).$$

其中第二、三个偏导数称为**二阶混合偏导数**. 同样可得三阶、四阶、直至 n **阶偏导数**. 二阶及二阶以上的偏导数统称为**高阶偏导数**.

例 8　求 $z=\mathrm{e}^{x+2y}$ 的二阶偏导数及 $\dfrac{\partial^3 z}{\partial y\partial x^2}$.

解　$\dfrac{\partial z}{\partial x}=\mathrm{e}^{x+2y}$,　$\dfrac{\partial z}{\partial y}=2\mathrm{e}^{x+2y}$,　$\dfrac{\partial^2 z}{\partial x^2}=\mathrm{e}^{x+2y}$,　$\dfrac{\partial^2 z}{\partial x\partial y}=2\mathrm{e}^{x+2y}$,

$\dfrac{\partial^2 z}{\partial y\partial x}=2\mathrm{e}^{x+2y}$,　$\dfrac{\partial^2 z}{\partial y^2}=4\mathrm{e}^{x+2y}$,　$\dfrac{\partial^3 z}{\partial y\partial x^2}=\dfrac{\partial}{\partial x}\left(\dfrac{\partial^2 z}{\partial y\partial x}\right)=2\mathrm{e}^{x+2y}$.

由例 8 观察到,$\dfrac{\partial^2 z}{\partial y\partial x}=\dfrac{\partial^2 z}{\partial x\partial y}$,事实上,我们有下述定理:

定理　如果函数 $z=f(x,y)$ 的两个二阶混合偏导数 $\dfrac{\partial^2 z}{\partial y\partial x}$ 及 $\dfrac{\partial^2 z}{\partial x\partial y}$ 在区域 D 内连续,那么在该区域内 $\dfrac{\partial^2 z}{\partial y\partial x}=\dfrac{\partial^2 z}{\partial x\partial y}$.

类似地可定义二元以上函数的高阶偏导数.

例 9　证明函数 $u=\dfrac{1}{r}$,满足方程 $\dfrac{\partial^2 u}{\partial x^2}+\dfrac{\partial^2 u}{\partial y^2}+\dfrac{\partial^2 u}{\partial z^2}=0$,其中 $r=\sqrt{x^2+y^2+z^2}$.

证明

$$\frac{\partial u}{\partial x}=-\frac{1}{r^2}\frac{\partial r}{\partial x}=-\frac{1}{r^2}\cdot\frac{x}{r}=-\frac{x}{r^3},$$

$$\frac{\partial^2 u}{\partial x^2}=-\frac{1}{r^3}+\frac{3x}{r^4}\cdot\frac{\partial r}{\partial x}=-\frac{1}{r^3}+\frac{3x^2}{r^5}.$$

由于函数关于自变量的对称性,所以 $\dfrac{\partial^2 u}{\partial y^2}=-\dfrac{1}{r^3}+\dfrac{3y^2}{r^5}$　$\dfrac{\partial^2 u}{\partial z^2}=-\dfrac{1}{r^3}+\dfrac{3z^2}{r^5}$.

因此

$$\frac{\partial^2 u}{\partial x^2}+\frac{\partial^2 u}{\partial y^2}+\frac{\partial^2 u}{\partial z^2}=-\frac{3}{r^3}+\frac{3(x^2+y^2+z^2)}{r^5}=-\frac{3}{r^3}+\frac{3r^2}{r^5}=0.$$

例 9 中的方程叫做**拉普拉斯**(Laplace)**方程**,它是数学物理方程中一种很重要的方程.

习　题　9.2

1. 设 $z=\dfrac{x^2+y^2}{xy}$,求$\dfrac{\partial z}{\partial x}$.

2. 设 $z=\sin(xy)+\cos^2(xy)$,求$\dfrac{\partial z}{\partial x}$.

3. 设 $z=\ln\tan\dfrac{x}{y}$,求$\dfrac{\partial z}{\partial x}$.

4. 设 $z=\ln\sqrt{xy}$,求$\dfrac{\partial z}{\partial x}$.

5. 设 $u=x^{\frac{y}{z}}$,求$\dfrac{\partial u}{\partial y}$.

6. 设 $z=(1+xy)^{x+y}$,求$\left.\dfrac{\partial z}{\partial x}\right|_{(1,1)}$.

7. 设 $z=\arctan\dfrac{y}{x}$,求$\dfrac{\partial^2 z}{\partial x^2}$.

8. 设 $f(x,y)=\displaystyle\int_0^{xy}\mathrm{e}^{-t^2}\mathrm{d}t$,求$\dfrac{\partial^2 f}{\partial x\partial y}$.

9. 求曲线$\begin{cases}z=\dfrac{x^2+y^2}{4}\\ y=4\end{cases}$在点(2,4,5)处的切线对于 x 轴的倾角.

10. 设 $z=x^2+\ln(y^2+1)\arctan(x^{y+1})$,求$\left.\dfrac{\partial z}{\partial x}\right|_{(1,0)}$.

11. 设 $f(x,y)=\begin{cases}\dfrac{\sin(x^2y)}{xy} & xy\neq 0\\ x & xy=0\end{cases}$,求 $f_x(0,1)$.

§9.3　全　微　分

9.3.1　全微分的定义

定义二元函数 $z=f(x,y)$的偏导数时,曾给出偏增量的概念:

$$\Delta z_x=f(x+\Delta x,y)-f(x,y),\qquad \Delta z_y=f(x,y+\Delta y)-f(x,y)$$

分别为函数 $z=f(x,y)$在点(x,y)处对 x 或 y 的**偏增量**,而当自变量 x,y 在点(x,y)

处均有增量 $\Delta x,\Delta y$ 时，称 $\Delta z=f(x+\Delta x,y+\Delta y)-f(x,y)$ 为函数 $z=f(x,y)$ 在点 (x,y) 处的**全增量**.

一般说来，Δz 的计算往往比较复杂，对比一元函数的情形，我们希望用自变量增量 Δx 与 Δy 的线性函数来近似地代替全增量，于是产生了全微分的概念.

定义　设函数 $z=f(x,y)$ 在点 (x,y) 的某邻域内有定义，如果函数 $z=f(x,y)$ 在点 (x,y) 的全增量 $\Delta z=f(x+\Delta x,y+\Delta y)-f(x,y)$ 可表示成为 $\Delta z=A\Delta x+B\Delta y+o(\rho)$，其中，$A,B$ 不依赖于 Δx 与 Δy，而仅与 x、y 有关，$\rho=\sqrt{\Delta x^2+\Delta y^2}$，则称函数 $f(x,y)$ 在点 (x,y) 处**可微**，而 $A\Delta x+B\Delta y$ 称为函数 $z=f(x,y)$ 在点 (x,y) 处的**全微分**，记作 $\mathrm{d}z=A\Delta x+B\Delta y$.

与一元函数类似，自变量的增量 Δx 与 Δy 常写成 $\mathrm{d}x$ 与 $\mathrm{d}y$，并分别称为**自变量 x,y 的微分**，于是，函数 $z=f(x,y)$ 的全微分可写为 $\mathrm{d}z=A\mathrm{d}x+B\mathrm{d}y$.

当函数 $z=f(x,y)$ 在区域 D 内每一点都可微分时，则称 $z=f(x,y)$ 在 D 内**可微分**.

定理 1(可微的必要条件)　如果函数 $z=f(x,y)$ 在点 (x,y) 处可微分，则

(1) $f(x,y)$ 在点 (x,y) 处连续；

(2) $f(x,y)$ 在点 (x,y) 处的偏导数存在，且 $\mathrm{d}z=\dfrac{\partial z}{\partial x}\mathrm{d}x+\dfrac{\partial z}{\partial y}\mathrm{d}y$.

证明　(1)因函数 $z=f(x,y)$ 在点 (x,y) 可微分. 所以

$$\Delta z=f(x+\Delta x,y+\Delta y)-f(x,y)=A\cdot\Delta x+B\cdot\Delta y+o(\rho).$$

上式中令 $(\Delta x,\Delta y)\to(0,0)$，得 $\lim\limits_{(\Delta x,\Delta y)\to(0,0)}\Delta z=0$，

即
$$\lim_{(\Delta x,\Delta y)\to(0,0)}f(x+\Delta x,y+\Delta y)=f(x,y),$$

所以 $z=f(x,y)$ 在点 (x,y) 处连续.

(2)在 $\Delta z=f(x+\Delta x,y+\Delta y)-f(x,y)=A\cdot\Delta x+B\cdot\Delta y+o(\rho)$ 中，令 $\Delta y=0$，这时 $\rho=|\Delta x|$，则有

$$\Delta z_x=f(x+\Delta x,y)-f(x,y)=A\Delta x+o(|\Delta x|).$$

于是
$$\lim_{\Delta x\to 0}\frac{\Delta z_x}{\Delta x}=\lim_{\Delta x\to 0}\frac{f(x+\Delta x,y)-f(x,y)}{\Delta x}=A,$$

同理
$$\lim_{\Delta y\to 0}\frac{\Delta z_y}{\Delta y}=\lim_{\Delta y\to 0}\frac{f(x,y+\Delta y)-f(x,y)}{\Delta y}=B,$$

即 $f(x,y)$ 在点 (x,y) 处可求偏导，且有 $f_x(x,y)=A,f_y(x,y)=B$.

可见，如果函数 $z=f(x,y)$ 在点 (x,y) 处可微，则有 $\mathrm{d}z=\dfrac{\partial z}{\partial x}\mathrm{d}x+\dfrac{\partial z}{\partial y}\mathrm{d}y$.

一元函数在一点可导是它在该点可微的充分必要条件. 但是，对于多元函数情形就有所不同了. 当函数的偏导数存在时，虽然能写出 $\dfrac{\partial z}{\partial x}\mathrm{d}x+\dfrac{\partial z}{\partial y}\mathrm{d}y$ 的形式，但它与 Δz

之差并不一定是较 ρ 高阶的无穷小,因此它不一定是函数的全微分.所以,多元函数在一点可求偏导只是它在该点可微的必要条件,而不是充分条件.例如,函数

$$f(x,y)=\begin{cases}\dfrac{xy}{\sqrt{x^2+y^2}} & \text{当 } x^2+y^2\neq 0\\ 0 & \text{当 } x^2+y^2=0\end{cases},$$

在点(0,0)处有 $f'_x(0,0)=0$,$f'_y(0,0)=0$,所以有

$$\Delta z-[f'_x(0,0)\Delta x+f'_y(0,0)\Delta y]=\frac{\Delta x\Delta y}{\sqrt{(\Delta x)^2+(\Delta y)^2}}.$$

如果考虑点 $P'(\Delta x,\Delta y)$ 沿直线 $y=x$ 趋近于(0,0),则

$$\frac{\dfrac{\Delta x\Delta y}{\sqrt{(\Delta x)^2+(\Delta y)^2}}}{\rho}=\frac{\Delta x\Delta y}{(\Delta x)^2+(\Delta y)^2}=\frac{\Delta x\Delta x}{(\Delta x)^2+(\Delta x)^2}=\frac{1}{2},$$

它不能随 $\rho\to 0$ 而趋近于 0,这表示 $\rho\to 0$ 时,$\Delta z-[f'_x(0,0)\Delta x+f'_y(0,0)\Delta y]$ 并不是 ρ 的高阶无穷小,因此该函数在点(0,0)处的全微分不存在,即该函数在点(0,0)处是不可微的.

可见,当多元函数在某点的偏导数存在时,在该点处不一定可微,但如果函数的各个偏导数连续,就能使函数在该点可微,下面不加证明的给出可微的充分条件.

定理 2(可微的充分条件) 如果函数 $z=f(x,y)$ 的偏导数 $\dfrac{\partial z}{\partial x}$ 和 $\dfrac{\partial z}{\partial y}$ 在点 (x,y) 连续,则函数在该点可微分.

结合上述定理,我们可得二元函数的可微性、可偏导性及连续性之间的关系为

偏导数存在且连续⇒可微⇒连续或偏导数存在.

对于三元函数 $u=f(x,y,z)$,若它是可微的,那么它的全微分就等于它的三个偏微分之和,即

$$\mathrm{d}u=\frac{\partial u}{\partial x}\mathrm{d}x+\frac{\partial u}{\partial y}\mathrm{d}y+\frac{\partial u}{\partial z}.$$

例 1 求函数 $z=\arctan\dfrac{x+y}{x-y}$ 的全微分.

解 因为

$$\frac{\partial z}{\partial x}=\frac{1}{1+\left(\dfrac{x+y}{x-y}\right)^2}\cdot\frac{x-y-(x+y)}{(x-y)^2}=\frac{-y}{x^2+y^2},$$

$$\frac{\partial z}{\partial y}=\frac{1}{1+\left(\dfrac{x+y}{x-y}\right)^2}\cdot\frac{x-y+(x+y)}{(x-y)^2}=\frac{x}{x^2+y^2},$$

所以

$$\mathrm{d}z=\frac{-y\mathrm{d}x+x\mathrm{d}y}{x^2+y^2}3.$$

例 2　已知 $f(x,y,z)=\dfrac{x\cos y+y\cos z+z\cos x}{1+\cos x+\cos y+\cos z}$，求 $\mathrm{d}f|_{(0,0,0)}$.

解　因为 $f(x,0,0)=\dfrac{x}{3+\cos x}$，

$$f_x(0,0,0)=\left.\frac{\mathrm{d}f(x,0,0)}{\mathrm{d}x}\right|_{x=0}=\left.\left(\frac{x}{3+\cos x}\right)'\right|_{x=0}=\frac{1}{4},$$

利用轮换对称性，可得 $f_y(0,0,0)=f_z(0,0,0)=\dfrac{1}{4}$.

故
$$\begin{aligned}\mathrm{d}f|_{(0,0,0)}&=f_y(0,0,0)\mathrm{d}x+f_y(0,0,0)\mathrm{d}y+f_z(0,0,0)\mathrm{d}z\\&=\frac{1}{4}(\mathrm{d}x+\mathrm{d}y+\mathrm{d}z)\end{aligned}$$

9.3.2　全微分在近似计算中的应用

在实际问题中，经常需要计算一些复杂的多元函数在某点处当自变量发生微小变化时函数的变化，由二元函数全微分的定义及全微分存在的充分条件，我们可以得到计算的近似公式：

当二元函数 $z=f(x,y)$ 在点 (x,y) 处的两个偏导数 $f'_x(x,y)$，$f'_x(x,y)$ 连续，并且 $|\Delta x|$，$|\Delta y|$ 都较小时，就有近似等式

$$\Delta z\approx \mathrm{d}z=f'_x(x,y)\Delta x+f'_y(x,y)\Delta y \tag{1}$$

上式也可写成

$$f(x+\Delta x,y+\Delta y)\approx f(x,y)+f'_x(x,y)\Delta x+f'_y(x,y)\Delta y \tag{2}$$

例 3　计算 $(1.03)^{2.01}$ 的近似值.

解　设函数 $f(x,y)=x^y$，显然，要计算的值就是函数在 $x=1.03$，$y=2.01$ 时的函数值 $f(1.03,2.01)$，取 $x=1$，$y=2$，$\Delta x=0.03$，$\Delta y=0.01$. 由于

$$f(1,2)=1,\ f'_x(x,y)=yx^{y-1},\ f'_y(x,y)=x^y\ln x,\ f'_x(1,2)=2,\ f'_y(1,2)=0$$

所以，应用公式(2)便有 $(1.03)^{2.01}\approx 1+2\cdot 0.03+0\cdot 0.01=1.06$.

例 4　要做一个无盖的圆柱形容器，其内径为 2m，高为 4m，厚度为 0.01m，求需用材料多少立方米？

解　以 r 为底半径，h 为高的圆柱体体积为 $V=\pi r^2 h$，所以由(1)式得

$$\Delta V\approx 2\pi rh\Delta r+\pi r^2\Delta h$$

将 $r=2$，$h=4$，$\Delta r=\Delta h=0.01$ 代入得 $\Delta V\approx 2\pi\times 2\times 4\times 0.01+\pi\times 2^2\times 0.01=0.2\pi$，所以需用材料约为 $0.2\pi\ \mathrm{m}^3$.

习　题　9.3

1. 求函数 $z=xy$ 当 $x=2$，$y=1$，$\Delta x=0.1$，$\Delta y=-0.2$ 时的全增量和全微分.

2. 求下列函数的全微分

(1)$z=x^3y^2$； (2)$z=\sqrt{\frac{x}{y}}$； (3)$u=\ln(x^2+y^2+z^2)$； (4)$z=\arctan\frac{x}{y}$；

(5)设 $z=\frac{y}{\sqrt{x^2+y^2}}$； (6)$u=x^{yz}$.

3. 设 $u=\frac{z}{x^2+y^2}$，求 $\mathrm{d}u\big|_{(1,1,2)}$.

4. 设 $z=1+x+(1+x^2)\phi(x+y)$，若已知：当 $x=0$ 时，$z=\ln(\mathrm{e}y^2)$，求 $\mathrm{d}z$.

§9.4 多元复合函数的求导法则

9.4.1 复合函数的一阶偏导数

1. 复合函数的中间变量均为一元函数的情形

定理1 设 $u=\varphi(x)$，$v=\phi(x)$ 在点 x 处可导，$z=f(u,v)$ 在 x 对应的点 (u,v) 处有连续的偏导数，则一元函数 $z=f(u(x),v(x))$ 在点 x 处可导，且 $\frac{\mathrm{d}z}{\mathrm{d}x}=\frac{\partial z}{\partial u}\cdot\frac{\mathrm{d}u}{\mathrm{d}x}+\frac{\partial z}{\partial v}\cdot\frac{\mathrm{d}v}{\mathrm{d}x}$ 或者 $\frac{\mathrm{d}z}{\mathrm{d}x}=\frac{\partial f}{\partial u}\cdot\frac{\mathrm{d}u}{\mathrm{d}x}+\frac{\partial f}{\partial v}\cdot\frac{\mathrm{d}v}{\mathrm{d}x}$，$\frac{\mathrm{d}z}{\mathrm{d}x}$ 称为**全导数**.

证明 由于 $z=f(u,v)$ 有连续的偏导数，则 $z=f(u,v)$ 可微，于是有

$$\mathrm{d}z=\frac{\partial f}{\partial u}\mathrm{d}u+\frac{\partial f}{\partial v}\mathrm{d}v.$$

又 u,v 关于 x 可导

从而

$$\mathrm{d}u=\varphi'(x)\mathrm{d}x,\ \mathrm{d}v=\phi'(x)\mathrm{d}x.$$

代入可得

$$\frac{\mathrm{d}z}{\mathrm{d}x}=\frac{\partial f}{\partial u}\cdot\frac{\mathrm{d}u}{\mathrm{d}x}+\frac{\partial f}{\partial v}\cdot\frac{\mathrm{d}v}{\mathrm{d}x}.$$

用同样的方法，可把定理推广到复合函数的中间变量多于两个的情形. 例如，设 $z=f(u,v,w)$，$u=\varphi(t)$，$v=\psi(t)$，$w=\omega(t)$ 复合而得复合函数

$$z=f(\varphi(t),\psi(t),\omega(t)),$$

则在与定理相类似的条件下，该复合函数在点 t 可导，且其导数可用下列公式计算

$$\frac{\mathrm{d}z}{\mathrm{d}t}=\frac{\partial z}{\partial u}\frac{\mathrm{d}u}{\mathrm{d}t}+\frac{\partial z}{\partial v}\frac{\mathrm{d}v}{\mathrm{d}t}+\frac{\partial z}{\partial \omega}\frac{\mathrm{d}\omega}{\mathrm{d}t}.$$

例1 $z=u^v$，$u=\cos x$，$v=\sin^2 x$，求 $\frac{\mathrm{d}z}{\mathrm{d}x}$.

解 $\frac{\partial z}{\partial u}=v\cdot u^{v-1}$， $\frac{\partial z}{\partial v}=u^v\cdot\ln u$.

又 $\frac{du}{dx}=-\sin x$，　$\frac{dv}{dx}=2\sin x\cos x=\sin 2x$，

故 $\frac{dz}{dx}=-\sin^3 x(\cos x)^{-\cos^2 x}+\sin 2x\cdot(\cos x)^{\sin^2 x}\cdot\ln\cos x.$

另解：由已知，$z=(\cos x)^{\sin^2 x}$，故由一元复合函数求导法则知

$$\frac{dz}{dx}=(e^{\ln(\cos x)^{\sin^2 x}})'=(e^{\sin^2 x\ln(\cos x)})'=e^{\sin^2 x\ln(\cos x)}\left[2\sin x\cos x\ln\cos x-\frac{\sin^3 x}{\cos x}\right]$$
$$=-\sin^3 x(\cos x)^{-\cos^2 x}+\sin 2x\cdot(\cos x)^{\sin^2 x}\cdot\ln\cos x.$$

例 2　$z=f(u,v)$，$u=2^x$，$v=x^2$，f 是可微函数，求 $\frac{dz}{dx}$.

解
$$\frac{du}{dx}=2^x\ln 2,\qquad \frac{dv}{dx}=2x,$$
得
$$\frac{dz}{dx}=\frac{\partial f}{\partial u}\cdot 2^x\ln 2+\frac{\partial f}{\partial v}\cdot 2x.$$

【注】在实际解题过程中，为方便起见，一般习惯用以下记号：$\frac{\partial f}{\partial u}=f_1'$，$\frac{\partial f}{\partial v}=f_2'$，其中 1，2 分别表示 $z=f(u,v)$ 对第一个变量 u，第二个变量 v 求偏导数. 从而例 2 的结果可以写为：$\frac{dz}{dx}=2^x\ln2\cdot f_1'+2x\cdot f_2'$.

实际应用：若 $T=f(x,y,z)$ 表示曲线 $x=x(t)$，$y=y(t)$，$z=z(t)$ 上任一点 (x,y,z) 处的温度，其中 t 是参数，则全导数 $\frac{dT}{dt}$ 表示沿该曲线温度对参数 t 的变化率.

2. 复合函数的中间变量分别是多元函数的情形

定理 2　设函数 $u=u(x,y)$，$v=v(x,y)$ 在点 (x,y) 处存在偏导数，函数 $z=f(u,v)$ 在 (x,y) 对应的点 (u,v) 处存在连续的偏导数，则 $z=f[u(x,y),v(x,y)]$ 在点 (x,y) 处存在对关于 x 和 y 的偏导数，且有下列公式

$$\frac{\partial z}{\partial x}=\frac{\partial z}{\partial u}\cdot\frac{\partial u}{\partial x}+\frac{\partial z}{\partial v}\cdot\frac{\partial v}{\partial x}=\frac{\partial f}{\partial u}\cdot\frac{\partial u}{\partial x}+\frac{\partial f}{\partial v}\cdot\frac{\partial v}{\partial x},$$
$$\frac{\partial z}{\partial y}=\frac{\partial z}{\partial u}\cdot\frac{\partial u}{\partial y}+\frac{\partial z}{\partial v}\cdot\frac{\partial v}{\partial y}=\frac{\partial f}{\partial u}\cdot\frac{\partial u}{\partial y}+\frac{\partial f}{\partial v}\cdot\frac{\partial v}{\partial y}.$$

例 3　$z=u^v$，$u=2x+y$，$v=x+3y^2$，求 $\frac{\partial z}{\partial x}$.

解　$\frac{\partial z}{\partial x}=\frac{\partial z}{\partial u}\cdot\frac{\partial u}{\partial x}+\frac{\partial z}{\partial v}\cdot\frac{\partial v}{\partial x}=vu^{v-1}\cdot 2+u^v\ln u\cdot 1$
$$=2(x+3y^2)(2x+y)^{x+3y^2-1}+(2x+y)^{x+3y^2}\ln(2x+y).$$

例 4　$z=f(y\tan x,x\arcsin y)$，f 是可微函数，求 $\frac{\partial z}{\partial x}$，$\frac{\partial z}{\partial y}$.

解 $\frac{\partial z}{\partial x}=y\sec^2 x\cdot f_1'+\arcsin y\cdot f_2'$； $\frac{\partial z}{\partial y}=\tan x\cdot f_1'+\frac{x}{\sqrt{1-y^2}}\cdot f_2'$.

例 5 $z=f\left(x,\frac{y}{x}\right)$，$f$ 是可微函数，求$\frac{\partial z}{\partial x},\frac{\partial z}{\partial y}$.

解 $\frac{\partial z}{\partial x}=f_1'+f_2'\cdot\left(-\frac{y}{x^2}\right)=f_1'-\frac{y}{x^2}f_2'$，

同理
$$\frac{\partial z}{\partial y}=\frac{1}{x}f_2'.$$

3. 复合函数的中间变量位置出现自变量的情形

定理 3 设函数 $u=u(x,y)$，$v=v(x,y)$，在点(x,y)处存在偏导数，函数 $z=f(x,y,u,v)$ 在(x,y)对应的点(x,y,u,v)处存在连续的偏导数，则函数 $z=f(x,y,u,v)$ 在点(x,y)处也存在偏导数. 且

$$\frac{\partial z}{\partial x}=\frac{\partial f}{\partial x}+\frac{\partial f}{\partial u}\cdot\frac{\partial u}{\partial x}+\frac{\partial f}{\partial v}\cdot\frac{\partial v}{\partial x}=f_1'+f_3'\cdot\frac{\partial u}{\partial x}+f_4'\cdot\frac{\partial u}{\partial x};$$
$$\frac{\partial z}{\partial y}=\frac{\partial f}{\partial y}+\frac{\partial f}{\partial u}\cdot\frac{\partial u}{\partial y}+\frac{\partial f}{\partial v}\cdot\frac{\partial v}{\partial y}=f_2'+f_3'\cdot\frac{\partial u}{\partial y}+f_4'\cdot\frac{\partial v}{\partial y}.$$

【注】$\frac{\partial z}{\partial x}$是二元函数 $z=f(x,y,u(x,y),v(x,y))$ 关于自变量 x 的偏导数. 而$\frac{\partial f}{\partial x}$是四元函数 $f(x,y,u,v)$ 关于 x 的偏导数.

例 6 $z=f(u,v,x,y)$，$u=xy$，$v=x-y$，f 是可微函数，求$\frac{\partial z}{\partial x}$，$\frac{\partial z}{\partial y}$.

解 $\frac{\partial z}{\partial x}=y\cdot f_1'+f_2'+f_3'$，$\frac{\partial z}{\partial y}=x\cdot f_1'-f_2'+f_4'$.

例 7 $z=xf(u,v)$，$u=2x+3y$，$v=4x-5y$，f 是可微函数，求$\frac{\partial z}{\partial x}$，$\frac{\partial z}{\partial y}$.

解 $\frac{\partial z}{\partial x}=f+2x(f_1'+2f_2')$，$\frac{\partial z}{\partial y}=x(3f_1'-5f_2')$.

4. 复合函数只有一个中间变量的情形

定理 4 设函数 $u=u(x,y)$ 在点(x,y)处存在偏导数，函数 $z=f(u)$ 在(x,y)对应的点 u 处可导，则函数 $z=f(u)$ 在点(x,y)处存在偏导数且

$$\frac{\partial z}{\partial x}=f'(u)\cdot\frac{\partial u}{\partial x},\ \frac{\partial z}{\partial y}=f'(u)\cdot\frac{\partial u}{\partial y}.$$

例 8 $z=f(u)$，$u=x^2-y^2$，f 是可微函数，求$\frac{\partial z}{\partial x}$，$\frac{\partial z}{\partial y}$.

解 $\frac{\partial z}{\partial x}=2xf'(u)$； $\frac{\partial z}{\partial y}=-2yf'(u)$.

例 9　$z=xf(u)$，$u=5x+2y$，f 是可微函数，求$\frac{\partial z}{\partial x}$，$\frac{\partial z}{\partial y}$.

解　$\frac{\partial z}{\partial x}=f(u)+5xf'(u)$；　　$\frac{\partial z}{\partial y}=f(u)+2xf'(u)$.

9.4.2　复合函数的高阶偏导数

例 10　设 $w=f(x+y+z,xyz)$，f 具有二阶连续偏导数，求$\frac{\partial w}{\partial x}$及$\frac{\partial^2 w}{\partial x\partial z}$.

解　令 $u=x+y+z$，$v=xyz$，则 $w=f(u,v)$.

为表达简便起见，引入以下记号：$f_1'=\frac{\partial f(u,v)}{\partial u}$，$f_{12}''=\frac{\partial^2 f(u,v)}{\partial u\partial v}$，

这里下标 1 表示对第一个中间变量 u 求偏导数，下标 2 表示对第二个中间变量 v 求偏导数，同理有 f_2'、f_{11}''、f_{22}''等.

因所给函数由 $w=f(u,v)$ 及 $u=x+y+z$，$v=xyz$ 复合而成，根据复合函数求导法则，有

$$\frac{\partial w}{\partial x}=\frac{\partial f}{\partial u}\cdot\frac{\partial u}{\partial x}+\frac{\partial f}{\partial v}\cdot\frac{\partial v}{\partial x}=f_1'+yzf_2'；$$

$$\frac{\partial^2 w}{\partial x\partial z}=\frac{\partial}{\partial z}(f_1'+yzf_2')=\frac{\partial f_1'}{\partial z}+yf_2'+yz\frac{\partial f_2'}{\partial z}.$$

求$\frac{\partial f_1'}{\partial z}$及$\frac{\partial f_2'}{\partial z}$时，应注意 f_1'及 f_2'仍旧是复合函数，根据复合函数求导法则，有

$$\frac{\partial f_1'}{\partial z}=\frac{\partial f_1'}{\partial u}\cdot\frac{\partial u}{\partial z}+\frac{\partial f_1'}{\partial v}\cdot\frac{\partial v}{\partial z}=f_{11}''+xyf_{12}''；$$

$$\frac{\partial f_2'}{\partial z}=\frac{\partial f_2'}{\partial u}\cdot\frac{\partial u}{\partial z}+\frac{\partial f_2'}{\partial v}\cdot\frac{\partial v}{\partial z}=f_{21}''+xyf_{22}''$$

于是

$$\begin{aligned}\frac{\partial^2 w}{\partial x\partial z}&=f_{11}''+xyf_{12}''+yf_2'+yzf_{21}''+xy^2zf_{22}''\\&=f_{11}''+y(x+z)f_{12}''+xy^2zf_{22}''+yf_2'.\end{aligned}$$

9.4.3　全微分形式的不变性

设函数 $z=f(u,v)$具有连续偏导数，则不管 u,v 是 $z=f(u,v)$的自变量还是中间变量，都有 $dz=\frac{\partial z}{\partial u}du+\frac{\partial z}{\partial v}dv$.

如果 u,v 是 $z=f(u,v)$的自变量，结论是显然的. 如果 u、v 是 x、y 的函数，可设 $u=\varphi(x,y)$、$v=\phi(x,y)$，且这两个函数也具有连续偏导数，则复合函数 $z=f(\varphi(x,y),\phi(x,y))$的全微分为 $dz=\frac{\partial z}{\partial x}dx+\frac{\partial z}{\partial y}dy$，由前面定理结论得

$$\mathrm{d}z=\left(\frac{\partial z}{\partial u}\cdot\frac{\partial u}{\partial x}+\frac{\partial z}{\partial v}\cdot\frac{\partial v}{\partial x}\right)\mathrm{d}x+\left(\frac{\partial z}{\partial u}\cdot\frac{\partial u}{\partial y}+\frac{\partial z}{\partial v}\cdot\frac{\partial v}{\partial y}\right)\mathrm{d}y$$

$$=\frac{\partial z}{\partial u}\left(\frac{\partial u}{\partial x}\mathrm{d}x+\frac{\partial u}{\partial y}\mathrm{d}y\right)+\frac{\partial z}{\partial v}\left(\frac{\partial v}{\partial x}\mathrm{d}x+\frac{\partial v}{\partial y}\mathrm{d}y\right)$$

$$=\frac{\partial z}{\partial u}\mathrm{d}u+\frac{\partial z}{\partial v}\mathrm{d}v.$$

由此可见,无论 z 是自变量 u、v 的函数或者中间变量 u、v 的函数,它的全微分形式是一样的.这个性质叫做**全微分形式不变性**.

习 题 9.4

1. 设 $z=\arctan(xy)$,$y=\mathrm{e}^x$,求$\dfrac{\mathrm{d}z}{\mathrm{d}x}$.

2. 设 $z=x^y$,求$\dfrac{\partial z}{\partial x}$.

3. 设 $z=f(x^2-y^2,y\arcsin x)$,其中 f 为可导函数,求$\dfrac{\partial z}{\partial x}$.

4. 设 $z=xf(2x+y,y\tan x)$,其中 f 为可导函数,求$\dfrac{\partial z}{\partial x}$.

5. 设 $z=f(3\ln x-2y)$,其中 f 为可导函数,求$\dfrac{\partial z}{\partial x}$.

6. 设 $z=\dfrac{y}{f(x^2-y^2)}$,其中 f 为可导函数,求$\dfrac{\partial z}{\partial x}$.

7. 设 $u=f(2^x,xy,xyz)$,其中 f 为可导函数,求$\dfrac{\partial u}{\partial x}$.

8. 设 $z=f(x\mathrm{e}^y,x,y)$,其中 f 具有二阶连续偏导数,求$\dfrac{\partial^2 z}{\partial x\partial y}$.

§9.5 多元隐函数的求导法

在上册中我们已经提出了隐函数的概念,并且指出了不经过显化直接由方程 $F(x,y)=0$求它所确定的隐函数导数的方法.现在介绍隐函数存在定理,并根据多元复合函数的求导法来导出隐函数的导数公式.

9.5.1 一个一元隐函数的情形

隐函数存在定理 1 设函数 $F(x,y)$在点 $P(x_0,y_0)$的某一邻域内具有连续的偏导数，且 $F(x_0,y_0)=0$，$F_y(x_0,y_0)\neq 0$，则方程 $F(x,y)=0$ 在点 (x_0,y_0) 的某一邻域内唯一确定一个单值连续且具有连续导数的函数 $y=f(x)$，它满足条件 $y_0=f(x_0)$，并有

$$\frac{\mathrm{d}y}{\mathrm{d}x}=-\frac{F_x}{F_y}. \tag{1}$$

现仅就上述公式(1)作如下推导.

将方程 $F(x,y)=0$ 所确定的函数 $y=f(x)$ 代入，得恒等式 $F(x,f(x))\equiv 0$，其左端可以看作是 x 的一个复合函数，求这个函数的全导数，由于恒等式两端求导后仍然恒等，即得

$$\frac{\partial F}{\partial x}+\frac{\partial F}{\partial y}\frac{\mathrm{d}y}{\mathrm{d}x}=0.$$

由于 F_y 连续，且 $F_y(x_0,y_0)\neq 0$，所以存在 (x_0,y_0) 的一个邻域，在这个邻域内 $F_y\neq 0$，于是得 $\dfrac{\mathrm{d}y}{\mathrm{d}x}=-\dfrac{F_x}{F_y}$.

如果 $F(x,y)$ 的二阶偏导数也都连续，我们可以把等式(1)的两端看作 x 的复合函数而再一次求导，即得

$$\begin{aligned}\frac{\mathrm{d}^2y}{\mathrm{d}x^2}&=\frac{\partial}{\partial x}\left(-\frac{F_x}{F_y}\right)+\frac{\partial}{\partial y}\left(-\frac{F_x}{F_y}\right)\frac{\mathrm{d}y}{\mathrm{d}x}\\&=-\frac{F_{xx}F_y-F_{yx}F_x}{F_y^2}-\frac{F_{xy}F_y-F_{yy}F_x}{F_y^2}\left(-\frac{F_x}{F_y}\right)\\&=-\frac{F_{xx}F_y^2-2F_{xy}F_xF_y+F_{yy}F_x^2}{F_y^3}.\end{aligned}$$

例 1　验证方程 $x^2+y^2-1=0$ 在点 $(0,1)$ 的某一邻域内能唯一确定一个单值且有连续导数，并且当 $x=0$ 时，$y=1$ 的隐函数 $y=f(x)$，并求这函数的一阶和二阶导数在 $x=0$ 的值.

解　设 $F(x,y)=x^2+y^2-1$，则 $F_x=2x$，$F_y=2y$，$F(0,1)=0$，$F_y(0,1)=2\neq 0$. 因此由定理 1 可知，方程 $x^2+y^2-1=0$ 在点 $(0,1)$ 的某邻域内能唯一确定一个单值且有连续导数，并且当 $x=0$ 时，$y=1$ 的隐函数 $y=f(x)$.

下面求该函数的一阶和二阶导数

$$\frac{\mathrm{d}y}{\mathrm{d}x}=-\frac{F_x}{F_y}=-\frac{x}{y},\left.\frac{\mathrm{d}y}{\mathrm{d}x}\right|_{x=0}=0,$$

$$\frac{\mathrm{d}^2y}{\mathrm{d}x^2}=-\frac{y-xy'}{y^2}=-\frac{y-x\left(-\dfrac{x}{y}\right)}{y^2}=-\frac{y^2+x^2}{y^3}=-\frac{1}{y^3},$$

$$\left.\frac{\mathrm{d}^2y}{\mathrm{d}x^2}\right|_{x=0}=-1.$$

9.5.2 一个二元隐函数的情形

隐函数存在定理还可以推广到多元函数.既然一个二元方程 $F(x,y)=0$ 可以确定一个一元隐函数,那么一个三元方程 $F(x,y,z)=0$ 就有可能确定一个二元隐函数.

与定理1一样,我们同样可以由三元函数 $F(x,y,z)$ 的性质来断定由方程 $F(x,y,z)=0$ 所确定的二元函数 $z=(x,y)$ 的存在,以及这个函数的性质.这就是下面的定理.

隐函数存在定理2 设函数 $F(x,y,z)$ 在点 $P(x_0,y_0,z_0)$ 的某一邻域内具有连续的偏导数,且 $F(x_0,y_0,z_0)=0$,$F_z(x_0,y_0,z_0)\neq 0$,则方程 $F(x,y,z)=0$ 在点 (x_0,y_0,z_0) 的某一邻域内恒能唯一确定一个单值连续且具有连续偏导数的函数 $z=f(x,y)$,它满足条件 $z_0=f(x_0,y_0)$,并有

$$\frac{\partial z}{\partial x}=-\frac{F_x}{F_z},\quad \frac{\partial z}{\partial y}=-\frac{F_y}{F_z}. \tag{2}$$

与定理1类似,仅就公式(2)作如下推导.

由于 $F(x,y,f(x,y))\equiv 0$,将上式两端分别对 x 和 y 求导,应用复合函数求导法则得

$$F_x+F_z\frac{\partial z}{\partial x}=0,\quad F_y+F_z\frac{\partial z}{\partial y}=0.$$

因为 F_z 连续,且 $F_z(x_0,y_0,z_0)\neq 0$,所以存在点 (x_0,y_0,z_0) 的一个邻域,在这个邻域内 $F_z\neq 0$,于是得

$$\frac{\partial z}{\partial x}=-\frac{F_x}{F_z},\quad \frac{\partial z}{\partial y}=-\frac{F_y}{F_z}. \tag{3}$$

例2 设 $x^2+y^2+z^2-4z=0$,求 $\frac{\partial^2 z}{\partial x^2}$.

解 设 $F(x,y,z)=x^2+y^2+z^2-4z$,则 $F_x=2x$,$F_z=2z-4$.应用公式(3),得

$$\frac{\partial z}{\partial x}=\frac{x}{2-z}.$$

再一次对 x 求偏导数,得

$$\frac{\partial^2 z}{\partial x^2}=\frac{(2-z)+x\frac{\partial z}{\partial x}}{(2-z)^2}=\frac{(2-z)+x\left(\frac{x}{2-z}\right)}{(2-z)^2}=\frac{(2-z)^2+x^2}{(2-z)^3}.$$

9.5.3 两个二元隐函数的情形

下面我们将隐函数存在定理作另一方面的推广.我们不仅增加方程中变量的个

数. 而且增加方程的个数，例如，考虑方程组$\begin{cases}F(x,y,u,v)=0\\G(x,y,u,v)=0\end{cases}$. 一般地，一个方程可能确定一个隐函数，则$\begin{cases}F(x,y,u,v)=0\\G(x,y,u,v)=0\end{cases}$能确定 2 个隐函数，从而 4 个变量中剩下两个变量独立变化. 在这种情形下，我们可以由函数 F、G 的性质来断定由上述方程组所确定的两个二元函数的存在性，以及它们的性质. 有下面的定理：

隐函数存在定理 3　设函数 $F(x,y,u,v)$、$G(x,y,u,v)$ 在点 $P_0(x_0,y_0,u_0,v_0)$ 的某一邻域内具有对各个变量的连续偏导数，又 $F(x_0,y_0,u_0,v_0)=0$，$G(x_0,y_0,u_0,v_0)=0$，且偏导数所组成的函数行列式(或称雅可比(Jacobi)式)

$$J=\frac{\partial(F,G)}{\partial(u,v)}=\begin{vmatrix}\dfrac{\partial F}{\partial u} & \dfrac{\partial F}{\partial v}\\ \dfrac{\partial G}{\partial u} & \dfrac{\partial G}{\partial v}\end{vmatrix}$$

在点 $P_0(x_0,y_0,u_0,v_0)$ 不等于零，则方程组 $F(x,y,u,v)=0$，$G(x,y,u,v)=0$ 在点 (x_0,y_0,u_0,v_0) 的某一邻域内恒能唯一确定一组单值连续且具有连续偏导数的函数 $u=u(x,y)$，$v=v(x,y)$，它满足条件 $u_0=u(x_0,y_0)$，$v_0=v(x_0,u_0)$，并有公式(4)

$$\frac{\partial u}{\partial x}=-\frac{1}{J}\cdot\frac{\partial(F,G)}{\partial(x,v)}=-\frac{\begin{vmatrix}F_x & F_v\\ G_x & G_v\end{vmatrix}}{\begin{vmatrix}F_u & F_v\\ G_u & G_v\end{vmatrix}};$$

$$\frac{\partial v}{\partial x}=-\frac{1}{J}\cdot\frac{\partial(F,G)}{\partial(u,x)}=-\frac{\begin{vmatrix}F_u & F_x\\ G_u & G_x\end{vmatrix}}{\begin{vmatrix}F_u & F_v\\ G_u & G_v\end{vmatrix}};$$

$$\frac{\partial u}{\partial y}=-\frac{1}{J}\cdot\frac{\partial(F,G)}{\partial(y,v)}=-\frac{\begin{vmatrix}F_y & F_v\\ G_y & G_v\end{vmatrix}}{\begin{vmatrix}F_u & F_v\\ G_u & G_v\end{vmatrix}};$$

$$\frac{\partial v}{\partial y}=-\frac{1}{J}\cdot\frac{\partial(F,G)}{\partial(u,y)}=-\frac{\begin{vmatrix}F_u & F_y\\ G_u & G_y\end{vmatrix}}{\begin{vmatrix}F_u & F_v\\ G_u & G_v\end{vmatrix}}. \tag{4}$$

这个定理证明从略.

例 3　设 $xu-yv=0$，$yu+xv=1$，求$\dfrac{\partial u}{\partial x}$，$\dfrac{\partial u}{\partial y}$，$\dfrac{\partial v}{\partial x}$和$\dfrac{\partial v}{\partial y}$.

解 此题可直接利用公式(4),但也可依照推导公式(4)的方法来求解.下面我们利用后一种方法来做.

将所给方程的两边对 x 求导并移项,得

$$\begin{cases} x\dfrac{\partial u}{\partial x}-y\dfrac{\partial v}{\partial x}=-u \\ y\dfrac{\partial u}{\partial x}+x\dfrac{\partial v}{\partial x}=-v \end{cases}.$$

在 $J=\begin{vmatrix} x & -y \\ y & x \end{vmatrix}=x^2+y^2\neq 0$ 的条件下,有

$$\frac{\partial u}{\partial x}=\frac{\begin{vmatrix} -u & -y \\ -v & x \end{vmatrix}}{\begin{vmatrix} x & -y \\ y & x \end{vmatrix}}=-\frac{xu+yv}{x^2+y^2};\quad \frac{\partial v}{\partial x}=\frac{\begin{vmatrix} x & -u \\ y & -v \end{vmatrix}}{\begin{vmatrix} x & -y \\ y & x \end{vmatrix}}=\frac{yu-xv}{x^2+y^2}.$$

将所给方程的两边对 y 求导,用同样方法在 $J=x^2+y^2\neq 0$ 的条件下可得

$$\frac{\partial u}{\partial y}=\frac{xv-yu}{x^2+y^2};\quad \frac{\partial v}{\partial y}=-\frac{xu+yv}{x^2+y^2}.$$

9.5.4 两个一元隐函数的情形

考虑方程组 $\begin{cases} F(x,u,v)=0 \\ G(x,u,v)=0 \end{cases}$.这时,在三个变量中,一般只能有一个变量独立变化,因此方程组 $\begin{cases} F(x,u,v)=0 \\ G(x,u,v)=0 \end{cases}$ 就有可能确定两个一元函数.在这种情形下,我们可以由函数 F、G 的性质来断定由上述方程组所确定的两个一元函数的存在性,以及它们的性质.我们有下面的定理.

隐函数存在定理 4 设函数 $F(x,u,v)$、$G(x,u,v)$ 在点 $P_0(x_0,u_0,v_0)$ 的某一邻域内具有对各个变量的连续偏导数,又 $F(x_0,u_0,v_0)=0$,$G(x_0,u_0,v_0)=0$ 且偏导数所组成的函数行列式(或称雅可比(Jacobi)式)

$$J=\frac{\partial(F,G)}{\partial(u,v)}=\begin{vmatrix} \dfrac{\partial F}{\partial u} & \dfrac{\partial F}{\partial v} \\ \dfrac{\partial G}{\partial u} & \dfrac{\partial G}{\partial v} \end{vmatrix}$$

在点 $P_0(x_0,u_0,v_0)$ 不等于零,则方程组 $F(x,u,v)=0$,$G(x,u,v)=0$ 在点 (x_0,u_0,v_0) 的某一邻域内恒能唯一确定一组单值连续且具有连续导数的函数 $u=u(x)$,$v=v(x)$,它满足条件 $u_0=u(x_0)$,$v_0=v(x_0)$,并有

$$\frac{\mathrm{d}u}{\mathrm{d}x}=-\frac{1}{J}\cdot\frac{\partial(F,G)}{\partial(x,v)}=-\frac{\begin{vmatrix}F_x & F_v\\ G_x & G_v\end{vmatrix}}{\begin{vmatrix}F_u & F_v\\ G_u & G_v\end{vmatrix}};$$

$$\frac{\mathrm{d}v}{\mathrm{d}x}=-\frac{1}{J}\cdot\frac{\partial(F,G)}{\partial(u,x)}=-\frac{\begin{vmatrix}F_u & F_x\\ G_u & G_x\end{vmatrix}}{\begin{vmatrix}F_u & F_v\\ G_u & G_v\end{vmatrix}}.$$

例 4　设$\begin{cases}x^2+y^2+z^2=50\\ x+2y+3z=4\end{cases}$，求$\frac{\mathrm{d}y}{\mathrm{d}x},\frac{\mathrm{d}z}{\mathrm{d}x}$.

解　将所给方程的两边对 x 求导并移项，得$\begin{cases}y\frac{\mathrm{d}y}{\mathrm{d}x}+z\frac{\mathrm{d}z}{\mathrm{d}x}=-x\\ 2\frac{\mathrm{d}y}{\mathrm{d}x}+3\frac{\mathrm{d}y}{\mathrm{d}x}=-1\end{cases}$.

在 $J=\begin{vmatrix}y & z\\ 2 & 3\end{vmatrix}=3y-2z\neq 0$ 的条件下，

$$\frac{\mathrm{d}y}{\mathrm{d}x}=\frac{\begin{vmatrix}-x & z\\ -1 & 3\end{vmatrix}}{\begin{vmatrix}y & z\\ 2 & 3\end{vmatrix}}=\frac{-3x+z}{3y-2z};\qquad \frac{\mathrm{d}z}{\mathrm{d}x}=\frac{\begin{vmatrix}y & -x\\ 2 & -1\end{vmatrix}}{\begin{vmatrix}y & z\\ 2 & 3\end{vmatrix}}=\frac{-y+2x}{3y-2z}.$$

习　题　9.5

1. 设方程$\frac{x}{z}=\ln\frac{z}{y}$确定函数 $z=z(x,y)$，求$\frac{\partial z}{\partial x}$.

2. 设方程 $z^x=y^z$ 确定函数 $z=z(x,y)$，求$\frac{\partial z}{\partial x}$.

3. 设方程 $z^2=x+y+f(yz)$确定函数 $z=z(x,y)$，其中 $f(y,z)$可微，求$\frac{\partial z}{\partial x}$.

4. 设方程 $z=\int_{xy}^{z}f(t)\mathrm{d}t$ 确定函数 $z=z(x,y)$，其中 $f(t)$连续，求$\frac{\partial z}{\partial x}$.

5. 设方程 $x+y+z=\mathrm{e}^z$ 确定函数 $z=z(x,y)$，求$\frac{\partial^2 z}{\partial x\partial y}$.

6. 由 $x+y+z=0,x^2+y^2+z^2=1$ 可确定 $x=x(z),y=y(z)$，求$\frac{\mathrm{d}x}{\mathrm{d}z},\frac{\mathrm{d}y}{\mathrm{d}z}$.

7. 设方程 $F\left(x+\frac{z}{y},y+\frac{z}{x}\right)=0$ 确定函数 $z=z(x,y)$，其中函数 F 可微，证明：

$x\frac{\partial z}{\partial x}+y\frac{\partial z}{\partial y}=z-xy$.

8. 设函数 $z=z(x,y)$ 由方程 $F(yz,x^2)=0$ 确定，求 $\mathrm{d}z$.

9. 求下列方程组所确定的隐函数的导数或偏导数：

(1)设 $\begin{cases}x^2+y^2+z^2-50=0\\x+2y+3z=4\end{cases}$，求 $\frac{\mathrm{d}y}{\mathrm{d}x}$，$\frac{\mathrm{d}z}{\mathrm{d}x}$.

(2)设 $\begin{cases}u^3+xu=y\\v^3+yu=x\end{cases}$，求 $\frac{\partial u}{\partial x}$，$\frac{\partial u}{\partial y}$，$\frac{\partial v}{\partial x}$，$\frac{\partial v}{\partial y}$.

10. 设 $y=f(x,t)$，而 t 是由 $F(x,y,t)=0$ 所确定的 x,y 的函数，其中 f,F 均有一阶连续的偏导数，求 $\frac{\mathrm{d}y}{\mathrm{d}x}$.

§9.6 多元函数微分学的几何应用

9.6.1 空间曲线的切线与法平面

1. 设空间曲线 Γ 的参数方程为

$$x=\phi(t),\ y=\psi(t),\ z=\omega(t),\qquad(\alpha\leqslant t\leqslant\beta)$$

这里假定上式中的三个函数都可导.

在曲线上取对应于 $t=t_0$ 的一点 $M(x_0,y_0,z_0)$ 及对应于 $t=t_0+\Delta t$ 的邻近一点 $M'(x_0+\Delta x,y_0+\Delta y,z_0+\Delta z)$.

根据解析几何，曲线的割线 MM' 的方程是

$$\frac{x-x_0}{\Delta x}=\frac{y-y_0}{\Delta y}=\frac{z-z_0}{\Delta z}.$$

当 M' 沿着 Γ 趋于 M 时，割线 MM' 的极限位置 MT 就是曲线 Γ 在点 M 处的切线(见图 9-4).

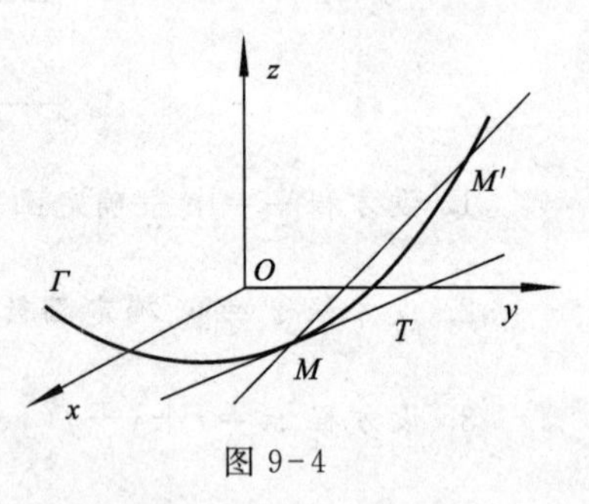

图 9-4

用 Δt 除上式的各分母，得

$$\frac{x-x_0}{\frac{\Delta x}{\Delta t}}=\frac{y-y_0}{\frac{\Delta y}{\Delta t}}=\frac{z-z_0}{\frac{\Delta z}{\Delta t}}.$$

令 $M'\to M$，这时($\Delta t\to 0$)，通过对上式取极限，即得曲线在点 M 处的切线方程为

$$\frac{x-x_0}{\phi'(t_0)}=\frac{y-y_0}{\psi'(t_0)}=\frac{z-z_0}{\omega'(t_0)}.\tag{1}$$

这里要假定 $\phi'(t_0),\psi'(t_0),\omega'(t_0)$ 不能都为零. 如果个别为零，则应按空间解析几何有关直线的对称式方程的说明来理解.

切线的方向向量称为**曲线的切向量**. 向量

$$\boldsymbol{T}=\{\phi'(t_0),\psi'(t_0),\omega'(t_0)\}$$

就是曲线 Γ 在点 M 处的一个切向量.

通过点 M 而与切线垂直的平面称为曲线在点 M 处的法平面，它是通过点 $M(x_0, y_0, z_0)$ 而以 T 为法向量的平面，因此这法平面的方程为

$$\phi'(t_0)(x-x_0)+\psi'(t_0)(y-y_0)+\omega'(t_0)(z-z_0)=0. \tag{2}$$

例 1　求曲线 $x=\int_0^t \mathrm{e}^u\cos u\mathrm{d}u, y=2\sin t+\cos t, z=1+\mathrm{e}^{3t}$ 上 $t=0$ 对应点处的切线及法平面方程.

解　由已知 $t=0$，$x=0$，$y=1$，$z=2$，

又　$\dfrac{\mathrm{d}x}{\mathrm{d}t}=\mathrm{e}^t\cos t$，　$\dfrac{\mathrm{d}y}{\mathrm{d}t}=2\cos t-\sin t$，　$\dfrac{\mathrm{d}z}{\mathrm{d}t}=3\mathrm{e}^{3t}$，

所以，曲线上点(0,1,2)处切向量为 $\boldsymbol{T}=(1,2,3)$

于是，切线方程为

$$\frac{x}{1}=\frac{y-1}{2}=\frac{z-2}{3},$$

法平面方程为

$$x+2(y-1)+3(z-2)=0,$$

即

$$x+2y+3z=8.$$

2. 如果空间曲线 Γ 的方程以 $\begin{cases}y=\phi(x)\\z=\psi(x)\end{cases}$ 的形式给出，则可视 x 为参数，它就可以表示为参数方程的形式

$$\begin{cases}x=x\\y=\phi(x).\\z=\psi(x)\end{cases}$$

若 $\phi(x),\psi(x)$ 都在 $x=x_0$ 处可导，那么根据上面的讨论可知，$\boldsymbol{T}=\{1,\phi'(x),\psi'(x)\}$，因此曲线在点 $M(x_0,y_0,z_0)$ 处的切线方程为

$$\frac{x-x_0}{1}=\frac{y-y_0}{\phi'(x_0)}=\frac{z-z_0}{\psi'(x_0)}. \tag{3}$$

在点 $M(x_0,y_0,z_0)$ 处的法平面方程为

$$(x-x_0)+\phi'(x)(y-y_0)+\psi'(x)(z-z_0)=0. \tag{4}$$

3. 设空间曲线 Γ 的方程以 $\begin{cases}F(x,y,z)=0\\G(x,y,z)=0\end{cases}$ 的形式给出，$M(x_0,y_0,z_0)$ 是曲线 Γ 上的一个点. 又设 F,G 有对各个变量的连续偏导数，且 $\left.\dfrac{\partial(F,G)}{\partial(y,z)}\right|_{(x_0,y_0,z_0)}\neq 0$.

此时方程组$\begin{cases}F(x,y,z)=0\\G(x,y,z)=0\end{cases}$在点$M(x_0,y_0,z_0)$的某一邻域内确定了一组函数$y=\phi(x)$，$z=\psi(x)$. 曲线$\Gamma$在点$M(x_0,y_0,z_0)$处的切向量为$\boldsymbol{T}=\left(1,\frac{\mathrm{d}y}{\mathrm{d}x}\big|_{x=x_0},\frac{\mathrm{d}z}{\mathrm{d}x}\big|_{x=x_0}\right)$.

为了计算出$\frac{\mathrm{d}y}{\mathrm{d}x},\frac{\mathrm{d}z}{\mathrm{d}x}$，我们在恒等式

$$F(x,\phi(x),\psi(x))\equiv 0,\qquad G(x,\phi(x),\psi(x))\equiv 0$$

两边分别对x求全导数，得

$$\begin{cases}\dfrac{\partial F}{\partial x}+\dfrac{\partial F}{\partial y}\cdot\dfrac{\mathrm{d}y}{\mathrm{d}x}+\dfrac{\partial F}{\partial z}\cdot\dfrac{\mathrm{d}z}{\mathrm{d}x}=0\\[2mm]\dfrac{\partial G}{\partial x}+\dfrac{\partial G}{\partial y}\cdot\dfrac{\mathrm{d}y}{\mathrm{d}x}+\dfrac{\partial G}{\partial z}\cdot\dfrac{\mathrm{d}z}{\mathrm{d}x}=0\end{cases}.$$

由假设可知，在点$M(x_0,y_0,z_0)$的某个邻域内$J=\frac{\partial(F,G)}{\partial(y,z)}\neq 0$，

故可解得
$$\frac{\mathrm{d}y}{\mathrm{d}x}=\frac{\begin{vmatrix}F_z & F_x\\G_z & G_x\end{vmatrix}}{\begin{vmatrix}F_y & F_z\\G_y & G_z\end{vmatrix}};\qquad\frac{\mathrm{d}z}{\mathrm{d}x}=\frac{\begin{vmatrix}F_x & F_y\\G_x & G_y\end{vmatrix}}{\begin{vmatrix}F_y & F_z\\G_y & G_z\end{vmatrix}}.$$

由此可写出曲线Γ在点$M(x_0,y_0,z_0)$处的切线方程

$$\frac{x-x_0}{\begin{vmatrix}F_y & F_z\\G_y & G_z\end{vmatrix}_M}=\frac{y-y_0}{\begin{vmatrix}F_z & F_x\\G_z & G_x\end{vmatrix}_M}=\frac{z-z_0}{\begin{vmatrix}F_x & F_y\\G_x & G_y\end{vmatrix}_M},\tag{5}$$

曲线Γ在点$M(x_0,y_0,z_0)$处的法平面方程

$$\begin{vmatrix}F_y & F_z\\G_y & G_z\end{vmatrix}_M(x-x_0)+\begin{vmatrix}F_z & F_x\\G_z & G_x\end{vmatrix}_M(y-y_0)+\begin{vmatrix}F_x & F_y\\G_x & G_y\end{vmatrix}_M(z-z_0)=0.\tag{6}$$

若$\left.\frac{\partial(F,G)}{\partial(y,z)}\right|_M=0$，而$\left.\frac{\partial(F,G)}{\partial(z,x)}\right|_M$，$\left.\frac{\partial(F,G)}{\partial(x,y)}\right|_M$中至少有一个不等于零，我们可得同样的结果.

例 2 求曲线$\begin{cases}x^2+y^2+z^2=6\\z=x^2+y^2\end{cases}$在点$M_0(1,1,2)$处的切线方程及法平面方程.

解 将所给方程的两边对x求导并移项，得

$$\begin{cases}y\dfrac{\mathrm{d}y}{\mathrm{d}x}+z\dfrac{\mathrm{d}z}{\mathrm{d}x}=-x\\[2mm]2y\dfrac{\mathrm{d}y}{\mathrm{d}x}-\dfrac{\mathrm{d}z}{\mathrm{d}x}=-2x\end{cases},$$

由此得

$$\frac{\mathrm{d}y}{\mathrm{d}x}=\frac{\begin{vmatrix}-x & z\\ -2x & -1\end{vmatrix}}{\begin{vmatrix}y & z\\ 2y & -1\end{vmatrix}}=-\frac{x+2xz}{y+2yz}=-\frac{x}{y};\qquad \frac{\mathrm{d}z}{\mathrm{d}x}=\frac{\begin{vmatrix}y & -x\\ 2y & -2x\end{vmatrix}}{\begin{vmatrix}y & z\\ 2y & -1\end{vmatrix}}=0.$$

$$\left.\frac{\mathrm{d}y}{\mathrm{d}x}\right|_{(1,1,2)}=-1;\qquad \left.\frac{\mathrm{d}z}{\mathrm{d}x}\right|_{(1,1,2)}=0.$$

从而点 $M_0(1,1,2)$处的切向量 $\boldsymbol{T}=\left.\left(1,\frac{\mathrm{d}y}{\mathrm{d}x},\frac{\mathrm{d}z}{\mathrm{d}x}\right)\right|_{M_0}=(1,-1,0)$.

所以，曲线在对应点 $M_0(1,1,2)$处的切线方程为

$$\frac{x-1}{1}=\frac{y-1}{-1}=\frac{z-2}{0};$$

法平面方程为

$$x-y=0.$$

9.6.2　曲面的切平面与法线

1. 我们先讨论由隐式给出曲面方程 $F(x,y,z)=0$ 的情形，然后把由显式给出的曲面方程 $z=f(x,y)$作为它的特殊情形.

设曲面 Σ 由方程 $F(x,y,z)=0$ 给出，$M(x_0,y_0,z_0)$是曲面 Σ 上的一点，并设函数 $F(x,y,z)$的偏导数在该点连续且不同时为零. 在曲面 Σ 上，通过点 M 任意引一条曲线 Γ，假定曲线的参数方程为 $x=\phi(t)$，$y=\psi(t)$，$z=\omega(t)$，$t=t_0$ 对应于点$M(x_0,y_0,z_0)$且 $\phi'(t_0)$，$\psi'(t_0)$，$\omega'(t_0)$不全为零，则该曲线的切线方程为

$$\frac{x-x_0}{\phi'(t_0)}=\frac{y-y_0}{\psi'(t_0)}=\frac{z-z_0}{\omega'(t_0)},$$

我们现在要证明，在曲面 Σ 上通过点 M 且在点 M 处具有切线的任何曲线，它们在点 M 处的切线都在同一个平面上. 事实上，因为曲线 Γ 完全在曲面 Σ 上，所以有恒等式

$$F(\phi(t),\psi(t),\omega(t))\equiv 0,$$

又因 $F(x,y,z)$在点(x_0,y_0,z_0)处有连续偏导数，且 $\phi'(t_0)$，$\psi'(t_0)$和 $\omega'(t_0)$存在，所以这恒等式左边的复合函数在 $t=t_0$ 时有全导数，且这全导数等于零

$$\left.\frac{\mathrm{d}}{\mathrm{d}t}F(\phi(t),\psi(t),\omega(t))\right|_{t=t_0}=0,$$

即有

$$F_x(x_0,y_0,z_0)\phi'(t_0)+F_y(x_0,y_0,z_0)\psi'(t_0)+F_z(x_0,y_0,z_0)\omega'(t_0)=0.$$

引入向量 $\boldsymbol{n}=\{F_x(x_0,y_0,z_0),F_y(x_0,y_0,z_0),F_z(x_0,y_0,z_0)\}$，则上式表示曲线 Γ 在点 $M(x_0,y_0,z_0)$处的切向量 $\boldsymbol{T}=\{\phi'(t_0),\psi'(t_0),\omega'(t_0)\}$与向量 $\boldsymbol{n}$ 垂直. 因为曲线 Γ 是曲面上通过点 M 的任意一条曲线，它们在点 M 的切线都与同一个向量 $\boldsymbol{n}$ 垂直，所以曲面上通过点 M 的一切曲线在点 M 的切线都在同一个平面上，这个平面称为曲面

Σ 在点 M 的切平面.该切平面的方程是

$$F_x(x_0,y_0,z_0)(x-x_0)+F_y(x_0,y_0,z_0)(y-y_0)+F_z(x_0,y_0,z_0)(z-z_0)=0. \quad (7)$$

通过点 $M(x_0,y_0,z_0)$ 而垂直于上述切平面的直线称为曲面在该点的法线.法线方程是

$$\frac{x-x_0}{F_x(x_0,y_0,z_0)}=\frac{y-y_0}{F_y(x_0,y_0,z_0)}=\frac{z-z_0}{F_z(x_0,y_0,z_0)}. \quad (8)$$

垂直于曲面上切平面的向量称为**曲面的法向量**,向量

$$\boldsymbol{n}=\{F_x(x_0,y_0,z_0),F_y(x_0,y_0,z_0),F_z(x_0,y_0,z_0)\},$$

就是曲面 Σ 在点 M 处的一个法向量.

2. 若空间曲面方程为 $z=f(x,y)$,

令
$$F(x,y,z)=f(x,y)-z,$$

可见 $\quad F_x(x,y,z)=f_x(x,y), \quad F_y(x,y,z)=f_y(x,y), \quad F_x(x,y,z)=-1.$

于是,当函数 $f(x,y)$ 的偏导数 $f_x(x,y)$、$f_y(x,y)$ 在点 (x_0,y_0) 连续时,曲面 $z=f(x,y)$ 在点 $M(x_0,y_0,z_0)$ 处的法向量为 $\boldsymbol{n}=(f_x(x_0,y_0),f_y(x_0,y_0),-1)$;

切平面方程为

$$f_x(x_0,y_0)(x-x_0)+f_y(x_0,y_0)(y-y_0)-(z-z_0)=0, \quad (9)$$

或
$$z-z_0=f_x(x_0,y_0)(x-x_0)+f_y(x_0,y_0)(y-y_0), \quad (10)$$

而法线方程为

$$\frac{x-x_0}{f_x(x_0,y_0)}=\frac{y-y_0}{f_y(x_0,y_0)}=\frac{z-z_0}{-1}. \quad (11)$$

这里顺便指出,方程(10)右端恰好是函数 $z=(x,y)$ 在点 (x_0,y_0) 的全微分,而左端是切平面上点的竖坐标的增量.因此,函数 $z=(x,y)$ 在点 (x_0,y_0) 的全微分,在几何上表示曲面 $z=(x,y)$ 在点 (x_0,y_0,z_0) 处的切平面上点的竖坐标的增量.

如果用 α、β、γ 表示曲面的法向量的方向角,并假定法向量的方向是向上的,即它与 z 轴的正向所成的角 γ 是一锐角,则法向量的方向余弦为

$$\cos\alpha=\frac{-f_x}{\sqrt{1+f_x^2+f_y^2}}; \qquad \cos\beta=\frac{-f_y}{\sqrt{1+f_x^2+f_y^2}}; \qquad \cos\gamma=\frac{1}{\sqrt{1+f_x^2+f_y^2}}.$$

这里,把 $f_x(x_0,y_0)$,$f_y(x_0,y_0)$ 分别简记为 f_x,f_y.

例 3 求曲面 $z-e^z+2xy=3$ 在点 $(1,2,0)$ 处的切平面及法线方程.

解 $F(x,y,z)=z-e^z+2xy-3$,$\boldsymbol{n}=(F_x,F_y,F_z)=(2y,2x,1-e^z)$,

$\boldsymbol{n}|_{(1,2,0)}=(4,2,0)$,

所以在点 $(1,2,0)$ 处,曲面的切平面方程为

$$4(x-1)+2(y-2)=0, \quad \text{即 } 2x+y=4,$$

法线方程为
$$\frac{x-1}{2}=\frac{y-2}{1}=\frac{z}{0}.$$

习题 9.6

1. 求曲面 $e^z-z+xy=3$ 在点(2,1,0)处的切平面及法线方程.

2. 求曲线 $\begin{cases}x^2+y^2+z^2-3x=0\\2x-3y+5z-4=0\end{cases}$ 在点(1,1,1)处的切线及法平面方程.

3. 求曲线 $x=t,y=t^2,z=t^3$ 上的点，使在该点的切线平行于平面 $x+2y+z=4$.

4. 求椭球面 $x^2+2y^2+z^2=1$ 上平行于平面 $x-y+2z=0$ 的切平面方程.

5. 求曲面 $z=y+\ln\frac{x}{2}$ 在点(2,1,1)处的法线方程.

6. 求曲面 $x^2+2y^2+3z^2=12$ 上点(1,−2,1)处的切平面方程.

7. 证明曲面 $\sqrt{x}+\sqrt{y}+\sqrt{z}=1$ 上任意点处的切平面在各坐标轴上的截距之和为常数.

8. 证明曲面 $F(x-2z,y-3z)=0$ 上任意点处的切平面与直线 $\frac{x}{2}=\frac{y}{3}=z$ 平行.

§9.7　方向导数与梯度

9.7.1　方向导数

图 9-5 是某地区的等高线图，注意到支流垂直于等高线流动，支流沿着最陡峭的路径流动以便河水尽快到达清凉河，因此，河流海拔高度的瞬时变化率是沿着一个特定的方向的. 本节我们将解释为什么这个方向垂直于等高线.

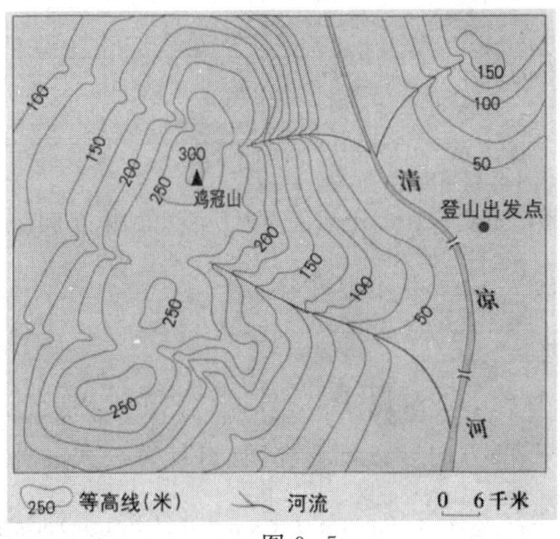

图 9-5

另外,在许多实际问题中,常常需要知道函数 $z=f(x,y)$ 在点 $P(x,y)$ 沿任意方向或某个方向的变化率,例如预报某地的风向和风力就必须知道气压在该处沿着哪个方向的变化率,在数学上就是多元函数在一点沿给定方向的方向导数问题.

1. 方向导数定义

设函数 $z=f(x,y)$ 在点 $P_0(x_0,y_0)$ 的某一邻域内有定义,自 P_0 点引射线 L,在 L 上任取一点 $P'(x,y)$,记 $\Delta x=x-x_0$,$\Delta y=y-y_0$,若 P' 沿着 L 趋近于 P_0 时,即当 $\rho=\sqrt{(\Delta x)^2+(\Delta y)^2}\to 0^+$ 时,极限 $\lim\limits_{\rho\to 0^+}\dfrac{f(x_0+\Delta x,y_0+\Delta y)-f(x_0,y_0)}{\rho}$ 存在,则称此极限值为函数在点 P_0 沿着 L 方向的**方向导数**. 记作

$$\left.\frac{\partial f}{\partial L}\right|_{(x_0,y_0)}=\lim_{\rho\to 0^+}\frac{f(x_0+\Delta x,y_0+\Delta y)-f(x_0,y_0)}{\rho}.$$

注:

(1)设 $\boldsymbol{e}_L=(\cos\alpha,\cos\beta)$ 是与 L 同方向的单位向量(见图 9-6),射线 L 的参数方程为

$$x=x_0+t\cos\alpha,\ y=y_0+t\cos\beta\quad(t\geqslant 0),$$

则
$$\left.\frac{\partial f}{\partial L}\right|_{(x_0,y_0)}=\lim_{\rho\to 0^+}\frac{f(x_0+\Delta x,y_0+\Delta y)-f(x_0,y_0)}{\rho}=\lim_{t\to 0^+}\frac{f(x_0+t\cos\alpha,y_0+t\cos\beta)-f(x_0,y_0)}{t}.$$

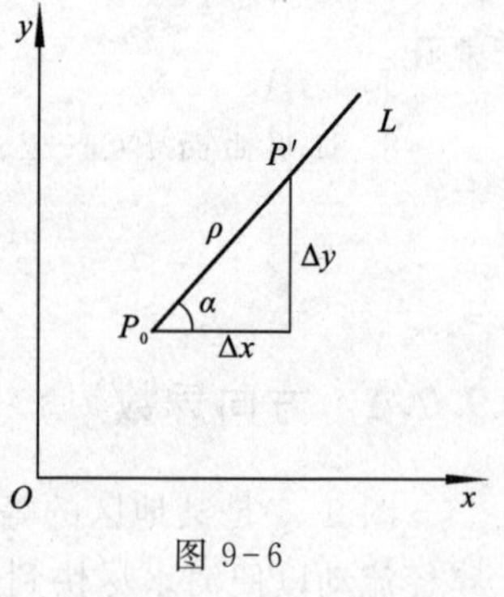

图 9-6

从定义可知,方向导数 $\left.\dfrac{\partial f}{\partial L}\right|_{(x_0,y_0)}$ 是函数 $z=f(x,y)$ 在点 $P_0(x_0,y_0)$ 处沿方向 L 的变化率.

(2)设 $z=f(x,y)$ 在点 $P_0(x_0,y_0)$ 处的偏导数存在,

若 $\boldsymbol{e}_L=(1,0)$,则 $\left.\dfrac{\partial f}{\partial L}\right|_{(x_0,y_0)}=\lim\limits_{t\to 0^+}\dfrac{f(x_0+t,y_0)-f(x_0,y_0)}{t}=f_x(x_0,y_0)$;

若 $\boldsymbol{e}_L=(0,1)$,则 $\left.\dfrac{\partial f}{\partial L}\right|_{(x_0,y_0)}=\lim\limits_{t\to 0^+}\dfrac{f(x_0,y_0+t)-f(x_0,y_0)}{t}=f_y(x_0,y_0)$.

但反之结论不为真,如 $z=\sqrt{x^2+y^2}$ 在 $O(0,0)$ 处沿方向 $\boldsymbol{e}_L=(1,0)$ 的方向导数 $\left.\dfrac{\partial z}{\partial L}\right|_{(0,0)}=1$,但是偏导数 $\left.\dfrac{\partial z}{\partial x}\right|_{(0,0)}$ 并不存在.

2. 方向导数的计算

定理 若函数 $z=f(x,y)$ 在点 $P_0(x_0,y_0)$ 可微分,那么函数 $z=f(x,y)$ 在点 $P_0(x_0,y_0)$ 沿任一方向 L 的方向导数都存在,且有计算公式

$$\left.\frac{\partial f}{\partial L}\right|_{(x_0,y_0)}=f_x(x_0,y_0)\cos\alpha+f_y(x_0,y_0)\cos\beta,$$

其中 $\boldsymbol{e}_L=(\cos\alpha,\cos\beta)$ 是与 L 同方向的单位向量.

证明　因为函数 $z=f(x,y)$ 在点 $P_0(x_0,y_0)$ 可微分,故有

$$\Delta f=f(x_0+\Delta x,y_0+\Delta y)-f(x_0,y_0)=f_x(x_0,y_0)\Delta x+f_y(x_0,y_0)\Delta y+o(\rho),$$

上式两边同除以 ρ,并注意到 L 的参数方程为 $x=x_0+t\cos\alpha, y=y_0+t\cos\beta(t\geqslant 0)$,得

$$\begin{aligned}\frac{\Delta f}{\rho}&=f_x(x_0,y_0)\frac{\Delta x}{\rho}+f_y(x_0,y_0)\frac{\Delta y}{\rho}+\frac{o(\rho)}{\rho}\\&=f_x(x_0,y_0)\cos\alpha+f_y(x_0,y_0)\cos\beta+\frac{o(\rho)}{\rho},\end{aligned}$$

则
$$\left.\frac{\partial f}{\partial L}\right|_{(x_0,y_0)}=\lim_{\rho\to 0^+}\frac{\Delta f}{\rho}=f_x(x_0,y_0)\cos\alpha+f_y(x_0,y_0)\cos\beta.$$

例 1　求函数 $z=xe^{2y}$ 在点 $P(1,0)$ 处沿从点 $P(1,0)$ 到点 $Q(2,-1)$ 的方向的方向导数.

解　$\overrightarrow{PQ}=\{1,-1\}$ 的方向就是方向 L,与 L 方向相同的单位向量为 $\boldsymbol{e}_L=\left(\frac{1}{\sqrt{2}},-\frac{1}{\sqrt{2}}\right)$,即 $\cos\alpha=\frac{1}{\sqrt{2}},\cos\beta=-\frac{1}{\sqrt{2}}$.

又因为
$$\frac{\partial z}{\partial x}=e^{2y},\qquad \frac{\partial z}{\partial y}=2xe^{2y},$$

所以在点(1,0)处,
$$\left.\frac{\partial z}{\partial x}\right|_{(1,0)}=1;\qquad \left.\frac{\partial z}{\partial y}\right|_{(1,0)}=2,$$

于是所求方向导数为
$$\left.\frac{\partial z}{\partial L}\right|_{(1,0)}=1\cdot\frac{1}{\sqrt{2}}+2\cdot\left(-\frac{1}{\sqrt{2}}\right)=-\frac{\sqrt{2}}{2}.$$

例 2　设由原点到点 (x,y) 的向径为 $\boldsymbol{r}$,x 轴到 $\boldsymbol{r}$ 的转角为 θ,x 轴到射线 L 的转角为 φ,求 $\frac{\partial r}{\partial L}$. 其中 $r=|\boldsymbol{r}|=\sqrt{x^2+y^2}\quad(r\neq 0)$.

解　因为
$$\frac{\partial r}{\partial x}=\frac{x}{\sqrt{x^2+y^2}}=\frac{x}{r}=\cos\theta;\qquad \frac{\partial r}{\partial y}=\frac{y}{\sqrt{x^2+y^2}}=\frac{y}{r}=\sin\theta.$$

所以
$$\frac{\partial r}{\partial L}=\cos\theta\cos\varphi+\sin\theta\sin\varphi=\cos(\theta-\varphi),$$

讨论:

当 $\varphi=\theta$ 时,$\frac{\partial r}{\partial L}=1$,即沿着向径本身方向的方向导数为 1;

当 $\varphi=\theta\pm\frac{\pi}{2}$ 时,$\frac{\partial r}{\partial L}=0$,即沿着与向径垂直的方向导数为零.

3. 三元函数的方向导数

三元函数 $u=f(x,y,z)$ 在空间一点 $P(x,y,z)$ 沿方向 L(设方向 L 的方向角为 α,β,γ)的方向导数,同样定义为

$$\frac{\partial f}{\partial L}=\lim_{\rho\to 0^+}\frac{f(x+\Delta x,y+\Delta y,z+\Delta z)-f(x,y,z)}{\rho},$$

其中 $\rho=\sqrt{(\Delta x)^2+(\Delta y)^2+(\Delta z)^2}$，$\Delta x=\rho\cos\alpha$，$\Delta y=\rho\cos\beta$，$\Delta z=\rho\cos\gamma$.

若函数 $f(x,y,z)$ 在点 $P(x,y,z)$ 可微分，则在该点方向导数计算公式为

$$\frac{\partial f}{\partial L}=\frac{\partial f}{\partial x}\cos\alpha+\frac{\partial f}{\partial y}\cos\beta+\frac{\partial f}{\partial z}\cos\gamma=\left\{\frac{\partial f}{\partial x},\frac{\partial f}{\partial y},\frac{\partial f}{\partial z}\right\}\cdot\{\cos\alpha,\cos\beta,\cos\gamma\}$$

$$=\left\{\frac{\partial f}{\partial x},\frac{\partial f}{\partial y},\frac{\partial f}{\partial z}\right\}\cdot \boldsymbol{e}_L,$$

其中 $\boldsymbol{e}_L=\{\cos\alpha,\cos\beta,\cos\gamma\}$ 是与 L 同方向的单位向量.

例 3 求函数 $u=xyz$ 在点 $P(5,1,2)$ 处沿从点 $P(5,1,2)$ 到点 $Q(9,4,14)$ 的方向的方向导数.

解 因为 $\frac{\partial u}{\partial x}=yz$，$\frac{\partial u}{\partial y}=xz$，$\frac{\partial u}{\partial z}=xy$，所以 $\left.\frac{\partial u}{\partial x}\right|_P=2$，$\left.\frac{\partial u}{\partial y}\right|_P=10$，$\left.\frac{\partial u}{\partial z}\right|_P=5$，

而且 $\overrightarrow{PQ}=\{9-5,4-1,14-2\}=\{4,3,12\}$，$|\overrightarrow{PQ}|=\sqrt{4^2+3^2+12^2}=13$，于是

$$\cos\alpha=\frac{4}{13},\qquad \cos\beta=\frac{3}{13},\qquad \cos\gamma=\frac{12}{13},$$

从而 $$\frac{\partial f}{\partial L}=\frac{\partial f}{\partial x}\cos\alpha+\frac{\partial f}{\partial y}\cos\beta+\frac{\partial f}{\partial z}\cos\gamma=2\times\frac{4}{13}+10\times\frac{3}{13}+5\times\frac{12}{13}=\frac{98}{13}.$$

9.7.2 梯度

1. 梯度定义

设函数 $z=f(x,y)$ 在平面区域 D 内具有一阶连续偏导数，则对于每一点 $P_0(x_0,y_0)\in D$ 都可确定出一个向量 $f_x(x_0,y_0)\boldsymbol{i}+f_y(x_0,y_0)\boldsymbol{j}$，这个向量称为函数 $z=f(x,y)$ 在点 $P_0(x_0,y_0)$ 的**梯度**，记作 $\mathrm{grad}f(x_0,y_0)$ 或 $\nabla f(x_0,y_0)$，即

$$\mathrm{grad}f(x_0,y_0)=\nabla f(x_0,y_0)=f_x(x_0,y_0)\boldsymbol{i}+f_y(x_0,y_0)\boldsymbol{j}.$$

其中 $\nabla=\frac{\partial}{\partial \mathrm{x}}\boldsymbol{i}+\frac{\partial}{\partial y}\boldsymbol{j}$ 称为(二维的)**向量微分算子**或 **Nabla 算子**.

2. 梯度与方向导数关系

设 $\boldsymbol{e}_L=(\cos\alpha,\cos\beta)$ 是与 L 同方向的单位向量，则由方向导数的计算公式得

$$\left.\frac{\partial f}{\partial L}\right|_{(x_0,y_0)}=f_x(x_0,y_0)\cos\alpha+f_y(x_0,y_0)\cos\beta=\mathrm{grad}f(x_0,y_0)\cdot\boldsymbol{e}_L$$

$$=|\mathrm{grad}f(x_0,y_0)|\cdot|\boldsymbol{e}_L|\cos(\mathrm{grad}f\overset{\wedge}{}\boldsymbol{e}_L).$$

可见，当 L 方向与梯度方向一致时，有 $\cos(\mathrm{grad}f\overset{\wedge}{}\boldsymbol{e}_L)=1$，从而方向导数 $\left.\frac{\partial f}{\partial L}\right|_{(x_0,y_0)}=|\mathrm{grad}f(x_0,y_0)|$ 有最大值，所以沿梯度方向的方向导数达到最大值，也就是说，梯度的方

向是函数 $f(x,y)$ 在点 $P_0(x_0,y_0)$ 增长最快的方向.

由此可知,函数在某点的梯度方向与取得最大方向导数的方向一致,而它的模为方向导数的最大值,即 $|\mathrm{grad}f(x,y)|=\max\left(\dfrac{\partial f}{\partial L}\right)$.

3. 梯度的几何意义

曲面 $z=f(x,y)$ 被平面 $z=c$ 所截得曲线 L 的方程为 $\begin{cases}z=f(x,y)\\ z=c\end{cases}$,这条曲线 L 在 xOy 面上的投影是一条平面曲线 L^*(见图 9-7),它在 xOy 平面上的直角坐标方程为 $f(x,y)=c$.

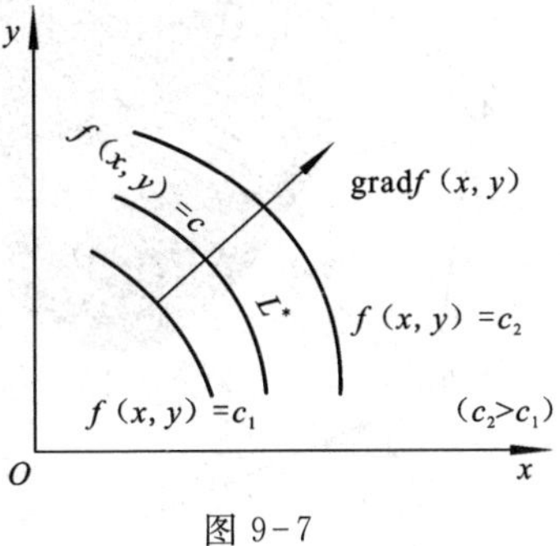

图 9-7

对于曲线 L^* 上一切点,对应的函数值都是 c,所以称曲线 L^* 为函数 $z=f(x,y)$ 的**等值线**.

等值线 L^* 上任一点 $P(x,y)$ 处切线斜率为 $-\dfrac{f_x}{f_y}$,$P(x,y)$ 处切向量可取为 $(f_y,-f_x)$. 于是等值线 L^* 上任一点 $P(x,y)$ 处法线斜率为

$$-\frac{1}{\dfrac{\mathrm{d}y}{\mathrm{d}x}}=-\frac{1}{\left(-\dfrac{f_x}{f_y}\right)}=\frac{f_y}{f_x},$$

$P(x,y)$ 处法向量可取为 (f_x,f_y),由此可知,梯度 $f_x(x,y)\boldsymbol{i}+f_y(x,y)\boldsymbol{j}$ 为等高线上点 P 处的一个法向量.

函数 $z=f(x,y)$ 在点 $P(x,y)$ 的梯度的方向与过点 $P(x,y)$ 的等值线 $f(x,y)=c$ 在该点的一个法线方向相同,且从数值较低的等值线指向数值较高的等值线,而梯度的模等于函数在该法线方向的方向导数,这个法线方向就是方向导数取得最大值的方向.

图 9-8 是曲面 $z=x^2+y^2$ 的三维曲面图和等值线图,图 9-9 是曲面 $z=\sin(x^2+y^2)$ 三维曲面图和等值线图.

4. 三元函数的梯度

梯度概念可以推广到三元函数的情形,设函数 $f(x,y,z)$ 在空间区域 G 内具有一阶连续偏导数,则对于每一点 $P_0(x_0,y_0,z_0)\in G$,都可定出一个向量

$$f_x(x_0,y_0,z_0)\boldsymbol{i}+f_y(x_0,y_0,z_0)\boldsymbol{j}+f_z(x_0,y_0,z_0)\boldsymbol{k},$$

该向量称为函数 $f(x,y,z)$ 在点 $P_0(x_0,y_0,z_0)$ 的**梯度**,记为 $\mathrm{gradf}(x_0,y_0,z_0)$,即

$$\mathrm{grad}f(x_0,y_0,z_0)=f_x(x_0,y_0,z_0)\boldsymbol{i}+f_y(x_0,y_0,z_0)\boldsymbol{j}+f_z(x_0,y_0,z_0)\boldsymbol{k}.$$

其中 $\nabla=\dfrac{\partial}{\partial x}\boldsymbol{i}+\dfrac{\partial}{\partial y}\boldsymbol{j}+\dfrac{\partial}{\partial z}\boldsymbol{k}$ 称为(三维的)**向量微分算子**或 **Nabla 算子**.

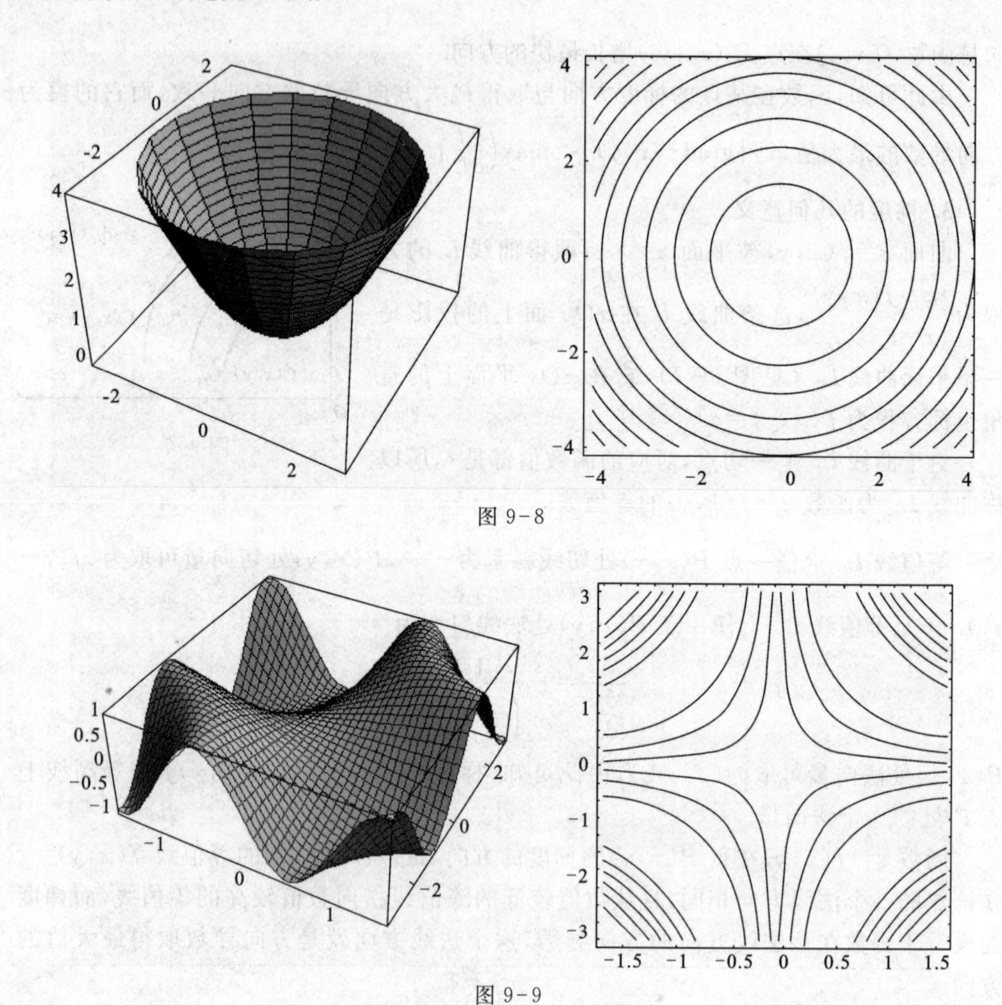

图 9-8

图 9-9

如果引进曲面 $f(x,y,z)=c$ 为函数的等值面的概念,则可得函数 $f(x,y,z)$ 在点 $P_0(x_0,y_0,z_0)$ 的梯度的方向与过点 P_0 的等值面 $f(x,y,z)=c$ 在这点的法线的一个方向相同,且从数值较低的等值面指向数值较高的等值面,而梯度的模等于函数在这个法线方向的方向导数.

例 4 求 $\operatorname{grad}\dfrac{1}{x^2+y^2}$.

解 因为 $f(x,y)=\dfrac{1}{x^2+y^2}$,所以 $\dfrac{\partial f}{\partial x}=\dfrac{-2x}{(x^2+y^2)^2}$, $\dfrac{\partial f}{\partial y}=\dfrac{-2y}{(x^2+y^2)^2}$,

于是
$$\operatorname{grad}\frac{1}{x^2+y^2}=\frac{-2x}{(x^2+y^2)^2}\boldsymbol{i}-\frac{2y}{(x^2+y^2)^2}\boldsymbol{j}.$$

例 5 设 $f(x,y,z)=x^2+y^2+z^2$,求 $\operatorname{grad}f(1,-1,2)$.

解　因为　$\mathrm{grad}f(x,y,z)=2x\boldsymbol{i}+2y\boldsymbol{j}+2z\boldsymbol{k}$，

所以　$\mathrm{grad}f(1,-1,2)=2\boldsymbol{i}-2\boldsymbol{j}+4\boldsymbol{k}$.

9.7.3　数量场与向量场

如果对于空间区域 G 内的任一点 M，都有一个确定的数量 $f(M)$，则称在这空间区域 G 内确定了一个**数量场**(例如温度场、密度场等). 一个数量场可用一个数量函数 $f(M)$ 来确定，如果与点 M 相对应的是一个向量 $\boldsymbol{F}(M)$，则称在这空间区域 G 内确定了一个**向量场**(例如力场、速度场等). 一个向量场可用一个向量函数 $\boldsymbol{F}(M)$ 来确定，而

$$\boldsymbol{F}(M)=P(M)\boldsymbol{i}+Q(M)\boldsymbol{j}+R(M)\boldsymbol{k},$$

其中 $P(M)$，$Q(M)$，$R(M)$ 是点 M 的数量函数.

利用场的概念，我们可以说向量函数 $\mathrm{grad}f(M)$ 确定了一个向量场——**梯度场**，它是由数量场 $f(M)$ 产生的，通常称函数 $f(M)$ 为这个向量场的**势**，而这个向量场又称为**势场**，必须注意，任意一个向量场不一定是势场，因为它不一定是某个数量函数的梯度场.

例6　试求数量场 $\frac{m}{r}$ 所产生的梯度场，其中常数 $m>0$，$r=\sqrt{x^2+y^2+z^2}$ 为原点 O 与点 $M(x,y,z)$ 间的距离.

解　$\frac{\partial}{\partial x}\left(\frac{m}{r}\right)=-\frac{m}{r^2}\frac{\partial r}{\partial x}=-\frac{mx}{r^3}$，

同理　$$\frac{\partial}{\partial y}\left(\frac{m}{r}\right)=-\frac{my}{r^3},\qquad \frac{\partial}{\partial z}\left(\frac{m}{r}\right)=-\frac{mz}{r^3},$$

从而　$$\mathrm{grad}\,\frac{m}{r}=-\frac{m}{r^2}\left(\frac{x}{r}\boldsymbol{i}+\frac{y}{r}\boldsymbol{j}+\frac{z}{r}\boldsymbol{k}\right).$$

记 $\boldsymbol{e}_r=\frac{x}{r}\boldsymbol{i}+\frac{y}{r}\boldsymbol{j}+\frac{z}{r}\boldsymbol{k}$，它是与 $\overrightarrow{OM}$ 同方向的单位向量，则 $\mathrm{grad}\,\frac{m}{r}=-\frac{m}{r^2}\boldsymbol{e}_r$.

上式右端在力学上可解释为，位于原点 O 而质量为 m 的质点对位于点 M 而质量为 l 的质点的引力. 这引力的大小与两质点的质量的乘积成正比、而与它们的距平方成反比，该引力的方向由点 M 指向原点. 因此数量场 $\frac{m}{r}$ 的势场，即梯度场 $\mathrm{grad}\,\frac{m}{r}$ 称为**引力场**，而函数 $\frac{m}{r}$ 称为**引力势**.

习　题　9.7

1. 求函数 $u=\ln(x^2+y^2+z^2)$ 在点 $M(1,2,-2)$ 处的梯度 $\mathrm{grad}u|_M$.

2. 求函数 $z=x^2+y^2$ 在点(1,2)处沿从点(1,2)到点$(2,2+\sqrt{3})$的方向的方向导数.

3. 求函数 $u=xy^2+z^3-xyz$ 在点(1,1,2)处沿方向角为 $\alpha=\frac{\pi}{3},\beta=\frac{\pi}{4},\gamma=\frac{\pi}{3}$ 的方向导数.

4. 求函数 $u=x^2+y^2+z^2$ 在曲线 $x=t,y=t^2,z=t^3$ 上点(1,1,1)处,沿曲线在该点的切线正方向(对应于 t 增大的方向)的方向导数.

5. 设 $f(x,y,z)=x^2+2y^2+3z^2+xy+3x-2y-6z$,求 $\mathrm{grad}f(0,0,0)$ 及 $\mathrm{grad}f(1,1,1)$.

6. 设 $f(x,y,z)=x+y^2+xz$,求 $f(x,y,z)$在(1,0,1)沿方向$\vec{l}=2\vec{i}-2\vec{j}+\vec{k}$的方向导数.

7. 求函数 $u=x+y+z$ 在球面 $x^2+y^2+z^2=1$ 上点(x_0,y_0,z_0)处沿球面在该点的外法线方向的方向导数.

8. 函数 $u=xy^2z$ 在点 $P(1,-1,2)$处沿什么方向的方向导数最大,最大值是多少.

§9.8 多元函数的极值

9.8.1 多元函数的极值

定义 设函数 $z=f(x,y)$在点(x_0,y_0)的某个邻域内有定义,对于该邻域内的所有点$(x,y)\neq(x_0,y_0)$,如果总有 $f(x,y)<f(x_0,y_0)$,则称函数 $z=f(x,y)$在点(x_0,y_0)处有**极大值**;如果总有 $f(x,y)>f(x_0,y_0)$,则称函数 $z=f(x,y)$在点(x_0,y_0)有**极小值**.函数的极大值与极小值统称为**极值**,使函数取得极值的点称为**极值点**.

例 1 函数 $z=xy$ 在点(0,0)处取不到极值,因为在点(0,0)处的函数值为零,而在点(0,0)的任一邻域内总有使函数值为正的点,也有使函数值为负的点.

例 2 函数 $z=3x^2+4y^2$ 在点(0,0)处有极小值.

因为对任何(x,y)有 $f(x,y)>f(0,0)=0$.

从几何上看,点(0,0,0)是开口朝上的椭圆抛物面 $z=3x^2+4y^2$ 的顶点,曲面在点(0,0,0)处有切平面 $z=0$,从而得到函数取得极值的必要条件.

定理 1(必要条件) 设函数 $z=f(x,y)$在点(x_0,y_0)具有偏导数,且在点(x_0,y_0)处有极值,则它在该点的偏导数必然为零,即 $f_x(x_0,y_0)=0,f_y(x_0,y_0)=0$.

证明 不妨设函数 $z=f(x,y)$在点(x_0,y_0)处有极大值,依定义,在该点的邻域上均有 $f(x,y)<f(x_0,y_0)$,对$(x,y)\neq(x_0,y_0)$.

特别地,取 $y=y_0$ 而 $x\neq x_0$ 的点,由已知得一元函数 $f(x,y_0)$在 $x=x_0$ 处可导且

有 $f(x,y_0)<f(x_0,y_0)$，这表明一元函数 $f(x,y_0)$ 在 $x=x_0$ 处取得极大值，因而必有 $f_x(x_0,y_0)=0$，类似地可证 $f_y(x_0,y_0)=0$.

几何解释　若函数 $z=f(x,y)$ 在点 (x_0,y_0) 取得极值 z_0，那么函数所表示的曲面在点 (x_0,y_0,z_0) 处的切平面方程 $z-z_0=f_x(x_0,y_0)(x-x_0)+f_y(x_0,y_0)(y-y_0)$ 变为平行于 xOy 坐标面的平面 $z=z_0$.

类似地，有三元及三元以上函数的极值概念，对三元函数也有取得极值的必要条件为

$$f_x(x_0,y_0,z_0)=0,\qquad f_y(x_0,y_0,z_0)=0,\qquad f_z(x_0,y_0,z_0)=0.$$

说明　上面的定理虽然没有完全解决求极值的问题，但它明确指出找极值点的途径，即只要解方程组 $\begin{cases}f_x(x_0,y_0)=0\\ f_y(x_0,y_0)=0\end{cases}$，求得解 $(x_1,y_1),(x_2,y_2),\cdots,(x_n,y_n)$，那么极值点必包含在其中，这些点称为函数 $z=f(x,y)$ 的**驻点**.

需要指出，

(1)驻点不一定是极值点，如 $(0,0)$ 点是 $z=xy$ 的驻点，但并不是它的极值点.

(2)极值点也不一定是驻点.

例 3　考察 $z=-\sqrt{x^2+y^2}$ 是否有极值.

解　对所有的 $(x,y)\neq(0,0)$，均有 $f(x,y)<f(0,0)=0$，所以函数在 $(0,0)$ 点取得极大值，但是 $\dfrac{\partial z}{\partial x}=\dfrac{-x}{\sqrt{x^2+y^2}},\dfrac{\partial z}{\partial y}=\dfrac{y}{\sqrt{x^2+y^2}}$ 在 $x=0,y=0$ 处导数不存在.

怎样判别驻点是否是极值点呢？下面定理回答了这个问题.

定理 2(充分条件)

设函数 $z=f(x,y)$ 在点 (x_0,y_0) 的某邻域内连续，且有一阶及二阶连续偏导数，又

$$f_x(x_0,y_0)=0,\qquad f_y(x_0,y_0)=0.$$

令 $f_{xx}(x_0,y_0)=A,f_{xy}(x_0,y_0)=B,f_{yy}(x_0,y_0)=C$，则

(1)当 $AC-B^2>0$ 时，函数 $z=f(x,y)$ 在点 (x_0,y_0) 取得极值，且当 $A<0$ 时，有极大值 $f(x_0,y_0)$，当 $A>0$ 时，有极小值 $f(x_0,y_0)$；

(2)当 $AC-B^2<0$ 时，函数 $z=f(x,y)$ 在点 (x_0,y_0) 没有极值；

(3)当 $AC-B^2=0$ 时，函数 $z=f(x,y)$ 在点 (x_0,y_0) 可能有极值，也可能没有极值，还要另作讨论.

求函数 $z=f(x,y)$ 极值的步骤：

(1)解方程组 $f_x(x_0,y_0)=0,f_y(x_0,y_0)=0$，求得一切实数解，即可求得一切驻点 $(x_1,y_1),(x_2,y_2),\cdots,(x_n,y_n)$；

(2)对于每一个驻点 $(x_i,y_i)(i=1,2,\cdots n)$，求出二阶偏导数的值 A,B,C；

(3)确定 $AC-B^2$ 的符号，按定理 2 的结论判定 $f(x_i,y_i)$ 是否是极值，是极大值还

是极小值；

(4)考察函数 $f(x,y)$ 是否有导数不存在的点，若有加以判别是否为极值点.

例 4 求函数 $f(x,y)=x^3-y^3+3x^2+3y^2-9x$ 的极值.

解 先解方程组 $\begin{cases} f_x=3x^2+6x-9=0 \\ f_y=-3y^2+6y=0 \end{cases}$，求得驻点为(1,0),(1,2),(−3,0),(−3,2).

再求出二阶偏导函数 $f_{xx}=6x+6$， $f_{xy}=0$， $f_{yy}=-6y+6$.

在点(1,0)处，$AC-B^2=12\times 6=72>0$.

又 $A=12>0$，所以函数在点(1,0)处有极小值为 $f(1,0)=-5$；

在点(1,2)处，$AC-B^2=-72<0$，所以 $f(1,2)$ 不是极值；

在点(−3,0)处，$AC-B^2=-72<0$，所以 $f(-3,0)$ 不是极值；

在点(−3,2)处，$AC-B^2=72>0$，又 $A=-12<0$，所以函数在点(−3,2)处有极大值为 $f(-3,2)=31$.

9.8.2 多元函数的最大值与最小值

求函数 $z=f(x,y)$ 最值的步骤：

(1)将函数 $f(x,y)$ 在区域 D 内的全部极值点求出；

(2)求出 $f(x,y)$ 在 D 边界上的最值；

(3)将全部极值点的函数值求出来，与边界上的最值比较，定出函数的最值.

实际问题求最值：

根据问题的性质，可知道函数 $f(x,y)$ 的最值一定在区域 D 的内部取得，而函数在 D 内只有一个驻点，那么可以肯定该驻点处的函数值就是函数 $f(x,y)$ 在 D 上的最值.

例 5 求把一个正数 a 分成三个正数之和，并使它们的乘积为最大.

解 设 x,y 分别为前两个正数，第三个正数为 $a-x-y$，$u=xy(a-x-y)$，由已知即求函数 $u=xy(a-x-y)$ 在区域 $D=\{(x,y)\mid x>0,y>0,x+y<a\}$ 内的最大值.

因为
$$\frac{\partial u}{\partial x}=y(a-x-y)-xy=y(a-2x-y),\quad \frac{\partial u}{\partial y}=x(a-2y-x),$$

解方程组 $\begin{cases} a-2x-y=0 \\ a-2y-x=0 \end{cases}$，得 $x=\frac{a}{3}$，$y=\frac{a}{3}$，由实际问题可知，函数 u 必在 D 内取得最大值，而在区域 D 内部只有唯一的驻点，则函数 u 必在该驻点处取得最大值，即把 a 分成三等份，乘积 $\left(\frac{a}{3}\right)^3$ 最大.

9.8.3 条件极值，拉格朗日乘数法

引例 求函数 $z=x^2+y^2$ 的极值.

该问题就是求函数 $z=x^2+y^2$ 在它定义域内的极值，前面求过在(0,0)取得极小值；若求函数 $z=x^2+y^2$ 在条件 $x+y=1$ 下极值，这时自变量受到约束，不能在整个函数定义域上求极值，而只能在定义域的一部分 $x+y=1$ 的直线上求极值，前者只要求变量在定义域内变化，而没有其他附加条件，称为无条件极值，后者自变量受到条件的约束，称为**条件极值**，其中 $x+y=1$ 称为**约束条件**，$z=x^2+y^2$ 称为**目标函数**.

如何求条件极值？有时可把条件极值化为无条件极值，如上例从条件中解出 $y=1-x$，代入 $z=x^2+y^2$ 中，得 $z=x^2+(1-x)^2=2x^2-2x+1$ 成为一元函数极值问题，令 $z'_x=4x-2=0$，得 $x=\dfrac{1}{2}$，求出极值为 $z\left(\dfrac{1}{2},\dfrac{1}{2}\right)=\dfrac{1}{2}$.

但是在很多情形下，将条件极值化为无条件极值并不简单，我们另有一种直接寻求条件极值的方法，可不必先把问题化为无条件极值的问题，这就是下面介绍的拉格朗日乘数法，利用一元函数取得极值的必要条件.

求目标函数 $z=f(x,y)$ 在约束条件 $\varphi(x,y)=0$ 下取得极值的必要条件.

若函数 $z=f(x,y)$ 在 (x_0,y_0) 取得所求的极值，那么首先有 $\varphi(x_0,y_0)=0$. 假定在 (x_0,y_0) 的某一邻域内函数 $z=f(x,y)$ 与均有连续的一阶偏导数，且 $\varphi_y(x_0,y_0)\neq 0$. 由隐函数存在定理可知，方程 $\varphi(x,y)=0$ 确定一个单值可导且具有连续导数的函数 $y=\psi(x)$，将其代入函数 $z=f(x,y)$ 中，得到一个变量的函数 $z=f(x,\psi(x))$，于是函数 $z=f(x,y)$ 在 (x_0,y_0) 取得所求的极值，也就是相当于一元函数 $z=f(x,\psi(x))$ 在 $x=x_0$ 取得极值. 由一元函数取得极值的必要条件知道 $\left.\dfrac{\mathrm{d}z}{\mathrm{d}x}\right|_{x=x_0}=f_x(x_0,y_0)+f_y(x_0,y_0)\left.\dfrac{\mathrm{d}y}{\mathrm{d}x}\right|_{x=x_0}=0$，而方程 $\varphi(x,y)=0$ 所确定的隐函数的导数为 $\left.\dfrac{\mathrm{d}y}{\mathrm{d}x}\right|_{x=x_0}=-\dfrac{\varphi_x(x_0,y_0)}{\varphi_y(x_0,y_0)}$.

将上式代入 $f_x(x_0,y_0)+f_y(x_0,y_0)\left.\dfrac{\mathrm{d}y}{\mathrm{d}x}\right|_{x=x_0}=0$ 中，得

$$f_x(x_0,y_0)-f_y(x_0,y_0)\frac{\varphi_x(x_0,y_0)}{\varphi_y(x_0,y_0)}=0,$$

因此函数 $z=f(x,y)$ 在条件 $\varphi(x,y)=0$ 下取得极值的必要条件为

$$\begin{cases} f_x(x_0,y_0)-f_y(x_0,y_0)\dfrac{\varphi_x(x_0,y_0)}{\varphi_y(x_0,y_0)}=0 \\ \varphi(x_0,y_0)=0 \end{cases}.$$

为了计算方便起见，我们令 $\dfrac{f_y(x_0,y_0)}{\varphi_y(x_0,y_0)}=-\lambda$，则上述必要条件变为

$$\begin{cases} f_x(x_0,y_0)+\lambda\varphi_x(x_0,y_0)=0 \\ f_y(x_0,y_0)+\lambda\varphi_y(x_0,y_0)=0, \\ \varphi(x_0,y_0)=0 \end{cases}$$

容易看出,上式中的前两式的左端正是函数$F(x,y)=f(x,y)+\lambda\varphi(x,y)$的两个一阶偏导数在$(x_0,y_0)$的值,其中$\lambda$是一个待定常数.

1. 拉格朗日乘数法

求目标函数$z=f(x,y)$在约束条件$\varphi(x,y)=0$下的可能的极值点.

(1)构造辅助函数$F(x,y)=f(x,y)+\lambda\varphi(x,y)$,($\lambda$为常数);

(2)求函数F对x,对y的偏导数,并使之为零,解方程组

$$\begin{cases}f_x(x,y)+\lambda\varphi_x(x,y)=0\\ f_y(x,y)+\lambda\varphi_y(x,y)=0,\\ \varphi(x,y)=0\end{cases}$$

得驻点(x,y);

(3)判断上述驻点是否为所求极值点,在实际问题中根据实际问题本身的性质来判定.

2. 拉格朗日乘数法推广

求目标函数$u=f(x,y,z,t)$在约束条件$\varphi(x,y,z,t)=0,\psi(x,y,z,t)=0$下的可能的极值点.

构成辅助函数$F(x,y,z,t)=f(x,y,z,t)+\lambda_1\varphi(x,y,z,t)+\lambda_2\psi(x,y,z,t)$,其中$\lambda_1,\lambda_2$为常数,求函数$F$对$x,y,z$的偏导数,并使之为零,解方程组

$$\begin{cases}f_x+\lambda_1\varphi_x+\lambda_2\psi_x=0\\ f_y+\lambda_1\varphi_y+\lambda_2\psi_y=0\\ f_z+\lambda_1\varphi_z+\lambda_2\psi_z=0\\ f_t+\lambda_1\varphi_t+\lambda_2\psi_t=0\\ \varphi(x,y,z,t)=0\\ \psi(x,y,z,t)=0\end{cases},$$

得x,y,z就是函数$u=f(x,y,z,t)$在条件$\varphi(x,y,z,t)=0,\psi(x,y,z,t)=0$下的极值点.

注意:一般解方程组是通过前几个偏导数的方程找出x,y,z之间的关系,然后再将其代入到条件中,即可以求出可能的极值点.

例 6 求表面积为a^2且体积最大的长方体的体积.

解 设长方体的三棱长分别为x,y,z,则约束条件为

$$\varphi(x,y,z)=2xy+2yz+2xz-a^2=0,$$

目标函数为

$$v=xyz(x>0,y>0,z>0).$$

构造辅助函数$F(x,y,z)=xyz+\lambda(2xy+2yz+2xz-a^2)$,

求函数F对x,y,z偏导数,使其为0,得到方程组

$$\begin{cases} yz+2\lambda(y+z)=0 & (1) \\ xz+2\lambda(x+z)=0 & (2) \\ xy+2\lambda(x+y)=0 & (3) \\ 2xy+2yz+2xz-a^2=0 & (4) \end{cases}.$$

$\frac{(2)}{(1)}$得
$$\frac{x}{y}=\frac{x+z}{y+z};$$

$\frac{(3)}{(2)}$得
$$\frac{y}{z}=\frac{x+y}{x+z};$$

即有　　$x(y+z)=y(x+z)$，　$x=y$，　$y(x+z)=z(x+y)$，$y=z$，
可得 $x=y=z$，将其代入方程 $2xy+2yz+2xz-a^2=0$ 中，得

$$x=y=z=\frac{\sqrt{6}}{6}a.$$

这是唯一可能的极值点，因为由问题实际意义可知最大值一定存在，所以最大值就是在这可能的极值点处取得，即在表面积为 a^2 的长方体中，以棱长为$\frac{\sqrt{6}}{6}a$ 的正方体的体积为最大，最大体积为 $v=\frac{\sqrt{6}}{36}a^3$.

例7　试在球面 $x^2+y^2+z^2=4$ 上求出与点$(3,1,-1)$距离最近和最远的点.

解　设 $M(x,y,z)$为球面上任意一点，则到点$(3,1,-1)$距离为

$$d=\sqrt{(x-3)^2+(y-1)^2+(z+1)^2}.$$

但是，如果考虑 d^2，则应与 d 有相同的最大值点和最小值点，为了简化运算，故取目标函数为　　$f(x,y,z)=d^2=(x-3)^2+(y-1)^2+(z+1)^2$.
又因为点　$M(x,y,z)$在球面上，故约束条件为　$\varphi(x,y,z)=x^2+y^2+z^2-4=0$.

构造辅助函数　$F(x,y,z)=(x-3)^2+(y-1)^2+(z+1)^2+\lambda(x^2+y^2+z^2-4)$，
求函数 F 对 x,y,z 偏导数，使其为0，得到方程组

$$\begin{cases} 2(x-3)+2\lambda x=0 \\ 2(y-1)+2\lambda y=0 \\ 2(z+1)+2\lambda z=0 \\ x^2+y^2+z^2=4 \end{cases}.$$

从前三个方程中可以看出 x,y,z 均不等于零（否则方程两端不等），以 λ 作为过渡，把这三个方程联系起来，有　$-\lambda=\frac{x-3}{x}=\frac{y-1}{y}=\frac{z+1}{z}$　或　$\frac{-3}{x}=\frac{-1}{y}=\frac{1}{z}$.

故 $x=-3z$，$y=-z$.
将其代入 $x^2+y^2+z^2=4$ 中得

$$(-3z)^2+(-z)^2+z^2=4.$$

求得

$$z=\pm\frac{2}{\sqrt{11}}.$$

再代入到 $x=-3z, y=-z$ 中,即可得 $x=\mp\frac{6}{\sqrt{11}}, \quad y=\mp\frac{2}{\sqrt{11}}.$

从而得两点 $\left(-\frac{6}{\sqrt{11}},-\frac{2}{\sqrt{11}},\frac{2}{\sqrt{11}}\right),\left(\frac{6}{\sqrt{11}},\frac{2}{\sqrt{11}},-\frac{2}{\sqrt{11}}\right).$

对照表达式看出第一个点对应的值较大,第二个点对应的值较小,所以最近点为 $\left(\frac{6}{\sqrt{11}},\frac{2}{\sqrt{11}},-\frac{2}{\sqrt{11}}\right)$,最远点为 $\left(-\frac{6}{\sqrt{11}},-\frac{2}{\sqrt{11}},\frac{2}{\sqrt{11}}\right)$.

习 题 9.8

1. 求函数 $z=x^3+y^3-9xy+27$ 的极值.

2. 求抛物面 $z=x^2+y^2$ 到平面 $x+y+z+1=0$ 的最短距离.

3. 要造一个容积等于4的长方体无盖水池,应如何选择水池的尺寸,方可使它的表面积最小.

4. 在椭球面 $x^2+y^2+\frac{z^2}{4}=1$ 位于第一卦限的部分上求一点,使该点处的切平面在三个坐标轴上的截距平方和最小.

5. 求平面 $\frac{u}{a^2}x+\frac{v}{b^2}y+\frac{w}{c^2}z=1$ 在三个坐标轴上的截距之积在条件 $\frac{u^2}{a^2}+\frac{v^2}{b^2}+\frac{w^2}{c^2}=1$ 之下的最小值.

6. 经过 $\left(2,1,\frac{1}{3}\right)$ 的所有的平面中,哪一个平面与坐标面围成的立体体积最小?求最小体积.

7. 求函数 $z=x^2-xy+y^2$ 在区域 $|x|+|y|\leqslant 1$ 的最大值,最小值.

8. 在平面 xOy 上求一点,使它到 $x=0, y=0$ 及 $x+2y-16=0$ 三条直线的距离平方之和为最小.

复习题 9

1. 单项选择题

(1)为使 $f(x,y)=\frac{xy^2}{x^2+y^2}$ 在全平面内连续,则它在(0,0)处应补充定义为(　　).

A. -1 　　B. 0 　　C. 1 　　D. 2

(2)设 $f(x,y)$ 在点 (x_0,y_0) 处存在偏导数，则 $\lim\limits_{h\to0}\dfrac{f(x_0+2h,y_0)-f(x_0-h,y_0)}{h}=$ (　　).

A. 0　　B. $f_x(x_0,y_0)$　　C. $2f_x(x_0,y_0)$　　D. $3f_x(x_0,y_0)$

(3)若 $u=u(x,y)$ 是可微函数，且 $u(x,y)\big|_{y=x^2}=1,\dfrac{\partial u}{\partial x}\Big|_{y=x^2}=x$，则 $\dfrac{\partial u}{\partial y}\Big|_{y=x^2}=$ (　　).

A. $-\dfrac{1}{2}$　　B. $\dfrac{1}{2}$　　C. -1　　D. 1

(4)“$z=f(x,y)$ 在 (x,y) 处的偏导数存在”是“$z=f(x,y)$ 在 (x,y) 处可微”的(　　).

A. 充分条件　　B. 必要条件　　C. 充分必要条件　　D. 无关条件

(5)已知 $z(x,y)=x^2y+y^2+\varphi(x)$ 且 $z(x,1)=x$，则 $\dfrac{\partial z}{\partial x}=$ (　　).

A. $2xy+1-2x$　　B. x^2+2y　　C. $-x^2+x-1$　　D. $2xy+1+2x$

(6)若 $f(x,y)$ 在 (x_0,y_0) 处可微，则在点 (x_0,y_0) 处，下列结论中不一定成立的是(　　).

A. 连续　　B. 偏导数存在　　C. 偏导数连续　　D. 切平面存在

(7)函数 $z=\sqrt{x^2+y^2}$ 在点(0,0)处(　　).

A. 不连续　　B. 偏导数存在

C. 沿任一方向的方向导数存在　　D. 可微

(8)设 $f_x(0,0)=1,f_y(0,0)=2$，则(　　).

A. $f(x,y)$ 在(0,0)点连续

B. $\mathrm{d}f(x,y)\big|_{(0,0)}=\mathrm{d}x+2\mathrm{d}y$

C. $\dfrac{\partial f}{\partial l}\Big|_{(0,0)}=\cos\alpha+2\sin\beta$，其中 α,β 为 $\boldsymbol{l}$ 的方向角

D. $f(x,y)$ 在(0,0)点沿 x 轴负方向的方向导数为 -1

(9)函数 $f(x,y)=x^2y^2$ 在点(2,1)沿方向 $\boldsymbol{l}=\boldsymbol{i}+\boldsymbol{j}$ 的方向导数为(　　).

A. 12　　B. $6\sqrt{2}$　　C. 28　　D. $14\sqrt{2}$

(10)设 $f_x(x_0,y_0)=f_y(x_0,y_0)=0$，则 (x_0,y_0) 是 $f(x,y)$ 的(　　).

A. 极小值点　　B. 极大值点　　C. 驻点　　D. 最大值点

(11)下列命题正确的是(　　).

A. 函数 $z=f(x,y)$ 的极值点一定是驻点

B. 函数 $z=f(x,y)$ 的驻点一定是极值点

C. 可微函数 $z=f(x,y)$ 的极值点一定是 $z=f(x,y)$ 的驻点

D. 可微函数 $z=f(x,y)$ 的驻点一定是 $z=f(x,y)$ 的极值点

(12)曲线 $x=t,y=-t^2,z=t^3$ 的所有切线中与平面 $x+2y+z=4$ 平行的切线有(　　).

A. 1条　　B. 2条　　C. 3条　　D. 不存在

(13)已知 $(axy^3-y^2\cos x)\mathrm{d}x+(1+by\sin x+3x^2y^2)\mathrm{d}y$ 为某函数 $f(x,y)$ 的全微分,且 $f(x,y)$ 存在连续的二阶偏导数,则 a 和 b 的值分别是(　　).

A. -2 和 2　　B. 2 和 -2　　C. -3 和 3　　D. 3 和 -3

(14)设 $f_{yy}=2$,且 $f(x,0)=1,f_y(x,0)=x$,则 $f(x,y)=$(　　).

A. $1+xy+y^2$　　B. $1-xy+y^2$　　C. $1-x^2y+y^2$　　D. $1+x^2y+y^2$

2. 填空题

(1)$z=\sqrt{\ln\dfrac{4}{x^2+y^2}}+\arcsin\dfrac{1}{x^2+y^2}$ 的定义域是________.

(2)$\lim\limits_{\substack{x\to 2\\ y\to+\infty}}\left(1+\dfrac{x}{y}\right)^y=$________.

(3)$\lim\limits_{(x,y)\to(0,0)}\dfrac{xy}{\sqrt{xy+4}-2}=$________.

(4)设 $z=f(x^6-y^6)$,函数 f 可微,则 $\dfrac{\partial z}{\partial y}=$________.

(5)设 $u=f(x,xy,xyz)$,f 可微,则 $\dfrac{\partial u}{\partial x}=$________.

(6)设 $z=f\left(xy,\dfrac{x}{y}\right)+g\left(\dfrac{y}{x}\right)$,其中 f,g 均可微,则 $\dfrac{\partial z}{\partial x}=$________.

(7)函数 $u=xy+yz+xz$ 在点 $P(1,2,3)$ 处沿 P 点向径方向的方向导数为________.

(8)曲面 $3x^2+y^2-z^2=27$ 在点 $(3,1,1)$ 处的切平面方程为________.

(9)曲线 $x=\dfrac{t^4}{4},y=\dfrac{t^3}{3},z=\dfrac{t^2}{2}$ 的平行于平面 $x+3y+2z=0$ 的切线方程为________.

(10)曲线 $\begin{cases}z=\sqrt{1+x^2+y^2}\\ x=1\end{cases}$ 在点 $(1,1,\sqrt{3})$ 处的切线与 y 轴的正向夹角是________.

(11)设 $f(x,y)=2x^2+ax+xy^2+by$ 在点 $(1,1)$ 取得极值,则 $a=$________,$b=$________.

(12)设 $2\sin(x+2y-3z)=x+2y-3z$,则 $\dfrac{\partial z}{\partial x}+\dfrac{\partial z}{\partial y}=$________.

(13)方程 $z^3-2xz+y=0$ 确定 $z=z(x,y)$,则 $\mathrm{d}z|_{(0,1)}=$________.

3. 计算题

(1)求 $z=x^2\mathrm{e}^y+(x-1)\arctan\dfrac{y}{x}$ 在点 $(1,0)$ 处的全微分 $\mathrm{d}z$.

(2)已知 $z=x+2y+f(3x-4y)$, $z|_{y=0}=x^2$,求$\frac{\partial z}{\partial x}$,$\frac{\partial z}{\partial y}$.

(3)设 $z=(1+xy)^x$,求$\frac{\partial z}{\partial x}$,$\frac{\partial z}{\partial y}$.

(4)设 $z=f\left(\frac{y}{x},\frac{x}{y}\right)$的偏导数存在,求$\frac{\partial z}{\partial x}$.

(5)设 $z=f(e^x\sin y)$,f 可微,求 dz.

(6)设 $z=f(2x-y,y\sin x)$,其中 f 存在连续的二阶偏导数,求$\frac{\partial^2 z}{\partial x\partial y}$.

(7)设 $z=\frac{1}{x}f(xy)+y\varphi(x+y)$,其中 f,φ 都存在连续的二阶偏导数,求$\frac{\partial^2 z}{\partial x\partial y}$.

(8)若可微函数 $f(u)$满足 $f'(u)+f(u)=e^{-u}$,计算$\frac{\partial}{\partial x}[e^{xy}f(xy)]$.

(9)设 $z=\frac{x}{\varphi(x^2-y^2)}$,其中 φ 可微,证明$\frac{1}{x}\cdot\frac{\partial z}{\partial x}+\frac{1}{y}\cdot\frac{\partial z}{\partial y}=\frac{z}{x^2}$.

(10)设直线 $l:\begin{cases}x+y+b=0\\x+ay-z-3=0\end{cases}$在平面 π 上,而平面 π 与曲面 $z=x^2+y^2$ 相切于点 $M(1,-2,5)$,求 a,b.

(11)求抛物面 $z=x^2+y^2$ 到平面 $x+y+z+1=0$ 的最近距离.

(12)求曲面 $x^2-y^2-z^2=16$ 上垂直于直线$\begin{cases}x-2y-z=3\\x-y+z=0\end{cases}$的切平面方程.

(13)求椭球面 $x^2+y^2+4z^2=13$ 与双曲面 $x^2+y^2-4z^2=11$ 在点$\left(2\sqrt{2},2,\frac{1}{2}\right)$处两曲面交线的切线方程.

(14)已知点(5,2)是函数 $z=xy+\frac{a}{x}+\frac{b}{y}$的极值点,求 a,b 的值.

(15)求 $f(x,y)=x^3+8y^3-6xy+5$ 的极值.

(16)把一个正数 a 分成3个正数之和,并且使他们的乘积最大,求这3个正数.

(17)求平面$\frac{x}{3}+\frac{y}{4}+\frac{z}{10}=1$和柱面 $x^2+y^2=1$ 的交线上与 xOy 平面距离最短的点.

(18)在椭球面 $2x^2+2y^2+z^2=1$ 上求一点,使函数 $f(x,y,z)=x^2+y^2+z^2$ 在该点沿方向 $\boldsymbol{l}=(1,-1,0)$的方向导数最大.

(19)设函数 $u=f(\xi,\eta)$具有二阶连续偏导数,$\xi=x-ct$,$\eta=y+ct$,c 是常数,证明:方程 $u_{xx}-\frac{1}{c^2}u_{tt}=0$ 可变换成 $u_{\xi\eta}=0$.

数学文化9

德国的法学博士——莱布尼茨

G. W. 莱布尼茨,(Gottfried Wilhelm Leibniz 1646—1716),又译莱布尼兹,德国数学家、哲学家,和I.牛顿同为微积分学的创始人.1646年7月1日生于莱比锡,1716年11月14日卒于德国西北的汉诺威.他的多才多艺在历史上很少有人能和他相比.他的著作包括历史、语言、生物、地质、机械、物理、法律、外交、神学等方面.他父亲是莱比锡大学伦理学教授,莱布尼茨6岁时丧父,家庭丰富的藏书引起他广泛的兴趣.1661年入莱比锡大学学习法律,又曾到耶拿大学学习几何,1666年在纽伦堡阿尔特多夫取得法学博士学位.他当时写出的论文《论组合的技巧》已含有数理逻辑的早期思想,后来的一系列工作使他成为数理逻辑的创始人.

1667年他投身于外交界,在美因茨的大主教J. P. von舍恩博恩的手下工作.在这期间,他到欧洲各国游历,接触数学界的名流,同他们保持密切的联系.特别是在巴黎受到C.惠更斯的启发,决心钻研数学.在这之后数年,他迈入数学领域,开始创造性的工作.1676年,他来到汉诺威,任排特烈公爵顾问及图书馆馆长.此后40年,常居汉诺威,直到去世.

莱布尼茨终生奋斗的主要目标是寻求一种可以获得知识和创造发明的普遍方法.这种努力导致许多数学的发现,最突出的是微积分学.牛顿建立微积分主要是从运动学的观点出发,而莱布尼茨则从几何学的角度去考虑.特别和I.巴罗的微分三角形有密切关系.他的第一篇微分学文章《一种求极大极小和切线的新方法,……》(1684)在《学艺》杂志上发表,这是世界上最早的微积分文献,比牛顿的《自然哲学的数学原理》早3年.这篇仅6页纸,内容并不丰富,说理也颇含混的文章,却有着划时代的意义.它已含有现代微分符号和基本微分法则,还给出极值的条件$dy=0$和拐点条件$d^2y=0$.运算规则只作简短的叙述而没有证明,使人很难理解.1686年他在《学艺》上发表第一篇积分学论文.他所创设的微积分符号远远优于牛顿的符号,这对微积分的发展有极大的影响.可是在这篇最早的积分学论文中,却没有今天的积分号$\int$.不过这符号确实早已创设,只是因为制版不便,印刷时没有用.积分号$\int$出现在他1675年10月29日的手稿上,它是字母S的拉长.微分符号dx出现在1675年11月11日的另一手稿上.他考虑微积分的问题,大概始于1673年.

莱布尼茨设计了一个能作乘法的计算机，1673 年特地到巴黎去制造. 这是继帕斯卡加法机(1642)之后，计算工具的又一进步. 他还系统地阐述了二进制记数法，并把它和中国的八卦联系起来. 在哲学方面，他倡导客观唯心主义的单子论.

第10章 重 积 分

类似于多元函数微分学的讨论，本章和下一章将讨论多元函数积分学. 在第5章中讨论的定积分，其被积函数是一元函数，积分范围是区间，它被定义为某种确定形式的和的极限，因而它只能用来研究分布在某一区间上的量的求和问题. 但是在科学技术和工程计算中，往往还会碰到许多非均匀分布在平面或空间的某种几何形体上的量的求和问题，这时就需要把定积分的概念加以推广，从而得到多元函数的积分，由于积分区域不一样，又可分为重积分、曲线积分与曲面积分等. 由此，多元函数积分的这种多样性使得多元函数积分学有着更丰富的内容. 本章先讨论重积分.

§10.1 二重积分的概念

10.1.1 二重积分的概念

引例1 曲顶柱体的体积

设有一立体，它的底是 xOy 平面上的有界闭区域 D，它的侧面是以 D 的边界曲线为准线而母线平行于 z 轴的柱面，它的顶是曲面 $z=f(x,y)$，这里 $f(x,y)\geqslant 0$ 且在 D 上连续(见图10-1)，这种立体称为曲顶柱体. 试求此曲顶柱体的体积 V.

如果曲顶柱体的顶是与 xOy 平面平行的平面，也就是该柱顶的高度是不变的，那么它的体积可以用公式

$$体积=底面积\times高$$

来计算. 现在柱体的顶是曲面 $z=f(x,y)$，当自变量 x,y 在区域 D 上变动时，高度 $f(x,y)$ 是个变量，因此它的体积不能直接用上式来计算. 下面，我们采用求曲边梯形面积的类似方法来解决求曲顶柱体的体积问题，步骤如下(见图10-2)：

(1)分割. 将区域 D 任意分成 n 个小区域 $\Delta\sigma_i\ (i=1,2,\cdots n)$，且以 $\Delta\sigma_i$ 表示第 i 个小区域的面积，分别以这些小区域的边界曲线为准线，作母线平行于 z 轴的柱面，这些柱面把原来的曲顶柱体分为 n 个小曲顶柱体.

(2)近似. 对于第 i 个小曲顶柱体，在区域 $\Delta\sigma_i$ 中任取一点 (ξ_i,η_i)，作以 $\Delta\sigma_i$ 为底，$f(\xi_i,\eta_i)$ 为高的平顶柱体，从而得到第 i 个小曲顶柱体体积 ΔV_i 的近似值

$$\Delta V_i\approx f(\xi_i,\eta_i)\Delta\sigma_i.$$

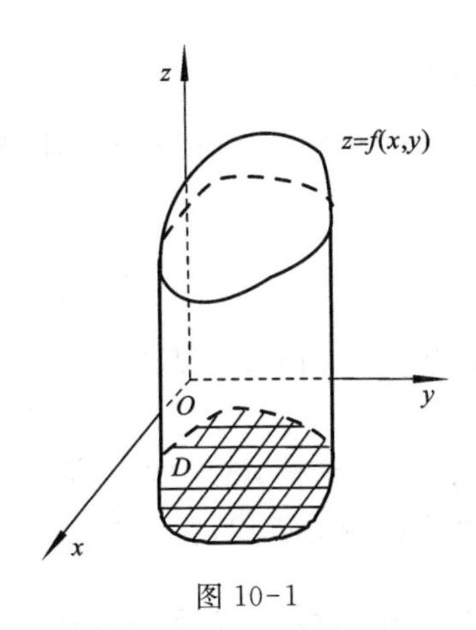

图 10-1

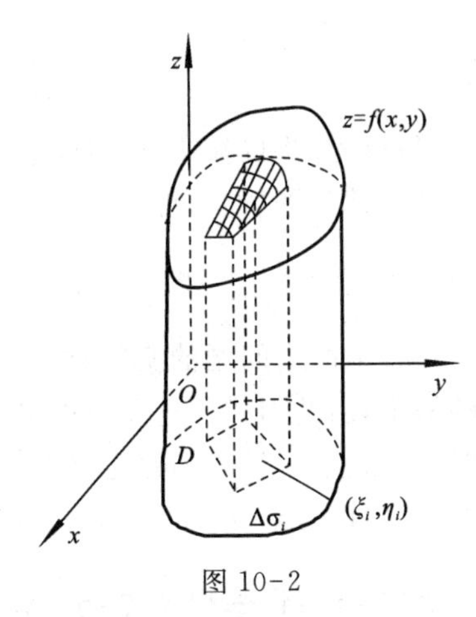

图 10-2

(3)求和. 把求得的 n 个小曲顶柱体的体积的近似值相加,便得到所求曲顶柱体体积的近似值

$$V=\sum_{i=1}^{n}\Delta V_i\approx\sum_{i=1}^{n}f(\xi_i,\eta_i)\Delta\sigma_i.$$

(4)取极限. 当区域 D 分割得越细密,上式右端的和式越接近于体积 V. 用 λ 表示小区域 $\Delta\sigma_i$ 上任意两点间的最大距离,称为该小区域的直径,令 n 个小区域的最大直径 $\lambda\to 0$,则上述和式的极限就是曲顶柱体的体积 V,即

$$V=\lim_{\lambda\to 0}\sum_{i=1}^{n}f(\xi_i,\eta_i)\Delta\sigma_i.$$

引例 2 平面薄片的质量

设有一质量非均匀分布的平面薄片,占有 xOy 平面上的区域 D,它在点 (x,y) 处的面密度为 $\rho(x,y)$,这里 $\rho(x,y)>0$,且在 D 上连续,试求该薄片的质量 M.

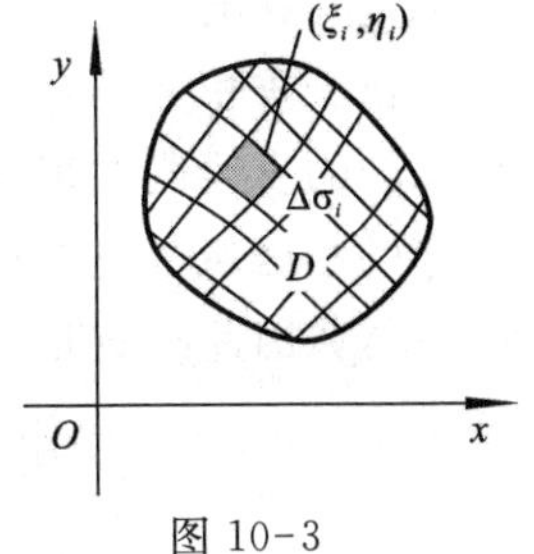

图 10-3

我们用求曲顶柱体体积的方法来解决这个问题(见图 10-3).

(1)分割. 将区域 D 任意分成 n 个小区域 $\Delta\sigma_i(i=1,2,\cdots n)$,并且以 $\Delta\sigma_i$ 表示 i 个小区域的面积.

(2)近似. 第 i 个小区域 $\Delta\sigma_i$ 所在的小薄片可以近似看作均匀薄片,在 $\Delta\sigma_i$ 上任意取一点 (ξ_i,η_i),则 $\Delta\sigma_i$ 的质量 ΔM_i 的近似值为

$$\Delta M_i\approx\rho(\xi_i,\eta_i)\Delta\sigma_i,(i=1,2,\cdots,n)$$

(3)求和. 将求得的 n 个小薄片的质量的近似值相加,便得到整个薄片的质量的近似值

$$M=\sum_{i=1}^{n}\Delta M_i\approx\sum_{i=1}^{n}\rho(\xi_i,\eta_i)\Delta\sigma_i.$$

(4)取极限.将区域 D 分割得很细密,即 n 个小区域中的最大直径 $\lambda\to0$ 时,和式的极限就是薄片的质量,即

$$M=\lim_{\lambda\to0}\sum_{i=1}^{n}\rho(\xi_i,\eta_i)\Delta\sigma_i$$

虽然以上两个问题的实际意义不同,但都是归结为求二元函数的某个同一类型的和式的极限,由此引进二重积分的概念.

定义 设 $z=f(x,y)$ 是定义在有界闭区域 D 上的有界函数,将区域 D 任意分割成 n 个小区域 $\Delta\sigma_i(i=1,2,\cdots n)$,并以 $\Delta\sigma_i$ 表示第 i 个小区域的面积,在每个小区域上任取一点 (ξ_i,η_i),作乘积 $f(\xi_i,\eta_i)\Delta\sigma_i(i=1,2,\cdots,n)$,并作和式 $\sum\limits_{i=1}^{n}f(\xi_i,\eta_i)\Delta\sigma_i$,如果当各小区域的直径中的最大值 λ 趋于零时,和式的极限存在,则称此极限值为函数 $f(x,y)$ 在区域 D 上的**二重积分**,记作 $\iint\limits_D f(x,y)\mathrm{d}\sigma$,即

$$\iint\limits_D f(x,y)\mathrm{d}\sigma=\lim_{\lambda\to0}\sum_{i=1}^{n}f(\xi_i,\eta_i)\Delta\sigma_i. \tag{1}$$

其中 $f(x,y)$ 称为**被积函数**,D 称为**积分区域**,$f(x,y)\mathrm{d}\sigma$ 称为**被积表达式**,$\mathrm{d}\sigma$ 称为**面积元素**,x 与 y 称为**积分变量**,$\sum\limits_{i=1}^{n}f(\xi_i,\eta_i)\Delta\sigma_i$ 称为**积分和**.

可以证明,当 $f(x,y)$ 在有限界闭区域 D 上连续时,这个和式的极限必定存在,今后我们假定所讨论的二元函数 $f(x,y)$ 在区域 D 上是连续的,所以它在 D 上的二重积分总是存在的.

在二重积分的定义中,对区域 D 的划分是任意的.如果在直角坐标系中用平行于坐标轴的直线段网来划分区域 D,那么除了靠近边界曲线的一些小区域外,其余绝大部分的小区域都是矩形.小矩形 $\mathrm{d}\sigma$ 的边长为 Δx 和 Δy(见图 10-4),则 $\Delta\sigma$ 的面积 $\Delta\sigma=\Delta x\cdot\Delta y$,因此在直角坐标系中面积微元 $\mathrm{d}\sigma$ 可记作 $\mathrm{d}x\mathrm{d}y$,从而二重积分也常记作

$$\iint\limits_D f(x,y)\mathrm{d}x\mathrm{d}y.$$

由二重积分定义,可知:

曲顶柱体的体积 $V=\iint\limits_D f(x,y)\mathrm{d}\sigma$;

平面薄片的质量 $M=\iint\limits_D \rho(x,y)\mathrm{d}\sigma$.

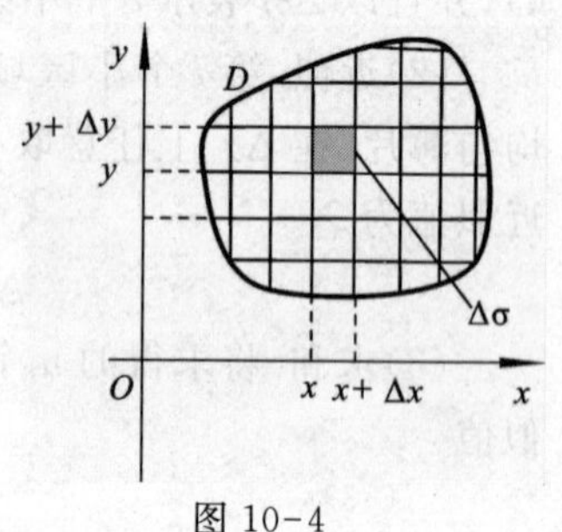

图 10-4

一般地，当 $f(x,y)\geqslant 0$ 时，$\iint\limits_D f(x,y)\mathrm{d}\sigma$ 表示以D为底，以 $z=f(x,y)$ 为顶的曲顶柱体的体积，这就是二重积分的几何意义.

当 $f(x,y)\leqslant 0$ 时，柱体就在 xOy 面的下方，二重积分的绝对值仍等于柱体的体积，但二重积分的值是负的；

当 $f(x,y)=1$ 时，$\iint\limits_D f(x,y)\mathrm{d}\sigma=\iint\limits_D \mathrm{d}\sigma$ 表示区域 D 的面积 σ，即

$$\iint\limits_D \mathrm{d}\sigma=\sigma.$$

10.1.2 二重积分的性质

比较定积分与二重积分的定义可以想到，二重积分与定积分有类似的性质，现叙述如下：

1. 线性性质

(1) $\iint\limits_D kf(x,y)\mathrm{d}\sigma=k\iint\limits_D f(x,y)\mathrm{d}\sigma$（$k$ 为常数）；

(2) $\iint\limits_D [f(x,y)\pm g(x,y)]\mathrm{d}\sigma=\iint\limits_D f(x,y)\mathrm{d}\sigma\pm\iint\limits_D g(x,y)\mathrm{d}\sigma.$

2. 对于积分区域具有可加性

如果闭区域 D 被连续曲线分成部分闭区域 D_1 和 D_2，则

$$\iint\limits_D f(x,y)\mathrm{d}\sigma=\iint\limits_{D_1} f(x,y)\mathrm{d}\sigma+\iint\limits_{D_2} f(x,y)\mathrm{d}\sigma.$$

3. 积分不等式

(1)若在区域 D 上，$f(x,y)\leqslant g(x,y)$，则

$$\iint\limits_D f(x,y)\mathrm{d}\sigma\leqslant\iint\limits_D g(x,y)\mathrm{d}\sigma.$$

(2) $\left|\iint\limits_D f(x,y)\mathrm{d}\sigma\right|\leqslant\iint\limits_D |f(x,y)|\mathrm{d}\sigma.$

(3)设 M 和 m 分别为函数 $f(x,y)$ 在有界闭区域 D 上的最大值和最小值，σ 是 D 的面积，则

$$m\sigma\leqslant\iint\limits_D f(x,y)\mathrm{d}\sigma\leqslant M\sigma.$$

4. 中值定理

设函数 $f(x,y)$ 在有界闭区域 D 上连续，σ 是区域 D 的面积，则在 D 上至少存在一点 (ξ,η)，使得

$$\iint_D f(x,y)\mathrm{d}\sigma = f(\xi,\eta)\sigma.$$

当 $f(x,y)\geqslant 0$ 时,上式的几何意义是:二重积分所确定的曲顶柱体的体积,等于以积分区域 D 为底,以 $f(\xi,\eta)$ 为高的平顶柱体的体积.

例 估计二重积分 $I=\iint_D \frac{\mathrm{d}\sigma}{\sqrt{x^2+y^2+2xy+16}}$ 的值,其中积分区域 D 为矩形闭区域 $\{(x,y)\mid 0\leqslant x\leqslant 1,0\leqslant y\leqslant 2\}$.

解 因为 $f(x,y)=\frac{1}{\sqrt{(x+y)^2+16}}$,积分区域面积 $\sigma=2$,

在 D 上 $f(x,y)$ 的最大值 $M=\frac{1}{4}$,最小值 $m=\frac{1}{\sqrt{3^2+4^2}}=\frac{1}{5}$,

故
$$\frac{2}{5}\leqslant I\leqslant \frac{2}{4}.$$

习 题 10.1

1. 将一平面薄板铅直浸没于水,取 x 轴铅直向下,y 轴位于水面上,并设薄板占有 xOy 面上的闭区域为 D,试用二重积分表示薄板的一侧所受到的水压力.

2. 利用二重积分的几何意义计算下列二重积分的值:

(1) $\iint_D 5\mathrm{d}\sigma$, $D: x+y\leqslant 2, x\geqslant 0, y\geqslant 0$;

(2) $\iint_D k\mathrm{d}x\mathrm{d}y$, $D: x^2+y^2\leqslant 1$;

(3) $\iint_D (1-x-y)\mathrm{d}x\mathrm{d}y$, $D: |x|+|y|\leqslant 1$.

3. 不计算二重积分,试比较下列各组二重积分的大小:

(1) $\iint_D (x+y)^2\mathrm{d}\sigma$ 与 $\iint_D (x+y)^3\mathrm{d}\sigma$,其中积分区域 D 由 x 轴、y 轴和直线 $x+y=1$ 围成;

(2) $\iint_D (x+y)^2\mathrm{d}\sigma$ 与 $\iint_D (x+y)^3\mathrm{d}\sigma$,其中积分区域 D 由 $(x-2)^2+(y-1)^2=2$ 围成;

(3) $\iint_D \ln(x+y)\mathrm{d}\sigma$ 与 $\iint_D \ln(x+y)^2\mathrm{d}\sigma$,其中 D 为三角形区域,此三角形顶点分别为 $(1,0)$,$(1,1)$,$(2,0)$;

(4) $\iint\limits_D \sin^2(x+y)\mathrm{d}\sigma$ 与 $\iint\limits_D (x+y)^2\mathrm{d}\sigma$ 其中 D 为任一有界闭区域.

4. 利用二重积分的性质估计下列二重积分值：

(1) $I=\iint\limits_D xy(x+y)\mathrm{d}\sigma$，其中 $D=\{(x,y)\mid 0\leqslant x\leqslant 1,0\leqslant y\leqslant 1\}$；

(2) $I=\iint\limits_D \sin^2 x\sin^2 y\mathrm{d}\sigma$，其中 $D=\{(x,y)\mid 0\leqslant x\leqslant \pi,0\leqslant y\leqslant \pi\}$；

(3) $I=\iint\limits_D \sqrt{x^2+y^2}\mathrm{d}\sigma$，其中 $D=\{(x,y)\mid 0\leqslant x\leqslant 1,0\leqslant y\leqslant 2\}$.

§10.2　二重积分的计算

二重积分的计算方法是：化二重积分为两个有序的定积分，即二次积分.

10.2.1　在直角坐标系中计算二重积分

若积分区域 D 可以用不等式

$$\varphi_1(x)\leqslant y\leqslant \varphi_2(x),\quad a\leqslant x\leqslant b$$

来表示，其中函数 $\varphi_1(x)$，$\varphi_2(x)$ 在区间 $[a,b]$ 上连续，则称 D 为 x-**型区域**(见图 10-5).

若积分区域 D 可以用以下等式

$$\psi_1(y)\leqslant x\leqslant \psi_2(y),\quad c\leqslant y\leqslant d$$

来表示，其中函数 $\psi_1(y)$，$\psi_2(y)$ 在区间 $[c,d]$ 上连续，则称 D 为 y-**型区域**(见图 10-6).

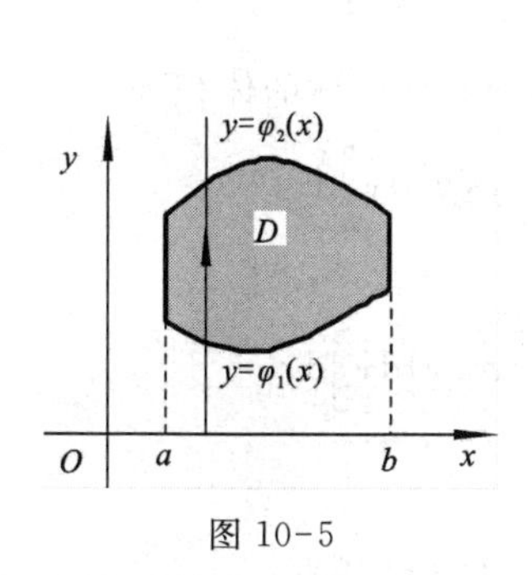

图 10-5

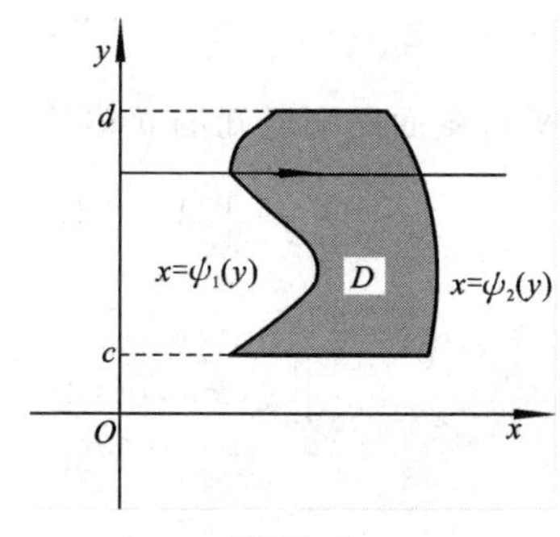

图 10-6

这些区域的特点是当 D 为 x-型区域时，则垂直于 x 轴的直线 $x=x_0(a<x_0<b)$ 至多与区域 D 的边界交于两点；当 D 为 y-型区域时，垂直于 y 轴的直线 $y=y_0(c<y_0<d)$ 至多与区域 D 的边界交于两点.

许多常见的区域都可以用平行于坐标轴的直线把 D 分解为有限个除边界外无公共点的 x-型区域或 y-型区域(图 10-7 表示将区域 D 分为三个这样的区域)，因而一般区域上的二重积分计算问题就化成 x-型及 y-型区域上二重积分的计算问题.

先讨论积分区域 D 为 x-型时,如何计算二重积分 $\iint\limits_D f(x,y)\mathrm{d}x\mathrm{d}y$.

根据二重积分的几何意义,当 $f(x,y)\geqslant 0$ 时,二重积分 $\iint\limits_D f(x,y)\mathrm{d}x\mathrm{d}y$ 表示以 D 为底,以 $z=f(x,y)$ 为顶的曲顶柱体的体积 V.下面由定积分应用中平行截面面积已知的立体体积的求法来求这个曲顶柱体的体积.

如图 10-8 所示,在 $[a,b]$ 上任意取定一点 x,过 x 作平行于 yOz 面的平面,此平面截曲顶柱体,形成一个以区间 $[\varphi_1(x),\varphi_2(x)]$ 为底,曲线 $z=f(x,y)$(当 x 固定时,z 是 y 的一元函数)为曲边的曲边梯形,其面积为

$$A(x)=\int_{\varphi_1(x)}^{\varphi_2(x)} f(x,y)\mathrm{d}y,$$

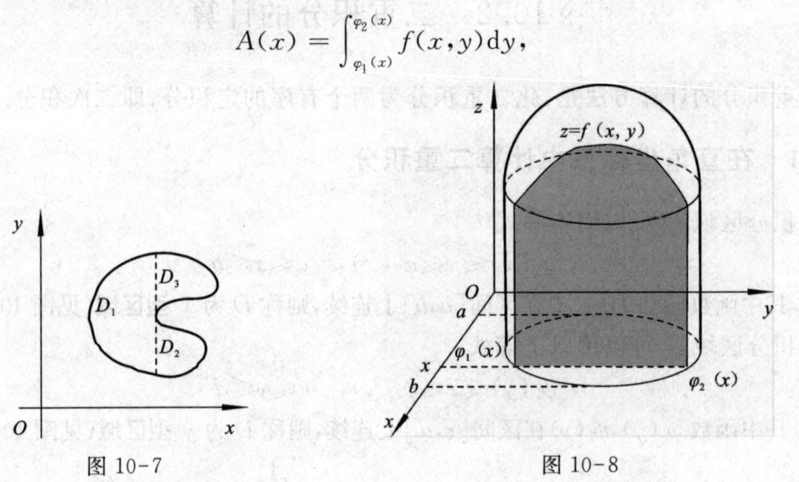

图 10-7　　　　图 10-8

应用平行截面面积已知的立体的体积公式,得到曲顶柱体的体积为

$$V=\int_a^b A(x)\mathrm{d}x=\int_a^b\left[\int_{\varphi_1(x)}^{\varphi_2(x)} f(x,y)\mathrm{d}y\right]\mathrm{d}x,$$

从而有

$$\iint\limits_D f(x,y)\mathrm{d}x\mathrm{d}y=\int_a^b\left[\int_{\varphi_1(x)}^{\varphi_2(x)} f(x,y)\mathrm{d}y\right]\mathrm{d}x, \tag{1}$$

简记为

$$\iint\limits_D f(x,y)\mathrm{d}x\mathrm{d}y=\int_a^b\mathrm{d}x\int_{\varphi_1(x)}^{\varphi_2(x)} f(x,y)\mathrm{d}y. \tag{2}$$

这就是把二重积分化为先对 y 积分,后对 x 积分的二次积分公式.上述讨论中我们假设 $f(x,y)\geqslant 0$,实际上,公式(1)及公式(2)的成立并不受条件 $f(x,y)\geqslant 0$ 的限制,用公式计算二重积分时,积分限的确定应从小到大,且先把 x 看作常数,$f(x,y)$ 看作 y 的函数,对 y 计算从 $\varphi_1(x)$ 到 $\varphi_2(x)$ 的定积分,然后把算得的结果(一般是 x 的函

数)再对 x 计算区间 $[a,b]$ 上的定积分,这种计算方法称为先对 y 后对 x 的累次积分.

如果区域 D 是 y-型的,类似地,有

$$\iint_D f(x,y)\mathrm{d}x\mathrm{d}y=\int_c^d\left[\int_{\psi_1(y)}^{\psi_2(y)}f(x,y)\mathrm{d}x\right]\mathrm{d}y, \tag{3}$$

或记为

$$\iint_D f(x,y)\mathrm{d}x\mathrm{d}y=\int_c^d\mathrm{d}y\int_{\psi_1(y)}^{\psi_2(y)}f(x,y)\mathrm{d}x \tag{4}$$

称为先对 x 后对 y 的**累次积分**.

在计算二重积分时要注意:

(1)首先要根据已知条件确定积分区域 D 是 x-型还是 y-型,由此确定二重积分化为先 y 后 x 的累次积分还是先 x 后 y 的累次积分.

(2)当积分区域 D 既是 x-型,又是 y-型时,把二重积分化为累次积分时可有两种积分顺序

$$\iint_D f(x,y)\mathrm{d}x\mathrm{d}y=\int_a^b\mathrm{d}x\int_{\varphi_1(x)}^{\varphi_2(x)}f(x,y)\mathrm{d}y=\int_c^d\mathrm{d}y\int_{\psi_1(y)}^{\psi_2(y)}f(x,y)\mathrm{d}x.$$

(3)如果平行于坐标轴的直线与积分区域 D 是交点多于两个(见图 10-7),此时可以用平行坐标轴的直线把 D 分成若干个 x-型或 y-型的区域,这样 D 上的积分就化成各部分区域上的积分和.

例 1　计算二重积分 $\iint_D xy^2\mathrm{d}x\mathrm{d}y$,其中,区域 D 为 $0\leqslant x\leqslant 1$, $-1\leqslant y\leqslant 1$ 所围成.

解　先画出区域 D 的图形(见图 10-9),区域 D 为 x-型,将二重积分化为先 y 后 x 的累次积分,得

$$\iint_D xy^2\mathrm{d}x\mathrm{d}y=\int_0^1\mathrm{d}x\int_{-1}^1 xy^2\mathrm{d}y=\int_0^1 x\frac{y^3}{3}\Big|_{-1}^1\mathrm{d}x$$

$$=\frac{2}{3}\int_0^1 x\mathrm{d}x=\frac{2}{3}\left[\frac{x^2}{2}\right]_0^1=\frac{1}{3}.$$

区域 D 也为 y-型,所以二重积分也可以化为先 x 后 y 的累次积分,得

$$\iint_D xy^2\mathrm{d}x\mathrm{d}y=\int_{-1}^1\mathrm{d}y\int_0^1 xy^2\mathrm{d}x=\int_{-1}^1 y^2\frac{x^2}{2}\Big|_0^1\mathrm{d}y=\frac{1}{2}\int_{-1}^1 y^2\mathrm{d}y$$

$$=\frac{1}{2}\left[\frac{y^3}{3}\right]_{-1}^1=\frac{1}{3}.$$

例 2　计算二重积分 $\iint_D(2x-y)\mathrm{d}x\mathrm{d}y$,区域 D 是由直线 $y=1$, $y=2$, $y=x$, $y=\frac{x}{2}$ 所围成.

解 画出积分区域 D 的图形(见图 10-10),区域 D 为 y-型,

$$\iint_D (2x-y)\mathrm{d}x\mathrm{d}y=\int_1^2\mathrm{d}y\int_y^{2y}(2x-y)\mathrm{d}x=\int_1^2\left[x^2-yx\right]_y^{2y}\mathrm{d}y=\int_1^2 2y^2\mathrm{d}y$$

$$=\frac{2}{3}y^3\Big|_1^2=\frac{14}{3}.$$

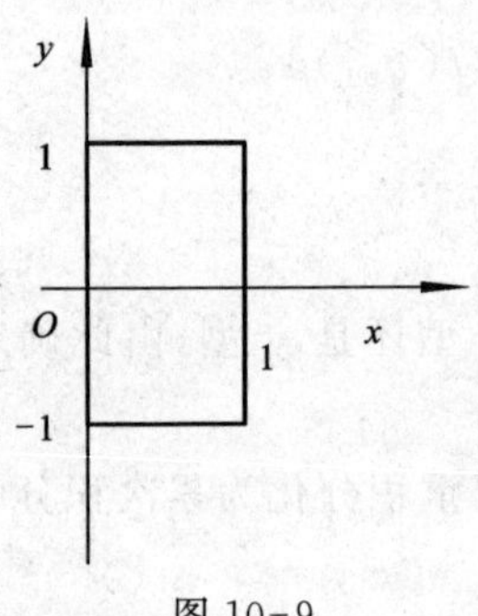

图 10-9

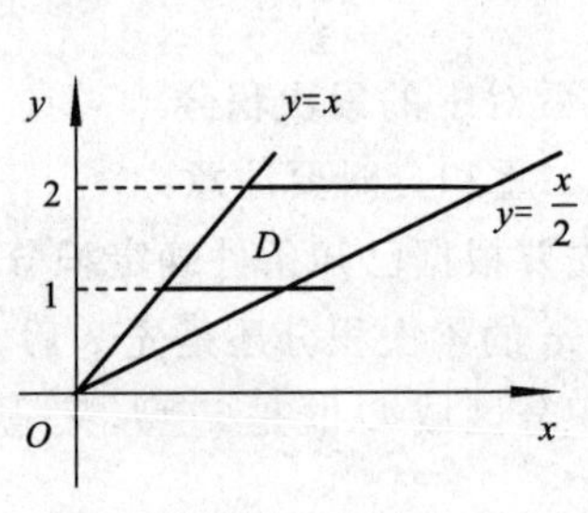

图 10-10

例 3 计算二重积分 $\iint_D xy\mathrm{d}\sigma$,其中 D 是由抛物线 $y^2=x$ 及 $y=x-2$ 所围成的区域.

解 画出积分区域 D(见图 10-11),直线和抛物线的交点分别为 $(1,-1)$ 和 $(4,2)$,区域 D 是 y-型,所以

$$\iint_D xy\mathrm{d}\sigma=\int_{-1}^2\mathrm{d}y\int_{y^2}^{y+2}xy\mathrm{d}x=\int_{-1}^2\left[\frac{1}{2}x^2y\right]_{y^2}^{y+2}\mathrm{d}y$$

$$=\frac{1}{2}\int_{-1}^2\left[y(y+2)^2-y^5\right]\mathrm{d}y=\frac{45}{8}.$$

若先对 y 积分,后对 x 积分,则要用经过交点 $(1,-1)$ 且平行于 y 轴的直线 $x=1$ 把区域 D 分成两个 x-型区域 D_1 和 D_2(见图 10-11),即

$$D_1:-\sqrt{x}\leqslant y\leqslant\sqrt{x},\quad 0\leqslant x\leqslant 1;$$

$$D_2:x-2\leqslant y\leqslant\sqrt{x},\quad 1\leqslant x\leqslant 4.$$

根据二重积分的性质 3,就有

$$\iint_D xy\mathrm{d}\sigma=\iint_{D_1}xy\mathrm{d}\sigma+\iint_{D_2}xy\mathrm{d}\sigma$$

$$=\int_0^1\mathrm{d}x\int_{-\sqrt{x}}^{\sqrt{x}}xy\mathrm{d}y+\int_1^4\mathrm{d}x\int_{x-2}^{\sqrt{x}}xy\mathrm{d}y.$$

例 4 计算 $I=\iint_D\frac{\sin y}{y}\mathrm{d}\sigma$,其中 D 是由直线 $y=x$ 及抛物线 $y=\sqrt{x}$ 所围成的区域.

解 如图 10-12 所示,显然区域 D 既是 x-型区域又是 y-型区域,即 D 可表为

$$D:\begin{cases}0\leqslant x\leqslant 1\\ x\leqslant y\leqslant \sqrt{x}\end{cases}\quad 或\quad D:\begin{cases}0\leqslant y\leqslant 1\\ y^2\leqslant x\leqslant y\end{cases}.$$

若将 D 视为 x-型区域，有

$$I=\int_0^1 dx\int_x^{\sqrt{x}}\frac{\sin y}{y}dy.$$

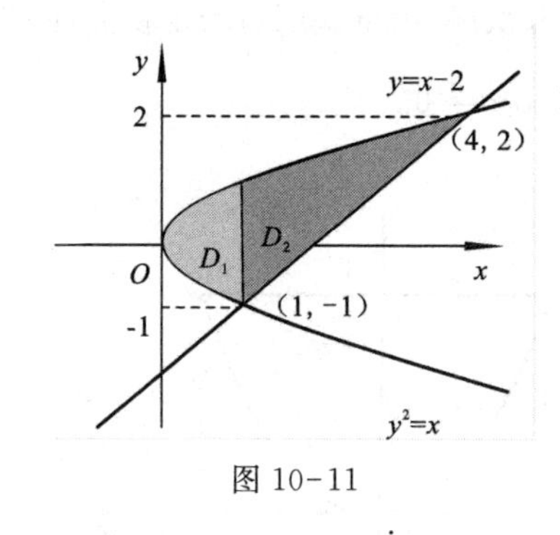

图 10-11

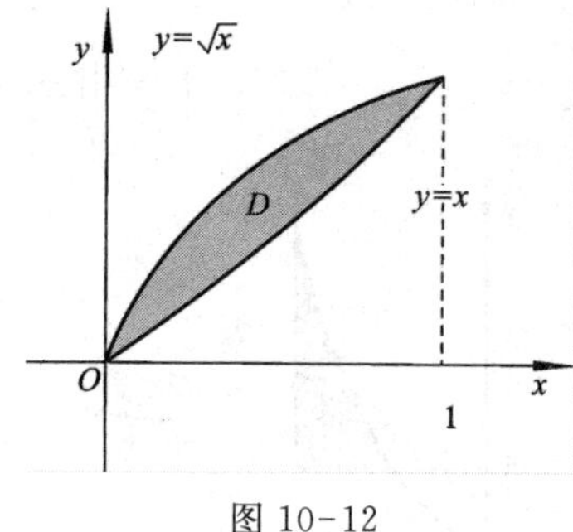

图 10-12

由一元函数积分学知，$\frac{\sin y}{y}$的原函数不能用有限形式的初等函数表示，因此无法用牛顿-莱布尼茨公式计算.

但若 D 视为 y-型区域，即改变积分次序先对 x 再对 y，则有

$$I=\int_0^1 dy\int_{y^2}^{y}\frac{\sin y}{y}dx=\int_0^1\frac{\sin y}{y}(y-y^2)dy$$
$$=\int_0^1(\sin y-y\sin y)dy=1-\sin 1.$$

此例说明，尽管在理论上先对 x 后对 y 与先对 y 后对 x 两个不同次序的累次积分效果是相同的，但在具体计算时，效果却不一定相同，因此，在二重积分的计算中，应注意选择适当的积分次序.

例 5　将二次积分 $\int_1^2 dx\int_1^{x^2}f(x,y)dy$ 改变积分次序.

解　先画出积分区域 D，然后再改变积分次序，积分区域 D 是由 $x=1$，$x=2$，$y=1$ 及 $y=x^2$ 所围成的闭区域. 即

$$D:\begin{cases}1\leqslant x\leqslant 2\\ 1\leqslant y\leqslant x^2\end{cases}$$

见图 10-13，交点为(1,1)，(2,1)，(2,4).

这是一个既为 x-型又是 y-型的区域，将其表示为 y-型区域，即有

$$D:\begin{cases}1\leqslant y\leqslant 4\\ \sqrt{y}\leqslant x\leqslant 2\end{cases}$$

$$\int_1^2 \mathrm{d}x\int_1^{x^2} f(x,y)\mathrm{d}y = \int_1^4 \mathrm{d}y\int_{\sqrt{y}}^2 f(x,y)\mathrm{d}x.$$

例 6 计算二重积分 $I = \iint\limits_D x(x^2+y^2)\mathrm{d}x\mathrm{d}y, D: -1 \leqslant x \leqslant 1, x^2 \leqslant y \leqslant 1$.

解 图 10-14,由于积分区域 D 关于 y 轴对称,而被积函数 $f(x,y)=x(x^2+y^2)$是关于 x 的奇函数,故选择先对 x 再对 y 的累次积分次序.由奇偶函数的定积分性质,有

$$I = \iint\limits_D x(x^2+y^2)\mathrm{d}x\mathrm{d}y = 0.$$

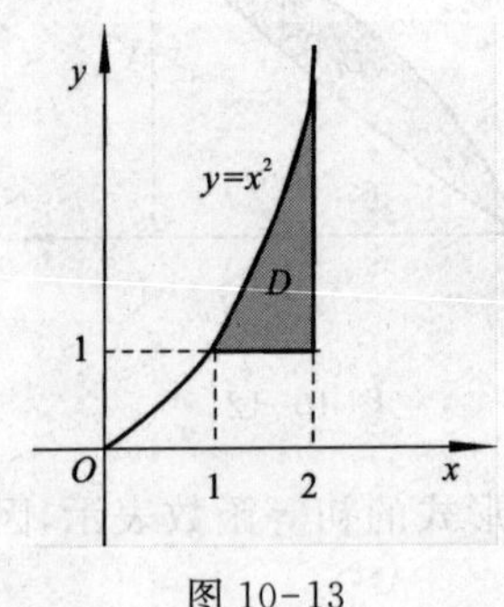

图 10-13

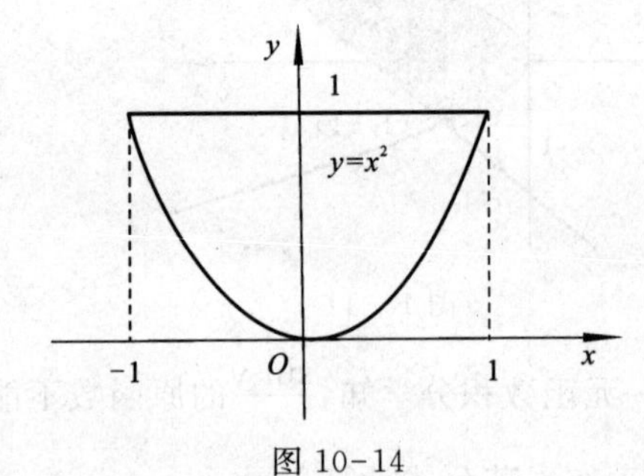

图 10-14

由上可知,在二重积分的计算中,适当利用对称性可简化计算.

一般地我们有:

(1)若积分区域 D 关于 x(或 y)轴对称,同时被积函数是关于 y(或 x)的奇函数,则 $\iint\limits_D f(x,y)\mathrm{d}\sigma = 0$.

(2)若积分区域 D 关于 x(或 y) 轴对称,同时被积函数是关于 y(或 x) 的偶函数,则 $\iint\limits_D f(x,y)\mathrm{d}\sigma = 2\iint\limits_{D_1} f(x,y)\mathrm{d}\sigma$,其中 D_1 是 D 在 x(或 y) 轴上(或右) 方的部分.

10.2.2 利用极坐标计算二重积分

上面所介绍的在直角坐标系中化二重积分为累次积分的方法,在某些情况下会遇到一些困难.例如,积分区域 D 是由两个圆 $x^2+y^2=a^2$ 和 $x^2+y^2=b^2(0<a<b)$所围成的环形区域(见图 10-15),这时,须将 D 分成四个小区域,计算是相当烦琐的,但若应用极坐标计算就简便了,下面我们介绍在极坐标中计算二重积分的方法.

图 10-16 所示,假定从极点 O 出发穿过区域 D 内部的射线与 D 的边界曲线相交不多于两点,我们用以极点为中心的一族同心圆和以极点为顶点的一族射线把区域 D 分成 n 个小区域,设 $\Delta\sigma$ 是半径为 r 和 $r+\mathrm{d}r$ 的两圆弧和极角等于 θ 和 $\theta+\mathrm{d}\theta$ 的两条射线所围成的小区域,这个小区域的面积 $\Delta\sigma$ 近似于边长为 $r\Delta\theta$ 和 Δr 的小矩形域的面积,即

$$\Delta\sigma\approx r\Delta r\Delta\theta.$$

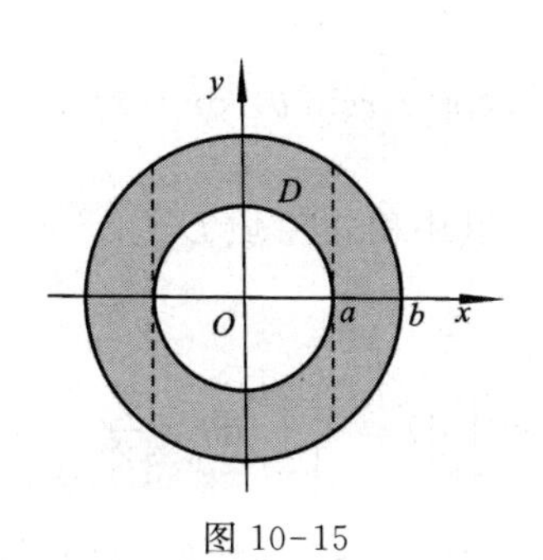

图 10-15

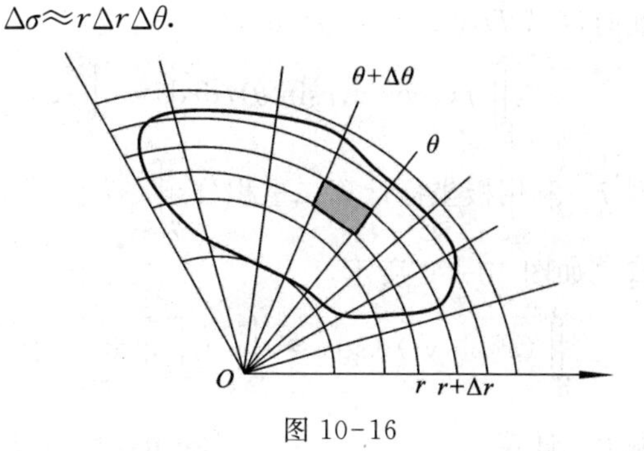

图 10-16

于是在极坐标中面积微元为 $d\sigma=rdrd\theta$,再用 $x=r\cos\theta,y=r\sin\theta$ 代替被积函数 $f(x,y)$ 中的 x 和 y,得到二重积分在极坐标中的表达式

$$\iint_D f(x,y)d\sigma=\iint_D f(r\cos\theta,r\sin\theta)rdrd\theta.$$

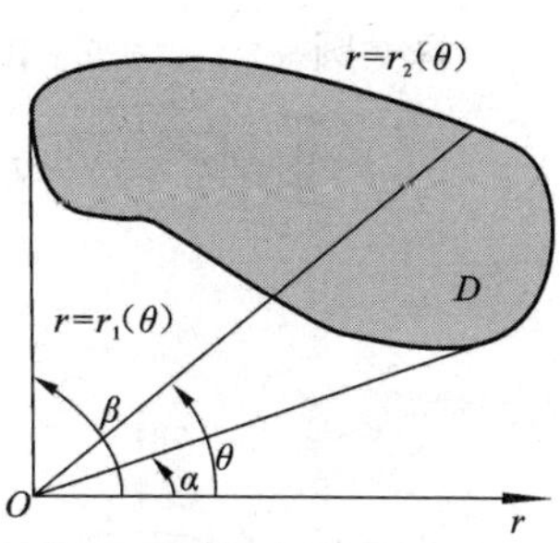

极坐标系下二重积分同样可化为先对 r 后对 θ 的累次积分来计算.

(1)极点 O 在区域 D 的外部(见图 10-17).

此时区域 D:$r_1(\theta)\leqslant r\leqslant r_2(\theta)$,$\alpha\leqslant\theta\leqslant\beta$,其中 $r_1(\theta)$,$r_2(\theta)$ 在$[\alpha,\beta]$上连续.

先在$[\alpha,\beta]$上任意取定一个 θ 值,则对应于这个 θ 值,区域 D 上的极径上点 r 的坐标从 $r_1(\theta)$变到 $r_2(\theta)$,则

$$\iint_D f(r\cos\theta,r\sin\theta)rdrd\theta=\int_\alpha^\beta d\theta\int_{r_1(\theta)}^{r_2(\theta)}f(r\cos\theta,r\sin\theta)rdr.\tag{5}$$

图 10-17

(2)极点 O 在区域 D 的边界上(图 10-18).

此时区域 D:$0\leqslant r\leqslant r(\theta)$,$\alpha\leqslant\theta\leqslant\beta$,则

$$\iint_D f(r\cos\theta,r\sin\theta)rdrd\theta=\int_\alpha^\beta d\theta\int_0^{r(\theta)}f(r\cos\theta,r\sin\theta)rdr.\tag{6}$$

(3)极点 O 在区域 D 的内部(图 10-19).

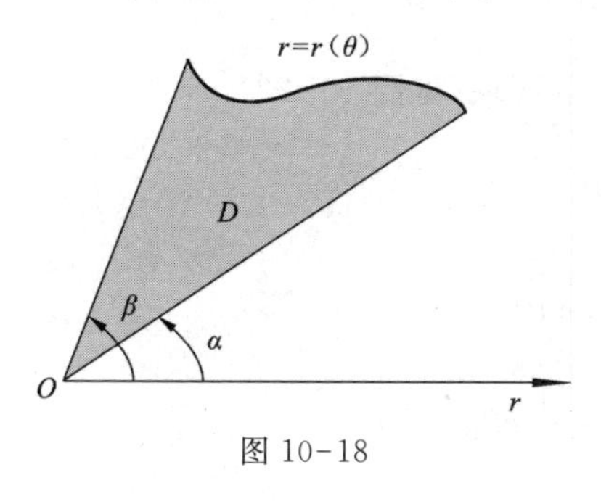

图 10-18

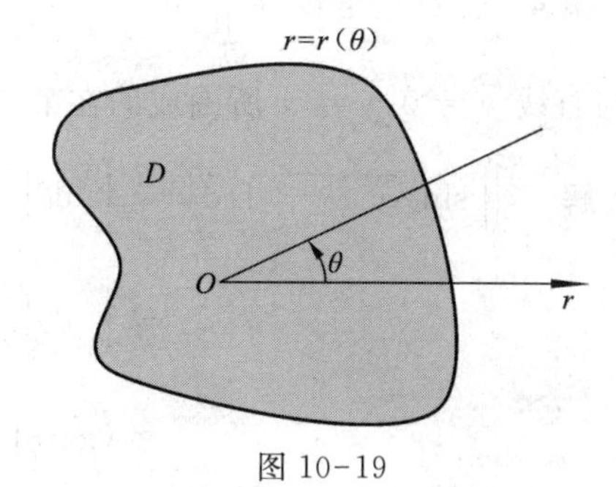

图 10-19

此时区域 D:$0\leqslant r\leqslant r(\theta)$,$0\leqslant\theta\leqslant 2\pi$,则

$$\iint_D f(r\cos\theta, r\sin\theta)r\mathrm{d}r\mathrm{d}\theta=\int_0^{2\pi}\mathrm{d}\theta\int_0^{r(\theta)}f(r\cos\theta, r\sin\theta)r\mathrm{d}r \tag{7}$$

例 7 利用极坐标计算二重积分 $\iint\limits_D(x^2+y^2)\mathrm{d}x\mathrm{d}y$,其中积分区 域 D 为 $x^2+y^2\leqslant 1$.

解 如图 10-20 所示,

$$\iint_D(x^2+y^2)\mathrm{d}x\mathrm{d}y=\int_0^{2\pi}\mathrm{d}\theta\int_0^1 r^3\mathrm{d}r=\int_0^{2\pi}\left[\frac{1}{4}r^4\right]_0^1\mathrm{d}\theta=\frac{1}{4}\int_0^{2\pi}\mathrm{d}\theta=\frac{\pi}{2}$$

例 8 计算二重积分 $\iint\limits_D\sqrt{x^2+y^2}\,\mathrm{d}\sigma$,其中,$D$ 是圆 $x^2+y^2\leqslant 2y$ 所确 定的区域(见图 10-21).

解 圆 $x^2+y^2=2y$ 的极坐标方程是 $r=2\sin\theta$,所以

$$\iint_D\sqrt{x^2+y^2}\,\mathrm{d}\sigma=\int_0^{\pi}\mathrm{d}\theta\int_0^{2\sin\theta}r^2\mathrm{d}r=\int_0^{\pi}\left(\frac{r^3}{3}\right)\Big|_0^{2\sin\theta}\mathrm{d}\theta=\frac{8}{3}\int_0^{\pi}\sin^3\theta\mathrm{d}\theta$$

$$=\frac{8}{3}\int_0^{\pi}(\cos^2\theta-1)\mathrm{d}\cos\theta=\frac{32}{9}.$$

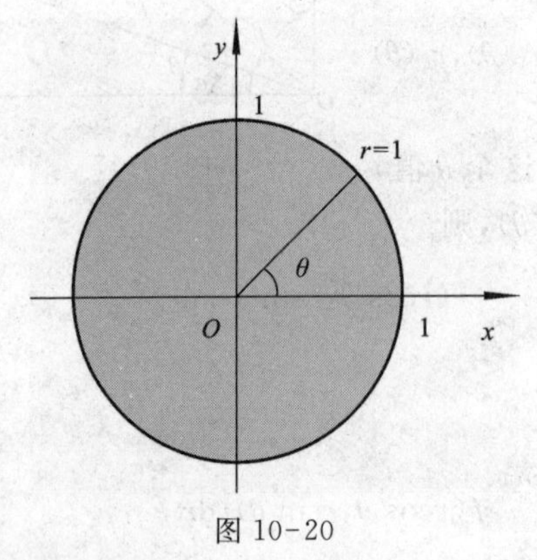

图 10-20

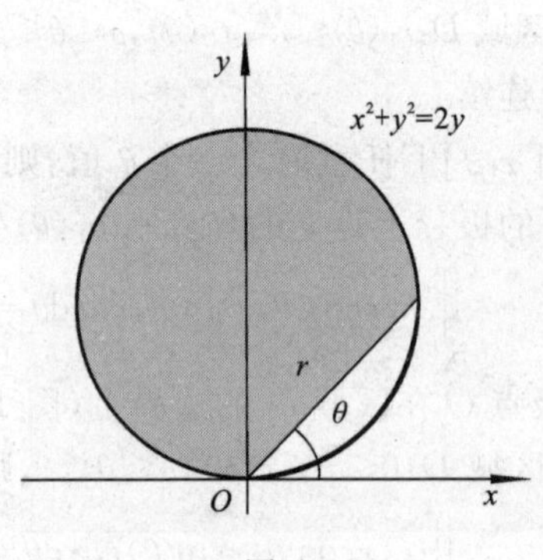

图 10-21

例 9 计算二重积分 $\iint\limits_D\sin\sqrt{x^2+y^2}\,\mathrm{d}x\mathrm{d}y$,其中 D 是圆 $x^2+y^2=\dfrac{\pi^2}{4}$ 和 $x^2+y^2=\pi^2$ 与直线 $y=0$,$y=x$ 所围成的在第一象限内的区域(见图 10-22).

解 $$\iint_D\sin\sqrt{x^2+y^2}\,\mathrm{d}x\mathrm{d}y=\int_0^{\frac{\pi}{4}}\mathrm{d}\theta\int_{\frac{\pi}{2}}^{\pi}r\sin r\mathrm{d}r$$

$$=\int_0^{\frac{\pi}{4}}\mathrm{d}\theta\int_{\frac{\pi}{2}}^{\pi}r\mathrm{d}(-\cos\theta)$$

$$=(\pi-1)\int_0^{\frac{\pi}{4}}\mathrm{d}\theta=\frac{1}{4}\pi(\pi-1)$$

例 10　计算 $\iint\limits_{D} \mathrm{e}^{-x^2-y^2}\mathrm{d}x\mathrm{d}y$，其中 D 是由圆 $x^2+y^2=a^2$ 所围成的闭区域.

解　因为积分区域 D 是圆形域(见图 10-23)，用极坐标表示为

$$D:\begin{cases}0\leqslant r\leqslant a\\0\leqslant\theta\leqslant 2\pi\end{cases}.$$

所以

$$\begin{aligned}\iint\limits_{D} \mathrm{e}^{-x^2-y^2}\mathrm{d}x\mathrm{d}y&=\iint\limits_{D} \mathrm{e}^{-r^2}r\mathrm{d}r\mathrm{d}\theta=\int_0^{2\pi}\mathrm{d}\theta\int_0^a \mathrm{e}^{-r^2}r\mathrm{d}r\\&=\int_0^{2\pi}\left[-\frac{1}{2}\mathrm{e}^{-r^2}\Big|_0^a\right]\mathrm{d}\theta=\frac{1}{2}(1-\mathrm{e}^{-a^2})\int_0^{2\pi}\mathrm{d}\theta\\&=\pi(1-\mathrm{e}^{-a^2}).\end{aligned}$$

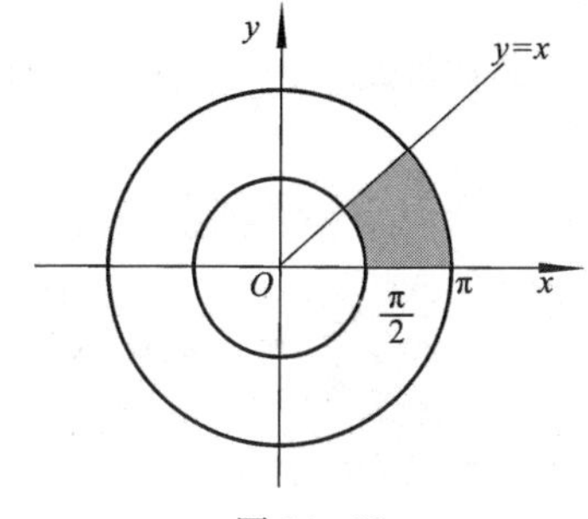

图 10-22

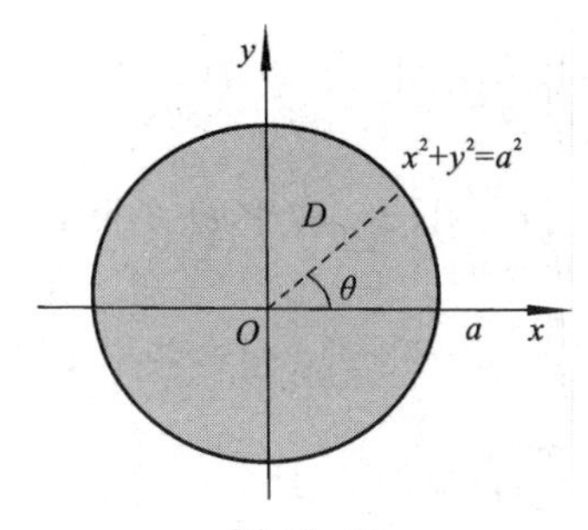

图 10-23

例 11　将累次积分 $I=\int_0^1\mathrm{d}x\int_{1-x}^{\sqrt{1-x^2}}f(x^2+y^2)\mathrm{d}y$ 化成极坐标 系中的累次积分.

解　在直角坐标系中，I 的积分区域为

$$D:\begin{cases}0\leqslant x\leqslant 1\\1-x\leqslant y\leqslant\sqrt{1-x^2}\end{cases}.$$

它是由圆弧 $y=\sqrt{1-x^2}$ 与直线 $y=1-x$ 所围成(见图 10-24).

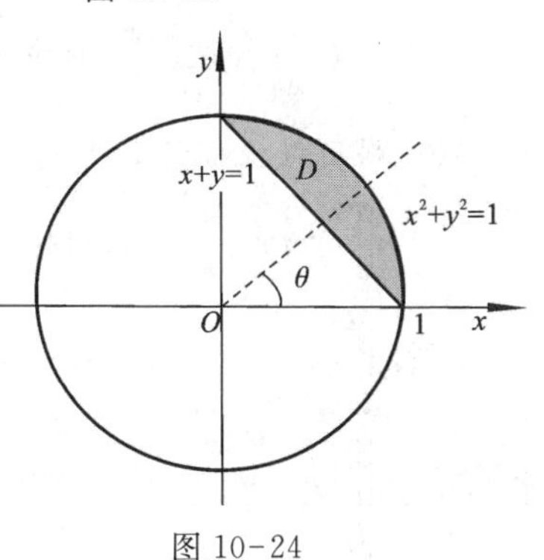

图 10-24

D 的边界曲线在极坐标系中的方程为

$$r=1\text{ 及 }r=\frac{1}{\sin\theta+\cos\theta}.$$

此时积分区域 D 为

$$D:\begin{cases}0\leqslant\theta\leqslant\dfrac{\pi}{2}\\\dfrac{1}{\sin\theta+\cos\theta}\leqslant r\leqslant 1\end{cases}.$$

故 $$I=\int_0^{\frac{\pi}{2}}\mathrm{d}\theta\int_{\frac{1}{\sin\theta+\cos\theta}}^1 f(r^2)r\mathrm{d}r.$$

从上述的一些例子中可以看出，当积分区域 D 是圆形域、环形域、扇形域等且被积函数含有 x^2+y^2，$\sqrt{x^2+y^2}$，$\frac{y}{x}$ 等形式时，一般用极坐标计算较为方便.

习 题 10.2

1. 画出积分区域，并计算二重积分：

(1) $\iint\limits_D (x^3+y)\mathrm{d}x\mathrm{d}y$，其中 D 为 $0\leqslant x\leqslant 1$，$-2\leqslant y\leqslant 2$ 所围成的区域；

(2) $\iint\limits_D \frac{y^2}{x^2}\mathrm{d}x\mathrm{d}y$，其中 D 是由直线 $y=2$，$y=x$ 及双曲线 $xy=1$ 所围成的区域；

(3) $\iint\limits_D \mathrm{e}^{-y^2}\mathrm{d}x\mathrm{d}y$，其中 D 是由直线 $x=0$，$y=x$，$y=1$ 所围成的区域；

(4) $\iint\limits_D \sin(x+y)\mathrm{d}x\mathrm{d}y$，其中 D 为 $0\leqslant x\leqslant\frac{\pi}{2}$，$0\leqslant y\leqslant\frac{\pi}{2}$ 所围成的区域；

(5) $\iint\limits_D x\mathrm{e}^{xy}\mathrm{d}x\mathrm{d}y$，其中 D 为 $0\leqslant x\leqslant 1$，$-1\leqslant y\leqslant 0$ 所围成的区域；

(6) $\iint\limits_D (x+y)\mathrm{d}x\mathrm{d}y$，其中 D 为直线 $x=1$，$x=2$，$y=x$，$y=3x$ 所围成的区域.

2. 利用极坐标计算下列积分：

(1) $\iint\limits_D \arctan\frac{y}{x}\mathrm{d}x\mathrm{d}y$，$D$：$1\leqslant x^2+y^2\leqslant 4$，$y\geqslant 0$，$y\leqslant x$；

(2) $\iint\limits_D (x^2+y^2)\mathrm{d}x\mathrm{d}y$，其中 D：$x^2+y^2\leqslant 2$；

(3) $\iint\limits_D (1-x^2-y^2)\mathrm{d}x\mathrm{d}y$，其中 D：$x^2+y^2\leqslant 1$.

3. 选择适当的坐标系计算下列积分：

(1) $\iint\limits_D \sqrt{1-x^2-y^2}\mathrm{d}x\mathrm{d}y$，$D$：$x^2+y^2\leqslant 1$，$x\geqslant 0$，$y\geqslant 0$；

(2) $\iint\limits_D \sqrt{x^2+y^2}\mathrm{d}x\mathrm{d}y$，其中 D 为 $x^2+y^2\leqslant 4$，$x^2+y^2\geqslant 2x$；

(3) $\iint\limits_D \frac{x+y}{x^2+y^2}\mathrm{d}\sigma$，其中 D：$x^2+y^2\leqslant 1$，$x+y\geqslant 1$.

4. 交换二次积分次序：

(1) $\int_0^1 dx\int_{x^2}^{x} f(x,y)dy$;

(2) $\int_0^2 dy\int_{y^2}^{2y} f(x,y)dx$;

(3) $\int_0^1 dx\int_0^{x} f(x,y)dy+\int_1^2 dx\int_0^{2-x} f(x,y)dy$;

(4) $\int_0^1 dy\int_y^{1+\sqrt{1-y^2}} f(x,y)dx$.

5. 化下列累次积分为极坐标形式的累次积分：

(1) $\int_0^2 dx\int_x^{\sqrt{3}x} f(\sqrt{x^2+y^2})dy$;

(2) $\int_0^1 dx\int_{-x}^{\sqrt{1-x^2}} f(x,y)dy$;

(3) $\int_0^2 dx\int_{\sqrt{2x-x^2}}^{\sqrt{4-x^2}} f(x,y)dy$.

6. 计算以 xOy 面上的圆周 $x^2+y^2=ax$ 围成的闭区域为底，以曲面 $z=x^2+y^2$ 为顶的曲顶柱体的体积.

§10.3　三重积分

类似于定积分及二重积分作为和的极限的概念，可以很自然地推广到三重积分.

10.3.1　三重积分的概念

引例　设一个物体在空间 $\mathbf{R}^3$ 中占领了一个有界可求体积的区域 Ω，它的点密度为 $\rho(x,y,z)$，现在要求这个物体的质量. 假设密度函数是有界的连续函数，可以将区域 Ω 分割为若干个可求体积的小区域 $v_1,v_2,\cdots,v_n$，其体积分别是 $\Delta v_1,\Delta v_2,\cdots,\Delta v_n$，直径分别是 $d_1,d_2,\cdots,d_n$，即 $d_i=\sup\{|WQ|\,\big|\,W,Q\in v_i\}$，$(i=1,2,\cdots,n)$，$|WQ|$ 表示 W,Q 两点的距离. 设 $\lambda=\max\{d_1,d_2,\cdots,d_n\}$，则当 λ 很小时，$\rho(x,y,z)$ 在 V_i 上的变化也很小. 可以用这个小区域上的任意一点 (ξ_i,η_i,γ_i) 的密度 $\rho(\xi_i,\eta_i,\gamma_i)$ 来近似整个小区域上的密度，这样我们可以求得这个小的立体的质量近似为 $\rho(\xi_i,\eta_i,\gamma_i)\Delta V_i$，所有这样的小的立体的质量之和即为这个物体的质量的一个近似值. 即

$$M\approx\sum_{i=1}^{n}\rho(\xi_i,\eta_i,\gamma_i)\Delta V_i.$$

当 $\lambda\to 0$ 时，这个和式的极限存在，就是物体的质量. 即

$$M=\lim_{\lambda\to 0}\sum_{i=1}^{n}\rho(\xi_i,\eta_i,\gamma_i)\Delta V_i.$$

从上面的讨论可以看出,整个求质量的过程和求曲顶柱体的体积是类似的,都是先分割,再求和,最后取极限.所以我们也可以得到下面一类积分.

定义 设 $f(x,y,z)$是空间有界闭区域 Ω 上的有界函数,将 Ω 任意地分划成 n 个小区域 $\Delta V_1,\Delta V_2,\cdots,\Delta V_n$,其中 ΔV_i 表示第 i 个小区域,也表示它的体积.在每个小区域 ΔV_i 上任取一点 (ξ_i,η_i,ζ_i),作乘积 $f(\xi_i,\eta_i,\zeta_i)\Delta V_i$,$(i=1,2,\cdots,n)$,并作和式 $\sum\limits_{i=1}^{n}f(\xi_i,\eta_i,\zeta_i)\Delta V_i$.如果当各小闭区域直径中的最大值 λ 趋于零时该和式的极限总存在,则称此极限为函数 $f(x,y,z)$在闭区域 Ω 上的**三重积分**.记作 $\iiint\limits_{\Omega}f(x,y,z)\mathrm{d}V$,即

$$\iiint\limits_{\Omega}f(x,y,z)\mathrm{d}V=\lim_{\lambda\to 0}\sum_{i=1}^{n}f(\xi_i,\eta_i,\zeta_i)\Delta V_i, \tag{1}$$

其中函数 $f(x,y,z)$称为**被积函数**,x,y,z 称为**积分变量**,$\mathrm{d}V$ 称为**体积元素**.

在直角坐标系下中,如果用平行于坐标面的平面来划分 Ω,那么除了包含 Ω 的边界点的一些不规则的小闭区域外,得到的小闭区域 ΔV_i 为长方体.设长方体的小闭区域 ΔV_i 的边长为 $\Delta x_j,\Delta y_k,\Delta z_l$,则 $\Delta V_i=\Delta x_j\Delta y_k\Delta z_l$.因此在直角坐标系中,有时也把体积元素 $\mathrm{d}V$ 记作 $\mathrm{d}x\mathrm{d}y\mathrm{d}z$,而把三重积分记作

$$\iiint\limits_{\Omega}f(x,y,z)\mathrm{d}x\mathrm{d}y\mathrm{d}z,$$

若函数 $f(x,y,z)$在闭区域 Ω 上连续,则(1)式右端的和的极限必定存在,也就是函数 $f(x,y,z)$在闭区域 Ω 上的三重积分必定存在,今后我们总假定函数 $f(x,y,z)$在闭区域 Ω 上连续.关于二重积分的一些术语,例如被积函数、积分区域等,也可相应用到三重积分上.三重积分的性质也与本章§10.1 节中所叙述的二重积分的性质类似,这里不再重复.

由三重积分的定义,立即可以知道:

物体的质量 $$M=\iiint\limits_{\Omega}\rho(x,y,z)\mathrm{d}x\mathrm{d}y\mathrm{d}z.$$

10.3.2 三重积分的计算

计算三重积分的基本方法是将三重积分化为三次积分来计算.下面利用不同的坐标分别讨论将三重积分化为三次积分的方法,且只限于叙述方法.

1. 利用直角坐标计算三重积分

假设 Ω 在 xOy 面上的投影区域为 D_{xy},过 D_{xy} 上任意一点,作平行于 z 轴的直线

穿过 Ω 内部，与 Ω 边界曲面相交不多于两点. 亦即，Ω 的边界曲面可分为上、下两片部分曲面（见图 10-25）. 它们的方程分别为

$$S_1: z=z_1(x,y),$$
$$S_2: z=z_2(x,y).$$

其中 $z_1(x,y)$，$z_2(x,y)$ 在 D_{xy} 上连续，且 $z_1(x,y)\leqslant z_2(x,y)$. 过 D_{xy} 上任意一点，作平行于 z 轴的直线从曲面 S_1 穿入 Ω 的内部，然后通过曲面 S_2 穿出 Ω 外，穿入点与穿出点的竖坐标分别为 $z_1(x,y)$ 与 $z_2(x,y)$. 在这种情形下，积分区域 Ω 可表示为

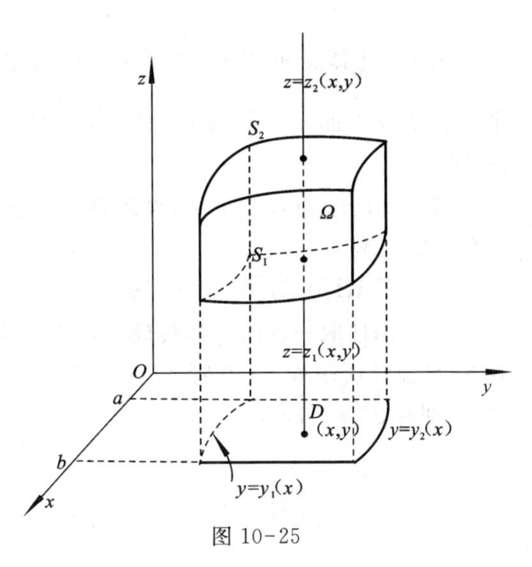

图 10-25

$$\Omega=\{(x,y,z)\,|\,z_1(x,y)\leqslant z\leqslant z_2(x,y),(x,y)\in D_{xy}\}.$$

先将 x,y 看作定值，将 $f(x,y,z)$ 只看作 z 的函数，在区间 $[z_1(x,y),z_2(x,y)]$ 上对 z 积分. 积分的结果为 x,y 的函数，记为 $F(x,y)$，即

$$F(x,y)=\int_{z_1(x,y)}^{z_2(x,y)}f(x,y,z)\mathrm{d}z.$$

然后计算 $F(x,y)$ 在闭区域 D_{xy} 上的二重积分，假如闭区域 D_{xy} 为 x 一型区域，即

$$D_{xy}=\{(x,y)\,|\,y_1(x)\leqslant y\leqslant y_2(x),a\leqslant x\leqslant b\},$$

则三重积分可化为如下三次积分

$$\iiint\limits_{\Omega}f(x,y,z)\mathrm{d}v=\int_a^b\mathrm{d}x\int_{y_1(x)}^{y_2(x)}\mathrm{d}y\int_{z_1(x,y)}^{z_2(x,y)}f(x,y,z)\mathrm{d}z. \tag{2}$$

这就是三重积分的计算公式，它将三重积分化成先对积分变量 z，再对 y，最后对 x 的三次积分，这种方法也称为**三次积分法**.

类似地，若平行于 x（或 y）轴的直线与空间区域 Ω 的边界曲面的交点不多于两个时，亦可将 Ω 向 yOz（或 xOz）坐标面投影，得 yOz 面上的区域 D_{yz}（或 xOz 面上的区域 D_{xz}），可先对一个变量做定积分，再在投影区域对另两个变量做二重积分的累次积分方法，称其为**先一后二法**.

$$\iiint\limits_{\Omega}f(x,y,z)\mathrm{d}v=\iint\limits_{D_{yz}}\mathrm{d}y\mathrm{d}z\int_{x_1(y,z)}^{x_2(y,z)}f(x,y,z)\mathrm{d}x, \tag{3}$$

或

$$\iiint\limits_{\Omega}f(x,y,z)\mathrm{d}v=\iint\limits_{D_{xz}}\mathrm{d}x\mathrm{d}z\int_{y_1(x,z)}^{y_2(x,z)}f(x,y,z)\mathrm{d}y. \tag{4}$$

例 1 计算三重积分 $\iiint\limits_{\Omega} x\mathrm{d}x\mathrm{d}y\mathrm{d}z$,其中 Ω 为三个坐标面及平面 $x+y+z=1$ 所围成的闭区域(见图 10-26).

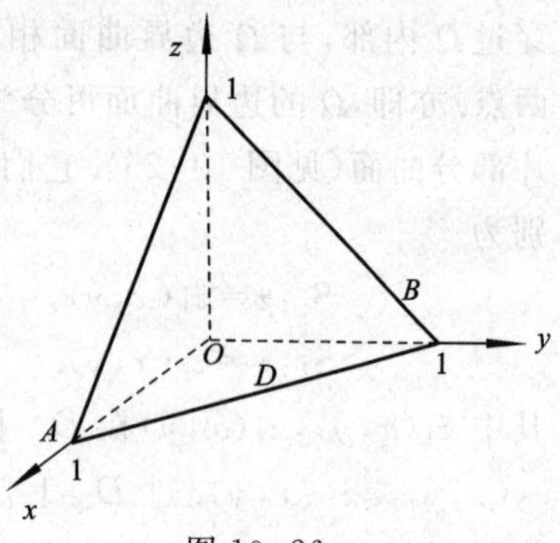

图 10-26

解 将区域 Ω 向 xOy 面投影得投影区域 D 为三角形闭区域

$$OAB: 0\leqslant x\leqslant 1,\quad 0\leqslant y\leqslant 1-x.$$

在 D 内任取一点 (x,y),过此点作平行于 z 轴的直线,该直线由平面 $z=0$ 穿入,由平面 $z=1-x-y$ 穿出,即有 $0\leqslant z\leqslant 1-x-y$.

所以

$$\begin{aligned}\iiint\limits_{\Omega} x\mathrm{d}x\mathrm{d}y\mathrm{d}z &= \iint\limits_{D}\mathrm{d}x\mathrm{d}y\int_0^{1-x-y} x\mathrm{d}z = \int_0^1\mathrm{d}x\int_0^{1-x}\mathrm{d}y\int_0^{1-x-y} x\mathrm{d}z \\ &= \int_0^1 x\mathrm{d}x\int_0^{1-x}(1-x-y)\mathrm{d}y \\ &= \frac{1}{2}\int_0^1 x(1-x)^2\mathrm{d}x = \frac{1}{2}\int_0^1(x-2x^2+x^3)\mathrm{d}x = \frac{1}{24}.\end{aligned}$$

例 2 化三重积分 $\iiint\limits_{\Omega} f(x,y,z)\mathrm{d}x\mathrm{d}y\mathrm{d}z$ 为三次积分,其中积分区域 Ω 为由曲面 $z=x^2+2y^2$ 及 $z=2-x^2$ 所围成的闭区域(见图 10-27).

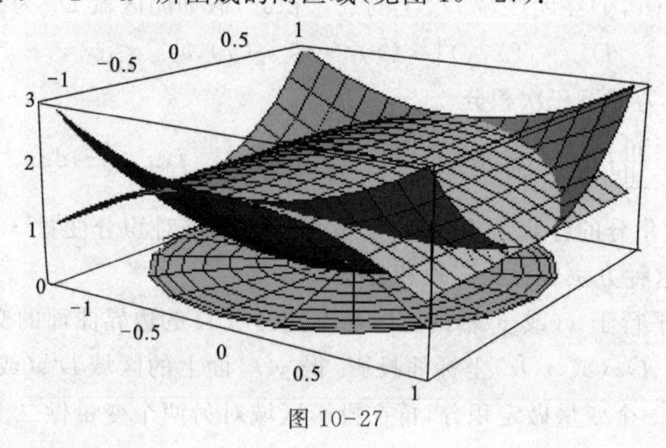

图 10-27

解 两曲面的交线 $\begin{cases} z=x^2+2y^2 \\ z=2-x^2 \end{cases}$ 为一圆 $x^2+y^2=1$,

故 Ω 在 xOy 面上的投影为圆域 $D: x^2+y^2\leqslant 1$

或
$$D:\begin{cases}-1\leqslant x\leqslant 1\\ -\sqrt{1-x^2}\leqslant y\leqslant\sqrt{1-x^2},\end{cases}$$
对 D 内任一点 (x,y)，有
$$x^2+2y^2\leqslant z\leqslant 2-x^2,$$
所以
$$I=\iint\limits_D \mathrm{d}x\mathrm{d}y\int_{x^2+2y^2}^{2-x^2}f(x,y,z)\mathrm{d}z=\int_{-1}^{1}\mathrm{d}x\int_{-\sqrt{1-x^2}}^{\sqrt{1-x^2}}\mathrm{d}y\int_{x^2+2y^2}^{2-x^2}f(x,y,z)\mathrm{d}z.$$

有时，我们计算一个三重积分也可以化为先计算一个二重积分，再计算一个定积分，即先二后一法，这样的方法也称为**截面法**. 具体做法是，先将积分区域 Ω 投影到 z 轴上，有 $c\leqslant z\leqslant d$，再在区间 $[c,d]$ 内任取一点 z，过点 $(0,0,z)$ 作平行于 xOy 面的平面截 Ω 的一平面区域 D_z，对每个固定的 $z\in[c,d]$，在截面 D_z 上作二重积分 $\iint\limits_{D_z}f(x,y,z)\mathrm{d}x\mathrm{d}y$，当 z 在 $[c,d]$ 上变动时，该二重积分是 z 的函数，设为 $P(z)$，对 $P(z)$ 在区间 $[c,d]$ 上作定积分
$$\int_c^d P(z)\mathrm{d}z=\int_c^d\Big[\iint\limits_{D_z}f(x,y,z)\mathrm{d}x\mathrm{d}y\Big]\mathrm{d}z,$$
即
$$\iiint\limits_{\Omega}f(x,y,z)\mathrm{d}v=\int_c^d\mathrm{d}z\iint\limits_{D_z}f(x,y,z)\mathrm{d}x\mathrm{d}y \tag{5}$$
这样就将三重积分化成了先二后一的截面法累次积分.

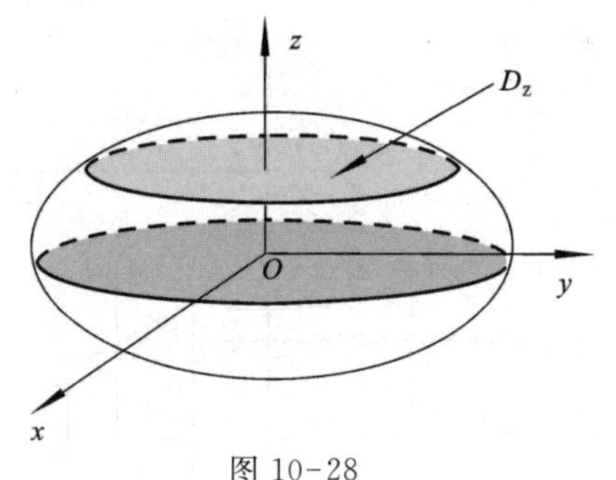

图 10-28

例 3　求 $I=\iiint\limits_{\Omega}z^2\mathrm{d}x\mathrm{d}y\mathrm{d}z$，其中 Ω 是由椭球面 $\dfrac{x^2}{a^2}+\dfrac{y^2}{b^2}+\dfrac{z^2}{c^2}=1$ 所成的空间闭区域.

解　易见，区域 Ω(见图 10-28)在 z 轴上的投影为 $[-c,c]$，在此区间内任取 z，作垂直于 z 轴的平面，截 Ω 得一椭圆截面 D_z：$\dfrac{x^2}{z^2}+\dfrac{y^2}{b^2}\leqslant 1-\dfrac{z^2}{c^2}$，所以
$$\begin{aligned}I&=\int_{-c}^{c}z^2\mathrm{d}z\iint\limits_{D_z}\mathrm{d}x\mathrm{d}y\\&=\int_{-c}^{c}z^2\cdot\pi\sqrt{a^2\left(1-\frac{z^2}{c^2}\right)}\cdot\sqrt{b^2\left(1-\frac{z^2}{c^2}\right)}\mathrm{d}z\\&=\int_{-c}^{c}\pi ab\left(1-\frac{z^2}{c^2}\right)z^2\mathrm{d}z=\frac{4}{15}\pi abc^3.\end{aligned}$$

2. 利用柱面坐标计算三重积分

设 $M(x,y,z)$ 为空间内一点，该点在 xOy 面上的投影为 P，若 P 点的极坐标为 r，

θ,则 r,θ,z 三个数称作点 M 的**柱面坐标**(见图 10-29).规定 r,θ,z 的取值范围是

$$0\leqslant r<+\infty,\quad 0\leqslant\theta\leqslant 2\pi,\quad -\infty<z<+\infty.$$

柱面坐标系的三组坐标面分别为:

$r=$常数,即以 z 轴为轴的圆柱面;

$\theta=$常数,即过 z 轴的半平面;

$z=$常数,即与 xOy 面平行的平面.

显然,点 M 的直角坐标与柱面坐标之间有关系式为

$$\begin{cases}x=r\cos\theta\\ y=r\sin\theta.\\ z=z\end{cases}\tag{6}$$

现在分析三重积分在柱面坐标系下的表达式.

用三组坐标面分割闭区域 Ω,除了含 Ω 的边界点的一些不规则小区域外,这种小闭区域都是柱体(见图 10-30).考察由 r,θ,z 各取得微小增量 $\mathrm{d}r,\mathrm{d}\theta,\mathrm{d}z$ 所成的柱体,该柱体是底面积为 $r\mathrm{d}r\mathrm{d}\theta$,高为 $\mathrm{d}z$ 的柱体,其体积为:$\mathrm{d}V=r\mathrm{d}r\mathrm{d}\theta\mathrm{d}z$,这便是柱面坐标系下的体积元素,且有

$$\iiint_{\Omega}f(x,y,z)\mathrm{d}x\mathrm{d}y\mathrm{d}z=\iiint_{\Omega}f(r\cos\theta,r\sin\theta,z)r\mathrm{d}r\mathrm{d}\theta\mathrm{d}z\tag{7}$$

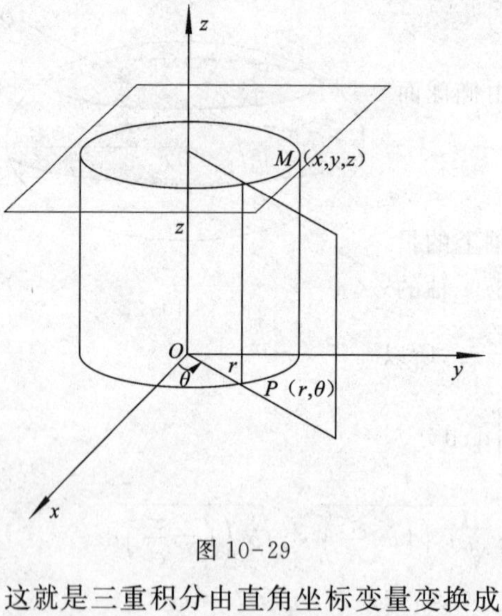

图 10-29

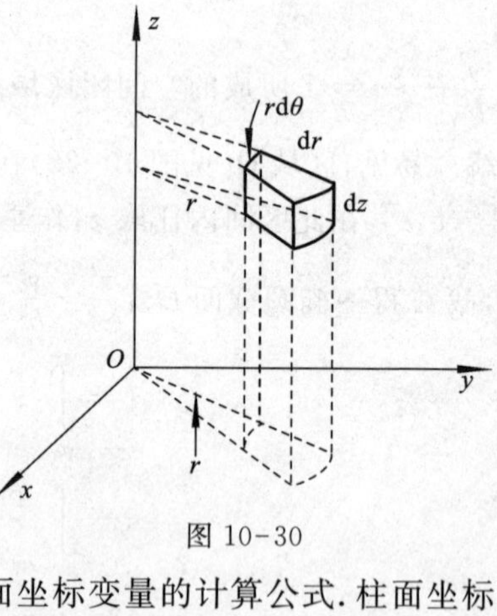

图 10-30

这就是三重积分由直角坐标变量变换成柱面坐标变量的计算公式.柱面坐标下的三重积分的计算,同样可化为三次积分来进行,其积分限要由 r,θ,z 在 Ω 中的变化范围来确定.用柱面坐标 r,θ,z 表示积分区域 Ω 的方法如下:

(1)找出 Ω 在 xOy 面上的投影区域 D_{xy},并用极坐标变量 r,θ 表示之;

(2)在 D_{xy} 内任取一点(r,θ)，过此点作平行于 z 轴的直线穿过区域，此直线与 Ω 边界曲面的两交点之竖坐标(将此竖坐标表示成 r,θ 的函数)即为 z 的变化范围.

例 4　计算 三重积分 $I=\iiint\limits_{\Omega} z\,\mathrm{d}x\mathrm{d}y\mathrm{d}z$，其中 Ω 是由曲面 $z=x^2+y^2$ 与平面 $z=4$ 所围成 的闭区域 Ω(见图 10-31).

解　把闭区域 Ω 投影到 xOy 面上，得到半径为 2 的圆形闭区域

$$D_{xy}=\{(r,\theta)\,|\,0\leqslant r\leqslant 2,0\leqslant\theta\leqslant 2\pi\}.$$

在 D_{xy} 为任取一点(r,θ)，过此点作平行于 z 轴的直线，此直线通过曲面 $z=x^2+y^2$ 穿入 Ω 内，然后通过平面 $z=4$ 穿出 Ω 外，因此闭区域 Ω 可用不等式

$$\Omega: r^2\leqslant z\leqslant 4,\qquad 0\leqslant r\leqslant 2,\qquad 0\leqslant\theta\leqslant 2\pi$$

来表示. 于是

$$\iiint\limits_{\Omega} z\,\mathrm{d}x\mathrm{d}y\mathrm{d}z=\int_0^{2\pi}\mathrm{d}\theta\int_0^2 r\mathrm{d}r\int_{r^2}^4 z\mathrm{d}z=\frac{64}{3}\pi.$$

例 5　计算三重积 分$\iiint\limits_{\Omega} z\sqrt{x^2+y^2}\,\mathrm{d}x\mathrm{d}y\mathrm{d}z$，其中 Ω 为由柱面 $x^2+y^2=2x$ 及平面 $z=0,z=a(a>0),y=0$ 所围成半圆柱体(见图 10-32).

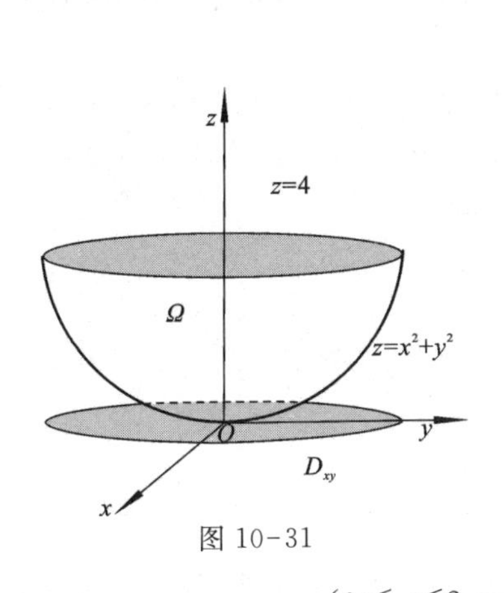

图 10-31

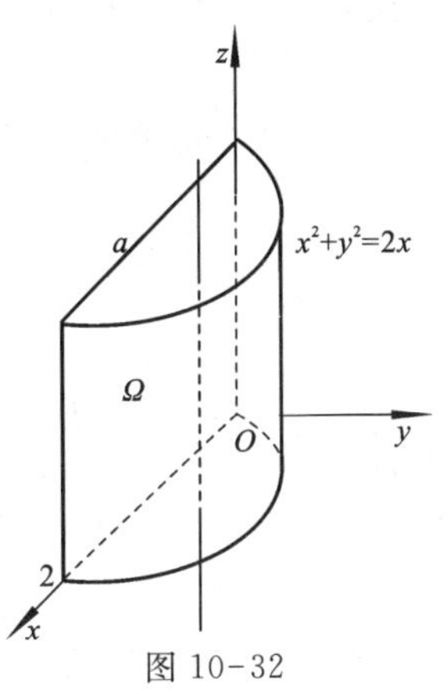

图 10-32

解　在柱面坐标系下 $\Omega:\begin{cases}0\leqslant r\leqslant 2\cos\theta\\ 0\leqslant\theta\leqslant\dfrac{\pi}{2}\\ 0\leqslant z\leqslant a\end{cases}$，

$$\text{原式}=\iiint\limits_{\Omega} z\rho\cdot r\mathrm{d}r\mathrm{d}\theta\mathrm{d}z=\int_0^{\frac{\pi}{2}}\mathrm{d}\theta\int_0^{2\cos\theta} r\cdot r\mathrm{d}r\int_0^a z\mathrm{d}z$$

$$=\frac{4a^2}{3}\int_0^{\frac{\pi}{2}}\cos^3\theta\mathrm{d}\theta=\frac{8a^2}{9}.$$

例 6 计算三重积分 $I=\iiint\limits_{\Omega}(x+y+z)\mathrm{d}x\mathrm{d}y\mathrm{d}z$,其中 Ω 是由曲面 $z=\sqrt{x^2+y^2}$ 与平面 $z=h(h>0)$ 所围成的闭区域 Ω(见图 10-33).

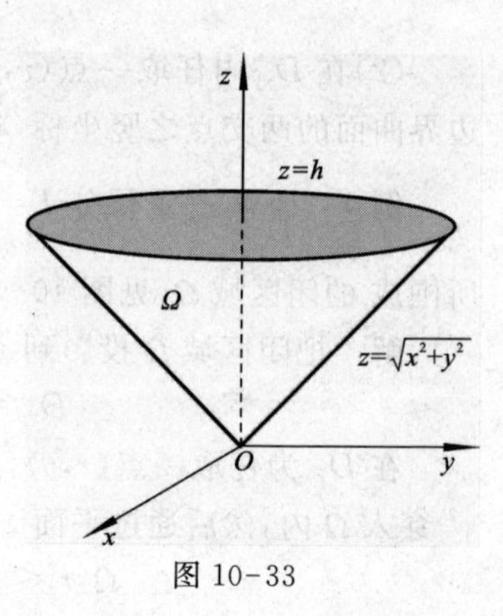

图 10-33

解 由于积分区域 Ω 关于坐标面 yOz, zOx 对称,而函数 x,y 分别关于 x,y 为奇函数,因此

$$\iiint\limits_{\Omega}x\mathrm{d}x\mathrm{d}y\mathrm{d}z=\iiint\limits_{\Omega}y\mathrm{d}x\mathrm{d}y\mathrm{d}z=0$$

在柱面坐标系下,闭区域 Ω 可表示为

$$r\leqslant z\leqslant h,0\leqslant r\leqslant h,0\leqslant\theta\leqslant 2\pi.$$

于是,$I=\iiint\limits_{\Omega}z\mathrm{d}x\mathrm{d}y\mathrm{d}z=\int_0^{2\pi}\mathrm{d}\theta\int_0^h r\mathrm{d}r\int_r^h z\,\mathrm{d}z=\dfrac{\pi h^4}{4}.$

3. 利用球面坐标计算三重积分*

设 $M(x,y,z)$ 为空间内一点,则点 M 可用三个有次序的数 r,φ,θ 来确定,其中 r 为原点 O 与点 M 间的距离,φ 为有向线段 OM 与 z 轴正向所成的夹角,θ 为 $\overrightarrow{OM}$ 在 xOy 面上的投影向量 $\overrightarrow{OP}$ 与 x 轴正向的夹角(见图 10-34),数组 (r,φ,θ) 称为点 M 的**球面坐标**.

由图 10-34 易见,直角坐标与球面的关系为

$$\begin{cases}x=r\sin\varphi\cos\theta\\y=r\sin\varphi\sin\theta,\\z=r\cos\varphi\end{cases}\tag{8}$$

其中 $0\leqslant r<+\infty,0\leqslant\varphi\leqslant\pi,0\leqslant\theta\leqslant 2\pi$.

三组坐标面分别为:

$r=$常数,即以原点为心的球面;

$\varphi=$常数,即以原点为顶点、z 轴为轴的圆锥面;

$\theta=$常数,即过 z 轴的半平面.

对于一个空间闭区域 Ω,可用上述三组坐标面 $r=$常数,$\varphi=$常数,$\theta=$常数将 Ω 分划成若干小区域,把这些小区域看作 r,φ,θ 各取微小增量 $\mathrm{d}r,\mathrm{d}\varphi,\mathrm{d}\theta$ 时所形成的六面体(见图 10-35),若忽略高阶无穷小,可将此六面体视为长方体,其体积近似值为

$$\mathrm{d}v=r^2\sin\varphi\mathrm{d}r\mathrm{d}\varphi\mathrm{d}\theta,$$

这就是球面坐标系下的体积元素.由此,有

$$\iiint\limits_{\Omega}f(x,y,z)\mathrm{d}v=\iiint\limits_{\Omega}F(r,\varphi,\theta)r^2\sin\varphi\mathrm{d}r\mathrm{d}\varphi\mathrm{d}\theta.\tag{9}$$

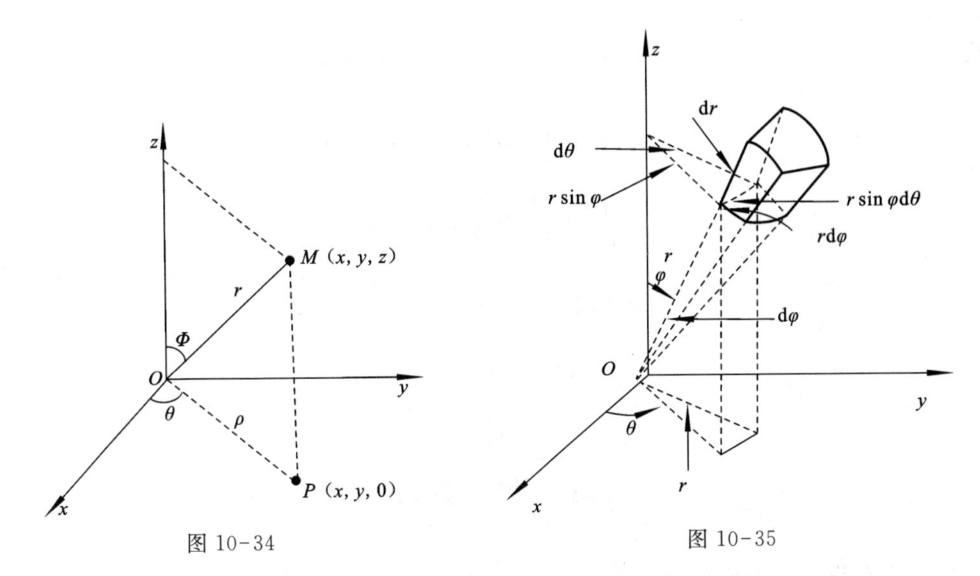

图 10-34　　图 10-35

其中 $F(r,\varphi,\theta)=f(r\sin\varphi\cos\theta,r\sin\varphi\sin\theta,r\cos\varphi)$. 这就是三重积分在球面坐标系下的计算公式. 其右端的三重积分可化为关于积分变量 r,φ,θ 的三次积分来实现其计算，当然,这需要将积分区域 Ω 用球面坐标 r,φ,θ 加以表示. 当积分区域 Ω 是一包围原点的立体,其边界曲面是包围原点的封闭曲面,将其边界曲面方程化成球坐标方程 $r=r(\varphi,\theta)$,则积分区域可以用球面坐标表示为 Ω:$0\leqslant r\leqslant r(\varphi,\theta)$,$0\leqslant\varphi\leqslant\pi$,$0\leqslant\theta\leqslant 2\pi$. 于是可得该种情况下三重积分化为三次积分的公式

$$\iiint\limits_{\Omega} f(x,y,z)\mathrm{d}v=\int_0^{2\pi}\mathrm{d}\theta\int_0^{\pi}\mathrm{d}\varphi\int_0^{r(\varphi,\theta)}F(r,\varphi,\theta)r^2\sin\varphi\mathrm{d}r. \tag{10}$$

特别地,当 $F(r,\varphi,\theta)=1$ 时,由上式即得到半径为 a 的球的体积为

$$V=\int_0^{2\pi}\mathrm{d}\theta\int_0^{\pi}\sin\varphi\mathrm{d}\varphi\int_0^{a}r^2\mathrm{d}r=\frac{4\pi a^3}{3}.$$

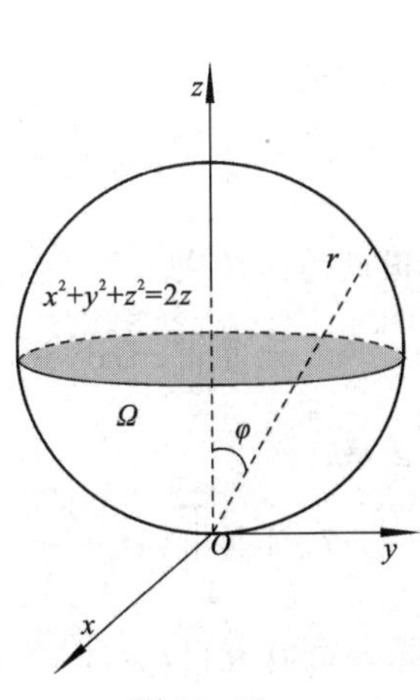

图 10-36

例 7　计算 $I=\iiint\limits_{\Omega}\sqrt{x^2+y^2+z^2}\mathrm{d}x\mathrm{d}y\mathrm{d}z$,$\Omega$ 是由曲面 $x^2+y^2+z^2=2z$ 所围成的闭区域(见图 10-36).

解　在球面坐标系下,其边界曲面 $x^2+y^2+z^2=2z$ 可转化为

$$r^2=2r\cos\varphi,$$

即

$$r=2\cos\varphi.$$

于是 Ω 可表示为

$$0\leqslant\theta\leqslant 2\pi,\quad 0\leqslant\varphi\leqslant\frac{\pi}{2},\quad 0\leqslant r\leqslant 2\cos\varphi,$$

故
$$I=\iiint_{\Omega}\sqrt{x^2+y^2+z^2}\,\mathrm{d}x\mathrm{d}y\mathrm{d}z$$
$$=\int_0^{2\pi}\mathrm{d}\theta\int_0^{\frac{\pi}{2}}\mathrm{d}\varphi\int_0^{2\cos\varphi}rr^2\sin\varphi\mathrm{d}r$$
$$=\int_0^{2\pi}\mathrm{d}\theta\int_0^{\frac{\pi}{2}}\sin\varphi\mathrm{d}\varphi\int_0^{2\cos\varphi}r^3\mathrm{d}r$$
$$=2\pi\int_0^{\frac{\pi}{2}}4\cos^4\varphi\sin\varphi\mathrm{d}\varphi$$
$$=-\frac{8\pi}{5}\cos^5\varphi\Big|_0^{\frac{\pi}{2}}=\frac{8}{5}\pi.$$

习　题　10.3

1. 设有物体占有空间 Ω: $0\leqslant x\leqslant 1,0\leqslant y\leqslant 1,0\leqslant z\leqslant 1$，且在点 (x,y,z) 的密度为 $\rho(x,y,z)=x+y+z$，求该物质量.

2. 计算 $\iiint\limits_{\Omega}xy^2z^3\mathrm{d}x\mathrm{d}y\mathrm{d}z$，其中 Ω 是曲面 $z=xy$ 与平面 $y=x,x=1$ 和 $z=0$ 所围成的闭区域.

3. 计算 $\iiint\limits_{\Omega}\frac{\mathrm{d}x\mathrm{d}y\mathrm{d}z}{(1+x+y+z)^3}$，其中 Ω 是平面 $x=0,y=0,z=0,x+y+z=1$ 所围成的四面体.

4. 计算 $\iiint\limits_{\Omega}xyz\mathrm{d}x\mathrm{d}y\mathrm{d}z$，其中 Ω 是球面 $x^2+y^2+z^2=1$ 及坐标面所围成的第一卦限内的闭区域.

5. 计算 $\iiint\limits_{\Omega}xyz\mathrm{d}x\mathrm{d}y\mathrm{d}z$，其中 Ω 是平面 $x=0,z=y,y=1$ 以及抛物柱面 $y=x^2$ 所围成的闭区域.

6. 计算 $\iiint\limits_{\Omega}z\mathrm{d}x\mathrm{d}y\mathrm{d}z$，其中 Ω 是曲面 $z=\sqrt{2-x^2-y^2}$ 及 $z=x^2+y^2$ 所围成的闭区域.

7. 计算 $\iiint\limits_{\Omega}(x^2+y^2)\mathrm{d}V$，其中 Ω 是 $x^2+y^2=2z$ 及平面 $z=2$ 所围成的闭区域.

8. 计算 $\iiint\limits_{\Omega}(x^2+y^2+z^2)\mathrm{d}V$，其中 Ω 是球面 $x^2+y^2+z^2=1$ 所围成的闭区域.

9. 计算 $\iiint\limits_{\Omega} z\mathrm{d}V$，其中 Ω 是由不等式 $x^2+y^2+(z-a)^2 \leqslant a^2$，$x^2+y^2 \leqslant z^2$ 所围成的闭区域.

10. 用三重积分计算下面所围体的体积：

(1) $z=6-x^2-y^2$ 及 $z=\sqrt{x^2+y^2}$；

(2) $x^2+y^2+z^2=2az$ 及 $x^2+y^2=z^2$（含 z 轴部分），$(a>0)$.

11. 选择合适的坐标系计算下列积分：

(1) 计算 $\iiint\limits_{\Omega} \sqrt{x^2+y^2+z^2}\,\mathrm{d}V$，其中 Ω 是由球面 $x^2+y^2+z^2=z$ 所围成的闭区域；

(2) 计算 $\iiint\limits_{\Omega} (x^2+y^2)\mathrm{d}V$，其中 Ω 是由曲面 $4z^2=25(x^2+y^2)$ 及平面 $z=5$ 所围成的闭区域；

(3) 计算 $\iiint\limits_{\Omega} z\mathrm{d}V$，其中 Ω 是由 $x^2+y^2+z^2 \leqslant 2$ 与 $z \geqslant x^2+y^2$ 所确定；

(4) 计算 $\iiint\limits_{\Omega} xy\mathrm{d}V$，其中 Ω 是由柱面 $x^2+y^2=1$ 及平面 $z=0$，$z=1$，$x=0$，$y=0$ 所围成的第一卦限内的闭区域.

§10.4　重积分的应用

重积分主要用于求空间曲面的面积、空间立体的体积、变密度平面薄片的质心、变密度平面薄片的转动惯量以及空间物体的引力等，使用的主要方法是元素法，这里的元素法是定积分的元素法在二重积分中的推广. 例如，若要计算闭区域 D 上的某个量 U，若闭区域 D 具有可加性（即当闭区域 D 分成许多小闭区域时，所求量 U 相应地分成许多部分量，且 U 等于部分量之和），并且在闭区域 D 内任取一个直径很小的闭区域 $\mathrm{d}\sigma$ 时，相应地部分量可近似地表示为 $f(x,y)\mathrm{d}\sigma$ 的形式，其中 (x,y) 在 $\mathrm{d}\sigma$ 内. 这个 $f(x,y)\mathrm{d}\sigma$ 称为所求量 U 的**元素**，记为 $\mathrm{d}U$，所求量的积分表达式为 $U=\iint\limits_{D} f(x,y)\mathrm{d}\sigma$.

10.4.1　曲面的面积

设曲面 S 由方程 $z=f(x,y)$ 给出，D_{xy} 为曲面 S 在 xOy 面上的投影区域，函数 $f(x,y)$ 在 D_{xy} 上具有连续偏导数 $f_x(x,y)$ 和 $f_y(x,y)$，现计算曲面的面积 A.

在闭区域 D_{xy} 上任取一直径很小的闭区域 $\mathrm{d}\sigma$（它的面积也记作 $\mathrm{d}\sigma$），在 $\mathrm{d}\sigma$ 内取一

点 $P(x,y)$，对应着曲面 S 上一点 $M(x,y,f(x,y))$，曲面 S 在点 M 处的切平面设为 T. 以小区域 $\mathrm{d}\sigma$ 的边界为准线作母线平行于 z 轴的柱面，该柱面在曲面 S 上截下一小片曲面，在切平面 T 上截下一小片平面，由于 $\mathrm{d}\sigma$ 的直径很小，那一小片平面面积近似地等于那一小片曲面面积. 曲面 S 在点 M 处的法线向量(指向朝上)为 $\boldsymbol{n}=(-f_x(x,y),-f_y(x,y),1)$，它与 z 轴正向所成夹角为 γ(见图 10-37)，则

$$\mathrm{d}A=\frac{\mathrm{d}\sigma}{\cos\gamma},$$

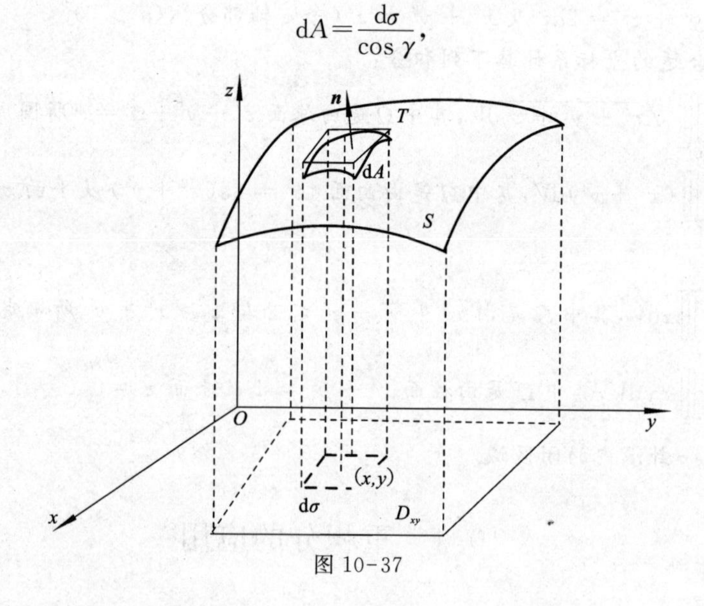

图 10-37

因为
$$\cos\gamma=\frac{1}{\sqrt{1+f_x^2(x,y)+f_y^2(x,y)}},$$
所以
$$\mathrm{d}A=\sqrt{1+f_x^2(x,y)+f_y^2(x,y)}\,\mathrm{d}\sigma,$$
这就是曲面 S 的面积元素，故

$$A=\iint_D\sqrt{1+f_x^2(x,y)+f_y^2(x,y)}\,\mathrm{d}\sigma. \tag{1}$$

上式也可写成

$$A=\iint_D\sqrt{1+\left(\frac{\partial z}{\partial x}\right)^2+\left(\frac{\partial z}{\partial y}\right)^2}\,\mathrm{d}x\mathrm{d}y. \tag{2}$$

这就是计算曲面面积的公式

例 1 求球面 $x^2+y^2+z^2=a^2$ 含在柱面 $x^2+y^2=ax(a>0)$ 内部的面积.

解 所求曲面在 xOy 面的投影区域 $D_{xy}:x^2+y^2\leqslant ax$(见图 10-38)，

曲面方程为 $z=\sqrt{a^2-x^2-y^2}$，则 $\sqrt{1+(z_x)^2+(z_y)^2}=\dfrac{a}{\sqrt{a^2-x^2-y^2}}$.

据曲面的对称性,有

$$A=2\iint\limits_{D_{xy}}\frac{a}{\sqrt{a^2-x^2-y^2}}\mathrm{d}x\mathrm{d}y=2\int_{-\frac{\pi}{2}}^{\frac{\pi}{2}}\mathrm{d}\theta\int_0^{a\cos\theta}\frac{a}{\sqrt{a^2-r^2}}\cdot r\mathrm{d}r=2a^2(\pi-2).$$

例 2　求圆锥 $z=\sqrt{x^2+y^2}$ 在圆柱体 $x^2+y^2\leqslant x$ 内的一部分面积.

解　所求曲面在 xOy 面上的投影区域(见图 10-39)为

$$D_{xy}=\{(x,y)\mid x^2+y^2\leqslant x\},$$

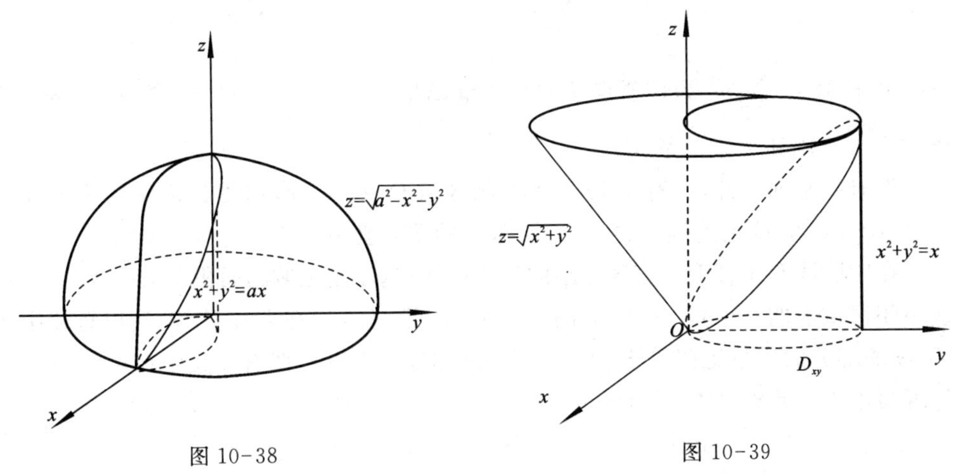

图 10-38　　　　图 10-39

所求曲面方程为 $z=\sqrt{x^2+y^2}$,则

$$z_x=\frac{x}{\sqrt{x^2+y^2}},\qquad z_y=\frac{y}{\sqrt{x^2+y^2}}.$$

故

$$\begin{aligned}S&=\iint\limits_{D_{xy}}\sqrt{1+z_x^2(x,y)+z_y^2(x,y)}\mathrm{d}x\mathrm{d}y\\&=\iint\limits_{D_{xy}}\sqrt{1+\frac{x^2}{x^2+y^2}+\frac{y^2}{x^2+y^2}}\mathrm{d}x\mathrm{d}y\\&=\iint\limits_{D_{xy}}\sqrt{2}\mathrm{d}x\mathrm{d}y=2\cdot S_{D_{xy}}=\frac{\sqrt{2}\pi}{4}.\end{aligned}$$

若曲面的方程为 $x=g(y,z)$ 或 $y=h(x,z)$,可分别将曲面投影到 yOz 面或 zOx 面,设所得到的投影区域分别为 D_{yz} 或 D_{zx},类似地有

$$A=\iint\limits_{D_{yz}}\sqrt{1+\left(\frac{\partial x}{\partial y}\right)^2+\left(\frac{\partial x}{\partial z}\right)^2}\mathrm{d}y\mathrm{d}z$$

或

$$A=\iint\limits_{D_{zx}}\sqrt{1+\left(\frac{\partial y}{\partial z}\right)^2+\left(\frac{\partial y}{\partial x}\right)^2}\mathrm{d}z\mathrm{d}x.$$

10.4.2 质心

先讨论平面质点系的质心. 设 xOy 平面上有 n 个质点,它们分别位于 (x_1,y_1), (x_2,y_2), …, (x_n,y_n) 处,质量分别为 $m_1,m_2,\cdots,m_n$. 则该质点系的质心的坐标为

$$\bar{x}=\frac{M_y}{M}=\frac{\sum_{i=1}^{n}m_ix_i}{\sum_{i=1}^{n}m_i};\qquad \bar{y}=\frac{M_x}{M}=\frac{\sum_{i=1}^{n}m_iy_i}{\sum_{i=1}^{n}m_i}.$$

其中 $M=\sum_{i=1}^{n}m_i$ 为该质点系的总质量, $M_y=\sum_{i=1}^{n}m_ix_i$, $M_x=\sum_{i=1}^{n}m_iy_i$ 分别为该质点系对 y 轴和 x 轴的**静矩**.

设有一平面薄片,占有 xOy 面上的闭区域 D,在点 (x,y) 处的面密度为 $\mu(x,y)$,假定 $\mu(x,y)$ 在 D 上连续,如何确定该薄片的质心坐标 $(\bar{x},\bar{y})$.

在闭区域 D 上任取一直径很小的闭区域 $d\sigma$(这小闭区域的面积也记作 $d\sigma$), (x,y) 是这小闭区域上的一个点. 由于 $d\sigma$ 的直径很小,且 $\mu(x,y)$ 在 D 上连续,所以薄片中相应于 $d\sigma$ 的部分的质量近似等于 $\mu(x,y)d\sigma$,这部分质量可近似看作集中在点 (x,y) 上,于是可写出静矩元素 dM_y 及 dM_x:

$$dM_y=x\mu(x,y)d\sigma,\qquad dM_x=y\mu(x,y)d\sigma,$$

以这些元素为被积表达式,在闭区域 D 上积分,便得

$$M_y=\iint_D x\mu(x,y)d\sigma;\qquad M_x=\iint_D y\mu(x,y)d\sigma.$$

又由平面薄片的质量为

$$M=\iint_D \mu(x,y)d\sigma,$$

从而薄片的质心坐标为

$$\bar{x}=\frac{M_y}{M}=\frac{\iint_D x\mu(x,y)d\sigma}{\iint_D \mu(x,y)d\sigma};\qquad \bar{y}=\frac{M_x}{M}=\frac{\iint_D y\mu(x,y)d\sigma}{\iint_D \mu(x,y)d\sigma}.$$

如果薄片是均匀的,即面密度为常量,则

$$\bar{x}=\frac{1}{A}\iint_D x d\sigma;\qquad \bar{y}=\frac{1}{A}\iint_D y d\sigma\quad \left(A=\iint_D d\sigma \text{ 为闭区域 } D \text{ 的面积}\right).$$

显然,这时薄片的质心完全由闭区域 D 的形状所决定,因此,习惯上将均匀薄片的质心称之为该平面薄片所占平面图形的**形心**.

例 3 求位于两圆 $\rho=2\sin\theta$ 和 $\rho=4\sin\theta$ 之间的均匀薄片的质心.

解　因为区域 D 关于 y 轴对称(见图 10-40),故重心$(\overline{x},\overline{y})$必位于 y 轴上,即$\overline{x}=0$.

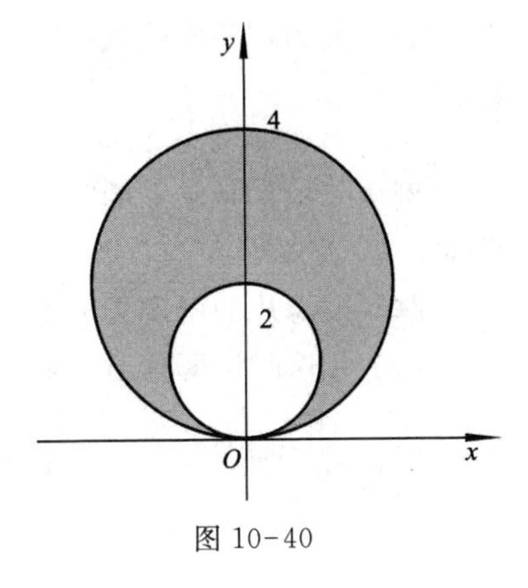

图 10-40

设密度为 ρ(ρ 为常数),

$$\iint\limits_D \rho\mathrm{d}\sigma=\rho\iint\limits_D \mathrm{d}\sigma=3\pi\rho,$$

$$\iint\limits_D y\rho\mathrm{d}\sigma=\rho\int_0^{\pi}\mathrm{d}\theta\int_{2\sin\theta}^{4\sin\theta}r^2\sin\theta\mathrm{d}r$$

$$=\frac{56}{3}\rho\int_0^{\pi}\sin^4\theta\mathrm{d}\theta=7\pi\rho,$$

因此
$$\overline{y}=\frac{\iint\limits_D y\rho\mathrm{d}\sigma}{\iint\limits_D \rho\mathrm{d}\sigma}=\frac{7\pi\rho}{3\pi\rho}=\frac{7}{3},$$

所以该均匀薄片的重心是$\left(0,\frac{7}{3}\right)$.

类似地,占有空间有界闭区域 Ω、在点(x,y,z)处的密度为 $\rho(x,y,z)$(假定 $\rho(x,y,z)$在 Ω 上连续)的物体的质心坐标是

$$\overline{x}=\frac{1}{M}\iiint\limits_{\Omega}x\rho(x,y,z)\mathrm{d}V;\quad \overline{y}=\frac{1}{M}\iiint\limits_{\Omega}y\rho(x,y,z)\mathrm{d}V;\quad \overline{z}=\frac{1}{M}\iiint\limits_{\Omega}z\rho(x,y,z)\mathrm{d}V$$

其中
$$M=\iiint\limits_{\Omega}\rho(x,y,z)\mathrm{d}V.$$

10.4.3　转动惯量

先讨论平面质点系的转动惯量.

设平面上有 n 个质点,它们分别位于点$(x_1,y_1),(x_2,y_2),\cdots,(x_n,y_n)$处,质量分别为 $m_1,m_2,\cdots,m_n$. 设质点系对于 x 轴以及对于 y 轴的转动惯量依次为

$$I_x=\sum_{i=1}^{n}y_i^2m_i;\qquad I_y=\sum_{i=1}^{n}x_i^2m_i.$$

设有一薄片占有 xOy 面上的闭区域 D,在点(x,y)处的面密度为 $\mu(x,y)$. 假定 $\mu(x,y)$在 D 上连续,现要求该薄片对于 x 轴、y 轴的转动惯量 I_x,I_y.

应用元素法. 在闭区域 D 上任取一直径很小的闭区域 $\mathrm{d}\sigma$(该小闭区域的面积也记作 $\mathrm{d}\sigma$),(x,y)是这小闭区域上的一个点. 由于 $\mathrm{d}\sigma$ 的直径很小,且 $\mu(x,y)$在 D 上连续,所以薄片中相应于 $\mathrm{d}\sigma$ 的部分的质量近似等于 $\mu(x,y)\mathrm{d}\sigma$,这部分质量可近似看作集中在点(x,y)上,于是可写出薄片对于 x 轴、y 轴的转动惯量元素:

$$\mathrm{d}I_x=y^2\mu(x,y)\mathrm{d}\sigma;\qquad \mathrm{d}I_y=x^2\mu(x,y)\mathrm{d}\sigma.$$

以这些元素为被积表达式,在闭区域 D 上积分,便得

$$I_x=\iint_D y^2\mu(x,y)\mathrm{d}\sigma;\qquad I_y=\iint_D x^2\mu(x,y)\mathrm{d}\sigma.$$

例 4 求半径为 a 的均匀半圆薄片(ρ 为常数)(见图 10-41)对直径边的转动惯量.

解 设薄片的密度为 ρ,建立坐标系(见图 10-41),则薄片所占区域为 $D:x^2+y^2\leqslant a^2,y\geqslant 0$. 这时该薄片对 x 轴的转动惯量即为所求.

$$\begin{aligned}I_x&=\iint_D \rho y^2\mathrm{d}\sigma\\&=\rho\int_0^{\pi}\mathrm{d}\theta\int_0^a r^3\sin^2\theta\mathrm{d}r=\rho\frac{a^4}{4}\int_0^{\pi}\sin^2\theta\mathrm{d}\theta=\frac{1}{4}\rho a^4\ \frac{\pi}{2}\\&=\frac{1}{4}Ma^2.\end{aligned}$$

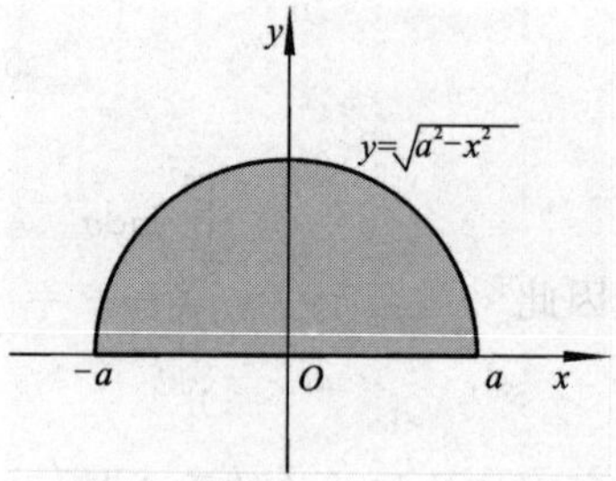

$y=\sqrt{a^2-x^2}$

图 10-41

其中 $M=\dfrac{1}{2}\pi a^2\rho$ 为半圆薄片的质量.

类似地,占有空间有界闭区域 Ω、在点 (x,y,z) 处的密度为 $\rho(x,y,z)$(假定 $\rho(x,y,z)$ 在 Ω 上连续)的物体的对于 x,y,z 轴的转动惯量为

$$I_x=\iiint_\Omega (y^2+z^2)\rho(x,y,z)\mathrm{d}V;$$

$$I_y=\iiint_\Omega (x^2+z^2)\rho(x,y,z)\mathrm{d}V;$$

$$I_z=\iiint_\Omega (x^2+y^2)\rho(x,y,z)\mathrm{d}V.$$

10.4.4 引力

讨论空间一物体对于物体外一点 $P_0(x_0,y_0,z_0)$ 处的单位质量的质点的引力问题. 设物体占有空间有界闭区域 Ω,它在点 (x,y,z) 处的密度为 $\rho(x,y,z)$,并假定 $\rho(x,y,z)$ 在 Ω 上连续. 在物体内任取一直径很小的闭区域 $\mathrm{d}V$(这闭区域的体积也记作 $\mathrm{d}V$),(x,y,z) 为这一小块中的一点. 把这一小块物体的质量 $\rho\mathrm{d}V$ 近似地看作集中在点 (x,y,z) 处. 按两质点间的引力公式,可得这一小块物体对位于 $P_0(x_0,y_0,z_0)$ 处的单位质量的质点的引力近似地为

$$\begin{aligned}\mathrm{d}F&=(\mathrm{d}F_x,\mathrm{d}F_y,\mathrm{d}F_z)\\&=\left(G\frac{\rho(x,y,z)(x-x_0)}{r^3}\mathrm{d}V,G\frac{\rho(x,y,z)(y-y_0)}{r^3}\mathrm{d}V,G\frac{\rho(x,y,z)(z-z_0)}{r^3}\mathrm{d}V\right)\end{aligned}$$

其中 $\mathrm{d}F_x,\mathrm{d}F_y,\mathrm{d}F_z$ 为引力元素 $\mathrm{d}F$ 在三个坐标轴上的分量,G 为引力常数.

$$r=\sqrt{(x-x_0)^2+(y-y_0)^2+(z-z_0)^2}.$$

将 dF_x, dF_y, dF_z 在 Ω 上分别积分，即得

$$F=(F_x,F_y,F_z)$$
$$=\left(\iiint\limits_{\Omega}G\frac{\rho(x,y,z)(x-x_0)}{r^3}dV,\iiint\limits_{\Omega}G\frac{\rho(x,y,z)(y-y_0)}{r^3}dV,\iiint\limits_{\Omega}G\frac{\rho(x,y,z)(z-z_0)}{r^3}dV\right).$$

如果考虑平面薄片对薄片外一点 $P_0(x_0,y_0,z_0)$ 处的单位质量的质点的引力，设平面薄片占有 xOy 平面上的有界闭区域 D，其面密度为 $\mu(x,y)$，那么只要将上式中的密度 $\rho(x,y,z)$ 换成面密度 $\mu(x,y)$，将 Ω 上的三重积分换成 D 上的二重积分，就可得到相应的计算公式.

例 5 设半径为 R 的匀质球占有空间闭区域 $\Omega=\{(x,y,z)\mid x^2+y^2+z^2\leqslant R^2\}$，求它对位于 $M_0(0,0,a)(a>R)$ 处的单位质量的质点的引力.

解 设球的密度为 ρ_0，由球体的对称性及质量分布的均匀性知 $F_x=F_y=0$，所求引力沿 z 轴的分量为

$$F_z=\iiint\limits_{\Omega}G\rho_0\frac{z-a}{[x^2+y^2+(z-a)^2]^{\frac{3}{2}}}dv$$
$$=G\rho_0\int_{-R}^{R}(z-a)dz\iint\limits_{x^2+y^2\leqslant R^2-z^2}\frac{dxdy}{[x^2+y^2+(z-a)^2]^{\frac{3}{2}}}$$
$$=G\rho_0\int_{-R}^{R}(z-a)dz\int_0^{2\pi}d\theta\int_0^{\sqrt{R^2-z^2}}\frac{\rho d\rho}{[\rho^2+(z-a)^2]^{\frac{3}{2}}}$$
$$=-G\frac{4\pi R^3}{3}\rho_0\frac{1}{a^2}.$$

习题 10.4

1. 求下列曲面的面积：

(1)求锥面 $z=\sqrt{x^2+y^2}$ 被柱面 $z^2=2x$ 所截下部分的曲面面积；

(2)求底圆半径相等的两个直交圆柱面 $x^2+y^2=R^2$ 及 $x^2+z^2=R^2$ 所围立体的表面积.

2. 求下列各几何体的质心：

(1)求由直线 $y=0,y=a-x,x=0$ 所围成的均匀薄片的重心.

(2)求半椭圆 $\{(x,y)\mid \frac{x^2}{a^2}+\frac{y^2}{b^2}\leqslant 1,y\geqslant 0\}$ 的均匀薄板的重心.

(3)求以平面 $x+y+z=1$ 与三个坐标面围成的四面体的重心，其密度函数为 $\rho(x,y,z)=y$.

3. 求下列各题中的转动惯量：

(1)已知均匀薄片(面密度 ρ 为常数)所占的闭区域 D 由抛物线 $y^2=\frac{9}{2}x$ 及直线 $x=2$ 所围成,试求该薄片转动惯量 I_x 与 I_y；

(2)求由椭圆 $\frac{x^2}{a^2}+\frac{y^2}{b^2}=1$ 围成的均匀薄片的转动惯量 I_y；

(3)求密度 $\mu=1$ 的均匀球体 $\Omega=\{(x,y,z)\mid x^2+y^2+z^2\leqslant R^2\}$ 绕 z 轴的转动惯量.

4. 求下列各题中的引力：

(1)求面密度 μ 为常数的均匀圆环薄片 $r^2\leqslant x^2+y^2\leqslant R^2, z=0$,对位于 z 轴上的点 $M(0,0,a)(a>0)$ 处单位质量的质点引力；

(2)设均匀柱体密度为 ρ,占有闭区域 $\Omega=\{(x,y,z)\mid x^2+y^2\leqslant R^2, 0\leqslant z\leqslant h\}$,求它对于位于点 $M(0,0,a)(a>h)$ 处单位质量的质点的引力.

复习题 10

1. 填空题

(1) 若积分区域 D 是由 $x=0, x=1, y=0, y=1$ 围成的矩形区域,则 $\iint\limits_D e^{x+y}dxdy=$ ________.

(2) 把二重积分 $I=\int_0^2 dy\int_0^{\sqrt{2y-y^2}} f(x,y)dx$ 化为极坐标形式,则 $I=$ ________.

(3) 交换积分次序 $\int_0^{\frac{1}{4}}dy\int_y^{\sqrt{y}}f(x,y)dx+\int_{\frac{1}{4}}^{\frac{1}{2}}dy\int_y^{\frac{1}{2}}f(x,y)dx=$ ________.

(4) 二重积分 $I=\iint\limits_D y^2\sqrt{a^2-x^2}dxdy$, 若 D 为 $x^2+y^2\leqslant a^2$ 的上半部分,则 $I=$ ________.

(5) 设区域 D 是以(0,0),(1,1) 和(0,1) 为顶点的三角形,则 $\iint\limits_D e^{-y^2}dxdy=$ ________.

(6) 设 Ω: $0\leqslant x\leqslant a, 0\leqslant y\leqslant b, 0\leqslant z\leqslant c$,则 $\iiint\limits_\Omega xyz\,dV=$ ________.

2. 单项选择题

(1) 设区域 $D=\{(x,y)\mid x^2+y^2\leqslant a^2, a>0, y\geqslant 0\}$,则 $\iint\limits_D (x^2+y^2)dxdy=$ ________.

A. $\int_0^{\pi}d\theta\int_0^a r^3dr$ B. $\int_0^{\pi}d\theta\int_0^a r^2dr$ C. $\int_{-\frac{\pi}{2}}^{\frac{\pi}{2}}d\theta\int_0^a r^3dr$ D. $\int_{-\frac{\pi}{2}}^{\frac{\pi}{2}}d\theta\int_0^a r^2dr$

(2) 设 $I=\iint\limits_D f(x,y)\mathrm{d}x\mathrm{d}y$，其中 D 是由直线 $y=2,y=x$ 及双曲线 $xy=1$ 所围成的区域，则 $I=$ ________.

A. $\int_1^2\mathrm{d}y\int_{\frac{1}{y}}^{y}f(x,y)\mathrm{d}x=\int_{\frac{1}{2}}^{1}\mathrm{d}x\int_x^2 f(x,y)\mathrm{d}y+\int_1^2\mathrm{d}x\int_{\frac{1}{x}}^{2}f(x,y)\mathrm{d}y$

B. $\int_1^2\mathrm{d}y\int_y^{\frac{1}{y}}f(x,y)\mathrm{d}x=\int_{\frac{1}{2}}^{1}\mathrm{d}x\int_2^x f(x,y)\mathrm{d}y+\int_1^2\mathrm{d}x\int_2^{\frac{1}{x}}f(x,y)\mathrm{d}y$

C. $\int_1^2\mathrm{d}y\int_{\frac{1}{y}}^{y}f(x,y)\mathrm{d}x=\int_{\frac{1}{2}}^{1}\mathrm{d}x\int_{\frac{1}{x}}^{2}f(x,y)\mathrm{d}y+\int_1^2\mathrm{d}x\int_x^2 f(x,y)\mathrm{d}y$

D. $\int_1^2\mathrm{d}y\int_{\frac{1}{x}}^{x}f(x,y)\mathrm{d}y=\int_{\frac{1}{2}}^{1}\mathrm{d}y\int_{\frac{1}{y}}^{2}f(x,y)\mathrm{d}x+\int_1^2\mathrm{d}y\int_y^2 f(x,y)\mathrm{d}x$

(3) 设 $I=\int_0^a\mathrm{d}x\int_x^{\sqrt{2ax-x^2}}f(x,y)\mathrm{d}y$，转化为极坐标后，$I=$ ________.

A. $\int_0^{\frac{\pi}{2}}\mathrm{d}\theta\int_0^{2a\cos\theta}f(r\cos\theta,r\sin\theta)r\mathrm{d}r$　　B. $\int_{\frac{\pi}{4}}^{\frac{\pi}{2}}\mathrm{d}\theta\int_0^{2a\sin\theta}f(r\cos\theta,r\sin\theta)r\mathrm{d}r$

C. $\int_0^{\frac{\pi}{2}}\mathrm{d}\theta\int_0^{2a\sin\theta}f(r\cos\theta,r\sin\theta)\mathrm{d}r$　　D. $\int_{\frac{\pi}{4}}^{\frac{\pi}{2}}\mathrm{d}\theta\int_0^{2a\cos\theta}f(r\cos\theta,r\sin\theta)r\mathrm{d}r$

(4) 设 $f(x,y)$ 连续，且 $f(x,y)=xy+\iint\limits_D f(u,v)\mathrm{d}u\mathrm{d}v$，$D$ 是由 $y=0,y=x^2$，$x=1$ 围成，则 $f(x,y)=$ ________.

A. xy　　B. $2xy$　　C. $xy+\dfrac{1}{8}$　　D. $xy+1$

(5)设有空间闭区域 $\Omega_1=\{(x,y,z)\mid x^2+y^2+z^2\leqslant R^2,z\geqslant 0\}$，$\Omega_2=\{(x,y,z)\mid x^2+y^2+z^2\leqslant R^2,x\geqslant 0,y\geqslant 0,z\geqslant 0\}$，则有________.

A. $\iiint\limits_{\Omega_1}x\mathrm{d}V=4\iiint\limits_{\Omega_2}x\mathrm{d}V$　　B. $\iiint\limits_{\Omega_1}y\mathrm{d}V=4\iiint\limits_{\Omega_2}y\mathrm{d}V$

C. $\iiint\limits_{\Omega_1}z\mathrm{d}V=4\iiint\limits_{\Omega_2}z\mathrm{d}V$　　D. $\iiint\limits_{\Omega_1}xyz\mathrm{d}V=4\iiint\limits_{\Omega_2}xyz\mathrm{d}V$

(6) 球面 $x^2+y^2+z^2=4a^2$ 与柱面 $x^2+y^2=2ax(a>0)$ 所围成的立体的体积 $V=$ ________.

A. $4\int_0^{\frac{\pi}{2}}\mathrm{d}\theta\int_0^{2a\cos\theta}\sqrt{4a^2-r^2}\mathrm{d}r$　　B. $8\int_0^{\frac{\pi}{2}}\mathrm{d}\theta\int_0^{2a\cos\theta}r\cdot\sqrt{4a^2-r^2}\mathrm{d}r$

C. $4\int_0^{\frac{\pi}{2}}\mathrm{d}\theta\int_0^{2a\cos\theta}r\cdot\sqrt{4a^2-r^2}\mathrm{d}r$　　D. $\int_{-\frac{\pi}{2}}^{\frac{\pi}{2}}\mathrm{d}\theta\int_0^{2a\cos\theta}r\cdot\sqrt{4a^2-r^2}\mathrm{d}r$

(7) 两半径为 R 的直交圆柱体所围立体的表面积 $S=$ ________.

A. $4\int_0^R dx\int_0^{\sqrt{R^2-x^2}}\frac{R}{\sqrt{R^2-x^2}}dx$　　B. $8\int_0^R dx\int_0^{\sqrt{R^2-x^2}}\frac{R}{\sqrt{R^2-x^2}}dy$

C. $4\int_0^R dx\int_{-\sqrt{R^2-x^2}}^{\sqrt{R^2-x^2}}\frac{R}{\sqrt{R^2-x^2}}dx$　　D. $16\int_0^R dx\int_0^{\sqrt{R^2-x^2}}\frac{R}{\sqrt{R^2-x^2}}dy$

(8) 设 V 是曲面 $z=\frac{1}{2}(x^2+y^2+z^2)$ 与 $z=x^2+y^2$ 所围成较小部分,则 $V=$ ________.

A. $\int_0^{2\pi}d\theta\int_0^1 rdr\int_{r^2}^{\sqrt{1-r^2}}dz$　　B. $\int_0^{2\pi}d\theta\int_0^r rdr\int_1^{1-\sqrt{1-r^2}}dz$

C. $\int_0^{2\pi}d\theta\int_0^1 rdr\int_{r^2}^{1-r}dz$　　D. $\int_0^{2\pi}d\theta\int_0^1 rdr\int_{1-\sqrt{1-r^2}}^{r^2}dz$

3. 计算题

(1) 计算 $\iint\limits_D y\,dxdy$,其中 D 是由曲线 $y=1-x^2$ 与 $y=x^2-1$ 所围成的区域;

(2) 计算 $\int_0^1 dy\int_y^1\frac{\sin x}{x}dx$;

(3) $\iint\limits_D(x^2-y^2)d\sigma$,其中 $D=\{(x,y)\mid 0\leqslant y\leqslant\sin x,0\leqslant x\leqslant\pi\}$;

(4) $\iint\limits_D(y^2+3x-6y+9)d\sigma$,其中 $D=\{(x,y)\mid x^2+y^2\leqslant R^2\}$;

(5) $\iint\limits_D(1+x)\sin y\,d\sigma$,其中 D 是顶点分别为 $(0,0)$,$(1,0)$,$(1,2)$ 和 $(0,1)$ 的梯形闭区域;

(6) 设平面薄片所占的区域 D 为由直线 $x=2$,$y=x$ 及双曲线 $xy=1$ 所围成的,且其密度函数为 $u(x,y)=\frac{x^2}{y^2}$,求此薄片的质量;

(7) $\iint\limits_D\sin\sqrt{x^2+y^2}\,dxdy$,其中 D 是由 $x^2+y^2=\pi^2$ 和 $x^2+y^2=4\pi^2$ 围成的区域;

(8) $\iiint\limits_\Omega z\,dxdydz$,其中 Ω 由不等式 $x^2+y^2+z^2\geqslant z$ 和 $x^2+y^2+z^2\leqslant 2z$ 所确定;

(9) $\iiint\limits_\Omega z^2\,dxdydz$,其中 Ω 是两个球 $x^2+y^2+z^2\leqslant R^2$ 和 $x^2+y^2+z^2\leqslant 2Rz$ $(R>0)$ 的公共部分;

(10) $\iiint\limits_\Omega(y^2+z^2)dv$,其中 Ω 是由 xOy 面上曲线 $y^2=2x$ 绕 x 轴旋转而成的曲面与

平面 $x=5$ 所围成的闭区域；

(11) 求抛物线 $y=x^2$ 及直线 $y=1$ 所围成的均匀薄片(面密度为常数 μ) 对于直线 $y=-1$ 的转动惯量；

(12) 求平面 $\frac{x}{a}+\frac{y}{b}+\frac{z}{c}=1$ 被三坐标面所割出的有限部分的面积；

(13) 设一均匀物体(密度 $\rho=1$) 占有的闭区域 Ω 是由曲线 $\begin{cases} y^2=2z \\ x=0 \end{cases}$ 绕 z 轴旋转一周所形成的曲面与平面 $z=2$ 和 $z=8$ 所围成的，求物体关于 z 轴的转动惯量；

(14) 设在 xOy 面上有一质量为 M 的匀质半圆形薄片，占有平面闭域 $D=\{(x,y)\mid x^2+y^2\leqslant R^2,y\geqslant 0\}$，过圆心 O 垂直于薄片的直线上有一质量为 m 的质点 P，$OP=a$. 求半圆形薄片对质点 P 的引力.

4. 证明

$$\int_0^a \mathrm{d}y\int_0^y \mathrm{e}^{m(a-x)}f(x)\mathrm{d}x=\int_0^a (a-x)\mathrm{e}^{m(a-x)}f(x)\mathrm{d}x.$$

数学文化 10

英国的数学奇才——麦克劳林

麦克劳林(Colin Maclaurin，1698—1746，苏格兰)是 18 世纪最有才能的数学家之一. 以其姓名命名的麦克劳林展开式是泰勒展开式在 $a=0$ 时的情况，而且这情况已由泰勒明确给出，并在麦克劳林以前 25 年由斯特林(James Stirling，1692—1770)给出过. 麦克劳林在 1742 年出的两册《流数论》中用到它，而且认可了泰勒和斯特林的工作. 麦克劳林在几何学上做了很值得重视的工作，特别是在高次曲线的研究中；他在古典几何学在物理问题上的应用方面展示巨大的才能. 在他的许多应用数学方面的论文中有：关于潮汐的数学理论的奖金获得者的学术论文. 在他的《流数论》中讨论了转动的两个椭球相互吸引的问题.

麦克劳林，C.

麦克劳林也许早在 1729 年就知道今天称做克拉默规则(Cramer’s rule)的用行列式解齐次线性方程组的规则. 此规则首次以印刷品发表，是 1748 年在麦克劳林的死后发表的《代数论著》(Treatise of Algebra). 瑞士数学家克拉默(Gabriel Cramer，1704—1752)于 1750 年在《代数曲线分析引论》(Introductionál’ analyse des lignescourbes algébriques)中独立发表此规则. 之所以人们从他那里而不是从麦克劳林那里学到此规则，也许是由于他的符号优越.

麦克劳林是一位数学上的奇才. 他 11 岁就考上了格拉斯哥大学. 15 岁取得硕士

学位,并且为自己关于重力的功的论文作了杰出的公开答辩.19岁就主持阿伯丁的马里沙学院数学系,并于21岁发表其第一本重要著作《构造几何》(Geometria OSrganica).他27岁成为爱丁堡大学数学教授的代理或助理.当时要给助理支付薪金是有困难的,是牛顿私人提供了这笔花费,才使该大学能得到一位如此杰出青年人的服务.麦克劳林恰好继承了他所助理的教授.他关于流数的论文是在他44岁(只在死前4年)发表的,这是牛顿流数法的第一篇符合逻辑的、系统的解说;这是麦克劳林为了答复贝克莱(Bishop Berkeley)对微积分学原理的攻击而写的.

第 11 章 曲线积分与曲面积分

通过上一章的重积分我们已经把积分范围由数轴上的区间推广到平面或空间内的闭区域，本章将进一步把积分范围推广到一段有限曲线弧或一片有限封闭曲面，这样推广后的积分称为曲线积分或曲面积分.

§11.1 对弧长的曲线积分

11.1.1 对弧长的曲线积分的概念与性质

曲线型构件的质量 在工程设计中经常会用到曲线型构件，在校核其强度或刚度时必须知道其质量. 如果该构件的线密度是均匀的，则可以用其线密度与长度的乘积求出其质量. 现假设该构件的线密度是不均匀的，并已知曲线形构件在点(x,y)处的线密度为$\mu(x,y)$，另假设曲线形构件所占的位置在xOy面内的一段曲线弧L上，起点为A，终点为B(如图 11-1 所示)，求曲线形构件的质量.

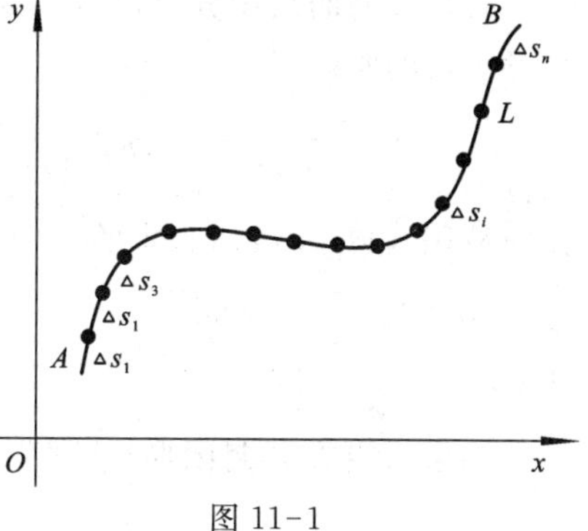

图 11-1

在A、B之间插入$n-1$个分点，将曲线AB分成n小段，$\Delta s_1,\Delta s_2,\cdots,\Delta s_n$，$\Delta s_i$既表示各曲线段也表示其弧长，在各曲线段$\Delta s_i$上任取点$(\xi_i,\eta_i)\in\Delta s_i$，得第$i$小段质量的近似值$\mu(\xi_i,\eta_i)\Delta s_i$，则整个物质曲线的质量近似为

$$M\approx\sum_{i=1}^{n}\mu(\xi_i,\eta_i)\Delta s_i.$$

当各曲线段长度中最大者$\lambda=\max\{\Delta s_1,\Delta s_2,\cdots,\Delta s_n\}\to 0$时，则整个曲线型构件的质量为

$$M=\lim_{\lambda\to 0}\sum_{i=1}^{n}\mu(\xi_i,\eta_i)\Delta s_i.$$

将以上求曲线型构件质量的计算方法抽象化，就可以得到对弧长的曲线积分的定义.

定义 设L为xOy面内的一条光滑曲线弧，函数$f(x,y)$在L上有界，在L上任意插入一点列$M_1,M_2,\cdots,M_{n-1}$把L分为n个小段.设第i个小段的长度为Δs_i,又(ξ_i,η_i)为第i个小段上任意取定的一点,作乘积$f(\xi_i,\eta_i)\Delta s_i$,$(i=1,2,\cdots,n)$,并求和$\sum_{i=1}^{n} f(\xi_i,\eta_i)\Delta s_i$,如果当各小弧段的长度的最大值$\lambda\to 0$,该和式的极限存在,则称此极限为函数$f(x,y)$在曲线弧$L$上对弧长的**曲线积分**或**第一类曲线积分**,记作$\int_L f(x,y)\mathrm{d}s$.

即
$$\int_L f(x,y)\mathrm{d}s=\lim_{\lambda\to 0}\sum_{i=1}^{n} f(\xi_i,\eta_i)\Delta s_i.$$
其中$f(x,y)$叫做**被积函数**,L叫做积分**弧段**,$\mathrm{d}s$叫做**积分元素**.

曲线积分的存在性:当$f(x,y)$在光滑曲线弧L上连续时,对弧长的曲线积分$\int_L f(x,y)\mathrm{d}s$是存在的.以后我们总假定$f(x,y)$在L上是连续的.

根据对弧长的曲线积分的定义,曲线形构件的质量就是曲线积分$\int_L \mu(x,y)\mathrm{d}s$的值,其中$\mu(x,y)$为线密度.

对弧长的曲线积分可以推广到三维曲线的积分.设Γ为三维曲线弧,则有三维曲线对弧长的曲线积分
$$\int_\Gamma f(x,y,z)\mathrm{d}s=\lim_{\lambda\to 0}\sum_{i=1}^{n} f(\xi_i,\eta_i,\zeta_i)\Delta s_i.$$
其中被积函数$f(x,y,z)$中的点(x,y,z)位于曲线Γ上,即(x,y,z)必须满足Γ对应的方程.$\mathrm{d}s=\sqrt{(\mathrm{d}x)^2+(\mathrm{d}y)^2+(\mathrm{d}z)^2}$是积分元素,它是三维曲线的弧微分,是一个弧长元素.

如果曲线L是封闭曲线,我们称这类曲线积分叫做**闭曲线积分**,记为$\oint_L f(x,y)\mathrm{d}s$或$\oint_L f(x,y,z)\mathrm{d}s$.

如果L(或Γ)是分段光滑的,则规定函数在L(或Γ)上的曲线积分等于函数在光滑的各段上的曲线积分的和.例如设L可分成两段光滑曲线弧L_1及L_2,则规定
$$\int_{L_1+L_2} f(x,y)\mathrm{d}s=\int_{L_1} f(x,y)\mathrm{d}s+\int_{L_2} f(x,y)\mathrm{d}s.$$
根据对弧长的曲线积分的定义,第一类曲线积分有如下性质:

性质1 若函数$f(x,y)=1$,在曲线弧L上的对弧长的曲线积分等于曲线弧L的长度.

性质2 设α,β为常数,则
$$\int_L[\alpha f(x,y)+\beta g(x,y)]\mathrm{d}s=\alpha\int_L f(x,y)\mathrm{d}s+\beta\int_L g(x,y)\mathrm{d}s.$$

性质 3　若积分弧段 L 可以分成两段光滑曲线弧 L_1 和 L_2，则

$$\int_L f(x,y)\mathrm{d}s=\int_{L_1} f(x,y)\mathrm{d}s+\int_{L_2} f(x,y)\mathrm{d}s.$$

性质 4　设在积分弧段 L 上 $f(x,y)\leqslant g(x,y)$，则有

$$\int_L f(x,y)\mathrm{d}s\leqslant\int_L g(x,y)\mathrm{d}s.$$

特别地，有

$$\left|\int_L f(x,y)\mathrm{d}s\right|\leqslant\int_L |g(x,y)|\mathrm{d}s.$$

11.1.2　对弧长的曲线积分的计算方法

定理　设 $f(x,y)$ 在曲线弧 L 上有定义且连续，L 的参数方程为

$$\begin{cases}x=\varphi(t)\\ y=\psi(t)\end{cases}\quad(\alpha\leqslant t\leqslant\beta).$$

其中 $\varphi(t)$，$\psi(t)$ 在 $[\alpha,\beta]$ 上具有一阶连续导数，且 $\varphi'^2(t)+\psi'^2(t)\neq0$，则曲线积分 $\int_L f(x,y)\mathrm{d}s$ 存在，且

$$\int_L f(x,y)\mathrm{d}s=\int_\alpha^\beta f(\varphi(t),\psi(t))\sqrt{\varphi'^2(t)+\psi'^2(t)}\mathrm{d}t\quad(\alpha<\beta).$$

证　设参数 t 由 α 变到 β 时，曲线 L 上的点 $M(x,y)$ 依 A 到 B 的方向描出曲线 L，在 L 上取一列点

$$A=M_0,\quad M_1,\quad M_2,\quad\cdots,\quad M_n=B.$$

它们对应于一系列单调增加的参数值

$$\alpha=t_0<t_1<t_2<\cdots<t_n=\beta.$$

由曲线积分的定义，有

$$\int_L f(x,y)\mathrm{d}s=\lim_{\lambda\to0}\sum_{i=1}^n f(x_i,y_i)\Delta s_i.$$

设点 (x_i,y_i) 对应于参数值 τ_i，则 $x_i=\varphi(\tau_i)$，$y_i=\psi(\tau_i)$，且 $t_{i-1}<\tau_i<t_i$，有

$$\Delta s_i=\int_{t_{i-1}}^{t_i}\sqrt{\varphi'^2(t)+\psi'^2(t)}\mathrm{d}t.$$

由定积分中值定理，有 $\Delta s_i=\sqrt{\varphi'^2(\tau'_i)+\psi'^2(\tau'_i)}\Delta t_i$.

其中 $\Delta t_i=t_i-t_{i-1}$，$t_{i-1}<\tau'_i<t_i$，则

$$\int_L f(x,y)\mathrm{d}s=\lim_{\lambda\to0}\sum_{i=1}^n f(\varphi(\tau_i),\psi(\tau_i))\sqrt{\varphi'^2(\tau'_i)+\psi'^2(\tau'_i)}\Delta t_i.$$

由于函数 $\sqrt{\varphi'^2(t)+\psi'^2(t)}$ 在闭区间 $[\alpha,\beta]$ 上连续，可以把 τ'_i 换成 τ_i，因此有

$$\int_L f(x,y)\mathrm{d}s=\lim_{\lambda\to 0}\sum_{i=1}^{n} f(\varphi(\tau_i),\psi(\tau_i))\ \sqrt{\varphi'^2(\tau_i)+\psi'^2(\tau_i)}\Delta t_i$$

$$=\int_\alpha^\beta f(\varphi(t),\psi(t))\ \sqrt{\varphi'^2(t)+\psi'^2(t)}\mathrm{d}t\quad(\alpha<\beta)$$

即 $$\int_L f(x,y)\mathrm{d}s=\int_\alpha^\beta f(\varphi(t),\psi(t))\ \sqrt{\varphi'^2(t)+\psi'^2(t)}\mathrm{d}t\quad(\alpha<\beta)$$

如果曲线 L 有方程 $y=\psi(x)\quad x_0<x<X$,则可看作

$$\begin{cases}x=t\\ y=\psi(t)\end{cases}\quad x_0<t<X.$$

由公式可知 $$\int_L f(x,y)\mathrm{d}s=\int_{x_0}^X f(x,\psi(x))\ \sqrt{1+\psi'^2(x)}\mathrm{d}x\quad(x_0<X)$$

类似地,如果曲线 L 有方程 $x=\varphi(y)$, $y_0<Y$,则有

$$\int_L f(x,y)\mathrm{d}s=\int_{y_0}^Y f(\psi(y),y)\ \sqrt{1+\psi'^2(y)}\mathrm{d}y\quad(y_0<Y).$$

如果曲线 L 是空间曲线,且有方程

$$x=\varphi(t),\quad y=\psi(t),\quad z=\omega(t).$$

则 $$\int_L f(x,y,z)\mathrm{d}s=\int_\alpha^\beta f(\varphi(t),\psi(t),\omega(t))\ \sqrt{\varphi'^2(t)+\psi'^2(t)+\omega'^2(t)}\mathrm{d}t\quad(\alpha<\beta).$$

例 1 计算$\int_L(x+y)\mathrm{d}s$,其中 L 为连接(1,0)及(0,1)的直线段(如图 11-2 所示).

解 连接(1,0)及(0,1)的直线段的直线方程为 $y=1-x$,可以视为参数方程

$$\begin{cases}x=t\\ y=1-t\end{cases}\quad 0<t<1.$$

$$\int_L(x+y)\mathrm{d}s=\int_0^1(t+1-t)\ \sqrt{1+(-1)^2}\mathrm{d}t=\int_0^1\sqrt{2}\mathrm{d}t=\sqrt{2}.$$

例 2 计算$\int_L \mathrm{e}^{\sqrt{x^2+y^2}}\mathrm{d}s$,其中 L 为圆周 $x^2+y^2=a^2$,直线$y=x$ 及 x 轴在第一象限内所围成的扇形的整个边界(如图 11-3 所示).

解 该扇形的整个边界共有三段,OB 段是 $y=x,x\in\left(0,\frac{a}{\sqrt{2}}\right),\mathrm{d}s=\sqrt{2}\mathrm{d}x$;

OA 段是 $y=0,x\in(0,a),\mathrm{d}s=\mathrm{d}x$;

AB 段是圆弧 $y=\sqrt{a^2-x^2},x\in\left(\frac{a}{\sqrt{2}},a\right)$,即$\begin{cases}x=a\cos t\\ y=a\sin t\end{cases}\quad t\in\left(0,\frac{\pi}{4}\right)\mathrm{d}s=a\mathrm{d}t$. 所以

$$\int_L \mathrm{e}^{\sqrt{x^2+y^2}}\mathrm{d}s=\int_0^{\frac{a}{\sqrt{2}}}\mathrm{e}^{\sqrt{2}x}\ \sqrt{1+1}\mathrm{d}x+\int_0^a\mathrm{e}^x\mathrm{d}x+a\int_0^{\frac{\pi}{4}}\mathrm{e}^a\mathrm{d}t$$

$$=\mathrm{e}^{\sqrt{2}x}\Big|_0^{\frac{a}{\sqrt{2}}}+\mathrm{e}^x\Big|_0^a+a\mathrm{e}^a t\Big|_0^{\frac{\pi}{4}}$$

$$=e^a-1+e^a-1+ae^a\ \frac{\pi}{4}-0$$

$$=2(e^a-1)+ae^a\ \frac{\pi}{4}.$$

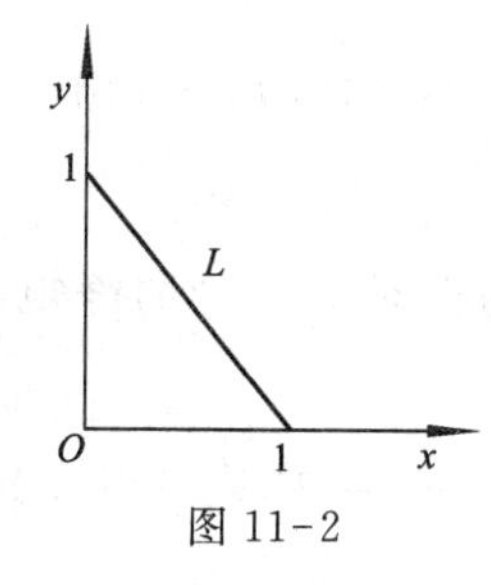

图 11-2

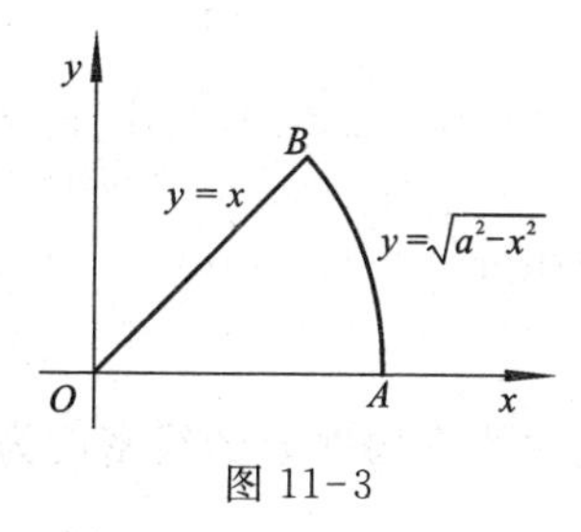

图 11-3

例 3　$\int_L (x^2+y^2)\mathrm{d}s$,其中 L 为曲线

$$x=a(\cos t+t\sin t),\quad y=a(\sin t-t\cos t),\quad t\in(0,2\pi).$$

解　$x^2+y^2=a^2(\cos^2 t+t\sin 2t+t^2\sin^2 t+\sin^2 t-t\sin 2t+t^2\cos^2 t)$

$$=a^2(1+t^2)$$

$$x'^2+y'^2=a^2t^2\cos^2 t+a^2t^2\sin^2 t=(at)^2$$

$$原式=\int_0^{2\pi} a^2(1+t^2)at\,\mathrm{d}t=a^3\int_0^{2\pi}(t+t^3)\mathrm{d}t=a^3\left(\frac{t^2}{2}+\frac{t^4}{4}\right)\bigg|_0^{2\pi}$$

$$=a^3(2\pi^2+4\pi^4).$$

例 4　计算 $\int_\Gamma (x^2+y^2+z^2)\mathrm{d}s$,其中 $\Gamma: x=\cos t, y=\sin t, z=t, 0\leqslant t\leqslant 2\pi$.

解　因为 $x^2+y^2+z^2=\cos^2 t+\sin^2 t+t^2=1+t^2$,

$$\mathrm{d}s=\sqrt{(-\sin t)^2+(\cos t)^2+1}\,\mathrm{d}t=\sqrt{2}\,\mathrm{d}t,$$

所以
$$\int_\Gamma (x^2+y^2+z^2)\mathrm{d}s=\int_0^{2\pi}(1+t^2)\sqrt{2}\,\mathrm{d}t=\sqrt{2}\left(2\pi+\frac{8\pi^3}{3}\right).$$

例 5　$\int_\Gamma |y|\,\mathrm{d}s$,其中 Γ 为球面 $x^2+y^2+z^2=2$ 与平面 $x=y$ 的交线.

解　Γ 的参数方程为 $x=y=\cos t, z=\sqrt{2}\sin t, 0\leqslant t\leqslant 2\pi$,

$$\mathrm{d}s=\sqrt{x'^2+y'^2+z'^2}\,\mathrm{d}t=\sqrt{2}\,\mathrm{d}t,$$

根据对称性得到
$$\int_L |y|\,\mathrm{d}s=4\sqrt{2}\int_0^{\frac{\pi}{2}}\cos t\,\mathrm{d}t=4\sqrt{2}.$$

11.1.3　对弧长的曲线积分的应用

对弧长的曲线积分在工程上有着广泛的应用.在几何上可以用来求有限曲线的长

度,在力学上可以用来求曲线型构件的质心、转动惯量等.

设平面曲线型构件 L 的线密度为 $f(x,y)$,$(x,y)\in L$,根据对弧长的曲线积分的定义可知其质量为 $M=\int_L f(x,y)\mathrm{d}s$.

其质心坐标为(x_0,y_0),其中 $x_0=\dfrac{\int_L yf(x,y)\mathrm{d}s}{M}$,$y_0=\dfrac{\int_L xf(x,y)\mathrm{d}s}{M}$

这里线积分$\int_L yf(x,y)\mathrm{d}s$,$\int_L xf(x,y)\mathrm{d}s$ 分别是构件对 x,y 轴的静矩,通常记为 M_x,M_y.

设空间曲线型构件 Γ 的线密度为 $f(x,y,z)$,$(x,y,z)\in\Gamma$,同理可知其质量

$$M=\int_\Gamma f(x,y,z)\mathrm{d}s;$$

质心坐标为(x_0,y_0,z_0),

$$\text{其中 } x_0=\frac{\int_\Gamma xf(x,y,z)\mathrm{d}s}{M};\quad y_0=\frac{\int_\Gamma yf(x,y,z)\mathrm{d}s}{M};\quad z_0=\frac{\int_\Gamma zf(x,y,z)\mathrm{d}s}{M}.$$

曲线积分$\int_\Gamma xf(x,y,z)\mathrm{d}s$,$\int_\Gamma yf(x,y,z)\mathrm{d}s$,$\int_\Gamma zf(x,y,z)\mathrm{d}s$ 分别为该构件对 yOz 平面、xOz 平面、xOy 平面的静力矩,常记为 M_{yOz},M_{xOz},M_{xOy}.

例 6 求质量均匀分布的摆线:$x=a(t-\sin t)$, $y=a(1-\cos t)$, $0\leqslant t\leqslant\pi$ 的一拱的质心坐标.

解 由已知得 $\mathrm{d}x=a(1-\cos t)\mathrm{d}t$,$\mathrm{d}y=a\sin t\mathrm{d}t$

$$\mathrm{d}s=\sqrt{(\mathrm{d}x)^2+(\mathrm{d}y)^2}=\sqrt{a^2(1-\cos t)^2+a^2\sin^2 t}\mathrm{d}t=2a\sin\frac{t}{2}\mathrm{d}t.$$

设该拱摆线的密度为 ρ,则质量为

$$M=\int_L\rho\mathrm{d}s=\int_0^\pi\rho 2a\sin\frac{t}{2}\mathrm{d}t=-4\rho a\cos\frac{t}{2}\Big|_0^\pi=4\rho a.$$

摆线对 x 轴的静矩为

$$\begin{aligned}M_x&=\int_L\rho y\mathrm{d}s=\int_0^\pi\rho a(1-\cos t)2a\sin\frac{t}{2}\mathrm{d}t=4\rho a^2\int_0^\pi\sin^3\frac{t}{2}\mathrm{d}t\\&=-8\rho a^2\int_0^\pi\left(1-\cos^2\frac{t}{2}\right)\mathrm{d}\left(\cos\frac{t}{2}\right)=-8\rho a^2\left(\cos\frac{t}{2}-\frac{1}{3}\cos^3\frac{t}{2}\right)\Big|_0^\pi\\&=\frac{16\rho a^2}{3},\end{aligned}$$

摆线对 y 轴的静矩为

$$M_y=\int_L\rho x\mathrm{d}s=\int_0^\pi\rho a(t-\sin t)2a\sin\frac{t}{2}\mathrm{d}t=2\rho a^2\int_0^\pi(t-\sin t)\sin\frac{t}{2}\mathrm{d}t.$$

$$= 2\rho a^2\left[-2t\cos\frac{t}{2}+4\sin\frac{t}{2}-\frac{4}{3}\sin^3\frac{t}{2}\right]_0^{\pi}=\frac{16\rho a^2}{3}.$$

该摆线的质心坐标为

$$x_0=\frac{M_y}{M}=\frac{4}{3}a,\quad y_0=\frac{M_x}{M}=\frac{4}{3}a.$$

例 7　求空间均匀弧段 $x=e^t\cos t, y=e^t\sin t, z=e^t, -\infty<t\leqslant 0$ 的质心坐标.

解　由已知得：$dx=e^t(\cos t-\sin t)dt, dy=e^t(\sin t+\cos t)dt, dz=e^t dt$.

$$ds=\sqrt{e^{2t}(\cos t-\sin t)^2+e^{2t}(\sin t+\cos t)^2+e^{2t}}dt=\sqrt{3}e^t dt.$$

设弧段密度为 ρ，则质量为

$$M=\int_L \rho ds=\rho\int_{-\infty}^0\sqrt{3}e^t dt=\rho\sqrt{3}.$$

弧段对 yOz 面的静矩为

$$M_{yOz}=\int_L \rho x ds=\rho\int_{-\infty}^0\sqrt{3}e^{2t}\cos t dt=\rho\sqrt{3}\lim_{a\to-\infty}\left[\frac{1}{5}e^{2t}(2\cos t+\sin t)\right]_a^0$$

$$=\frac{2\rho\sqrt{3}}{5}.$$

弧段对 xOz 面的静矩为

$$M_{xOz}=\int_L \rho y ds=\rho\int_{-\infty}^0\sqrt{3}e^{2t}\sin t dt=\rho\sqrt{3}\lim_{a\to-\infty}\left[\frac{1}{5}e^{2t}(2\sin t+\cos t)\right]_a^0$$

$$=-\frac{\rho\sqrt{3}}{5}.$$

弧段对 xOy 面的静矩为

$$M_{xOy}=\int_L \rho z ds=\rho\int_{-\infty}^0\sqrt{3}e^{2t}dt=\rho\sqrt{3}\lim_{a\to-\infty}\left[\frac{1}{2}e^{2t}\right]_a^0=\frac{\rho\sqrt{3}}{2}.$$

由此得弧段的质心坐标为

$$x_0=\frac{M_{yOz}}{M}=\frac{2}{5};\quad y_0=\frac{M_{xOz}}{M}=-\frac{1}{5};\quad z_0=\frac{M_{xOy}}{M}=\frac{1}{2}.$$

若空间曲线型构件的线密度为 $f(x,y,z),(x,y,z)\in\Gamma$，则由微元法可知

对 x 轴的转动惯量：$I_x=\int_\Gamma (y^2+z^2)f(x,y,z)ds$；

对 y 轴的转动惯量：$I_y=\int_\Gamma (x^2+z^2)f(x,y,z)ds$；

对 z 轴的转动惯量：$I_z=\int_\Gamma (x^2+y^2)f(x,y,z)ds$；

对原点的转动惯量：$I_o=\int_\Gamma (x^2+y^2+z^2)f(x,y,z)ds$.

例 8 求均匀螺线 $x=a\cos t, y=a\sin t, z=\frac{ht}{2\pi}, 0\leqslant t\leqslant 2\pi$,对坐标轴的转动惯量.

解 由已知得 $\mathrm{d}x=-a\sin t, \mathrm{d}y=a\cos t, \mathrm{d}z=\frac{h}{2\pi}$

则
$$\mathrm{d}s=\frac{1}{2\pi}\sqrt{4\pi^2a^2+h^2}\,\mathrm{d}t.$$

设螺线的线密度为 ρ,则有

$$\begin{aligned}I_x&=\rho\int_\Gamma(y^2+z^2)\mathrm{d}s=\rho\int_0^{2\pi}\left(a^2\sin^2 t+\frac{h^2}{4\pi^2}t^2\right)\frac{1}{2\pi}\sqrt{4\pi^2a^2+h^2}\,\mathrm{d}t\\&=\rho\frac{1}{2\pi}\sqrt{4\pi^2a^2+h^2}\left(\pi a^2+\frac{2\pi h^2}{3}\right)=\rho\sqrt{4\pi^2a^2+h^2}\left(\frac{a^2}{2}+\frac{h^2}{3}\right);\\I_y&=\rho\int_\Gamma(x^2+z^2)\mathrm{d}s=\rho\int_0^{2\pi}\left(a^2\cos^2 t+\frac{h^2}{4\pi^2}t^2\right)\frac{1}{2\pi}\sqrt{4\pi^2a^2+h^2}\,\mathrm{d}t\\&=\rho\frac{1}{2\pi}\sqrt{4\pi^2a^2+h^2}\left(\pi a^2+\frac{2\pi h^2}{3}\right)=\rho\sqrt{4\pi^2a^2+h^2}\left(\frac{a^2}{2}+\frac{h^2}{3}\right);\\I_z&=\rho\int_\Gamma(x^2+y^2)\mathrm{d}s=\rho\int_0^{2\pi}(a^2\cos^2 t+a^2\sin^2 t)\frac{1}{2\pi}\sqrt{4\pi^2a^2+h^2}\,\mathrm{d}t\\&=\rho\frac{1}{2\pi}\sqrt{4\pi^2a^2+h^2}(2\pi a^2)=\rho a^2\sqrt{4\pi^2a^2+h^2}.\end{aligned}$$

习 题 11.1

1. 填空题

(1) 曲线积分 $\oint_C(x^2+y^2)\mathrm{d}s$,其中 C 是圆心在原点,半径为 a 的圆周,则积分值为________.

(2) 设 C 是以 $O(0,0), A(1,0), B(0,1)$ 为顶点的三角形边界,则曲线积分 $\int_C(x+y)\mathrm{d}s=$ ________.

(3) 设 Γ 为螺旋线 $x=\cos t, y=\sin t, z=\sqrt{3}t$ 上相应于从 0 到 π 的一段弧,则曲线积分 $I=\int_\Gamma(x^2+y^2+z^2)\mathrm{d}s=$ ________.

2. $\int_L \mathrm{e}^{\sqrt{x^2+y^2}}\mathrm{d}s$,其中 L 为圆周 $x^2+y^2=1$,直线 $y=x$ 及 x 轴在第一象限所围图形的边界.

3. $\int_L(x+y)\mathrm{d}s$,其中 L 为以 $O(0,0), A(1,0), B(1,1)$ 为顶点的三角形的边界.

4. $\int_L y\mathrm{d}s$，其中 L 为 $y^2=2x$ 上点 $(2,2)$ 与点 $(1,-\sqrt{2})$ 之间的一段弧.

5. $\int_\Gamma (x^2+y^2)\mathrm{d}s$，其中 Γ 为螺旋线 $x=a\cos t, y=a\sin t, z=bt(0\leqslant t\leqslant 2\pi)$.

6. $\int_L \sqrt{x^2+y^2}\mathrm{d}s$，其中 L 为 $x^2+y^2=-2y$.

7. $\int_\Gamma (x^2+y^2+z^2)\mathrm{d}s$，其中 Γ 为 $x^2+y^2+z^2=4$ 与平面 $z=1$ 的交线.

8. 求均匀摆线 $\begin{cases}x=8(t-\sin t)\\ y=8(1-\cos t)\end{cases}(0\leqslant t\leqslant \pi)$ 的质心.

§11.2　对坐标的曲线积分

11.2.1　对坐标的曲线积分的概念与性质

变力沿曲线所作的功：设一个质点在 xOy 面内在变力 $F(x,y)=P(x,y)i+Q(x,y)j$ 的作用下从点 A 沿光滑曲线弧 L 移动到点 B，试求变力 $F(x,y)$ 所作的功.

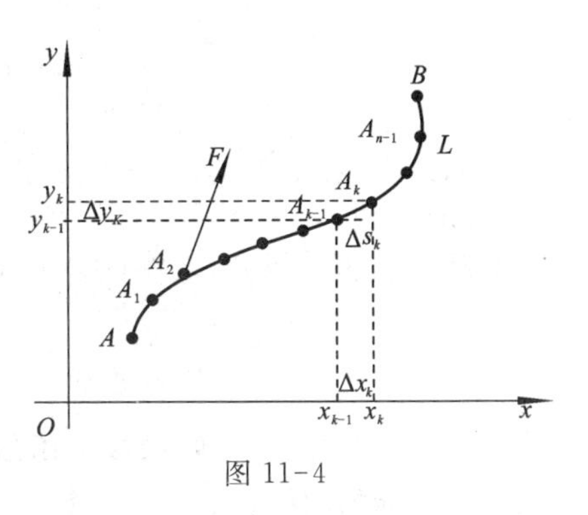

图 11-4

用曲线 L 上的点 $A=A_0, A_1, A_2, \cdots, A_{n-1}, A_n=B$ 把 L 分成 n 个小弧段（见图 11-4）.
设 $A_k=(x_k,y_k)$，有向线段 $\overrightarrow{A_{k-1}A_k}$ 的长度为 Δs_k，且 $\Delta s_k=\sqrt{(\Delta x_k)^2+(\Delta y_k)^2}$，它与 x 轴的夹角为 τ_k，则

$$\overrightarrow{A_{k-1}A_k}=\{\cos\tau_k,\sin\tau_k\}\Delta s_k=\{\Delta x_k,\Delta y_k\}\quad (k=1,1,2,\cdots,n).$$

显然，变力 $F(x,y)$ 沿有向小弧段 $\overparen{A_{k-1}A_k}$ 所作的功可以近似为

$$\begin{aligned}&F(x_k,y_k)\cdot\overrightarrow{A_{k-1}A_k}\\&=[P(x_k,y_k)\cos\tau_k+Q(x_k,y_k)\sin\tau_k]\Delta s_k\\&=P(x_k,y_k)\Delta x_k+Q(x_k,y_k)\Delta y_k.\end{aligned}$$

于是，变力 $F(x,y)$ 所作的功

$$\begin{aligned}W&\approx\sum_{k=1}^{n}F(x_k,y_k)\cdot\overrightarrow{A_{k-1}A_k}\approx\sum_{k=1}^{n}[P(x_k,y_k)\cos\tau_k+Q(x_k,y_k)\sin\tau_k]\Delta s_k\\&\approx\sum_{k=1}^{n}[P(x_k,y_k)\Delta x_k+Q(x_k,y_k)\Delta y_k].\end{aligned}$$

当小弧段中最大长度 $\lambda\to 0$ 时，变力 $F(x,y)$ 所作的功

$$W=\lim_{\lambda\to 0}\sum_{k=1}^{n}F(x_k,y_k)\cdot\overrightarrow{A_{k-1}A_k}=\lim_{\lambda\to 0}\sum_{k=1}^{n}[P(x_k,y_k)\cos\tau_k+Q(x_k,y_k)\sin\tau_k]\Delta s_k$$

$$=\lim_{\lambda\to 0}\sum_{k=1}^{n}[P(x_k,y_k)\Delta x_k+Q(x_k,y_k)\Delta y_k].$$

将这一计算方法抽象后,可以得到一种新的曲线积分方法——对坐标的曲线积分.

定义 设函数 $P(x,y)$,$Q(x,y)$在有向光滑曲线 L 上有界,把 L 分成 n 个有向小弧段 $L_1,L_2,\cdots,L_n$,小弧段 L_i 的起点为(x_{i-1},y_{i-1}),终点为(x_i,y_i),则有 $\Delta x_i=x_i-x_{i-1}$,$\Delta y_i=y_i-y_{i-1}$,(ξ_i,η_i)为 L_i 上任意一点,λ 为各小弧段中长度的最大值,如果极限$\lim\limits_{\lambda\to 0}\sum\limits_{i=1}^{n}P(\xi_i,\eta_i)\Delta x_i$ 总存在,则称此极限为函数 $P(x,y)$ 在有向曲线 L 上对坐标 x 的**曲线积分**,记作$\int_L P(x,y)\mathrm{d}x$,即

$$\int_L P(x,y)\mathrm{d}x=\lim_{\lambda\to 0}\sum_{i=1}^{n}P(\xi_i,\eta_i)\Delta x_i.$$

如果极限$\lim\limits_{\lambda\to 0}\sum\limits_{i=1}^{n}Q(\xi_i,\eta_i)\Delta y_i$ 总存在,则称此极限为函数 $Q(x,y)$ 在有向曲线 L 上对坐标 y 的曲线积分,记作$\int_L Q(x,y)\mathrm{d}y$,即

$$\int_L Q(x,y)\mathrm{d}y=\lim_{\lambda\to 0}\sum_{i=1}^{n}Q(\xi_i,\eta_i)\Delta y_i.$$

其中 $P(x,y)$,$Q(x,y)$叫做**被积函数**,L 叫**积分弧段**.

对坐标的曲线积分也称为**第二类曲线积分**,也可以简写为

$$\int_L P(x,y)\mathrm{d}x+\int_L Q(x,y)\mathrm{d}y=\int_L P(x,y)\mathrm{d}x+Q(x,y)\mathrm{d}y$$

$$=\lim_{\lambda\to 0}\Big[\sum_{i=1}^{n}P(\xi_i,\eta_i)\Delta x_i+\sum_{i=1}^{n}Q(\xi_i,\eta_i)\Delta y_i\Big].$$

如果 L 为 xOy 面上一条光滑有向曲线,$\{\cos\tau,\sin\tau\}$是与曲线方向一致的单位切向量,函数 $P(x,y)$、$Q(x,y)$在 L 上有界,如果下列二式右端的积分存在,我们定义

$$\int_L P(x,y)\mathrm{d}x=\int_L P(x,y)\cos\tau\mathrm{d}s;\tag{1}$$

$$\int_L Q(x,y)\mathrm{d}y=\int_L Q(x,y)\sin\tau\mathrm{d}s.\tag{2}$$

(1)式反映了函数 $P(x,y)$在有向曲线 L 上对坐标 x 的曲线积分与对其弧长的曲线积分的关系,(2)式反映了函数 $Q(x,y)$在有向曲线 L 上对坐标 y 的曲线积分对弧长的曲线积分的关系.同样也可以简写为

$$\int_L P(x,y)\mathrm{d}x + Q(x,y)\mathrm{d}y = \int_L [P(x,y)\cos\tau + Q(x,y)\sin\tau]\mathrm{d}s.$$

设 Γ 为空间内一条光滑有向曲线，$\{\cos\alpha,\cos\beta,\cos\gamma\}$ 是曲线在点 (x,y,z) 处的与曲线方向一致的单位切向量，函数 $P(x,y,z)$、$Q(x,y,z)$、$R(x,y,z)$ 在 Γ 上有界，假如下列各式右端的积分存在，我们定义空间曲线对坐标的曲线积分

$$\int_\Gamma P(x,y,z)\mathrm{d}x = \int_\Gamma P(x,y,z)\cos\alpha\mathrm{d}s;$$

$$\int_\Gamma Q(x,y,z)\mathrm{d}y = \int_\Gamma Q(x,y,z)\cos\beta\mathrm{d}s;$$

$$\int_\Gamma R(x,y,z)\mathrm{d}z = \int_\Gamma R(x,y,z)\cos\gamma\mathrm{d}s.$$

而由对坐标的曲线积分的定义可知

$$\int_\Gamma P(x,y,z)\mathrm{d}x = \lim_{\lambda\to 0}\sum_{i=1}^{n} P(\xi_i,\eta_i,\zeta_i)\Delta x_i;$$

$$\int_\Gamma Q(x,y,z)\mathrm{d}y = \lim_{\lambda\to 0}\sum_{i=1}^{n} Q(\xi_i,\eta_i,\zeta_i)\Delta y_i;$$

$$\int_\Gamma R(x,y,z)\mathrm{d}z = \lim_{\lambda\to 0}\sum_{i=1}^{n} R(\xi_i,\eta_i,\zeta_i)\Delta z_i.$$

空间曲线对坐标的曲线积分可以简写为

$$\begin{aligned}&\int_\Gamma P(x,y,z)\mathrm{d}x + \int_\Gamma Q(x,y,z)\mathrm{d}y + \int_\Gamma R(x,y,z)\mathrm{d}z\\ =&\int_\Gamma P(x,y,z)\mathrm{d}x + Q(x,y,z)\mathrm{d}y + R(x,y,z)\mathrm{d}z\\ =&\int_\Gamma [P(x,y,z)\cos\alpha + Q(x,y,z)\cos\beta + R(x,y,z)\cos\gamma]\mathrm{d}s.\end{aligned}$$

如果我们假设向量值函数 $F(x,y)=P(x,y)\boldsymbol{i}+Q(x,y)\boldsymbol{j}$，$\mathrm{d}r=\mathrm{d}x\boldsymbol{i}+\mathrm{d}y\boldsymbol{j}$，则平面有向曲线对坐标的曲线积分可写为向量形式

$$\int_L P(x,y)\mathrm{d}x + Q(x,y)\mathrm{d}y = \int_L \boldsymbol{F}(\mathrm{x},\mathrm{y})d\boldsymbol{r}.$$

同样假设向量值函数 $\boldsymbol{F}(x,y)=P(x,y,z)\boldsymbol{i}+Q(x,y,z)\boldsymbol{j}+R(x,y,z)\boldsymbol{k}$，$\mathrm{d}\boldsymbol{r}=\mathrm{d}x\boldsymbol{i}+\mathrm{d}y\boldsymbol{j}+\mathrm{d}z\boldsymbol{k}$，则空间有向曲线对坐标的曲线积分可写为向量形式

$$\int_L P(x,y)\mathrm{d}x + Q(x,y)\mathrm{d}y + R(x,y,z)\mathrm{d}z = \int_L \boldsymbol{F}(x,y,z)\mathrm{d}\boldsymbol{r}.$$

根据以上定义，对坐标的曲线积分有以下性质：

性质 1　设 k 为常数，则 $\int_L k\boldsymbol{F}(x,y,z)\mathrm{d}\boldsymbol{r} = k\int_L \boldsymbol{F}(x,y,z)\mathrm{d}\boldsymbol{r}$.

性质 2　$\int_L [\boldsymbol{F}_1(x,y,z)+\boldsymbol{F}_2(x,y,z)]\mathrm{d}\boldsymbol{r} = \int_L \boldsymbol{F}_1(x,y,z)\mathrm{d}\boldsymbol{r} + \int_L \boldsymbol{F}_2(x,y,z)\mathrm{d}\boldsymbol{r}$.

性质 3 设有向曲线弧 L 可以分为有向曲线弧段 L_1 和 L_2,则

$$\int_L \boldsymbol{F}(x,y,z)\mathrm{d}\boldsymbol{r} = \int_{L_1} \boldsymbol{F}(x,y,z)\mathrm{d}\boldsymbol{r} + \int_{L_2} \boldsymbol{F}(x,y,z)\mathrm{d}\boldsymbol{r}.$$

性质 4 设 L^- 是有向曲线弧 L 的反方向曲线弧,则

$$\int_{L^-} \boldsymbol{F}(x,y,z)\mathrm{d}\boldsymbol{r} = -\int_L \boldsymbol{F}(x,y,z)\mathrm{d}\boldsymbol{r}.$$

性质 4 表明当积分曲线弧的方向改变时,对坐标的曲线积分将改变符号,因此对坐标的曲线积分要十分注意积分曲线弧的方向.

11.2.2 对坐标的曲线积分的计算方法

定理 设 $P(x,y)$,$Q(x,y)$在有向曲线 L 上有定义且连续,L 的参数方程为

$$\begin{cases} x=\varphi(t) \\ y=\psi(t) \end{cases}.$$

当参数 t 单调地由 α 变到 β 时,曲线上点 $M(x,y)$从 L 的起点 A 运动到终点 B,$\varphi(t)$,$\psi(t)$在$[\alpha,\beta]$上具有一阶连续偏导数,且 $\varphi'^2(t)+\psi'^2(t)\neq 0$,则曲线积分$\int_L P(x,y)\mathrm{d}x+Q(x,y)\mathrm{d}y$ 存在,且

$$\int_L P(x,y)\mathrm{d}x + Q(x,y)\mathrm{d}y = \int_\alpha^\beta [P(\varphi(t),\psi(t))\varphi'(t) + Q(\varphi(t),\psi(t))\psi'(t)]\mathrm{d}t.$$

证明 在有向曲线 L 上任意插入 $n-1$ 个分点

$$A=M_0,\quad M_1,\quad M_2,\quad \cdots,\quad M_i,\cdots,M_n=B,$$

该点列依次对应的参数值为

$$\alpha=t_0,t_1,t_2,\cdots,t_i,\cdots,t_n=\beta.$$

由对坐标的曲线积分的定义,有

$$\int_L P(x,y)\mathrm{d}x = \lim_{\lambda\to 0}\sum_{i=1}^n P(\xi_i,\eta_i)\Delta x_i.$$

设点(ξ_i,η_i)对应于参数值 τ_i,即 $\xi_i=\varphi(\tau_i)$,$\eta_i=\psi(\tau_i)$,这里 τ_i 在 t_{i-1} 和 t_i 之间.因为

$$\Delta x_i = x_i - x_{i-1} = \varphi(t_i)-\varphi(t_{i-1}).$$

应用拉格朗日中值定理,有 $\Delta x_i=\varphi(t_i)-\varphi(t_{i-1})=\varphi'(\tau_i')\Delta t_i$,其中 $\Delta t_i=t_i-t_{i-1}$,τ_i'在 t_{i-1}和 t_i 之间,则有

$$\int_L P(x,y)\mathrm{d}x = \lim_{\lambda\to 0}\sum_{i=1}^n P(\varphi(\tau_i),\psi(\tau_i))\varphi'(\tau_i')\Delta t_i.$$

因为函数 $\varphi'(t)$在闭区间$[\alpha,\beta]$或$[\beta,\alpha]$上连续,把上式中的 τ_i'换成 τ_i,从而上式变为

$$\int_L P(x,y)\mathrm{d}x = \lim_{\lambda\to 0}\sum_{i=1}^{n} P(\varphi(\tau_i),\psi(\tau_i))\varphi'(\tau_i)\Delta t_i.$$

当上式右端极限存在时该极限就是定积分 $\int_\alpha^\beta P(\varphi(t),\psi(t))\varphi'(t)\mathrm{d}t$. 因为 $P(\varphi(t),\psi(t))$，$\varphi'(t)$在闭区间$[\alpha,\beta]$或$[\beta,\alpha]$上连续，所以该定积分是存在的. 所以 $P(x,y)$，在有向曲线 L 上的对 x 的曲线积分存在，且

$$\int_L P(x,y)\mathrm{d}x = \int_\alpha^\beta P(\varphi(t),\psi(t))\varphi'(t)\mathrm{d}t.$$

同理可证
$$\int_L Q(x,y)\mathrm{d}y = \int_\alpha^\beta Q(\varphi(t),\psi(t))\psi'(t)\mathrm{d}t.$$

将以上两式相加即有：

$$\int_L P(x,y)\mathrm{d}x + Q(x,y)\mathrm{d}y = \int_\alpha^\beta [P(\varphi(t),\psi(t))\varphi'(t) + Q(\varphi(t),\psi(t))\psi'(t)]\mathrm{d}t.$$

当有向曲线弧 L 为 $y = y(x)$，$x:a\to b$ 时，可以证明

$$\int_L P(x,y)\mathrm{d}x + Q(x,y)\mathrm{d}y = \int_a^b [P(x,y(x)) + Q(x,y(x))y'(x)]\mathrm{d}x.$$

当有向曲线弧 L 为 $x = x(y)$，$y:c\to d$ 时，同样可以证明：

$$\int_L P(x,y)\mathrm{d}x + Q(x,y)\mathrm{d}y = \int_c^d [P(x(y),y)x'(y) + Q(x(y),y)]\mathrm{d}y.$$

同理，如果空间定向曲线 Γ 的参数方程：$\begin{cases}x=x(t)\\ y=y(t),t:\alpha\to\beta.\\ z=z(t)\end{cases}$

则有

$$\begin{aligned}&\int_\Gamma P(x,y,z)\mathrm{d}x + Q(x,y,z)\mathrm{d}y + R(x,y,z)\mathrm{d}z\\ &= \int_\alpha^\beta [P(x(t),y(t),z(t))x'(t) + Q(x(t),y(t),z(t))y'(t) +\\ &\quad R(x(t),y(t),z(t))z'(t)]\mathrm{d}t.\end{aligned}$$

例 1　把第二类曲线积分$\int_L P(x,y)\mathrm{d}x + Q(x,y)\mathrm{d}y$化成第一类曲线积分，其中 L 为从点$(0,0)$ 沿上半圆周 $x^2 + y^2 = 2x$ 到点$(1,1)$（见图 11-5）.

解　将有向曲线 L 化为参数方程为$\begin{cases}x=x\\ y=\sqrt{2x-x^2}\end{cases}$，$x:0\to 1$.

切向量为

$$\boldsymbol{\tau}=(x',y')=\left(1,\frac{1-x}{\sqrt{2x-x^2}}\right).$$

其方向余弦为 $\cos\alpha=\sqrt{2x-x^2}$;$\cos\beta=1-x$.

$$\begin{aligned}&\int_L P(x,y)\mathrm{d}x+Q(x,y)\mathrm{d}y\\&=\int_L[P(x,y)\cos\alpha+Q(x,y)\cos\beta]\mathrm{d}s\\&=\int_L[\sqrt{2x-x^2}P(x,y)+(1-x)Q(x,y)]\mathrm{d}s.\end{aligned}$$

例 2 计算 $\int_L xy\mathrm{d}x$,其中曲线 L 为 $y=x^2$ 从点 $A(1,1)$ 到 $B(0,0)$ 的一段弧(见图 11-6).

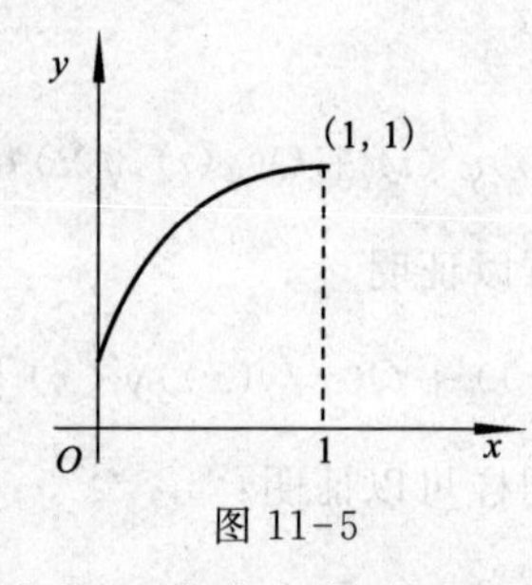

图 11-5

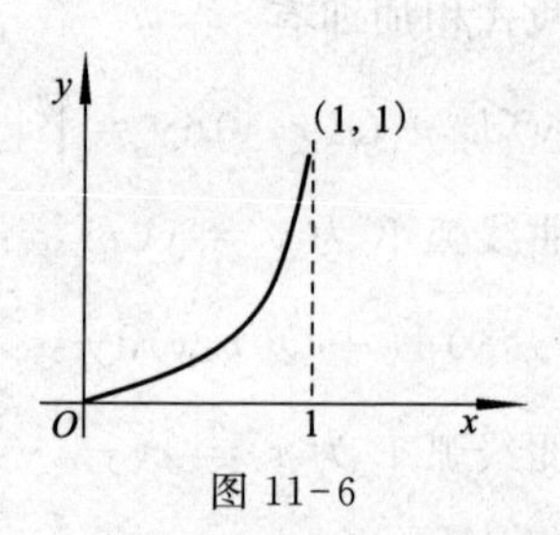

图 11-6

解 将曲线 L 化为参数方程为

$$\begin{cases}x=x,\\y=x^2,\end{cases}\quad x:1\to0.$$

$$\int_L xy\mathrm{d}x=\int_1^0 x^3\mathrm{d}x=\left[\frac{1}{4}x^4\right]_1^0=-\frac{1}{4}.$$

例 3 求 $\int_L y^2\mathrm{d}x+x^2\mathrm{d}y$,其中 L 为圆周 $x^2+y^2=R^2$ 的上半部分,L 的方向为逆时针.

解 L 的参数方程为 $\begin{cases}x=R\cos t\\y=R\sin t\end{cases}$,$t$ 从 0 到 π.

$$\begin{aligned}\int_L y^2\mathrm{d}x+x^2\mathrm{d}y&=\int_0^\pi[R^2\sin^2t(-R\sin t)+R^2\cos^2t(R\cos t)]\mathrm{d}t\\&=R^3\int_0^\pi[(1-\cos^2t)(-\sin t)+(1-\sin^2t)\cos t]\mathrm{d}t\\&=-\frac{4}{3}R^3.\end{aligned}$$

例 4 计算 $\int_\Gamma x^2\mathrm{d}x+z\mathrm{d}y-y\mathrm{d}z$,其中 Γ 为曲线 $x=k\theta$,$y=a\cos\theta$,$z=a\sin\theta$ 上从 $\theta=0$ 到 $\theta=\pi$ 的一段弧.

解　$\int_\Gamma x^2\mathrm{d}x + z\mathrm{d}y - y\mathrm{d}z = \int_0^\pi [k^3\theta^2 - a^2\sin^2\theta - a^2\cos^2\theta]\mathrm{d}\theta = \frac{k^3\pi^3}{3} - a^2\pi.$

例 5　计算曲线积分$\oint_C (z-y)\mathrm{d}x + (x-z)\mathrm{d}y + (x-y)\mathrm{d}z$,其中 C 是曲线.

$\begin{cases} x^2+y^2=1 \\ x-y+z=2 \end{cases}$ 从 z 轴正向看去,C 取顺时针方向.

解　由 $x^2+y^2=1$,可令 $x=\cos\theta, y=\sin\theta$,则 $z=2-\cos\theta+\sin\theta$,$\theta$ 为参数,C 的起点、终点对应的参数值分别为 2π 和 0. 即曲线 C 的参数方程为:

$$x=\cos\theta; y=\sin\theta; z=2-\cos\theta+\sin\theta, \theta: 2\pi\to 0,$$

于是有

$$\begin{aligned}
&\oint_C (z-y)\mathrm{d}x + (x-z)\mathrm{d}y + (x-y)\mathrm{d}z \\
&= \int_{2\pi}^0 [(2-\cos\theta)(-\sin\theta) + (2\cos\theta - 2 - \sin\theta)\cos\theta + \\
&\quad (\cos\theta - \sin\theta)(\cos\theta + \sin\theta)]\mathrm{d}\theta \\
&= \int_0^{2\pi} (2\sin\theta + 2\cos\theta - 2\cos 2\theta - 1)\mathrm{d}\theta = 0 - \int_0^{2\pi}\mathrm{d}\theta = -2\pi.
\end{aligned}$$

11.2.3　对坐标的曲线积分的应用

与对弧长的曲线积分一样,对坐标的曲线积分在工程上也有着广泛的应用. 在几何上可以用来求封闭曲线围成的面积;在物理上可以用来求质点在变力作用下沿曲线运动所做的功;点电荷在电场作用下沿曲线运动所做的功等.

例如,若一质点受到力 $\boldsymbol{F}=P(x,y,z)\boldsymbol{i}+Q(x,y,z)\boldsymbol{j}+R(x,y,z)\boldsymbol{k}$ 作用,从点 A 沿光滑曲线(或分段光滑曲线)Γ 移动到点 B,由对坐标的曲线积分定义可知,所作的功为

$$W = \int_\Gamma \boldsymbol{F}\cdot \mathrm{d}\boldsymbol{r} = \int_\Gamma P(x,y,z)\mathrm{d}x + Q(x,y,z)\mathrm{d}y + R(x,y,z)\mathrm{d}z.$$

例 6　一单位质量的质点从点 $M_1(x_1,y_1,z_1)$ 移动到点 $M_2(x_2,y_2,z_2)$,求其克服引力 $F=\frac{k}{r^2}(r=\sqrt{x^2+y^2+z^2})$ 所做的功.

解　由已知条件知

$$\boldsymbol{F}=F_x\boldsymbol{i}+F_y\boldsymbol{j}+F_z\boldsymbol{k}=\frac{kx}{r^3}\boldsymbol{i}+\frac{ky}{r^3}\boldsymbol{j}+\frac{kz}{r^3}\boldsymbol{k}=\frac{k}{r^3}(x\boldsymbol{i}+y\boldsymbol{j}+z\boldsymbol{k}).$$

则克服引力所做的功为

$$W = \int_{M_1M_2} F_x\mathrm{d}x + F_y\mathrm{d}y + F_z\mathrm{d}z = \int_{M_1M_2} \frac{k}{r^3}(x\mathrm{d}x + y\mathrm{d}y + z\mathrm{d}z).$$

因为 $\mathrm{d}r=\frac{1}{r}(x\mathrm{d}x+y\mathrm{d}y+z\mathrm{d}z)$,所以

$$W=\int_{M_1}^{M_2}\frac{k}{r^2}\mathrm{d}r=k\left[-\frac{1}{r}\right]_{M_1}^{M_2}=k\left(\frac{1}{\sqrt{x_1^2+y_1^2+z_1^2}}-\frac{1}{\sqrt{x_2^2+y_2^2+z_2^2}}\right).$$

习 题 11.2

1. 填空题.

(1)已知质点在力$\boldsymbol{F}=5\,\boldsymbol{i}+2\,\boldsymbol{j}$的作用下,沿 xOy 面内光滑曲线 L 从点 A 移动到点 B,则力$\boldsymbol{F}$所做的功用曲线积分表示为 $W=$__________;

(2)对坐标曲线积分的计算公式

$$\int_L P(x,y)\mathrm{d}x+Q(x,y)\mathrm{d}y=\int_\alpha^\beta[P(\varphi(t),\varphi(t))\phi'(t)+Q(\varphi(t),\phi(t))\phi'(t)]\mathrm{d}t$$

中,下限 α 是积分曲线 L 的__________点参数值,上限 β 是积分曲线 L 的__________点参数值;

(3)第二类曲线积分 $\int_L P(x,y)\mathrm{d}x+Q(x,y)\mathrm{d}y$ 化为第一类曲线积分是__________,其中 α,β 为有向光滑曲线 L 在点 (x,y) 处的__________的方向角.

(4) 设 L 是以 $(0,0)$,$(1,0)$,$(1,1)$,$(0,1)$ 为顶点的正方形边界正向一周,则曲线积分$\oint_L y\mathrm{d}x-(\mathrm{e}^{y^2}+x)\mathrm{d}y=$__________.

(5) 设 L 为 $x^2+y^2=a^2$ 的正向,则$\oint_L\frac{x\mathrm{d}y-y\mathrm{d}x}{x^2+y^2}=$__________.

2. L 为上半椭圆圆周$\begin{cases}x=a\cos t\\y=b\sin t\end{cases}$,取顺时针方向,求$\int_L y\mathrm{d}x-x\mathrm{d}y$.

3. 求$\int_L x\mathrm{d}y-y\mathrm{d}x$,其中 L 为 $y=x^2$ 上从点 $B(1,1)$ 到点 $A(-1,1)$ 的一段弧.

4. 求$\int_L(x^2+y^2)\mathrm{d}x$,其中 L 为从点 $A(0,0)$ 经上半圆周 $(x-1)^2+y^2=1(y>0)$ 到点 $B(1,1)$ 的一段弧.

5. 求$\oint_L x^2y\mathrm{d}x+y^3x\mathrm{d}y$,其中 L 为 $y^2=x$ 与 $x=1$ 所围成0区域的整个边界(按逆时针方向绕行).

6. 求$\int_\Gamma y^2\mathrm{d}x+xy\mathrm{d}y+zx\mathrm{d}z$,其中 Γ 为从点 $O(0,0,0)$ 到点 $C(1,1,1)$,沿着:

(1) 直线段;

(2) 有向折线 $OABC$,这里的 O、A、B、C 依次为点 $(0,0,0)$、$(1,0,0)$、$(1,1,0)$、$(1,1,1)$.

7. $\int_L (x^2+y^2)\mathrm{d}x+(x^2-y^2)\mathrm{d}y$，其中 L 为曲线 $y=1-|1-x|$ 从对应于 $x=0$ 的点到 $x=2$ 的点.

8. $\oint_\Gamma (z-y)\mathrm{d}x+(x-z)\mathrm{d}y+(x-y)\mathrm{d}z$，其中 Γ 是曲线 $\begin{cases}x^2+y^2=1\\x-y+z=2\end{cases}$ 从 z 轴正向往 z 轴负向看，Γ 的方向是顺时针的.

9. 把 $\int_L P(x,y)\mathrm{d}x+Q(x,y)\mathrm{d}y$ 化为对弧长的曲线积分，其中 L 为沿 $y^2=x$ 从点 $O(0,0)$ 到点 $A(1,1)$.

10. 设 L 为 xOy 面内直线 $y=c$ 上从点 (a,c) 到点 (b,c) 的一段，证明：

(1) $\int_L Q(x,y)\mathrm{d}y=0$；

(2) $\int_L P(x,y)\mathrm{d}x=\int_a^b P(x,c)\mathrm{d}x$.

§11.3　格林公式及其应用

11.3.1　格林公式

在高等数学上册的定积分部分的学习中我们知道一个函数在闭区间上的定积分等于它的原函数在这个区间上的函数值之差，而格林公式可以告诉我们，作为定积分推广的重积分又可以等于其积分区域边界上对坐标的曲线积分. 为说明这一问题，先介绍平面区域的类型及其边界的方向.

1. 连通区域及其边界方向

我们知道若 D 为一平面区域，如果 D 内的任意两点都可以用属于 D 的折线段连结起来，则 D 为一**连通域**. 如果连通域 D 内任一闭曲线所围的部分都属于 D，则称 D 为**单连通区域**（见图 11-7）；否则称为**复连通区域**（见图 11-8）. 通俗地说，平面单连通区域就是区域内没有洞的区域，平面复连通区域就是区域内有洞的区域. 如平面区域

$$\{(x,y)\mid x^2+y^2<4\},\quad \{(x,y)\mid y>x\}$$

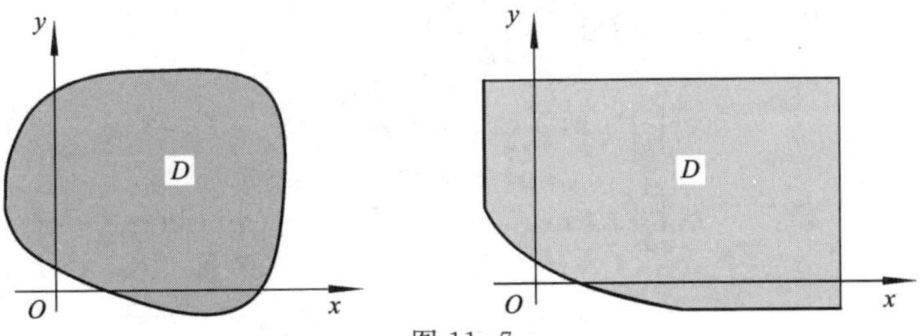

图 11-7

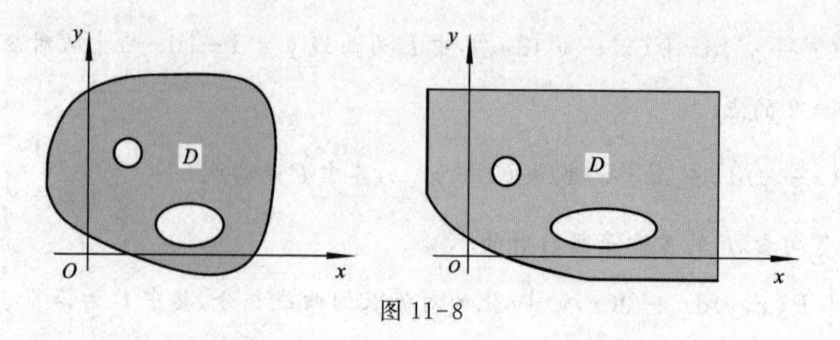

图 11-8

等都是单连通区域,而

$$\{(x,y)\mid 1<x^2+y^2<4\},\quad \{(x,y)\mid 0<x^2+y^2<4\}$$

等都是复连通区域. 规定平面 D 的边界曲线 L 的方向为:当观察者沿 L 行走时,区域 D 始终在其左边(见图 11-9),这个方向作为区域边界的**正方向**,而相反方向则作为边界的**负方向**.

2. 格林公式

定理 1 (**格林公式**)设平面单连通区域 D 由分段光滑的曲线 L 围成,函数 $P(x,y)$和 $Q(x,y)$在 D 上具有一阶连续偏导数,则 有$\iint\limits_D\left(\frac{\partial Q}{\partial x}-\frac{\partial P}{\partial y}\right)\mathrm{d}x\mathrm{d}y=\oint_L P\,\mathrm{d}x-Q\mathrm{d}y.$

其中 L 为平面区域 D 的正向边界曲线.

证 假设 D 既为 x-型又为 y-型区域(如图 11-10),当设 D 为 x-型区域,且 $L_1:y=\varphi_1(x),L_2:y=\varphi_2(x)$.

由$\frac{\partial P}{\partial y}$连续及二重积分的计算计算方法可知

$$\begin{aligned}\iint\limits_D\frac{\partial P}{\partial y}\mathrm{d}x\mathrm{d}y&=\int_a^b\mathrm{d}x\int_{\varphi_2(x)}^{\varphi_1(x)}\frac{\partial P(x,y)}{\partial y}\mathrm{d}y\\&=\int_a^b\{P(x,\varphi_1(x))-P(x,\varphi_2(x))\}\mathrm{d}x.\end{aligned}$$

又由对坐标的曲线积分计算方法可知

$$\begin{aligned}\oint_L P\,\mathrm{d}x&=\int_{L_1}P\mathrm{d}x+\int_{L_2}P\mathrm{d}x\\&=\int_b^a P(x,\varphi_1(x))\mathrm{d}x+\int_a^b P(x,\varphi_2(x))\mathrm{d}x\\&=\int_a^b[P(x,\varphi_2(x))-P(x,\varphi_1(x))]\mathrm{d}x.\end{aligned}$$

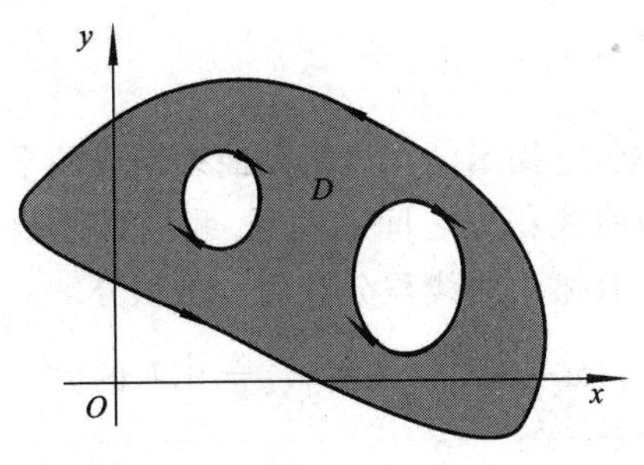

图 11-9

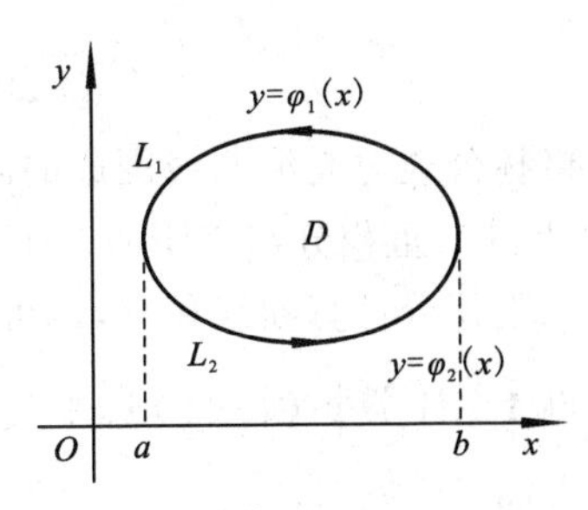

图 11-10

所以
$$-\iint_D \frac{\partial P}{\partial y}\mathrm{d}x\mathrm{d}y = \oint_L P\mathrm{d}x. \tag{1}$$

当设 D 为 y 一型区域时,同理可证
$$\iint_D \frac{\partial Q}{\partial x}\mathrm{d}x\mathrm{d}y = \oint_L Q\mathrm{d}y. \tag{2}$$

由于 D 既为 x-型又为 y-型区域,所以(1)(2)两式同时成立,将两式相加即得
$$\iint_D \left(\frac{\partial Q}{\partial x} - \frac{\partial P}{\partial y}\right)\mathrm{d}x\mathrm{d}y = \oint_L P\mathrm{d}x - Q\mathrm{d}y.$$

如果 D 属于既不是 x-型又不是 y-型区域的一般情况,可引进辅助线将 D 分成有限个符合上述条件区域(见图 11-11),在 D_1, D_2, D_3 上应用格林公式有

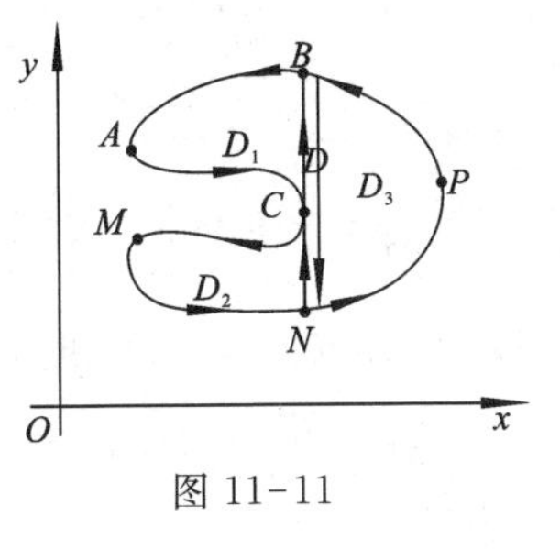

图 11-11

$$\iint_{D_1} \left(\frac{\partial Q}{\partial x} - \frac{\partial P}{\partial y}\right)\mathrm{d}x\mathrm{d}y = \oint_{\overset{\frown}{BACB}} P\mathrm{d}x + Q\mathrm{d}y;$$
$$\iint_{D_2} \left(\frac{\partial Q}{\partial x} - \frac{\partial P}{\partial y}\right)\mathrm{d}x\mathrm{d}y = \oint_{\overset{\frown}{CMNC}} P\mathrm{d}x + Q\mathrm{d}y;$$
$$\iint_{D_3} \left(\frac{\partial Q}{\partial x} - \frac{\partial P}{\partial y}\right)\mathrm{d}x\mathrm{d}y = \oint_{\overset{\frown}{BCNPB}} P\mathrm{d}x + Q\mathrm{d}y.$$

将以上三式相加,注意到由于沿辅助线的曲线积分相互抵消,因而得到
$$\iint_D \left(\frac{\partial Q}{\partial x} - \frac{\partial P}{\partial y}\right)\mathrm{d}x\mathrm{d}y = \oint_L P\mathrm{d}x - Q\mathrm{d}y.$$

特别地,当在格林公式中,取
$$P = -y, Q = x,$$
$$2\iint_D \mathrm{d}x\mathrm{d}y = \oint_L x\mathrm{d}y - y\mathrm{d}x.$$

因而得到平面区域 D 的面积为

$$A=\iint\limits_{D}\mathrm{d}x\mathrm{d}y=\frac{1}{2}\oint_{L}x\mathrm{d}y-y\mathrm{d}x.$$

格林公式对光滑曲线围成的闭区域均成立,它揭示了在光滑闭曲线围成的平面区域 D 上的二重积分与该闭曲线上的对坐标的曲线积分之间的关系.我们可以根据需要用二重积分计算曲线积分,也可以在需要的时候用曲线积分计算二重积分.

例 1 计算 $\oint_{C}(y-x)\mathrm{d}x+(3x+y)\mathrm{d}y$. $L:(x-1)^{2}+(y-4)^{2}=9$,L 的方向为逆时针方向.

解 由于该曲线积分在 L 所围的平面区域上满足格林公式的条件,由 $\frac{\partial Q}{\partial x}=3$,$\frac{\partial P}{\partial y}=1$,应用格林公式和圆的面积公式有

$$\oint_{C}(y-x)\mathrm{d}x+(3x+y)dy=\iint\limits_{D}(3-1)\mathrm{d}x\mathrm{d}y=18\pi$$

例 2 计算星形线 $\begin{cases}x=a\cos^{3}t\\ y=a\sin^{3}t\end{cases}$ $(0\leqslant t\leqslant 2\pi)$围成图形面积.

解 $A=\frac{1}{2}\oint_{L}x\mathrm{d}y-y\mathrm{d}x=\frac{1}{2}\int_{0}^{2\pi}(a\cos^{3}t\cdot 3a\sin^{2}t\cos t+a\sin^{2}t\cdot 3a\cos^{2}t\sin t)\mathrm{d}t$

$=\frac{3\pi a^{2}}{8}.$

例 3 计算 $\oint_{L}\frac{x\mathrm{d}y-y\mathrm{d}x}{x^{2}+y^{2}}$,其中 L 为任意分段光滑的且不经过原点的连续闭曲线,积分方向取 L 的正方向.

解 设 L 围成的平面闭区域为 D,$P=\frac{-y}{x^{2}+y^{2}}$,$Q=\frac{x}{x^{2}+y^{2}}$.

当 $x^{2}+y^{2}\neq 0$ 时,有 $\quad \frac{\partial P}{\partial y}=\frac{y^{2}-x^{2}}{(x^{2}+y^{2})^{2}}=\frac{\partial Q}{\partial x}$.

当$(0,0)\notin D$ 时,即原点不在平面区域 D 内,由格林公式得

$$\oint_{L}\frac{x\mathrm{d}y-y\mathrm{d}x}{x^{2}+y^{2}}=\iint_{D}0\mathrm{d}x\mathrm{d}y=0.$$

当$(0,0)\in D$ 时,原点在平面区域 D 内,取较小的 $r>0$,在 D 内作圆周 $l:x^{2}+y^{2}=r^{2}$.设曲线 L 与圆周 l 围成平面复连通区域 D_{1}(见图 11-12),由格林公式有

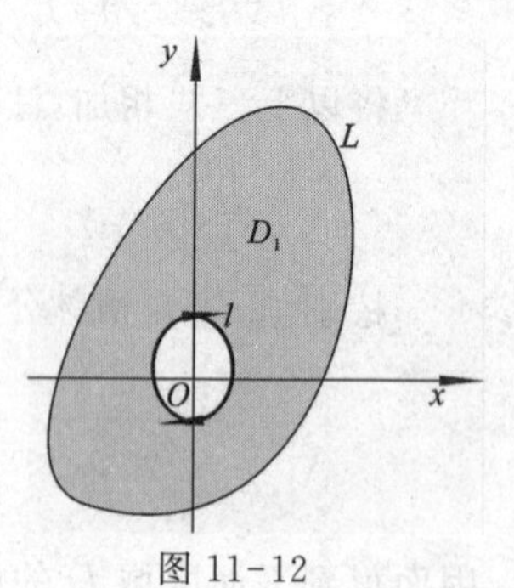

图 11-12

$$\oint_{L}\frac{x\mathrm{d}y-y\mathrm{d}x}{x^{2}+y^{2}}-\oint_{l}\frac{x\mathrm{d}y-y\mathrm{d}x}{x^{2}+y^{2}}=0,$$

从而有 $$\oint_L \frac{x\mathrm{d}y - y\mathrm{d}x}{x^2+y^2} = \oint_l \frac{x\mathrm{d}y - y\mathrm{d}x}{x^2+y^2} = \int_0^{2\pi} \frac{r^2\cos^2\theta + r^2\sin^2\theta}{r^2}\mathrm{d}\theta = 2\pi.$$

例 4　计算$\int_L (\mathrm{e}^x\sin y - my)\mathrm{d}x + (\mathrm{e}^x\cos y - m)\mathrm{d}y$，其中 L 为圆$(x-a)^2+y^2=a^2(a>0)$ 的上半圆周，方向为从点 $A(2a,0)$ 沿 L 到原点 O.

解　添加从原点到点 A 的直线段 OA 后，闭曲线所围区域记为 D，

因为 $P=(\mathrm{e}^x\sin y - my)$，$Q=\mathrm{e}^x\cos y - m$，

$$\frac{\partial P}{\partial y} = \mathrm{e}^x\cos y - m;\qquad \frac{\partial Q}{\partial x} = \mathrm{e}^x\cos y.$$

利用格林公式有

$$\int_L (\mathrm{e}^x\sin y - my)\mathrm{d}x + (\mathrm{e}^x\cos y - m)\mathrm{d}y + \int_{\overrightarrow{OA}} (\mathrm{e}^x\sin y - my)\mathrm{d}x + (\mathrm{e}^x\cos y - m)\mathrm{d}y$$

$$= m\iint_D \mathrm{d}x\mathrm{d}y = \frac{m\pi a^2}{2}.$$

而 $$\int_{\overrightarrow{OA}} (\mathrm{e}^x\sin y - my)\mathrm{d}x + (\mathrm{e}^x\cos y - m)\mathrm{d}y = \int_0^{2a} 0\mathrm{d}x + 0 = 0.$$

所以 $$\int_L (\mathrm{e}^x\sin y - my)\mathrm{d}x + (\mathrm{e}^x\cos y - m)\mathrm{d}y = \frac{m\pi a^2}{2}.$$

11.3.2　格林公式的应用

格林公式反映了平面闭曲线上对坐标的曲线积分与该闭曲线所围平面闭区域上的二重积分之间的关系，除此之外，格林公式还有很多很好的性质. 我们先看以下例子.

例 5　计算$\int_L (x+y)\mathrm{d}x + (x-y)\mathrm{d}y$　(1)L 是从(1,1) 到(2,3) 的 折线；(2)L 是从(1,1)到(2,3)的直线(图 11-13).

解　(1)L 由 $y=1,x\in[1,2]$；$x=2,y\in[1,3]$组成.

$$\int_{L_1} P\mathrm{d}x + Q\mathrm{d}y = \int_1^2 (1+x)\mathrm{d}x + \int_1^3 (2-y)\mathrm{d}y = \frac{5}{2}.$$

(2)L 为 $y=3+2(x-2)$，即 $y=2x-1, x\in[1,2]$.

$$\int_{L_2} (x+y)\mathrm{d}x + (x-y)\mathrm{d}y = \int_1^2 [(x+2x-1)+2(1-x)]\mathrm{d}x$$

$$= \frac{5}{2}.$$

从上例中可以看出，该曲线积分无论是沿(L_1)积分，还是沿(L_2)积分，结果相同，对于曲线积分这种现象称为**平面曲线积分与路线无关**.

定义 设G为一开区域,$P(x,y)$,$Q(x,y)$在G内具有一阶连续偏导数,若对于G内任意指定两点A,B及G内从A到B的任意两条曲线L_1,L_2,使

$$\int_{L_1} P\mathrm{d}x + Q\mathrm{d}y = \int_{L_2} P\mathrm{d}x + Q\mathrm{d}y$$

恒成立,则称$\int_L P\mathrm{d}x + Q\mathrm{d}y$在$G$内**与路径无关**.否则与路径有关.

根据格林公式,我们有以下定理:

定理2 设$P(x,y)$,$Q(x,y)$在单连通区域D内有连续的一阶偏导数,则以下四个命题相互等价:

(1)对于D内任一闭曲线C,曲线积分$\oint_C P\mathrm{d}x + Q\mathrm{d}y = 0$.

(2)对D内任一曲线L,曲线积分$\int_L P\mathrm{d}x + Q\mathrm{d}y$与路径无关.

(3)在D内存在某一函数$\mu(x,y)$使$\mathrm{d}\mu(x,y) = P\mathrm{d}x + Q\mathrm{d}y$在$D$内成立.

(4)$\dfrac{\partial P}{\partial y} = \dfrac{\partial Q}{\partial x}$,在$D$内处处成立.

证明 先证明命题(1)与命题(2)等价.在D内任取两点A、B,及连接A、B的任意两条曲线$\overset{\frown}{AMB}$、$\overset{\frown}{BNA}$(见图11-14),$C=\overset{\frown}{AMB}+\overset{\frown}{BNA}$为$D$内一闭曲线

由(1)知$\oint_C P\mathrm{d}x + Q\mathrm{d}y = 0$,

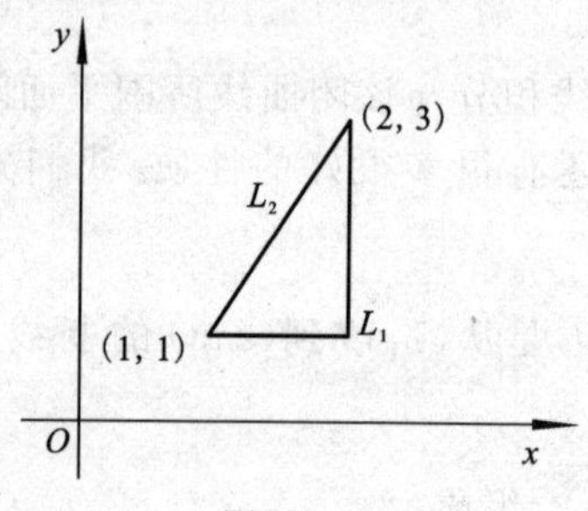

图11-13

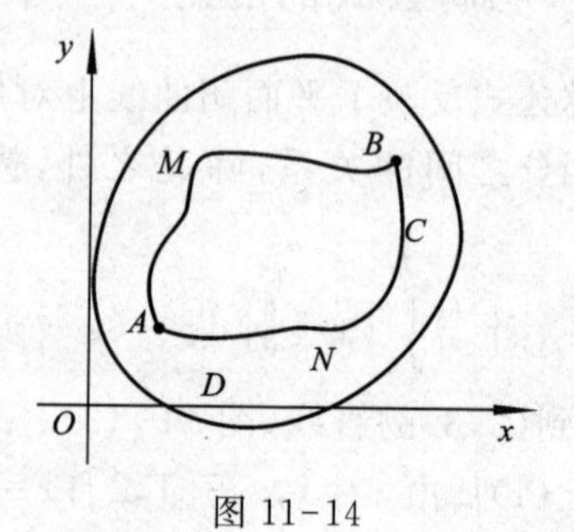

图11-14

即 $$\int_{\overset{\frown}{AMB}} P\mathrm{d}x + Q\mathrm{d}y + \int_{\overset{\frown}{BNA}} P\mathrm{d}x + Q\mathrm{d}y = 0;$$

所以 $$\int_{\overset{\frown}{AMB}} P\mathrm{d}x + Q\mathrm{d}y = \int_{\overset{\frown}{ANB}} P\mathrm{d}x + Q\mathrm{d}y.$$

可知对D内任一曲线L,曲线积分$\int_L P\mathrm{d}x + Q\mathrm{d}y$与路径无关,从而使命题(1)与命题(2)等价.

再证明命题(2)与命题(3)等价,若$\int_L P\mathrm{d}x + Q\mathrm{d}y$在$D$内与路径无关.当起点固定

在(x_0,y_0)点，终点为(x,y)后(见图 11-15)，则$\int_{(x_0,y_0)}^{(x,y)} P\mathrm{d}x+Q\mathrm{d}y$是$x,y$的函数，记为$u(x,y)$.

因为$P(x,y)$,$Q(x,y)$在D上连续，由定义$\frac{\partial u}{\partial x}=\lim\limits_{\Delta x\to 0}\frac{u(x+\Delta x)-u(x,y)}{\Delta x}$有

$$\begin{aligned} u(x+\Delta x,y) &= \int_{(x_0,y_0)}^{(x+\Delta x,y)} P\mathrm{d}x+Q\mathrm{d}y = u(x,y)+\int_{(x,y)}^{(x+\Delta x,y)} P\mathrm{d}x+Q\mathrm{d}y \\ &= u(x,y)+\int_{x}^{x+\Delta x} P\mathrm{d}x. \end{aligned}$$

则有

$$u(x+\Delta x,y)-u(x,y)=\int_{x}^{x+\Delta x} P\mathrm{d}x = P\Delta x;$$

$$P=P(x+\theta\Delta x,y)\qquad (0\leqslant\theta\leqslant 1).$$

即
$$\frac{\partial u}{\partial x}=P(x,y).$$

同理
$$\frac{\partial u}{\partial y}=Q(x,y).$$

所以$u(x,y)=\int_{(x_0,y_0)}^{(x,y)} P\mathrm{d}x+Q\mathrm{d}y$的全微分为$\mathrm{d}u(x,y)=P\mathrm{d}x+Q\mathrm{d}y$.
从而使命题(2)与命题(3)等价.

又因为若$\mathrm{d}u(x,y)=P\mathrm{d}x+Q\mathrm{d}y$.

则
$$P=\frac{\partial u(x,y)}{\partial x};\qquad Q=\frac{\partial u(x,y)}{\partial y}.$$

$$\frac{\partial P}{\partial y}=\frac{\partial^2 u}{\partial x\partial y};\qquad \frac{\partial Q}{\partial x}=\frac{\partial^2 u}{\partial y\partial x}.$$

由P,Q具有连续的一阶偏导数$\frac{\partial^2 u}{\partial x\partial y}=\frac{\partial^2 u}{\partial y\partial x}$，则$\frac{\partial P}{\partial y}=\frac{\partial Q}{\partial x}$，这样使命题(3)与命题(4)等价.

因为设C为D内任一闭曲线，D为C所围成的区域，由(4)可知$\frac{\partial P}{\partial y}=\frac{\partial Q}{\partial x}$.

所以
$$\oint_C P\mathrm{d}x+Q\mathrm{d}y=\iint_D\left(\frac{\partial Q}{\partial x}-\frac{\partial P}{\partial y}\right)\mathrm{d}x\mathrm{d}y=0.$$

从而使命题(4)与命题(1)等价.

例 6　验证曲线积分：

$\int_L (\mathrm{e}^y+x)\mathrm{d}x+(x\mathrm{e}^y-2y)\mathrm{d}y$与路径无关，当$L$为过(0,0)，(0,1)和(1,2)点的圆弧时求曲线积分值.

解 因为 $P=e^y+x$, $Q=xe^y-2y$,所以 $\frac{\partial P}{\partial y}=e^y=\frac{\partial Q}{\partial x}$,

可知该曲线积分与路径无关.

取积分路径为:

$x=0$, $y\in[0,1]$; $y=1$, $x\in[0,1]$; $x=1$, $y\in[1,2]$(见图 11-16). 则

$$\begin{aligned}&\int_L (e^y+x)dx+(xe^y-2y)dy\\&=\int_0^1(-2y)dy+\int_0^1(e+x)dx+\int_1^2(e^y-2y)dy\\&=[-y^2]_0^1+\left[ex+\frac{1}{2}x^2\right]_0^1+[e^y-y^2]_1^2=e^2-\frac{7}{2}.\end{aligned}$$

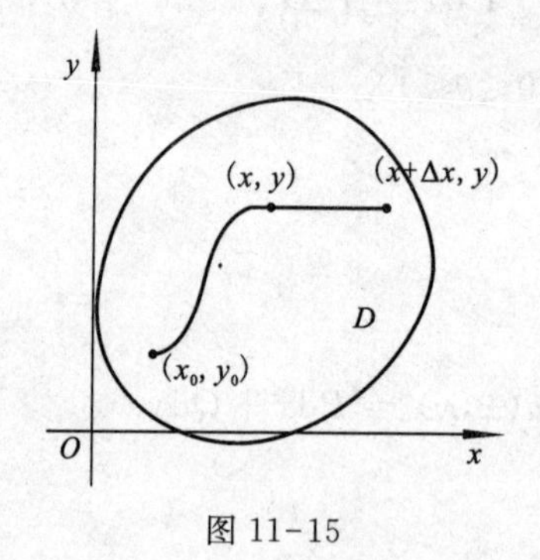

图 11-15

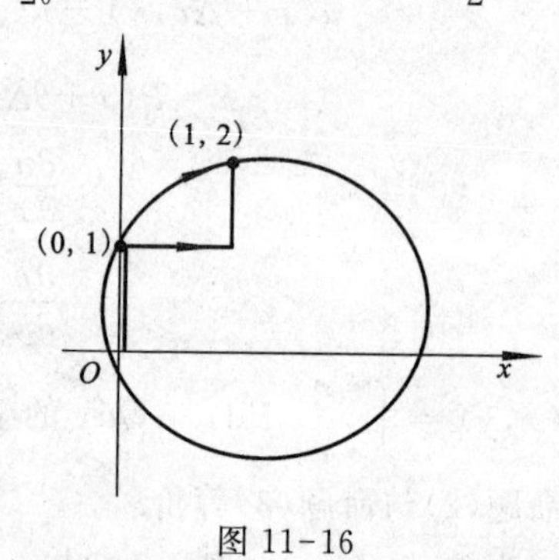

图 11-16

例 7 设 $f(x)$ 可微, $f(0)=1$ 且曲线积分 $\oint_L [2f(x)+e^{2x}]ydx+f(x)dy$ 与路径无关,求 $f(x)$.

解 $\frac{\partial P}{\partial y}=2f(x)+e^{2x}$; $\frac{\partial Q}{\partial x}=f'(x)$.

因该项积分与路径无关,所以 $\frac{\partial P}{\partial y}=\frac{\partial Q}{\partial x}$,有 $2f(x)+e^{2x}=f'(x)$.

令 $y=f(x)$,得微分方程 $y'-2y=e^{2x}$,

解得 $$y=e^{2x}(x+C).$$

代入条件 $f(0)=1$ 得 $C=1$,从而有 $y=e^{2x}(x+1)$.

例 8 证明在整个 xOy 平面上, $(e^x\sin y-my)dx+(e^x\cos y-mx)dy$ 是某个函数的全微分,求这样的一个函数.

解 令 $P(x,y)=e^x\sin y-my$; $Q(x,y)=e^x\cos y-mx$. 则有

$$\frac{\partial P}{\partial y}=e^x\cos y-m=\frac{\partial Q}{\partial x},$$

故知 $(e^x\sin y-my)dx+(e^x\cos y-mx)dy$ 是某个函数的全微分.

取曲线积分路径$(0,0)\to(x,0)\to(x,y)$，则一个原函数为

$$\begin{aligned}U(x,y)&=\int_{(0,0)}^{(x,y)}(e^x\sin y-my)dx+(e^x\cos y-mx)dy\\&=\int_{(0,0)}^{(x,0)}(e^x\sin y-my)dx+(e^x\cos y-mx)dy+\\&\quad\int_{(x,0)}^{(x,y)}(e^x\sin y-my)dx+(e^x\cos y-mx)dy\\&=\int_0^x 0dx+\int_0^y(e^x\cos y-mx)dy=e^x\sin y-mxy.\end{aligned}$$

习　题　11.3

1. 利用 Green 公式，计算下列曲线积分：

(1) $\oint_L xy^2dy-x^2ydx$，其中 L 为正向圆周 $x^2+y^2=9$；

(2) $\oint_L(e^y+y)dx+(xe^y-2y)dy$，其中 L 为以 $O(0,0)$，$A(1,2)$ 及 $B(1,0)$ 为顶点的三角形负向边界；

(3) $\int_L -x^2ydx+xy^2dy$，其中 L 为 $x^2+y^2=6x$ 的上半圆周从点 $A(6,0)$ 到点 $O(0,0)$ 及 $x^2+y^2=3x$ 的上半圆周从点 $O(0,0)$ 到点 $B(3,0)$ 连成的弧 AOB；

(4) $\oint_L\dfrac{ydx-xdy}{x^2+y^2}$，其中 L 为正向圆周 $x^2+(y+1)^2=4$.

(5) 计算曲线积分$\oint_L(x^3+xy)dx+(x^2+y^2)dy$，其中 L 是区域 $0\leqslant x\leqslant 1,0\leqslant y\leqslant 1$ 的边界正向.

(6) $\int_L\sqrt{x^2+y^2}dx+y[xy+\ln(x+\sqrt{x^2+y^2})]dy$，其中 L 为曲线 $y=\sin x,0\leqslant x\leqslant\pi$ 与直线段 $y=0,0\leqslant x\leqslant\pi$ 所围闭区域 D 的正向边界.

(7) 计算曲线积分 $I=\oint_L(y-e^x)dx+(3x+e^y)dy$，其中 L 是椭圆$\dfrac{x^2}{a^2}+\dfrac{y^2}{b^2}=1$ 的正向.

2. 利用曲线积分，求圆 $x^2+y^2+6y=0$ 围成图形的面积.

3. 计算下列对坐标的曲线积分：

(1) $\int_L e^x(1-2\cos y)dx+2e^x\sin ydy$，其中 L 为曲线 $y=\sin x$ 上由点 $A(\pi,0)$ 到点 $O(0,0)$ 的一段弧；

(2)$\int_L (2xy+x)\mathrm{d}x + x^2\mathrm{d}y$，其中 L 为由点 $A(a,0)$ 经曲线 $\frac{x^2}{a^2}+\frac{y^2}{b^2}=1$，在第一象限的部分到点 $B(0,b)(a,b>0)$.

4. 求 a,b. 曲线积分 $\int_L \frac{ay\mathrm{d}x + bx\mathrm{d}y}{x^2}$ 在右半平面 $x>0$ 内与路径无关，并求 $\int_{(2,1)}^{(1,2)} \frac{ay\mathrm{d}x + bx\mathrm{d}y}{x^2}$.

5. 验证下列 $P(x,y)\mathrm{d}x+Q(x,y)\mathrm{d}y$ 在 xOy 面内为某一函数 $u(x,y)$ 的全微分，并求出这样一个函数 $u(x,y)$：

(1)$(2x+\sin y)\mathrm{d}x + x\cos y\mathrm{d}\,y$；

(2)$(\mathrm{e}^{xy}+xy\mathrm{e}^{xy})\mathrm{d}x + x^2\mathrm{e}^{xy}\mathrm{d}y$.

6. 设函数 $f(u)$ 具有一阶连续导数，证明对任何光滑封闭曲线 L，有

$$\oint_L f(xy)(y\mathrm{d}x + x\mathrm{d}y) = 0.$$

§11.4 对面积的曲面积分

11.4.1 对面积的曲面积分的概念与性质

空间曲面的质量：在对平面曲线弧长的曲线积分中，将曲线换为曲面，线密度换为面密度，二元函数换为三元函数即可得对面积的曲面积分. 设有一曲面型构件 S，其面密度为 $\mu=\mu(x,y,z)$ 且在曲面 S 上连续，用任意的曲线将 S 分成 n 个部分 $\Delta S_1,\Delta S_2,\Delta S_3,\cdots,\Delta S_i,\cdots,\Delta S_n$，在每一个部分 Δs_i 上任取一点 (ξ_i,η_i,ζ_i)，以该点的密度来代替该部分的平均密度，求得该部分的近似质量为 $u(\xi_i,\eta_i,\zeta_i)\cdot\Delta S_i$，求和得到该曲面型构件和近似质量为 $\sum\limits_{i=1}^{n}u(\xi_i,\eta_i,\zeta_i)\cdot\Delta S_i$. 这样经分割、替代、求和、取极限四步，得到曲面 S 的质量 $M=\lim\limits_{\lambda\to 0}\sum\limits_{i=1}^{n}u(\xi_i,\eta_i,\zeta_i)\cdot\Delta S_i$. 将这一计算方法抽象，即可得到对面积的曲面积分的概念.

定义 设曲面 Σ 是光滑的，$f(x,y,z)$ 在 Σ 上有界，用任意的曲线把曲面 Σ 分成 n 部分 $\Delta S_1,\Delta S_2,\Delta S_3,\cdots,\Delta S_i,\cdots,\Delta S_n$，在每一部分 ΔS_i 上任取 $(\xi_i,\eta_i,\zeta_i)\in\Delta S_i$，作乘积 $f(\xi_i,\eta_i,\zeta)\cdot\Delta \mathrm{S}_i(i=1,2,\cdots,n)$，求和 $\sum\limits_{i=1}^{n}f(\xi_i,\eta_i,\zeta_i)\Delta x_i(i=1,2,\cdots,n)$，当各部分曲面直径的最大值 $\lambda\to 0$ 时，该和式的极限存在，则称此极限为 $f(x,y,z)$ 在 Σ 上**对面积的曲面积分或第一类曲面积分**，记为 $\iint\limits_{\Sigma}f(x,y,z)\mathrm{d}S$，即

$$\iint_{\Sigma} f(x,y,z)\mathrm{d}S = \lim_{\lambda \to 0}\sum_{i=1}^{n} f(\xi_i,\eta_i,\zeta_i)\cdot \Delta S_i.$$

其中 $f(x,y,z)$称为**被积函数**，Σ 称为**积分曲面**，$\mathrm{d}s$ 称为**积分元素**.

应当指出，当函数 $f(x,y,z)$在光滑曲面 Σ 上连续时，对面积的曲面积分总是存在的，因此以后我们总假定函数 $f(x,y,z)$在光滑曲面 Σ 上连续. 当 $f(x,y,z)$为光滑有限曲面 Σ 的密度函数时，则对函数 $f(x,y,z)$在曲面 Σ 上对面积的曲面积分$\iint_{\Sigma} f(x,y,z)\mathrm{d}S$ 就是该曲面 Σ 的质量 M. 当积分曲面为封闭曲面 Σ 时，曲面积分记为$\oiint_{\Sigma} f(x,y,z)\mathrm{d}S$.

根据对面积的曲面积分的定义，对面积的曲面积分具有以下性质：

性质 1　若 $f(x,y,z)$，$g(x,y,z)$在 Σ 上连续，α,β 是常数，则

$$\iint_{\Sigma}[\alpha f(x,y,z) \pm \beta g(x,y,z)]\mathrm{d}S = \alpha\iint_{\Sigma} f(x,y,z)\mathrm{d}S \pm \beta\iint_{\Sigma} g(x,y,z)\mathrm{d}S.$$

性质 2　若光滑曲面 Σ 可分为两片光滑曲面 Σ_1，Σ_2，即 $\Sigma=\Sigma_1+\Sigma_2$，则

$$\iint_{\Sigma} f(x,y,z)\mathrm{d}s = \iint_{\Sigma_1} f(x,y,z)\mathrm{d}s + \iint_{\Sigma_2} f(x,y,z)\mathrm{d}s.$$

性质 3　当 $f(x,y,z)$在 Σ 上连续，且 $f(x,y,z)=1$ 时，$S=\iint_{\Sigma}\mathrm{d}s$ 为曲面 Σ 面积.

性质 4　若 Σ 为有向曲面，则$\iint_{\Sigma} f(x,y,z)\mathrm{d}S$ 与 Σ 的方向无关.

11.4.2　对面积的曲面积分的计算

定理　设曲面 Σ 的方程 $z=z(x,y)$，Σ 在 xOy 面的投影 D_{xy}，若 $f(x,y,z)$在 D_{xy} 上具有一阶连续偏导数，且在 Σ 上连续，则$\iint_{\Sigma} f(x,y,z)\mathrm{d}S = \iint_{D_{xy}} f(x,y,z(x,y))\sqrt{1+z_x^2+z_y^2}\,\mathrm{d}x\mathrm{d}y$.

证明　设 Σ 的方程为 $z=z(x,y)$，且为单值函数，Σ 在 xOy 平面上的投影为 D_{xy}，函数 $z=z(x,y)$在 D_{xy} 上具有一阶连续偏导数，$f(x,y,z)$在 D_{xy} 上连续(见图 11-17).

按对面积的曲面积分的定义，有

$$\iint_{\Sigma} f(x,y,z)\mathrm{d}s == \lim_{\lambda \to 0}\sum_{i=1}^{n} f(\xi_i,\eta_i,\zeta_i)\cdot \Delta S_i,$$

其中 ΔS_i 是 Σ 上第 i 个小块曲面的名称和面积，它在 xOy 平面上的投影为$(\Delta S_i)_{xy}$，则 ΔS_i 的面积可表示为

$$\Delta S_i = \iint_{(\Delta S_i)_{xy}} \sqrt{1+\left(\frac{\partial z}{\partial x}\right)^2+\left(\frac{\partial z}{\partial y}\right)^2}\,\mathrm{d}x\mathrm{d}y.$$

根据二重积分中值定理,上式又可写为

$$\Delta S_i=\sqrt{1+z_x^2(\xi_i{}',\eta_i{}')+z_y^2(\xi_i{}',\eta_i{}')}(\Delta S_i)_{xy},$$

其中$(\xi_i{}',\eta_i{}')$是小区域$(\Delta S_i)_{xy}$上的一点,因(ξ_i,η_i,ζ_i)是Σ上一点,所以 $\zeta_i=z(\xi_i,\eta_i)$. 因此$(\xi_i,\eta_i,0)$也是$(\Delta S_i)_{xy}$上的一点,则有

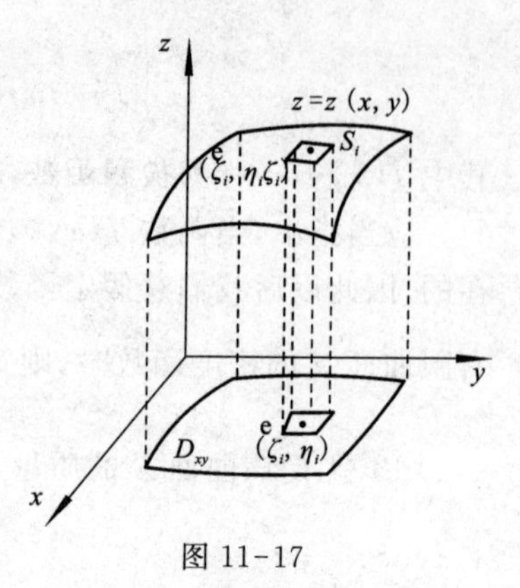

图 11-17

$$\sum_{i=1}^{n}f(\xi_i,\eta_i,\zeta_i)\cdot\Delta S_i=\sum_{i=1}^{n}f(\xi_i,\eta_i,z(\xi_i,\eta_i))\cdot\sqrt{1+z_x^2(\xi_i{}',\eta_i{}')+z_y^2(\xi_i{}',\eta_i{}')}(\Delta S_i)_{xy}$$

由于函数 $f(x,y,z(x,y))$及函数$\sqrt{1+z_x^2(x,y)+z_y^2(x,y)}$都在闭区域 D_{xy}上连续,因此当 $\lambda\to0$ 时,和式极限

$$\lim_{\lambda\to0}\sum_{i=1}^{n}f(\xi_i,\eta_i,z(\xi_i,\eta_i))\cdot\sqrt{1+z_x^2(\xi_i{}',\eta_i{}')+z_y^2(\xi_i{}',\eta_i{}')}(\Delta S_i)_{xy}$$

与
$$\lim_{\lambda\to0}\sum_{i=1}^{n}f(\xi_i,\eta_i,z(\xi_i,\eta_i))\cdot\sqrt{1+z'^2_x(\xi_i,\eta_i)+z'^2_y(\xi_i,\eta_i)}(\Delta S_i)_{xy}$$

相等,而后者正是二重积分

$$\iint_{D_{xy}}f(x,y,z(x,y))\sqrt{1+z_x^2(x,y)+z_y^2(x,y)}\mathrm{d}x\mathrm{d}y$$

的值. 因此$\iint_{\Sigma}f(x,y,z)\mathrm{d}S$ 存在,且有

$$\iint_{\Sigma}f(x,y,z)\mathrm{d}S=\iint_{D_{xy}}f(x,y,z(x,y))\sqrt{1+z_x^2(x,y)+z_y^2(x,y)}\mathrm{d}x\mathrm{d}y.$$

如果积分曲面Σ为 $x=x(y,z)$或 $y=y(x,z)$,可得到相应的计算公式

$$\iint_{\Sigma}f(x,y,z)\mathrm{d}S=\iint_{D_{yz}}f(x(y,z),y,z)\sqrt{1+x_y^2(y,z)+x_z^2(y,z)}\mathrm{d}y\mathrm{d}z,$$

或
$$\iint_{\Sigma}f(x,y,z)\mathrm{d}s=\iint_{D_{xz}}f(x,y(x,z),z)\sqrt{1+y_x^2(x,z)+y_z^2(x,z)}\mathrm{d}x\mathrm{d}z.$$

如果Σ为平面且与坐标面 xOy 平行或重合时

$$\iint_{\Sigma}f(x,y,z)\mathrm{d}S=\iint_{D_{xy}}f(x,y,0)\mathrm{d}x\mathrm{d}y.$$

例 1 计算 $I=\iint_{\Sigma}(x^2+y^2)\mathrm{d}S$,Σ为立体$\sqrt{x^2+y^2}\leqslant z\leqslant1$ 的边界(见图 11-18).

解 将整个积分曲面分为 $\Sigma_1:z=\sqrt{x^2+y^2}$,

$$\frac{\partial z}{\partial x}=\frac{x}{\sqrt{x^2+y^2}};\quad \frac{\partial z}{\partial x}=\frac{y}{\sqrt{x^2+y^2}}.$$

$$\mathrm{d}S=\sqrt{1+\left(\frac{\partial z}{\partial x}\right)^2+\left(\frac{\partial z}{\partial y}\right)^2}\,\mathrm{d}x\mathrm{d}y=\sqrt{2}\mathrm{d}x\mathrm{d}y.$$

$$\Sigma_2:z=1,\frac{\partial z}{\partial x}=\frac{\partial z}{\partial y}=0,\mathrm{d}S=\mathrm{d}x\mathrm{d}y.$$

且 $(x,y)\in\{(x,y)\,|\,x^2+y^2\leqslant 1\}$

$$\begin{aligned}\iint_{\Sigma}(x^2+y^2)\mathrm{d}S&=\iint_{\Sigma_1}(x^2+y^2)\mathrm{d}S+\iint_{\Sigma_2}(x^2+y^2)\mathrm{d}S\\&=\iint_{D_{xy}}(x^2+y^2)\sqrt{2}\mathrm{d}x\mathrm{d}y+\iint_{D_{xy}}(x^2+y^2)\mathrm{d}x\mathrm{d}y\\&=(\sqrt{2}+1)\iint_{D_{xy}}(x^2+y^2)\mathrm{d}x\mathrm{d}y=(\sqrt{2}+1)\int_0^{2\pi}\mathrm{d}\theta\int_0^1 r^3\mathrm{d}r\\&=\frac{\pi}{2}(\sqrt{2}+1).\end{aligned}$$

例 2　计算 $\iint_{\Sigma}\frac{\mathrm{d}s}{(1+x+y)^2}$，$\Sigma$ 由 $x+y+z\leqslant 1,x\geqslant 0,y\geqslant 0,z\geqslant 0$ 围成立体的边界（见图 11-18）.

解　将整个边界曲面分为 $\Sigma_1:z=0;\Sigma_2:x=0;\Sigma_3:y=0;\Sigma_4:z=1-x-y$.

$\Sigma_1:\mathrm{d}S=\mathrm{d}x\mathrm{d}y;\Sigma_2:\mathrm{d}S=\mathrm{d}y\mathrm{d}z;\Sigma_3:\mathrm{d}S=\mathrm{d}x\mathrm{d}z;\Sigma_4:\mathrm{d}S=\sqrt{3}\mathrm{d}x\mathrm{d}y$.

由其对称性可知

$$\begin{aligned}\iint_{\Sigma}\frac{\mathrm{d}s}{(1+x+y)^2}&=\iint_{\Sigma_1}\frac{\mathrm{d}s}{(1+x+y)^2}+\iint_{\Sigma_2}\frac{\mathrm{d}s}{(1+x+y)^2}\\&\quad+\iint_{\Sigma_3}\frac{\mathrm{d}s}{(1+x+y)^2}+\iint_{\Sigma_4}\frac{\mathrm{d}s}{(1+x+y)^2}\\&=\iint_{D_{xy}}\frac{\mathrm{d}x\mathrm{d}y}{(1+x+y)^2}+\iint_{D_{yz}}\frac{\mathrm{d}y\mathrm{d}z}{(1+y)^2}\\&\quad+\iint_{D_{xz}}\frac{\mathrm{d}x\mathrm{d}z}{(1+x)^2}+\iint_{D_{xy}}\frac{\sqrt{3}\mathrm{d}x\mathrm{d}y}{(1+x+y)^2}\\&=(1+\sqrt{3})\iint_{D_{xy}}\frac{\mathrm{d}x\mathrm{d}y}{(1+x+y)^2}+2\iint_{D_{yz}}\frac{\mathrm{d}y\mathrm{d}z}{(1+y)^2}\\&=(1+\sqrt{3})\int_0^1\mathrm{d}x\int_0^{1-x}\frac{\mathrm{d}y}{(1+x+y)^2}+2\int_0^1\mathrm{d}y\int_0^{1-y}\frac{\mathrm{d}z}{(1+y)^2}\end{aligned}$$

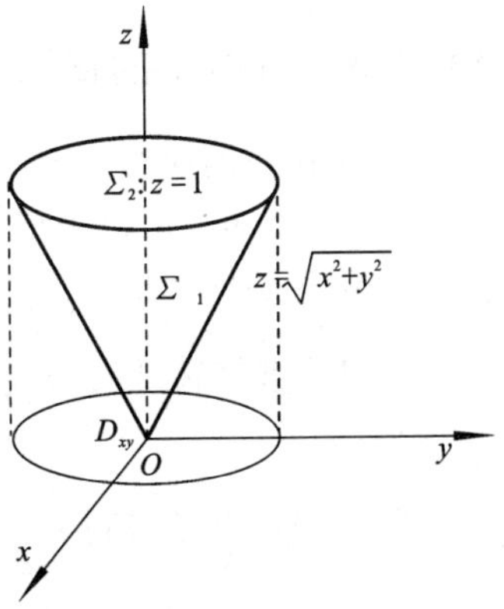

图 11-18

$$= \frac{3-\sqrt{3}}{2} + (\sqrt{3}-1)\ln 2.$$

例 3 计算$\iint\limits_{\Sigma}|xyz|\mathrm{d}s$,$\Sigma$为锥面$z=\sqrt{x^2+y^2}$被平面$z=1$所截下的有限部分.

解 $z=\sqrt{x^2+y^2}$被平面$z=1$所截得部分Σ如图 11-19 中Σ_1所示,所以在Σ上$z>0$.

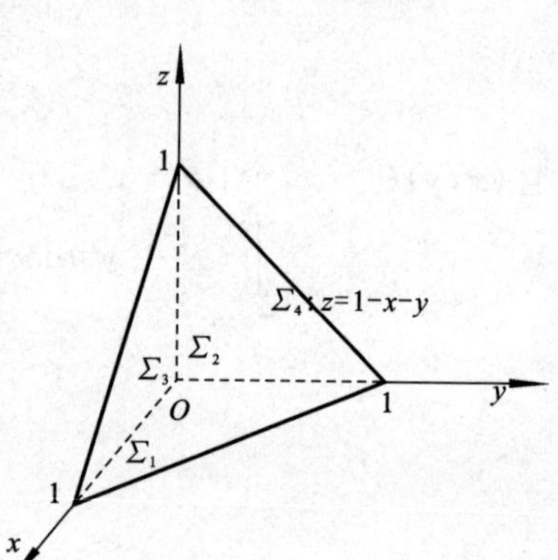

图 11-19

$z=\sqrt{x^2+y^2}$在xOy面上的投影为$D_{xy}: x^2+y^2\leqslant 1$. D_1为D_{xy}在第一卦限的部分

$$\frac{\partial z}{\partial x}=\frac{x}{\sqrt{x^2+y^2}};\quad \frac{\partial z}{\partial x}=\frac{y}{\sqrt{x^2+y^2}};\mathrm{d}S=\sqrt{2}\mathrm{d}x\mathrm{d}y.$$

在第一、三卦限,$|xyz|=xyz$;在第二、四卦限,$|xyz|=-xyz$.

所以,由其对称性可知

$$\iint\limits_{\Sigma}|xyz|\mathrm{d}S = 4\iint\limits_{D_1}xy\sqrt{x^2+y^2}\sqrt{2}\mathrm{d}x\mathrm{d}y$$

$$= 4\int_0^{\frac{\pi}{2}}\mathrm{d}\theta\int_0^1 r^2\cos\theta\sin\theta\sqrt{r^2\cos^2\theta+r^2\cos^2\theta}\sqrt{2}r\mathrm{d}r$$

$$= 4\sqrt{2}\int_0^{\frac{\pi}{2}}\cos\theta\sin\theta\mathrm{d}\theta\int_0^1 r^4\mathrm{d}r$$

$$= \frac{2\sqrt{2}}{5}.$$

11.4.3 对面积的曲面积分的应用

与对弧长的曲线积分类似,对面积的曲面积分在几何上由其定义可知可以求曲面的面积,在力学上可以求变密度有限曲面型构件的质量和质心;也可以求变密度有限曲面型构件的转动惯量.

例 4 求旋转抛物面$z=\frac{1}{2}(x^2+y^2)(0\leqslant z\leqslant 1)$的面积,并在面密度为$\rho=z$时求其质量.

解 由已知条件可知,该曲面在xOy面的投影D_{xy}为$x^2+y^2\leqslant 2$.

$$\mathrm{d}S=\sqrt{1+\left(\frac{\partial z}{\partial x}\right)^2+\left(\frac{\partial z}{\partial y}\right)^2}\mathrm{d}x\mathrm{d}y=\sqrt{1+x^2+y^2}\mathrm{d}x\mathrm{d}y.$$

该曲面的面积为

$$S=\iint\limits_{D_{xy}}\sqrt{1+x^2+y^2}\mathrm{d}x\mathrm{d}y=\int_0^{2\pi}\mathrm{d}\theta\int_0^{\sqrt{2}}\sqrt{1+r^2}r\mathrm{d}r=\frac{2\pi}{3}(3\sqrt{3}-1).$$

当曲面的面密度为 $\rho=z$ 时，其质量为

$$M=\iint_{\Sigma}z\,\mathrm{d}S=\iint_{D_{xy}}\frac{1}{2}(x^2+y^2)\sqrt{1+x^2+y^2}\,\mathrm{d}x\mathrm{d}y$$

$$=\frac{1}{2}\int_0^{2\pi}\mathrm{d}\theta\int_0^{\sqrt{2}}r^3\sqrt{1+r^2}\,\mathrm{d}r=\pi\int_0^{\sqrt{2}}r^3\sqrt{1+r^2}\,\mathrm{d}r$$

$$=\pi\int_0^{\sqrt{2}}r^2(1+r^2)\frac{r\mathrm{d}r}{\sqrt{1+r^2}}.$$

设 $\sqrt{1+r^2}=u$，则 $\frac{r\mathrm{d}r}{\sqrt{1+r^2}}=\mathrm{d}u$，$r^2=u^2-1$，则

$$M=\pi\int_1^{\sqrt{3}}(u^2-1)u^2\,\mathrm{d}u=\pi\left[\frac{u^5}{5}-\frac{u^3}{3}\right]_1^{\sqrt{3}}=\frac{2\pi}{15}(6\sqrt{3}+1).$$

如果有限曲面型构件 Σ 的面密度为 $f(x,y,z)$，该曲面的质量为 $M=\iint_{\Sigma}f(x,y,z)\mathrm{d}s$.

其对 yOz 面的静矩为：$M_{yOz}=\iint_{\Sigma}xf(x,y,z)\mathrm{d}s$.

对 xOz 面的静矩为：$M_{xOz}=\iint_{\Sigma}yf(x,y,z)\mathrm{d}s$.

对 xOz 面的静矩为：$M_{xOy}=\iint_{\Sigma}zf(x,y,z)\mathrm{d}s$.

则该曲面的质心坐标为

$$x_0=\frac{M_{yOz}}{M};\qquad y_0=\frac{M_{xOz}}{M};\qquad z_0=\frac{M_{xOy}}{M}.$$

例 5　求均匀曲面 $z=\sqrt{x^2+y^2}$，$0\leqslant z\leqslant 3$ 的质心坐标.

解　设曲面的面密度为 ρ，在 xOy 面的投影 D_{xy} 为 $x^2+y^2\leqslant 9$.

$$\mathrm{d}S=\sqrt{1+\frac{x^2}{x^2+y^2}+\frac{y^2}{x^2+y^2}}\,\mathrm{d}x\mathrm{d}y=\sqrt{2}\,\mathrm{d}x\mathrm{d}y.$$

则曲面的质量为

$$M=\iint_{\Sigma}\rho\,\mathrm{d}S=\rho\iint_{D_{xy}}\sqrt{2}\,\mathrm{d}x\mathrm{d}y=9\sqrt{2}\rho\pi,$$

由曲面的对称性知质心坐标有，$x_0=y_0=0$. 只需计算坐标 z_0.

$$M_{xOy}=\iint_{\Sigma}\rho z\,\mathrm{d}S=\rho\sqrt{2}\iint_{D_{xy}}\sqrt{x^2+y^2}\,\mathrm{d}x\mathrm{d}y$$

$$=\rho\sqrt{2}\int_0^{2\pi}\mathrm{d}\theta\int_0^3 r^2\,\mathrm{d}r=18\sqrt{2}\rho\pi,$$

$$z_0=\frac{M_{xOy}}{M}=2.$$

该曲面质心坐标为(0,0,2).

如果空间有限曲面型构件 Σ 的面密度为 $f(x,y,z)$,$(x,y,z)\in\Sigma$,则由微元法可知:

对 x 轴的转动惯量:$I_x=\iint\limits_{\Sigma}(y^2+z^2)f(x,y,z)\mathrm{d}S$;

对 y 轴的转动惯量:$I_y=\iint\limits_{\Sigma}(x^2+z^2)f(x,y,z)\mathrm{d}S$;

对 z 轴的转动惯量:$I_z=\iint\limits_{\Sigma}(x^2+y^2)f(x,y,z)\mathrm{d}S$;

对原点的转动惯量:$I_o=\iint\limits_{\Sigma}(x^2+y^2+z^2)f(x,y,z)\mathrm{d}S$.

例 6 求面密度为 ρ 的均匀半球面 $x^2+y^2+z^2=a^2,z\geqslant 0$ 对于 z 轴的转动惯量.

解 由 $z=\sqrt{a^2-x^2-y^2}$ 可知

$$\mathrm{d}S=\sqrt{1+\left(\frac{\partial z}{\partial x}\right)^2+\left(\frac{\partial z}{\partial y}\right)^2}\mathrm{d}x\mathrm{d}y=\sqrt{1+\left(-\frac{x}{z}\right)^2+\left(-\frac{y}{z}\right)^2}\mathrm{d}x\mathrm{d}y$$

$$=\frac{a}{z}\mathrm{d}x\mathrm{d}y=\frac{a\mathrm{d}x\mathrm{d}y}{\sqrt{a^2-x^2-y^2}}.$$

对 z 轴的转动惯量为

$$I_z=\rho\iint\limits_{\Sigma}(x^2+y^2)\mathrm{d}S=\rho\iint\limits_{D_{xy}}(x^2+y^2)\frac{a\mathrm{d}x\mathrm{d}y}{\sqrt{a^2-x^2-y^2}}$$

$$=\rho a\int_0^{2\pi}\mathrm{d}\theta\int_0^a\frac{r^3\mathrm{d}r}{\sqrt{a^2-r^2}}=2\pi\rho a\int_0^a\frac{r^3\mathrm{d}r}{\sqrt{a^2-r^2}}\quad(r=a\sin t)$$

$$=2\pi\rho a^4\int_0^{\frac{\pi}{2}}\sin^3 t\mathrm{d}t=\frac{4\pi\rho a^4}{3}.$$

习 题 11.4

1. 填空题:

(1)有限连续曲面 $z=f(x,y)$ 在 xOy 平面投影为 D_{xy},则其面积为__________;

(2)设 Σ 为球面 $x^2+y^2+z^2=3$,则 $\iint\limits_{\Sigma}\mathrm{d}S=$ __________;

(3)面密度 $\mu(x,y,z)=3$ 的光滑曲面 Σ 的质量 $M=$__________.

2. 计算下列对面积的曲面积分:

(1)计算对面积的曲面积分 $\iint\limits_{\Sigma} y^2 z^2 \mathrm{d}s$，　$\Sigma: z=\sqrt{x^2+y^2}$，其中 $1\leqslant z\leqslant 2$；

(2) $\iint\limits_{\Sigma}(2x+y+2z)\mathrm{d}S$，其中 Σ 为平面 $x+y+z=1$ 在第一卦限的部分；

(3) $\iint\limits_{\Sigma} z\mathrm{d}S$，其中 Σ 为 $z=\frac{1}{2}(x^2+y^2)(z\leqslant 1)$ 的部分；

(4) $\iint\limits_{\Sigma}\frac{\mathrm{d}S}{(1+x+y)^2}$，其中 Σ 为 $x+y+z=1, x=0, y=0, z=0$ 围成四面体的整个边界.

3. 求 $x^2+y^2+z^2=a^2$ 在 $4x^2+y^2=a^2$ 内的面积.

4. 求均匀曲面 $x^2+y^2+z^2=1(x\geqslant 0, y\geqslant 0, z\geqslant 0)$ 的质心.

5. 求均匀半球面 $x^2+y^2+z^2=1(x\geqslant 0)$ 对 x 轴的转动惯量.

§11.5　对坐标的曲面积分

11.5.1　对坐标的曲面积分的概念与性质

与对坐标的曲线积分中求变力沿曲线运动做功的问题相类似，我们在实际生活中一样会遇到求流体通过有限曲面的流量问题，为此我们引入对坐标的曲面积分的概念.

有向曲面的侧及其投影的正负：在生活中我们遇到的曲面都是双侧曲面，如一片水平放置的曲面分为上侧和下侧，一片竖直放置并一面向着人的曲面可以分为前侧和后侧，一个封闭的曲面可以分为内侧和外侧等. 设曲面 $z=z(x,y)$，若取法向量 $\boldsymbol{n}$ 方向向上，当法向量 $\boldsymbol{n}$ 与 z 轴正向的夹角为锐角时，我们规定曲面这一侧为上侧，否则为下侧；同样对曲面 $x=x(y,z)$，若 $\boldsymbol{n}$ 的方向与 x 正向夹角为锐角，规定该侧为曲面的前侧，否则为后侧，对曲面 $y=y(x,z)$，$\boldsymbol{n}$ 的方向与 y 正向夹角为锐角的一侧规定为曲面的右侧，否则为左侧；若曲面为闭曲面，则取法向量的指向朝外的一侧为曲面的外侧，否则为内侧. 这样取定了法向量即选定了曲面的侧，这种曲面称为**有向曲面**.

设 Σ 是有向曲面，在 Σ 上取一小块曲面 ΔS，把 ΔS 投影到 xOy 面上，得到 ΔS 在这一坐标面上的投影域 $\Delta\sigma_{xy}$，$\Delta\sigma_{xy}$ 表示 ΔS 的投影区域，也表示其面积. 假定 ΔS 上任一点的法向量与 z 轴夹角 γ 的余弦同号，则规定投影 ΔS_{xy} 为

$$\Delta S_{xy}=\begin{cases}\Delta\sigma_{xy} & \text{当} \cos\gamma>0\\ -\Delta\sigma_{xy} & \text{当} \cos\gamma<0\,.\\ 0 & \text{当} \cos\gamma=0\end{cases}$$

这样我们就为该曲面的投影面积赋予了符号的正负. 同理可以定义 ΔS 在 yOz

面,zOx 面上的投影 ΔS_{yz},ΔS_{zx}.

流体流向曲面一侧的流量:设稳定流动的不可压缩的流体(设密度为 1)的速度场为$\boldsymbol{v}(x,y,z)=P(x,y,z)\boldsymbol{i}+Q(x,y,z)\boldsymbol{j}+R(x,y,z)\boldsymbol{k}$,$\Sigma$ 为其中一片有向曲面,函数 $P(x,y,z)$,$Q(x,y,z)$,$R(x,y,z)$ 在 Σ 上连续,求单位时间内流向曲面 Σ 指定侧的流体质量即流量.

如果流体是流经平面上一片面积为 A 的闭区域,并假设在此闭区域上各点处流速为常向量$\boldsymbol{v}$,又设$\boldsymbol{n}$为该平面的单位法向量(见图 11-20(a)),则在单位时间内流过这一闭区域的流体组成一底面积为 A,斜高为$|v|$的斜柱体(见图 11-20(b)),斜柱体体积为

$$A\cdot|v|\cdot\cos\theta=A\cdot\boldsymbol{v}\cdot\boldsymbol{n}.$$

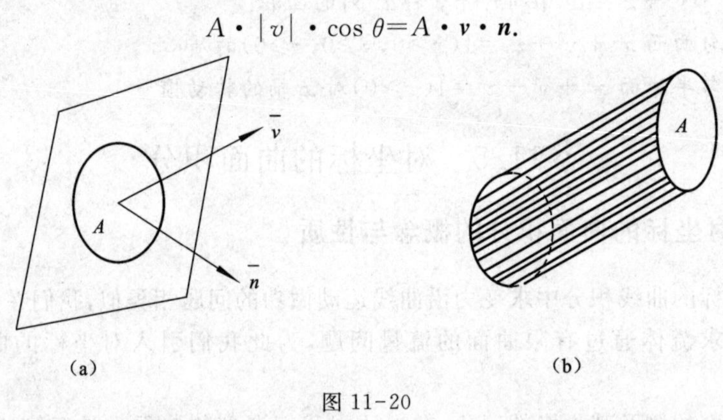

图 11-20

当$(\widehat{\boldsymbol{n},\boldsymbol{v}})=\theta<\frac{\pi}{2}$时,此即为通过区域 A 流向$\boldsymbol{n}$所指一侧的流量. 当$(\widehat{\boldsymbol{n},\boldsymbol{v}})=\theta=\frac{\pi}{2}$时,流量为 0,当$(\widehat{\boldsymbol{n},\boldsymbol{v}})=\theta>\frac{\pi}{2}$时,流量为负,流体通过该闭区域 A 流向$\boldsymbol{n}$所指一侧的流量均称为$A\cdot\boldsymbol{v}\cdot\boldsymbol{n}$.

当流体流过的区域不是平面闭区域而是一片曲面 Σ,且流速$\boldsymbol{v}$也不是常向量,我们采用元素法来计算单位时间内通过的流量. 把 Σ 分成 n 小块 ΔS_i,$(i=1,2,\cdots,n)$,设 Σ 光滑,且假定函数 $P(x,y,z)$,$Q(x,y,z)$,$R(x,y,z)$ 在 Σ 上连续,由微元法可知,当 ΔS_i 很小时,流过 ΔS_i 的体积近似值为以 ΔS_i 为底,以$|\boldsymbol{v}(\xi_i,\eta_i,\zeta_i)|$为斜高的柱体,其中$(\xi_i,\eta_i,\zeta_i)\in\Delta S_i$,是 ΔS_i 上的任意一点,$\boldsymbol{n}_i$ 为(ξ_i,η_i,ζ_i)处的单位法向量,且$\boldsymbol{n}_i=\{\cos\alpha_i,\cos\beta_i,\cos\gamma_i\}$,故通过小曲面 ΔS_i 的流量 $\Phi_i\approx\boldsymbol{v}(\xi_i,\eta_i,\zeta_i)\cdot\boldsymbol{n}\cdot\Delta S_i$,所以流量

$$\Phi\approx\sum_{i=1}^{n}\boldsymbol{v}_i\,\boldsymbol{n}_i\Delta S_i$$

$$= \sum_{i=1}^{n}[P(x,y,z)\cos\alpha_i + Q(x,y,z)\cos\beta_i + R(x,y,z)\cos\gamma_i]\Delta S_i,$$

又因为　$\cos\alpha_i \cdot \Delta S_i = \Delta S_{iyz}$，　$\cos\beta_i \cdot \Delta S_i = \Delta S_{izx}$，　$\cos\gamma_i \cdot \Delta S_i = \Delta S_{ixy}$，
因此流经曲面 Σ 的流量的近似值为

$$\Phi \approx \sum_{i=1}^{n}[P(x,y,z)\Delta S_{iyz} + Q(x,y,z)\Delta S_{izx} + R(x,y,z)\Delta S_{ixy}].$$

如果各小曲面直径的最大值 $\lambda \to 0$ 时，极限

$$\lim_{\lambda\to 0}\sum_{i=1}^{n}[P(x,y,z)\Delta S_{iyz} + Q(x,y,z)\Delta S_{izx} + R(x,y,z)\Delta S_{ixy}].$$

存在，则得到流经曲面 Σ 的流量为

$$\Phi = \lim_{\lambda\to 0}\sum_{i=1}^{n}[P(x,y,z)\Delta S_{iyz} + Q(x,y,z)\Delta S_{izx} + R(x,y,z)\Delta S_{ixy}].$$

其中 λ 为小曲面 ΔS_i 中直径最大值.

将以上计算流经曲面 Σ 流量的方法抽象，去除其物理意义，就可以得到对坐标的曲面积分的定义.

定义　设 Σ 为光滑的有向曲面，函数 $R(x,y,z)$ 在 Σ 上有界，把曲面 Σ 任意分成 n 个小曲面 ΔS_i，$(i=1,2,\cdots,n)$，并设 ΔS_i 在 xOy 面上投影为 $(\Delta S_i)_{xy}$. (ξ_i,η_i,ζ_i) 是 ΔS_i 上任一点，若小曲面 ΔS_i 中直径的最大值 $\lambda\to 0$ 时，极限 $\lim\limits_{\lambda\to 0}\sum\limits_{i=1}^{n} R(\xi_i,\eta_i,\zeta_i)\Delta S_{ixy}$ 存在，称此极限值为 $R(x,y,z)$ 在曲面 Σ 上对坐标 x,y 的**曲面积分**，或称为 $R(x,y,z)$ 在曲面 Σ 上的**第二类曲面积分**，记为 $\iint\limits_{\Sigma} R(x,y,z)\mathrm{d}x\mathrm{d}y$. 其中 Σ 称为**积分曲面**，$R(x,y,z)$ 为**被积函数**.

因此　$$\iint\limits_{\Sigma} R(x,y,z)\mathrm{d}x\mathrm{d}y = \lim_{\lambda\to 0}\sum_{i=1}^{n} R(\xi_i,\eta_i,\zeta_i)\Delta S_{ixy}$$

类似地，我们可以定义，函数 $P(x,y,z)$，$Q(x,y,z)$ 分别对坐标 y,z 及坐标 z,x 的曲面积分

$$\iint\limits_{\Sigma} P(x,y,z)\mathrm{d}y\mathrm{d}z = \lim_{\lambda\to 0}\sum_{i=1}^{n} P(\xi_i,\eta_i,\zeta_i)\Delta S_{iyz};$$

$$\iint\limits_{\Sigma} Q(x,y,z)\mathrm{d}z\mathrm{d}x = \lim_{\lambda\to 0}\sum_{i=1}^{n} Q(\xi_i,\eta_i,\zeta_i)\Delta S_{izx}.$$

应该指出，当函数 $P(x,y,z)$，$Q(x,y,z)$，$R(x,y,z)$ 在有向且光滑的曲面 Σ 上连续时，对坐标的曲面积分存在，以后我们总假定函数 $P(x,y,z)$，$Q(x,y,z)$，$R(x,y,z)$ 连续. 为了书写方便，我们把函数 $P(x,y,z)$，$Q(x,y,z)$，$R(x,y,z)$ 在有向且光滑的曲

面 Σ 上分别对坐标 y,z、z,x 和 x,y 的曲面积分

$$\iint\limits_{\Sigma} P(x,y,z)\mathrm{d}y\mathrm{d}z + \iint\limits_{\Sigma} Q(x,y,z)\mathrm{d}z\mathrm{d}x + \iint\limits_{\Sigma} R(x,y,z)\mathrm{d}x\mathrm{d}y$$

合起来写为

$$\iint\limits_{\Sigma} P(x,y,z)\mathrm{d}y\mathrm{d}z + Q(x,y,z)\mathrm{d}z\mathrm{d}x + R(x,y,z)\mathrm{d}x\mathrm{d}y.$$

根据定义可知稳定流动的不可压缩流体,流向曲面 Σ 指定侧的流量为

$$\Phi = \iint\limits_{\Sigma} P(x,y,z)\mathrm{d}y\mathrm{d}z + Q(x,y,z)\mathrm{d}z\mathrm{d}x + R(x,y,z)\mathrm{d}x\mathrm{d}y.$$

对坐标的曲面积分有与对面积的曲面积分相类似的性质,例如:若光滑曲面 Σ 可分为两片光滑曲面 Σ_1,Σ_2,即 $\Sigma=\Sigma_1+\Sigma_2$,则

$$\begin{aligned}&\iint\limits_{\Sigma} P(x,y,z)\mathrm{d}y\mathrm{d}z + Q(x,y,z)\mathrm{d}z\mathrm{d}x + R(x,y,z)\mathrm{d}x\mathrm{d}y\\ &= \iint\limits_{\Sigma_1} P(x,y,z)\mathrm{d}y\mathrm{d}z + Q(x,y,z)\mathrm{d}z\mathrm{d}x + R(x,y,z)\mathrm{d}x\mathrm{d}y +\\ &\quad\iint\limits_{\Sigma_2} P(x,y,z)\mathrm{d}y\mathrm{d}z + Q(x,y,z)\mathrm{d}z\mathrm{d}x + R(x,y,z)\mathrm{d}x\mathrm{d}y.\end{aligned}$$

假设 Σ 为有向曲面,$-\Sigma$ 表示与 Σ 相反的一侧,则

$$\iint\limits_{-\Sigma} P(x,y,z)\mathrm{d}y\mathrm{d}z = -\iint\limits_{\Sigma} P(x,y,z)\mathrm{d}y\mathrm{d}z;$$

$$\iint\limits_{-\Sigma} Q(x,y,z)\mathrm{d}z\mathrm{d}x = -\iint\limits_{\Sigma} Q(x,y,z)\mathrm{d}z\mathrm{d}x;$$

$$\iint\limits_{-\Sigma} R(x,y,z)\mathrm{d}x\mathrm{d}y = -\iint\limits_{\Sigma} R(x,y,z)\mathrm{d}x\mathrm{d}y.$$

11.5.2 对坐标的曲面积分的计算

定理 设曲面 Σ 是由 $z=z(x,y)$ 给出的曲面的上侧,Σ 在 xOy 面上的投影为 D_{xy},$z=z(x,y)$ 在 D_{xy} 内具有一阶连续偏导数,函数 $R(x,y,z)$ 在 Σ 上连续,则 $\iint\limits_{\Sigma} R(x,y,z)\mathrm{d}x\mathrm{d}y = \iint\limits_{D_{xy}} R[x,y,z(x,y)]\mathrm{d}x\mathrm{d}y$.

证明 根据已知条件,由对坐标的曲面积分的定义,有

$$\iint\limits_{\Sigma} R(x,y,z)\mathrm{d}x\mathrm{d}y = \lim_{\lambda\to 0}\sum_{i=1}^{n} R(\xi_i,\eta_i,\zeta_i)\Delta S_{i\,xy}.$$

因为积分曲面 Σ 取上侧,则 $\cos\gamma>0$,则有 $(\Delta S_i)_{xy}=(\Delta\sigma_i)_{xy}$.

又因为(ξ_i,η_i,ζ_i)为Σ上的点，则$\xi_i=z(\eta_i,\zeta_i)$，所以

$$\sum_{i=1}^{n}R(\xi_i,\eta_i,\zeta_i)(\Delta S_i)_{xy}=\sum_{i=1}^{n}R(\xi_i,\eta_i,z(\xi_i,\eta_i))(\Delta\sigma_i)_{xy}.$$

令$\lambda\to0$，取极限则 $\iint\limits_{\Sigma}R(x,y,z)\mathrm{d}x\mathrm{d}y=\iint\limits_{D_{xy}}R(x,y,z(x,y))\mathrm{d}x\mathrm{d}y.$

说明：(1)将z用$z=z(x,y)$代替，将Σ投影到xOy面上，因取上侧，则$\cos\gamma>0$，$(\Delta S_i)_{xy}=(\Delta\sigma_i)_{xy}$，所以

$$\iint\limits_{\Sigma}R(x,y,z)\mathrm{d}x\mathrm{d}y=\iint\limits_{D_{xy}}R(x,y,z(x,y))\mathrm{d}x\mathrm{d}y.$$

(2)若$\Sigma:z=z(x,y)$取下侧，则$\cos\gamma<0$，$(\Delta S_i)_{xy}=-(\Delta\sigma_i)_{xy}$

所以 $$\iint\limits_{\Sigma}R(x,y,z(x,y))\mathrm{d}x\mathrm{d}y=-\iint\limits_{D_{xy}}R(x,y,z(x,y))\mathrm{d}x\mathrm{d}y.$$

(3)$\iint\limits_{\Sigma}P(x,y,z)\mathrm{d}y\mathrm{d}z$，$\iint\limits_{\Sigma}Q(x,y,z)\mathrm{d}z\mathrm{d}x$与此类似，因此有曲面为$\Sigma:y=y(x,z)$时，取其右侧为正，左侧为负；曲面为$\Sigma:x=x(y,z)$时，取其前侧为正，后侧为负.

例 1　计算$\iint\limits_{\Sigma}x\mathrm{d}y\mathrm{d}z+y\mathrm{d}x\mathrm{d}z+z\mathrm{d}x\mathrm{d}y$，$\Sigma$为上半球面$x^2+y^2+z^2=a^2$，$z\geqslant0$的上侧.

解　积分曲面为$z=\sqrt{a^2-x^2-y^2}$上侧，其在xOy平面投影D_{xy}为$x^2+y^2\leqslant a^2$，积分上侧取正值，所以对x,y积分有

$$\iint\limits_{\Sigma}z\mathrm{d}x\mathrm{d}y=\iint\limits_{D_{xy}}\sqrt{a^2-x^2-y^2}\,\mathrm{d}x\mathrm{d}y=\int_0^{2\pi}\mathrm{d}\theta\int_0^a\sqrt{a^2-r^2}\,r\mathrm{d}r=\frac{2}{3}\pi a^3.$$

积分曲面在yOz平面投影D_{yz}为$y^2+z^2\leqslant a^2\ (z\geqslant0)$，这时曲面方程为$x=\pm\sqrt{a^2-y^2-z^2}$，对$y,z$积分有前后两片积分曲面，前半部积分前侧取正值，后半部积分后侧取负值，因此有

$$\begin{aligned}\iint\limits_{\Sigma}x\mathrm{d}y\mathrm{d}z&=\pm\iint\limits_{D_{yz}}(\pm\sqrt{a^2-y^2-z^2})\mathrm{d}y\mathrm{d}z\\&=\int_0^{\pi}\mathrm{d}\theta\int_0^a\sqrt{a^2-r^2}\,r\mathrm{d}r-\int_0^{\pi}\mathrm{d}\theta\int_0^a(-\sqrt{a^2-r^2})r\mathrm{d}r\\&=2\int_0^{\pi}\mathrm{d}\theta\int_0^a\sqrt{a^2-r^2}\,r\mathrm{d}r=\frac{2}{3}\pi a^3.\end{aligned}$$

由对称性可知

$$\iint\limits_{\Sigma}y\mathrm{d}x\mathrm{d}z=\frac{2}{3}\pi a^3,$$

所以 $$\iint_{\Sigma} x\,\mathrm{d}y\mathrm{d}z + y\mathrm{d}x\mathrm{d}z + z\mathrm{d}x\mathrm{d}y = 2\pi a^3 .$$

注意:Σ 必须为单值函数,否则分成 n 片曲面.

例 2 $\oiint_{\Sigma}(y-z)\mathrm{d}y\mathrm{d}z+(z-x)\mathrm{d}z\mathrm{d}x+(x-y)\mathrm{d}x\mathrm{d}y$,Σ 为圆锥面 $z^2=x^2+y^2$ 与平面 $z=h(h>0)$ 围成的立体表面,取外侧.

解 将积分曲面 Σ 分为:$\Sigma_1:\begin{cases}x^2+y^2\leqslant h^2\\ z=h\end{cases}$,取上侧;$\Sigma_2:\begin{cases}z=\sqrt{x^2+y^2}\\ 0\leqslant z\leqslant h\end{cases}$取下侧:

先计算 Σ_1 上的积分,Σ_1 在 yOz 平面和 xOz 平面上的投影都是线段,相应积分为零. 在 xOy 平面投影为圆域 $x^2+y^2\leqslant h^2$(见图 11-21),所以

$$\iint_{\Sigma_1}(y-z)\mathrm{d}y\mathrm{d}z+(z-x)\mathrm{d}z\mathrm{d}x+(x-y)\mathrm{d}x\mathrm{d}y$$
$$=\iint_{D_{xy}}(x-y)\mathrm{d}x\mathrm{d}y=\int_0^{2\pi}\mathrm{d}\theta\int_0^h(r\cos\theta-r\sin\theta)r\mathrm{d}r$$
$$=\int_0^{2\pi}(\cos\theta-\sin\theta)\mathrm{d}\theta\int_0^h r^2\mathrm{d}r=0.$$

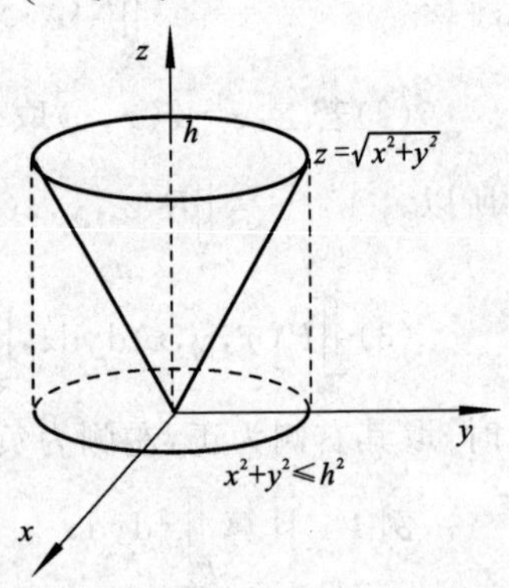

图 11-21

再计算 Σ_2 上的积分,Σ_2 前半部和后半部两部分在 yOz 平面上的投影为相同的三角形域,因为积分下侧,所以前半部化为二重积分为正,后半部为负. 所以

$$\iint_{\Sigma_2}(y-z)\mathrm{d}y\mathrm{d}z=\iint_{D_{yz}}(y-z)\mathrm{d}y\mathrm{d}z-\iint_{D_{yz}}(y-z)\mathrm{d}y\mathrm{d}z=0;$$

同理,有

$$\iint_{\Sigma_2}(z-x)\mathrm{d}z\mathrm{d}x=\iint_{D_{xz}}(z-x)\mathrm{d}z\mathrm{d}x-\iint_{D_{xz}}(z-x)\mathrm{d}z\mathrm{d}x=0.$$

Σ_2 在 xOy 平面上投影为圆域 $x^2+y^2\leqslant h^2$,由上可知

$$\iint_{\Sigma_2}(x-y)\mathrm{d}x\mathrm{d}y=-\iint_{D_{xy}}(x-y)\mathrm{d}x\mathrm{d}y=0,$$

所以 $$\oiint_{\Sigma}x(y-z)\mathrm{d}y\mathrm{d}z+(z-x)\mathrm{d}z\mathrm{d}x+(x-y)\mathrm{d}x\mathrm{d}y=0.$$

11.5.3 两类曲面积分间的关系

设有向曲面 Σ 由方程 $z=z(x.y)$ 给出,Σ 在 xOy 面的投影区域为 D_{xy}. $z=z(x,y)$ 在 D_{xy} 上有一阶连续偏导数,函数 $R(x,y,z)$ 在 Σ 上连续. 当 Σ 取上侧,根据对坐标的

曲面积分的计算方法有

$$\iint_{\Sigma} R\mathrm{d}x\mathrm{d}y = \iint_{O_{xy}} R(x,y,z(x,y))\mathrm{d}x\mathrm{d}y.$$

另外,有向曲面Σ的法向量的方向余弦为

$$\cos\alpha=\frac{-z_x}{\sqrt{1+z_x^2+z_y^2}};\quad \cos\beta=\frac{-z_y}{\sqrt{1+z_x^2+z_y^2}};\quad \cos\gamma=\frac{1}{\sqrt{1+z_x^2+z_y^2}}.$$

由对面积的曲面积分的计算方法有

$$\begin{aligned}\iint_{\Sigma} R(x,y,z)\cos\gamma\mathrm{d}S &= \iint_{D_{xy}} R(x,y,z(z,y))\cos\gamma\sqrt{1+z_y^2+z_x^2}\mathrm{d}x\mathrm{d}y\\ &= \iint_{D_{xy}} R(x,y,z(x,y))\mathrm{d}x\mathrm{d}y.\end{aligned}$$

若Σ取下侧,则 $\iint_{\Sigma} R(x,y,z)\mathrm{d}x\mathrm{d}y=-\iint_{D_{xy}} R(x,y,z(x,y))\mathrm{d}x\mathrm{d}y$,同理有

$$\begin{aligned}\iint_{\Sigma} R(x,y,z)\cos\gamma\mathrm{d}S &= \iint_{D_{xy}} R(x,y,z)\cos\gamma\sqrt{1+z_y^2+z_x^2}\mathrm{d}x\mathrm{d}y\\ &=-\iint_{D_{xy}} R(x,y,z(x,y))\mathrm{d}x\mathrm{d}y.\end{aligned}$$

类似地,有

$$\iint_{\Sigma} P(x,y,z)\mathrm{d}y\mathrm{d}z=\iint_{\Sigma} P(x,y,z)\cos\alpha\mathrm{d}S,$$

$$\iint_{\Sigma} Q(x,y,z)\mathrm{d}z\mathrm{d}x=\iint_{\Sigma} P(x,y,z)\cos\beta\mathrm{d}S.$$

从而有两类曲面积分之间的关系

$$\iint_{\Sigma} P\mathrm{d}y\mathrm{d}z+Q\mathrm{d}z\mathrm{d}x+R\mathrm{d}x\mathrm{d}y=\iint_{\Sigma}[P\cos\alpha+Q\cos\beta+R\cos\gamma]\mathrm{d}S,$$

其中$\{\cos\alpha,\cos\beta,\cos\gamma\}$为Σ在点$(x,y,z)$处的法向量的方向余弦.

如果设$\boldsymbol{A}=\boldsymbol{P}(x,y,z)\boldsymbol{i}+Q(x,y,z)\boldsymbol{j}+R(x,y,z)\boldsymbol{k}$,$\boldsymbol{n}=(\cos\alpha,\cos\beta,\cos\gamma)$是有向曲面Σ在点$(x,y,z)$处的单位法向量,$\mathrm{d}\boldsymbol{S}=\boldsymbol{n}\mathrm{d}S=(\mathrm{d}y\mathrm{d}z,\mathrm{d}z\mathrm{d}x,\mathrm{d}x\mathrm{d}y)$称为**有向曲面元**,则上式表示的两类曲面积分的关系式可表示为

$$\iint_{\Sigma}\boldsymbol{A}\cdot\mathrm{d}\boldsymbol{s}=\iint_{\Sigma}\boldsymbol{A}\cdot\boldsymbol{n}\mathrm{d}S.$$

例 3　计算$\iint_{\Sigma} x\mathrm{d}y\mathrm{d}z+y\mathrm{d}z\mathrm{d}x+z\mathrm{d}x\mathrm{d}y$Σ是$x^2+y^2+(z-a)^2=a^2$,$0\leqslant z\leqslant a$,取下侧.

解　由两类曲面积分之间的关系,可知

$$\iint_{\Sigma} x\mathrm{d}y\mathrm{d}z=\iint_{\Sigma} x\cos\alpha\mathrm{d}S=\iint_{\Sigma} x\frac{\cos\alpha}{\cos\gamma}\mathrm{d}x\mathrm{d}y,$$

$$\iint_{\Sigma} y\mathrm{d}z\mathrm{d}x = \iint_{\Sigma} y\cos\beta\mathrm{d}S = \iint_{\Sigma} y\,\frac{\cos\beta}{\cos\gamma}\mathrm{d}x\mathrm{d}y.$$

又在积分曲面 Σ 上,有

$$\cos\alpha = -\frac{x}{a};\quad \cos\beta = -\frac{y}{a};\quad \cos\gamma = \frac{1}{a}.$$

所以

$$\begin{aligned}
&\iint_{\Sigma} x\mathrm{d}y\mathrm{d}z + y\mathrm{d}z\mathrm{d}x + z\mathrm{d}x\mathrm{d}y \\
&= \iint_{\Sigma} (z - x^2 - y^2)\mathrm{d}x\mathrm{d}y \\
&= -\iint_{D_{xy}} (a - \sqrt{a^2 - x^2 - y^2} - x^2 - y^2)\mathrm{d}x\mathrm{d}y \\
&= \int_0^{2\pi}\mathrm{d}\theta\int_0^a (r^2 + \sqrt{a^2 - r^2} - a)r\mathrm{d}r \\
&= \frac{1}{2}\pi a^3\left(a - \frac{1}{3}\right).
\end{aligned}$$

习　题　11.5

1. 设 Σ 为柱面 $x^2+z^2=a^2$ 在使得 $x\geqslant 0, y\geqslant 0$ 的两个卦限内被平面 $y=0$ 及 $y=h$ 所截下部分的外侧,试计算 $I = \iint_{\Sigma} xyz\,\mathrm{d}x\mathrm{d}y$.

2. $\iint_{\Sigma} (x^2+y^2)z\mathrm{d}x\mathrm{d}y$,其中 Σ 为曲面 $z=1-x^2-y^2$ 在第一卦限部分的上侧;

3. $\iint_{\Sigma} (x+1)\mathrm{d}y\mathrm{d}z + y\mathrm{d}z\mathrm{d}x + \mathrm{d}x\mathrm{d}y$,其中 Σ 为 $x+y+z=1$ 在第一卦限的部分且取法线的方向与 z 轴的夹角为锐角.

4. $\oiint_{\Sigma} x^2 z\mathrm{d}x\mathrm{d}y$,其中 Σ 为 $x^2+y^2+z^2=9$ 的外侧.

5. $\iint_{\Sigma} z\mathrm{d}z\mathrm{d}x + \frac{\mathrm{e}^z}{\sqrt{x^2+y^2}}\mathrm{d}x\mathrm{d}y$,其中 Σ 为锥面 $z=\sqrt{x^2+y^2}$ 被平面 $z=1$ 与 $z=2$ 所截得部分的下侧.

6. $\iint_{\Sigma} xy\sqrt{1-x^2}\mathrm{d}y\mathrm{d}z + \mathrm{e}^x\cos y\mathrm{d}x\mathrm{d}y$,其中 Σ 为圆柱面 $x^2+z^2=1$ 被平面 $y=0, y=2$ 所截得部分的外侧.

7. 把 $\iint\limits_{\Sigma} x\mathrm{d}y\mathrm{d}z + y\mathrm{d}z\mathrm{d}x + (x+z)\mathrm{d}x\mathrm{d}y$ 化为对面积的曲面积分，其中 Σ 为平面 $2x+2y+z=2$ 第一卦限部分的上侧.

§11.6　高斯公式　通量与散度

在曲线积分中，格林公式反映了平面闭区域的二重积分与其边界闭曲线上的曲线积分之间的关系，而高斯公式则反映了空间闭区域的三重积分与其边界闭曲面上的曲面积分之间的关系.

11.6.1　高斯公式

定理 1(高斯定理)　设空间闭区域 Ω 的边界面 Σ 是由分片光滑的闭曲面围成，且与任一平行于坐标轴的直线的交点不多于两个，函数 $P(x,y,z)$、$Q(x,y,z)$、$R(x,y,z)$ 在 Ω 上具有连续的一阶偏导数，则有

$$\iiint\limits_{\Omega}\left(\frac{\partial P}{\partial x}+\frac{\partial Q}{\partial y}+\frac{\partial R}{\partial z}\right)\mathrm{d}x\mathrm{d}y\mathrm{d}z = \oiint\limits_{\Sigma} P\,\mathrm{d}y\mathrm{d}z + Q\mathrm{d}z\mathrm{d}x + R\mathrm{d}x\mathrm{d}y,$$

其中符号 $\oiint\limits_{\Sigma}$ 表示沿闭曲面 Σ 外侧的曲面积分，该公式称为**高斯公式**.

由两类曲面积分之间的关系，高斯公式也可以写成

$$\iiint\limits_{\Omega}\left(\frac{\partial P}{\partial x}+\frac{\partial Q}{\partial y}+\frac{\partial R}{\partial z}\right)\mathrm{d}x\mathrm{d}y\mathrm{d}z = \oiint\limits_{\Sigma}(P\cos\alpha + Q\cos\beta + R\cos\gamma)\mathrm{d}S.$$

这里 $\cos\alpha,\cos\beta,\cos\gamma$ 是曲面 Σ 在点 (x,y,z) 处的法向量的方向余弦.

证明　设空间闭区域 Ω 在 xOy 平面的投影区域为 D_{xy}，且平行于 Z 轴穿过该区域的直线与其边界的交点恰好两个. 我们把空间闭区域 Ω 的边界 Σ 分为三部分，分别为 $\Sigma_1: z=z_1(x,y)$；$\Sigma_2: z=z_2(x,y)\Sigma_3$，且 $z_1(x,y)<z_2(x,y)$；Σ_1 取下侧，Σ_2 取上侧，Σ_3 取外侧见图 11-22. 根据三重积分的计算方法，有

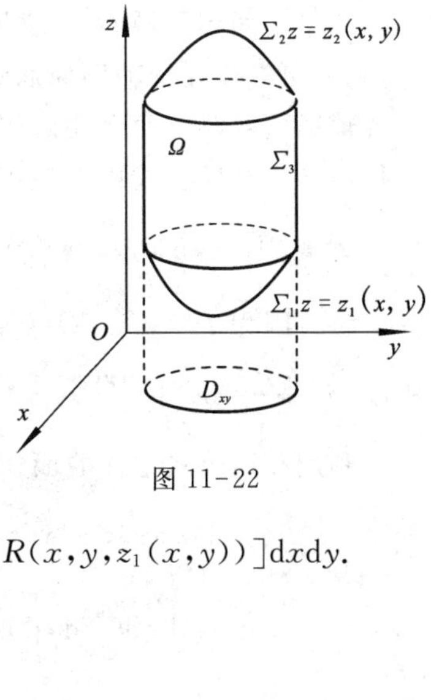

图 11-22

$$\iiint\limits_{\Omega}\frac{\partial R}{\partial z}\mathrm{d}x\mathrm{d}y\mathrm{d}z = \iint\limits_{D_{xy}}\left[\int_{z_1(x,y)}^{z_2(x,y)}\frac{\partial R}{\partial z}\mathrm{d}z\right]\mathrm{d}x\mathrm{d}y$$

$$= \iint\limits_{D_{xy}}[R(x,y,z_2(x,y)) - R(x,y,z_1(x,y))]\mathrm{d}x\mathrm{d}y.$$

又根据对坐标的曲面积分的计算方法，可知

$$\iint_{\Sigma_1} R(x,y,z)\mathrm{d}x\mathrm{d}y = -\iint_{D_{xy}} R(x,y,z_1(x,y))\mathrm{d}x\mathrm{d}y;$$

$$\iint_{\Sigma_2} R(x,y,z)\mathrm{d}x\mathrm{d}y = \iint_{D_{xy}} R(x,y,z_2(x,y))\mathrm{d}x\mathrm{d}y.$$

由于 Σ_3 在 xOy 平面投影为曲线，不能构成区域. 由对坐标的曲面积分定义可知

$$\iint_{\Sigma_3} R(x,y,z)\mathrm{d}x\mathrm{d}y = 0$$

把三片曲面上的积分相加，得

$$\iint_{\Sigma} R(x,y,z)\mathrm{d}x\mathrm{d}y = \iint_{D_{xy}} [R(x,y,z_2(x,y)) - R(x,y,z_1(x,y))]\mathrm{d}x\mathrm{d}y.$$

所以有

$$\iiint_{\Omega} \frac{\partial R}{\partial z}\mathrm{d}x\mathrm{d}y\mathrm{d}z = \oiint_{\Sigma} R(x,y,z)\mathrm{d}x\mathrm{d}y.$$

同样的方法，可以证明

$$\iiint_{\Omega} \frac{\partial P}{\partial x}\mathrm{d}x\mathrm{d}y\mathrm{d}z = \oiint_{\Sigma} P(x,y,z)\mathrm{d}y\mathrm{d}z;$$

$$\iiint_{\Omega} \frac{\partial Q}{\partial y}\mathrm{d}x\mathrm{d}y\mathrm{d}z = \oiint_{\Sigma} Q(x,y,z)\mathrm{d}z\mathrm{d}x.$$

所以有高斯公式

$$\iiint_{\Omega} \left(\frac{\partial P}{\partial x} + \frac{\partial Q}{\partial y} + \frac{\partial R}{\partial z}\right)\mathrm{d}x\mathrm{d}y\mathrm{d}z = \oiint_{\Sigma} P\,\mathrm{d}y\mathrm{d}z + Q\mathrm{d}z\mathrm{d}x + R\mathrm{d}x\mathrm{d}y.$$

如果空间闭区域 Ω 不满足与任一平行于坐标轴的直线的交点不多于两个的条件，我们可以作几个辅助曲面将空间闭区域 Ω 分成有限个满足该条件的闭区域，因为沿各辅助面两侧的两个曲面积分刚好绝对值相等而符号相反，故而相互抵消，所以在此种条件下高斯公式仍然是正确的.

例 1 计算 $\oiint_{\Sigma} x^3\mathrm{d}y\mathrm{d}z + y^3\mathrm{d}z\mathrm{d}x + z^3\mathrm{d}x\mathrm{d}y$，$\Sigma$ 为球面 $x^2+y^2+z^2=R^2$ 的外侧.

解 因为 $P=x^3$，$Q=y^3$，$R=z^3$.

所以 $\dfrac{\partial P}{\partial x}=3x^2$；$\dfrac{\partial Q}{\partial y}=3y^2$；$\dfrac{\partial R}{\partial z}=3z^2$.

利用高斯公式把该曲面积分化为三重积分为

$$\oiint_{\Sigma} x\,\mathrm{d}y\mathrm{d}z + y\mathrm{d}z\mathrm{d}x + z\mathrm{d}x\mathrm{d}y = 3\iiint_{\Omega}(x^2+y^2+z^2)\mathrm{d}x\mathrm{d}y\mathrm{d}z$$

$$= \int_0^{2\pi}\mathrm{d}\theta\int_0^{\pi}\mathrm{d}\varphi\int_0^{a} r^2\cdot r^2\sin\varphi\mathrm{d}r = \frac{12}{5}\pi a^5.$$

例 2　计算曲面积分$\iint\limits_{\Sigma}(2x+z)\mathrm{d}y\mathrm{d}z+z\mathrm{d}x\mathrm{d}y$，其中 Σ 是曲面 $z=x^2+y^2$ 在 $z\leqslant 1$ 的部分的下侧.

解　因积分曲面 Σ 不是封闭曲面，显然不满足高斯公式的条件. 若补充曲面 Σ_1：$\begin{cases}x^2+y^2\leqslant 1\\ z=1\end{cases}$ 且取上侧，则曲面 Σ 和 Σ_1 共同构成一个封闭曲面，且满足高斯公式条件.

又$\dfrac{\partial P}{\partial x}+\dfrac{\partial Q}{\partial y}+\dfrac{\partial R}{\partial z}=3$，由高斯公式

$$\begin{aligned}\oiint\limits_{\Sigma+\Sigma_1}(2x+z)\mathrm{d}y\mathrm{d}z+z\mathrm{d}x\mathrm{d}y&=\iiint\limits_{\Omega}3\mathrm{d}x\mathrm{d}y\mathrm{d}z\\&=\int_0^{2\pi}\mathrm{d}\theta\int_0^1 r\mathrm{d}r\int_{r^2}^1 3\mathrm{d}z=\frac{3\pi}{2}.\end{aligned}$$

而该曲面积分在 Σ_1 上的积分为

$$\iint\limits_{\Sigma_1}(2x+z)\mathrm{d}y\mathrm{d}z+z\mathrm{d}x\mathrm{d}y=\iint\limits_{x^2+y^2\leqslant 1}\mathrm{d}x\mathrm{d}y=\pi.$$

所以所求积分为

$$\iint\limits_{\Sigma}(2x+z)\mathrm{d}y\mathrm{d}z+z\mathrm{d}x\mathrm{d}y=\frac{3\pi}{2}-\pi=\frac{\pi}{2}.$$

*11.6.2　曲面积分与曲面无关的条件

与曲线积分中的格林公式一节相类似，在曲面积分中具备什么条件，曲面积分

$$\iint\limits_{\Sigma}P(x,y,z)\mathrm{d}y\mathrm{d}z+Q(x,y,z)\mathrm{d}z\mathrm{d}x+R(x,y,z)\mathrm{d}x\mathrm{d}y$$

才与积分曲面 Σ 无关，而只与其边界曲线有关？或者说在什么条件下，沿任意闭曲面的曲面积分为零？

为解决这一问题，我们先引进空间二维单连通域和一维单连通域的概念. 设有空间区域 G，如果区域 G 内的任一闭曲面所围成的区域全部属于 G，则称 G 是**空间二维单连通域**；如果区域 G 内的任一闭曲线总可以张成一片完全属于 G 的曲面，则称 G 为**空间一维单连通域**. 例如：两同心球面之间的区域，是一维单连通域，却不是二维单连通域；一个球面围成的空间区域既是空间二维单连通域，又是空间一维单连通域；一个环面所围区域是空间二维单连通域，却不是空间一维单连通区域.

定理 2　若函数 $P(x,y,z)$、$Q(x,y,z)$、$R(x,y,z)$ 在空间单连通域 Ω 上具有连续的一阶偏导数，则下面三个条件是等价的：

(1)在空间单连通域 Ω 内，$\dfrac{\partial P}{\partial x}+\dfrac{\partial Q}{\partial y}+\dfrac{\partial R}{\partial z}=0$；

(2)当Σ是全部包含在Ω内的任一闭曲面时,则$\oiint\limits_{\Sigma} P\mathrm{d}y\mathrm{d}z+Q\mathrm{d}z\mathrm{d}x+R\mathrm{d}x\mathrm{d}y=0$;

(3)在开曲面Σ_1上的曲面积分$\iint\limits_{\Sigma_1} P\mathrm{d}y\mathrm{d}z+Q\mathrm{d}z\mathrm{d}x+R\mathrm{d}x\mathrm{d}y$只与$\Sigma_1$的边界曲线$l$有关,而与曲面$\Sigma_1$的形状无关.

该定理说明了当若函数$P(x,y,z)$、$Q(x,y,z)$、$R(x,y,z)$在空间单连通域Ω上具有连续的一阶偏导数时,如果在空间单连通域Ω内$\frac{\partial P}{\partial x}+\frac{\partial Q}{\partial y}+\frac{\partial R}{\partial z}=0$,则对于该区域的任一闭曲面,有曲面积分$\oiint\limits_{\Sigma} P\mathrm{d}y\mathrm{d}z+Q\mathrm{d}z\mathrm{d}x+R\mathrm{d}x\mathrm{d}y=0$,而对于该区域的任一开曲面,曲面积分$\iint\limits_{\Sigma_1} P\mathrm{d}y\mathrm{d}z+Q\mathrm{d}z\mathrm{d}x+R\mathrm{d}x\mathrm{d}y$只与边界曲线有关,而与曲面形状无关,反之亦然,证明省略.

*11.6.3 通量与散度

根据对坐标的曲面积分的定义的物理意义可知稳定流动的不可压缩流体,流向曲面Σ指定侧的流量为

$$\Phi=\iint\limits_{\Sigma} P(x,y,z)\mathrm{d}y\mathrm{d}z+Q(x,y,z)\mathrm{d}z\mathrm{d}x+R(x,y,z)\mathrm{d}x\mathrm{d}y.$$

一般地,设有向量场

$$\boldsymbol{A}=P(x,y,z)\boldsymbol{i}+Q(x,y,z)\boldsymbol{j}+R(x,y,z)\boldsymbol{k},$$

其中P、Q、R皆具有一阶连续偏导数,Σ是场内的一片有向曲面,$\boldsymbol{n}$是Σ在点(x,y,z)处的单位法向量,则积分$\iint\limits_{\Sigma}\boldsymbol{A}\cdot\boldsymbol{n}\mathrm{d}S$称为向量场$\boldsymbol{A}$通过曲面$\Sigma$向指定侧的**通量**(也称**流量**).通量也可表示为

$$\iint\limits_{\Sigma}\boldsymbol{A}\cdot\boldsymbol{n}\mathrm{d}S=\iint\limits_{\Sigma}\boldsymbol{A}\cdot\mathrm{d}\boldsymbol{S}=\iint\limits_{\Sigma} P\mathrm{d}y\mathrm{d}z+Q\mathrm{d}z\mathrm{d}x+R\mathrm{d}x\mathrm{d}y.$$

由此可知,高斯公式

$$\iiint\limits_{\Omega}\left(\frac{\partial P}{\partial x}+\frac{\partial Q}{\partial y}+\frac{\partial R}{\partial z}\right)\mathrm{d}V=\oiint\limits_{\Sigma} P\mathrm{d}y\mathrm{d}z+Q\mathrm{d}z\mathrm{d}x+R\mathrm{d}x\mathrm{d}y.$$

右端的物理含义为单位时间内不可压缩流体通过有向曲面Σ流向指定侧的流体的通量,也可以理解为单位时间内不可压缩流体通过有向曲面Σ离开闭域Ω的流体的总质量.

设在闭区域Ω内有稳定流动的不可压缩流体(其密度设定为1)的速度场

$$\boldsymbol{v}(x,y,z)=P(x,y,z)\boldsymbol{i}+Q(x,y,z)\boldsymbol{j}+R(x,y,z)\boldsymbol{k},$$

其中函数 P、Q、R 皆具有一阶连续偏导数，Σ 是闭区域 Ω 的边界曲面外侧，$\boldsymbol{n}$是 Σ 在点 (x,y,z)处的单位法向量，则单位时间内流体经过曲面 Σ 流出闭区域 Ω 的总质量为

$$\iint_{\Sigma}\boldsymbol{v}\cdot\boldsymbol{n}\mathrm{d}S=\iint_{\Sigma}\boldsymbol{v}\cdot\mathrm{d}\boldsymbol{S}=\iint_{\Sigma}P\mathrm{d}y\mathrm{d}z+Q\mathrm{d}z\mathrm{d}x+R\mathrm{d}x\mathrm{d}y.$$

因为流体的不可压缩性和流动的稳定性，有流体离开闭区域 Ω 的同时，就必须有产生流体的“源头”产生同样多的流体来进行补充，所以高斯公式的左端可解释为分布在 Ω 内的源头在单位时间内所产生的流体的总质量. 将高斯公式用向量形式表示为

$$\iiint_{\Omega}\left(\frac{\partial P}{\partial x}+\frac{\partial Q}{\partial y}+\frac{\partial R}{\partial z}\right)\mathrm{d}V=\oiint_{\Sigma}\boldsymbol{v}\cdot\boldsymbol{n}\mathrm{d}S=\oiint_{\Sigma}\boldsymbol{v}\mathrm{d}\boldsymbol{s},$$

并在公式两边同除闭区域 Ω 的体积

$$\frac{1}{V}\iiint_{\Omega}\left(\frac{\partial P}{\partial x}+\frac{\partial Q}{\partial y}+\frac{\partial R}{\partial z}\right)\mathrm{d}V=\frac{1}{V}\oiint_{\Sigma}\boldsymbol{v}\cdot\boldsymbol{n}\mathrm{d}S,$$

则该式左端为 Ω 内的源头在单位时间、单位体积内所产生流体质量的平均值(平均密度)，应用积分中值定理得 $\left(\frac{\partial P}{\partial x}+\frac{\partial Q}{\partial y}+\frac{\partial R}{\partial z}\right)\Big|_{(\xi,\eta,\zeta)}=\frac{1}{V}\oiint_{\Sigma}v_n\mathrm{d}S$，$(\xi,\eta,\zeta)\in\Omega$. 若闭区 Ω 缩为一点 $M(x,y,z)$ 时极限$\lim\limits_{\Omega\to M}\frac{1}{V}\oiint_{\Sigma}\boldsymbol{v}\mathrm{d}\boldsymbol{S}$ 存在，则有

$$\frac{\partial P}{\partial x}+\frac{\partial Q}{\partial y}+\frac{\partial R}{\partial z}=\lim_{\Omega\to M}\frac{1}{V}\oiint_{\Sigma}\boldsymbol{v}\mathrm{d}\boldsymbol{S},$$

这时我们称$\frac{\partial P}{\partial x}+\frac{\partial Q}{\partial y}+\frac{\partial R}{\partial z}$为 $\boldsymbol{v}$ 在点 M 的**散度**，记 $\mathrm{div}\,\boldsymbol{v}$，即

$$\mathrm{div}\,\boldsymbol{v}=\frac{\partial P}{\partial x}+\frac{\partial Q}{\partial y}+\frac{\partial R}{\partial z}.$$

散度 $\mathrm{div}\,\boldsymbol{v}$ 可看成稳定流动的不可压缩流体在点 M 的源头强度，即在单位时间内、单位体积所产生的流体的质量(密度). 当在该点处 $\mathrm{div}\,\boldsymbol{v}>0$，流体从该点向外发散，表示流体在该点有**正源**；当在该点处 $\mathrm{div}\,\boldsymbol{v}<0$，流体从该点向内吸收，表示流体在该点有吸收流体的**负源**；当在该点处 $\mathrm{div}\boldsymbol{v}$，流体在该点既无发散也无吸收，表示流体在该点有无源；如果向量场$\boldsymbol{v}$的散度 $\mathrm{div}\boldsymbol{v}$ 处处为零，则称该向量场为**无源场**.

对于一般的向量场 $\boldsymbol{A}(x,y,z)=P(x,y,z)\boldsymbol{i}+Q(x,y,z)\boldsymbol{j}+R(x,y,z)\boldsymbol{k}$，$P,Q,R$ 有一阶连续偏导数，Σ 为场内一片有向曲面，$\boldsymbol{n}$ 为 Σ 上点(x,y,z)处的单位法向量，则 $\oiint_{\Sigma}\boldsymbol{A}\cdot\boldsymbol{n}\mathrm{d}S$ 称为向量场 $\boldsymbol{A}$ 通过曲面 Σ 向着指定侧的通量(流量)，而$\frac{\partial P}{\partial x}+\frac{\partial Q}{\partial y}+\frac{\partial R}{\partial z}$叫做向量场 $\boldsymbol{A}$ 的散度，即

$$\mathrm{div}\,\boldsymbol{A}=\frac{\partial P}{\partial x}+\frac{\partial Q}{\partial y}+\frac{\partial R}{\partial z},$$

从而得到高斯公式又一形式

$$\iiint_{\Omega}\mathrm{div}\mathbf{A}\mathrm{d}V=\iint_{\Sigma}A_n\mathrm{d}S,$$

其中积分曲面Σ为闭区域Ω的边界曲面,$A_n=\mathbf{A}\cdot\boldsymbol{n}=P\cos\alpha+Q\cos\beta+R\cos\gamma$是向量$\mathbf{A}$在曲面$\Sigma$的外侧法向量上的投影.

例 3 求向量场$\mathbf{A}=x^2\boldsymbol{i}+y^2\boldsymbol{j}+z^2\boldsymbol{k}$穿过曲面$x^2+y^2+z^2=1,x>0,y>0,z>0$外侧的流量.

解 由对坐标的曲面积分的定义及对称性可知$\mathbf{A}$穿过该曲面的流量为(见图 11-23)

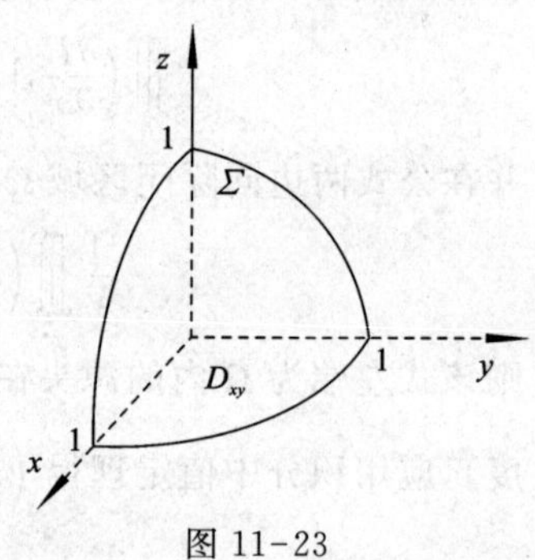

图 11-23

$$\begin{aligned}&\iint_{\Sigma}x^2\mathrm{d}y\mathrm{d}z+y^2\mathrm{d}z\mathrm{d}x+z^2\mathrm{d}x\mathrm{d}y\\&=3\iint_{\Sigma}z^2\mathrm{d}x\mathrm{d}y\\&=3\iint_{D_{xy}}(1-x^2-y^2)\mathrm{d}x\mathrm{d}y\\&=3\int_0^{\frac{\pi}{2}}\mathrm{d}\theta\int_0^1(1-r^2)r\mathrm{d}r\\&=\frac{3\pi}{8}.\end{aligned}$$

例 4 求上例中向量场$\mathbf{A}$的散度.

解 $\mathrm{div}\,A=\frac{\partial}{\partial x}(x^2)+\frac{\partial}{\partial y}(y^2)+\frac{\partial}{\partial z}(z^2)=2(x+y+z).$

习 题 11.6

1. 求$\oiint_{\Sigma}(x^3-yz)\mathrm{d}y\mathrm{d}z-2x^2y\mathrm{d}z\mathrm{d}x+z\mathrm{d}x\mathrm{d}y$,其中$\Sigma$为平面$x=0,y=0,z=0,x=1,y=1,z=1$围成的立方体$\Omega$的表面外侧.

2. 求$\oiint_{\Sigma}(x-y)\mathrm{d}x\mathrm{d}y+x(y-z)\mathrm{d}y\mathrm{d}z$,其中$\Sigma$由$x^2+y^2=9,z=0,z=1$所围空间闭区域$\Omega$的整个边界曲面的外侧.

3. 求$\iint_{\Sigma}x\mathrm{d}y\mathrm{d}z+y\mathrm{d}z\mathrm{d}x+z\mathrm{d}x\mathrm{d}y$,其中$\Sigma$为上半球面$z=\sqrt{a^2-x^2-y^2}$的上侧.

4. 求$\iint_{\Sigma}x\mathrm{d}y\mathrm{d}z+y\mathrm{d}z\mathrm{d}x+(z^2-2z)\mathrm{d}x\mathrm{d}y$,其中$\Sigma$为$z=\sqrt{x^2+y^2}$在$z=0$与$z=1$之

间部分的外侧.

5. 计算曲面积分 $I=\iint\limits_{\Sigma}(z^2+x)\mathrm{d}y\mathrm{d}z+z\mathrm{d}x\mathrm{d}y$，其中 Σ 是旋转抛物面 $z=\frac{1}{2}(x^2+y^2)$ 介于 $z=0$ 及 $z=2$ 之间部分的下侧.

6. 计算曲面积分 $I=\iint\limits_{\Sigma}x(8z+1)\mathrm{d}y\mathrm{d}z-4yz\mathrm{d}z\mathrm{d}x+(y-2z^2)\mathrm{d}x\mathrm{d}y$，其中 Σ 是曲面 $z=1+x^2+y^2$ 被平面 $z=3$ 所截下的部分，取下侧.

§11.7　斯托克斯公式　环流量与旋度

11.7.1　斯托克斯公式

斯托克斯公式是曲线积分中格林公式的推广，它描述了空间有限闭曲面积分与其边界曲线的曲线积分之间的关系.

定理 1　设 Γ 为分段光滑的空间有向闭曲线，Σ 是以 Γ 为边界的分片光滑的有向曲面，Γ 的正向与的 Σ 侧符合右手规则，即当右手四指指向边界曲线 Γ 的正方向时，拇指则指向曲面 Σ 的法向量方向，函数 $P(x,y,z)$，$Q(x,y,z)$，$R(x,y,z)$ 在包含曲面 Σ 在内的一个空间区域内具有一阶连续偏导数，则有

$$\iint\limits_{\Sigma}\left(\frac{\partial R}{\partial y}-\frac{\partial Q}{\partial z}\right)\mathrm{d}y\mathrm{d}z+\left(\frac{\partial P}{\partial z}-\frac{\partial R}{\partial x}\right)\mathrm{d}z\mathrm{d}x+\left(\frac{\partial Q}{\partial x}-\frac{\partial P}{\partial y}\right)\mathrm{d}x\mathrm{d}y$$

$$=-\oint_{\Gamma}P\,\mathrm{d}x+Q\mathrm{d}y+R\mathrm{d}z,$$

这一公式称为**斯托克斯公式**.

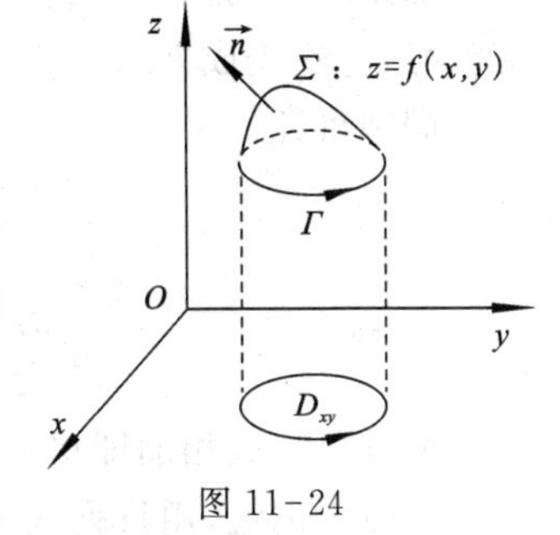

图 11-24

证明　假设曲面 Σ 与平行于 z 轴的直线交点不多于一个，并设曲面 Σ 为曲面 $z=f(x,y)$ 的上侧，Γ 是曲面 Σ 的正向边界曲线，曲面 Σ 在 xOy 平面的投影区域为 D_{xy}（见图 11-24）.

根据两类曲面积分之间的关系，曲面积分

$$\iint\limits_{\Sigma}\frac{\partial P}{\partial z}\mathrm{d}z\mathrm{d}x-\frac{\partial P}{\partial y}\mathrm{d}x\mathrm{d}y=\iint\limits_{\Sigma}\left(\frac{\partial P}{\partial z}\cos\beta-\frac{\partial P}{\partial y}\cos\gamma\right)\mathrm{d}S. \tag{1}$$

而有向曲面 Σ 的方向余弦为

$$\cos\alpha=\frac{-f_x}{\sqrt{1+f_x^2+f_y^2}};\quad \cos\beta=\frac{-f_y}{\sqrt{1+f_x^2+f_y^2}};\quad \cos\gamma=\frac{1}{\sqrt{1+f_x^2+f_y^2}}.$$

得关系式 $\cos\beta=-f_y\cos\gamma$，并将其代入(1)式得

$$\iint_{\Sigma}\frac{\partial P}{\partial z}\mathrm{d}z\mathrm{d}x-\frac{\partial P}{\partial y}\mathrm{d}x\mathrm{d}y=\iint_{\Sigma}\left(\frac{\partial P}{\partial z}f_y+\frac{\partial P}{\partial y}\right)\cos\gamma\mathrm{d}S$$

$$=-\iint_{\Sigma}\left(\frac{\partial P}{\partial z}f_y+\frac{\partial P}{\partial y}\right)\mathrm{d}x\mathrm{d}y. \quad (2)$$

由复合函数的微分方法可知

$$\frac{\partial P}{\partial z}f_y+\frac{\partial P}{\partial y}=\frac{\partial}{\partial y}P(x,y,f(x,y)).$$

将(2)式的曲面积分化为二重积分有

$$\iint_{\Sigma}\frac{\partial P}{\partial z}\mathrm{d}z\mathrm{d}x-\frac{\partial P}{\partial z}\mathrm{d}x\mathrm{d}y$$

$$=-\iint_{D_{xy}}\frac{\partial}{\partial y}P(x,y,f(x,y))\mathrm{d}x\mathrm{d}y. \quad (3)$$

考虑到函数 $P(x,y,f(x,y))$ 在曲面 Σ 的边界曲线 Γ 上和其在 xOy 平面的投影曲线上各点函数值相同，并且曲线 Γ 与其在 xOy 平面的投影曲线形状也相同，所以把(3)式用格林公式化为曲线积分有

$$-\iint_{D_{xy}}\frac{\partial}{\partial y}P(x,y,f(x,y))\mathrm{d}x\mathrm{d}y=\oint_{\Gamma}P(x,y,f(x,y))\mathrm{d}x,$$

从而有

$$\iint_{\Sigma}\frac{\partial P}{\partial z}\mathrm{d}z\mathrm{d}x-\frac{\partial P}{\partial z}\mathrm{d}x\mathrm{d}y=\oint_{\Gamma}P(x,y,z)\mathrm{d}x. \quad (4)$$

如果取有向曲面 Σ 的下侧，边界曲线 Γ 也相应改成相反方向，(4)式两端同时改变符号，等式仍成立.

同理可证

$$\iint_{\Sigma}\frac{\partial Q}{\partial x}\mathrm{d}x\mathrm{d}y-\frac{\partial Q}{\partial z}\mathrm{d}y\mathrm{d}z=\oint_{\Gamma}Q(x,y,z)\mathrm{d}y;$$

$$\iint_{\Sigma}\frac{\partial R}{\partial y}\mathrm{d}y\mathrm{d}z-\frac{\partial R}{\partial x}\mathrm{d}z\mathrm{d}x=\oint_{\Gamma}R(x,y,z)\mathrm{d}z.$$

把以上三式相加即得斯托克斯公式.

为便于记忆，用行列式改写斯托克斯公式有

$$\iint_{\Sigma}\begin{vmatrix}\mathrm{d}y\mathrm{d}z & \mathrm{d}z\mathrm{d}x & \mathrm{d}x\mathrm{d}y\\ \frac{\partial}{\partial x} & -\frac{\partial}{\partial y} & \frac{\partial}{\partial z}\\ P & Q & R\end{vmatrix}\mathrm{d}S=\oint_{\Gamma}P\mathrm{d}x+Q\mathrm{d}y+R\mathrm{d}z.$$

注意：这里按第一行展开，余子式中的乘积应该理解为偏导，如 $\frac{\partial}{\partial y}$ 与 R 的乘积应该理解为 $\frac{\partial R}{\partial y}$，其余相同.

另外，由两类曲面积分之间的关系，斯托克斯公式也可以写为以下形式：

$$\iint_{\Sigma}\begin{vmatrix}\cos\alpha & \cos\beta & \cos\gamma \\ \dfrac{\partial}{\partial x} & \dfrac{\partial}{\partial y} & \dfrac{\partial}{\partial z} \\ P & Q & R\end{vmatrix}\mathrm{d}S=\oint_{\Gamma}P\,\mathrm{d}x+Q\mathrm{d}y+R\mathrm{d}z,$$

其中$(\cos\alpha,\cos\beta,\cos\gamma)$为有向曲面$\Sigma$在点$(x,y,z)$处的单位法向量.

如果有向曲面Σ是xOy面上的一块闭区域，这时斯托克斯公式就变为格林公式，因此格林公式是斯托克斯公式的特殊情况.

例 1　计算$\oint_{\Gamma}z\,\mathrm{d}x+x\mathrm{d}y+y\mathrm{d}z$，$\Gamma$为平面$x+y+z=1$被三个坐标面所截成的三角形的整个 边界，它的方向与这个三角形上侧的法向量间符合右手规则.

解　由斯托克斯公式有

$$\oint_{\Gamma}z\,\mathrm{d}x+x\mathrm{d}y+y\mathrm{d}z=\iint_{\Sigma}\mathrm{d}y\mathrm{d}z+\mathrm{d}z\mathrm{d}x+\mathrm{d}x\mathrm{d}y.$$

而

$$\iint_{\Sigma}\mathrm{d}y\mathrm{d}z=\iint_{D_{yz}}\mathrm{d}y\mathrm{d}z=\frac{1}{2};$$

$$\iint_{\Sigma}\mathrm{d}z\mathrm{d}x=\iint_{D_{xz}}\mathrm{d}z\mathrm{d}x=\frac{1}{2};$$

$$\iint_{\Sigma}\mathrm{d}y\mathrm{d}z=\iint_{D_{xy}}\mathrm{d}x\mathrm{d}y=\frac{1}{2}.$$

其中D_{yz}，D_{xz}，D_{xy}分别为曲面Σ在yOz，xOz和xOy平面的投影，所以

$$\oint_{\Gamma}z\,\mathrm{d}x+x\mathrm{d}y+y\mathrm{d}z=\frac{3}{2}.$$

例 2　计算曲线积分$\oint_{L}z^3\,\mathrm{d}x+x^3\,\mathrm{d}y+y^3\,\mathrm{d}z$其中$L$是$z=2(x^2+y^2)$与$z=3-x^2-y^2$的交线沿着曲线的正向看是逆时针方向

解　由斯托克斯公式得

$$\oint_{L}z^3\,\mathrm{d}x+x^3\,\mathrm{d}y+y^3\,\mathrm{d}z=\iint_{\Sigma}(3y^2-0)\mathrm{d}y\mathrm{d}z+(3z^2-0)\mathrm{d}x\mathrm{d}z+(3x^2-0)\mathrm{d}x\mathrm{d}y,$$

其中$\Sigma:\begin{cases}x^2+y^2\leqslant 1\\ z=2\end{cases}$，且取上侧，则

$$\oint_{L}z^3\,\mathrm{d}x+x^3\,\mathrm{d}y+y^3\,\mathrm{d}z=3\iint_{x^2+y^2\leqslant 1}x^2\,\mathrm{d}x\mathrm{d}y=3\int_0^{2\pi}\mathrm{d}\theta\int_0^1 r^3\cos^2\theta\mathrm{d}r=\frac{3}{4}\pi.$$

*11.7.2 空间曲线积分与路径无关的条件

在曲线积分中,我们利用格林公式得出了平面曲线积分与路径无关的条件,在曲面积分中利用斯托克斯公式,我们可以得到空间曲线积分与路径无关的条件.

定理2 设空间区域 G 是一维单连通域,函数 $P(x,y,z)$,$Q(x,y,z)$,$R(x,y,z)$ 在 G 内具有一阶连续偏导数,则以下四个命题等价

(1)在空间区域 G 内恒有:

$$\frac{\partial P}{\partial y}=\frac{\partial Q}{\partial x};\quad \frac{\partial Q}{\partial z}=\frac{\partial R}{\partial y};\quad \frac{\partial R}{\partial x}=\frac{\partial P}{\partial z}.$$

(2)在空间区域 G 内沿任意闭曲线积分为零,即

$$\oint_{\Gamma} P\,\mathrm{d}x+Q\mathrm{d}y+R\mathrm{d}z=0.$$

(3)在空间区域 G 内曲线积分 $\int_{\Gamma} P\,\mathrm{d}x+Q\mathrm{d}y+R\mathrm{d}z$ 与路径无关.

(4)在空间区域 G 内,表达式 $P\mathrm{d}x+Q\mathrm{d}y+R\mathrm{d}z$ 是某三元函数 $u(x,y,z)$ 的全微分,并且当 (x_0,y_0,z_0) 为 G 内某一定点时,该三元函数可由下式求出(见图11-25).

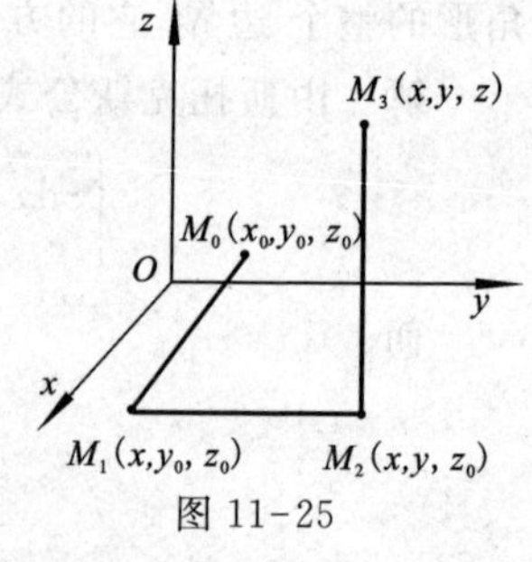

图 11-25

$$\begin{aligned}u(x,y,z)&=\int_{(x_0,y_0,z_0)}^{(x,y,z)} P\mathrm{d}x+Q\mathrm{d}y+R\mathrm{d}z\\&=\int_{x_0}^{x} P(x,y_0,z_0)\mathrm{d}x+\int_{y_0}^{y} P(x,y,z_0)\mathrm{d}x+\int_{z_0}^{z} P(x,y,z)\mathrm{d}x.\end{aligned}$$

证明 若在空间区域 G 内有 $\frac{\partial P}{\partial y}=\frac{\partial Q}{\partial x}$, $\frac{\partial Q}{\partial z}=\frac{\partial R}{\partial y}$, $\frac{\partial R}{\partial x}=\frac{\partial P}{\partial z}$ 恒成立,由斯托克斯公式可知

$$\oint_{\Gamma} P\,\mathrm{d}x+Q\mathrm{d}y+R\mathrm{d}z=0.$$

若在 G 内恒有 $\oint_{\Gamma} P\,\mathrm{d}x+Q\mathrm{d}y+R\mathrm{d}z=0.$

假设 G 内有一点 $M_0(x_0,y_0,z_0)$ 使 $\frac{\partial P}{\partial y}=\frac{\partial Q}{\partial x}$ 不成立.进一步假定

$$\left[\frac{\partial Q}{\partial x}-\frac{\partial P}{\partial y}\right]_{(x_0,y_0,z_0)}=a>0.$$

过点 $M_0(x_0,y_0,z_0)$ 作平面 $z=z_0$,并在此平面上取一个以 $M_0(x_0,y_0,z_0)$ 为圆心、半径足够小的圆形闭区域 K,使在 K 上恒有

$$\left[\frac{\partial Q}{\partial x}-\frac{\partial P}{\partial y}\right]_{(x_0,y_0,z_0)}>\frac{a}{2}.$$

假设 l 是 K 的正向边界曲线，因为 l 是在平面 $z=z_0$ 上，按定义有

$$\oint_l P\mathrm{d}x+Q\mathrm{d}y+R\mathrm{d}z=\oint_l P\mathrm{d}x+Q\mathrm{d}y.$$

而由斯托克斯公式又有

$$\oint_l P\mathrm{d}x+Q\mathrm{d}y+R\mathrm{d}z=\iint_K\left(\frac{\partial Q}{\partial x}-\frac{\partial P}{\partial y}\right)\mathrm{d}x\mathrm{d}y\geqslant\frac{a}{2}\cdot\sigma.$$

其中 σ 是闭区域 K 的面积，且有 $a>0,\sigma>0$，从而使

$$\oint_l P\mathrm{d}x+Q\mathrm{d}y+R\mathrm{d}z>0.$$

与任意闭曲线有 $\oint_\Gamma P\mathrm{d}x+Q\mathrm{d}y+R\mathrm{d}z=0$ 相矛盾.

其余证明略.

*11.7.3　环流量、旋度

定义 1　设有向量场 $\boldsymbol{A}(x,y,z)=P(x,y,z)\boldsymbol{i}+Q(x,y,z)\boldsymbol{j}+R(x,y,z)\boldsymbol{k}$，其中函数 $P(x,y,z),Q(x,y,z),R(x,y,z)$ 均连续，Γ 是向量场 $\boldsymbol{A}$ 的定义域内的一条分段光滑的有向闭曲线，$\boldsymbol{\tau}$ 是 Γ 在点 (x,y,z) 处的单位切向量，则积分

$$\oint_\Gamma \boldsymbol{A}\cdot\boldsymbol{\tau}\mathrm{d}s$$

称为向量场 $\boldsymbol{A}$ 沿有向闭曲线 Γ 的**环流量**.

由两类曲线积分之间的关系，环流量又可表示为

$$\oint_\Gamma \boldsymbol{A}\cdot\boldsymbol{\tau}\mathrm{d}s=\oint_\Gamma \boldsymbol{A}\mathrm{d}\boldsymbol{r}=\oint_\Gamma P\mathrm{d}x+Q\mathrm{d}y+R\mathrm{d}z,$$

其中 $\boldsymbol{r}$ 为有向闭曲线 Γ 的向量方程.

例 3　求向量场 $\boldsymbol{A}=-y\boldsymbol{i}+x\boldsymbol{j}+c\boldsymbol{k}$（$c$ 为常数）沿闭曲线 Γ 的环流量，Γ 为圆周 $x^2+y^2=a^2,\quad z=0$.

解　闭曲线 Γ 的参数方程为

$$x=a\cos t;\qquad y=a\sin t;\qquad z=0.$$

由环流量定义，环流量为

$$\begin{aligned}\oint_\Gamma \boldsymbol{A}\cdot\boldsymbol{\tau}\mathrm{d}s&=\oint_\Gamma \boldsymbol{A}\mathrm{d}\boldsymbol{r}=\oint_\Gamma P\mathrm{d}x+Q\mathrm{d}y+R\mathrm{d}z\\&=\oint_\Gamma -y\mathrm{d}x+x\mathrm{d}y+c\mathrm{d}z\end{aligned}$$

$$=\int_0^{2\pi}[(-a\sin t)(-a\sin t)+a\cos t\cdot a\cos t]\mathrm{d}t$$

$$=\int_0^{2\pi}a^2\mathrm{d}t=2\pi a^2.$$

类似于由向量场 $\boldsymbol{A}$ 的通量可以引出向量场 $\boldsymbol{A}$ 在某一点的通量密度一样,由向量场 $\boldsymbol{A}$ 沿某一闭曲线的环流量可以引出向量场 $\boldsymbol{A}$ 在该点的环流量的密度.它是一个向量,定义如下:

定义 2 设有向量场 $\boldsymbol{A}(x,y,z)=P(x,y,z)\boldsymbol{i}+Q(x,y,z)\boldsymbol{j}+R(x,y,z)\boldsymbol{k}$,其中函数 $P(x,y,z)$,$Q(x,y,z)$,$R(x,y,z)$均具有一阶连续偏导数,则向量

$$\left(\frac{\partial R}{\partial y}-\frac{\partial Q}{\partial z}\right)\boldsymbol{i}+\left(\frac{\partial P}{\partial z}-\frac{\partial R}{\partial x}\right)\boldsymbol{j}+\left(\frac{\partial Q}{\partial x}-\frac{\partial P}{\partial y}\right)\boldsymbol{k}$$

称为向量场 $\boldsymbol{A}$ 的**旋度**,记为 $\mathrm{rot}\,\boldsymbol{A}$,即

$$\mathrm{rot}\boldsymbol{A}=\left(\frac{\partial R}{\partial y}-\frac{\partial Q}{\partial z}\right)\boldsymbol{i}+\left(\frac{\partial P}{\partial z}-\frac{\partial R}{\partial x}\right)\boldsymbol{j}+\left(\frac{\partial Q}{\partial x}-\frac{\partial P}{\partial y}\right)\boldsymbol{k}.$$

该公式也可以表示为行列式形式,即

$$\mathrm{rot}\,\boldsymbol{A}=\begin{vmatrix}\boldsymbol{i} & \boldsymbol{j} & \boldsymbol{k}\\ \dfrac{\partial}{\partial x} & \dfrac{\partial}{\partial y} & \dfrac{\partial}{\partial z}\\ P & Q & R\end{vmatrix}.$$

如果向量场 $\boldsymbol{A}$ 的旋度 $\mathrm{rot}\boldsymbol{A}$ 处处为零,我们称向量场 $\boldsymbol{A}$ 为**无旋场**,也称为**有势场**.由于这时$\dfrac{\partial P}{\partial y}=\dfrac{\partial Q}{\partial x},\dfrac{\partial Q}{\partial z}=\dfrac{\partial R}{\partial y},\dfrac{\partial R}{\partial x}=\dfrac{\partial P}{\partial z}$,表达式 $P\mathrm{d}x+Q\mathrm{d}y+R\mathrm{d}z$ 是一个三元函数 $u(x,y,z)$的全微分,这个三元函数就称为向量场$\boldsymbol{A}$的**势**.当一个向量场无源且无旋时,我们称其为**调和场**;调和场是物理学中的一类重要向量场,当其中的三元函数 $u(x,y,z)$满足$\dfrac{\partial^2 u}{\partial x^2}+\dfrac{\partial^2 u}{\partial y^2}+\dfrac{\partial^2 u}{\partial z^2}=0$ 时该三元函数 $u(x,y,z)$称为**调和函数**.

例 4 求向量场$\boldsymbol{A}=(x^2-y^2)\boldsymbol{i}+4yz\,\boldsymbol{j}+x^2y\,\boldsymbol{k}$的旋度.

解 $$\mathrm{rot}\,\boldsymbol{A}=\begin{vmatrix}\boldsymbol{i} & \boldsymbol{j} & \boldsymbol{k}\\ \dfrac{\partial}{\partial x} & \dfrac{\partial}{\partial y} & \dfrac{\partial}{\partial z}\\ P & Q & R\end{vmatrix}=\begin{vmatrix}\boldsymbol{i} & \boldsymbol{j} & \boldsymbol{k}\\ \dfrac{\partial}{\partial x} & \dfrac{\partial}{\partial y} & \dfrac{\partial}{\partial z}\\ x^2-y^2 & 4yz & x^2y\end{vmatrix}=(x^2-4y)\boldsymbol{i}-2xy\,\boldsymbol{j}-2y\,\boldsymbol{k}.$$

有了旋度的概念以后,如果斯托克斯公式中的有向曲面 Σ 在点(x,y,z)的单位法向量为 $\boldsymbol{n}=\{\cos\alpha,\cos\beta,\cos\gamma\}$,则旋度与其数量积为

$$\mathrm{rot}\,\boldsymbol{A}\cdot\boldsymbol{n}=\begin{vmatrix}\cos\alpha & \cos\beta & \cos\gamma\\ \dfrac{\partial}{\partial x} & \dfrac{\partial}{\partial y} & \dfrac{\partial}{\partial z}\\ P & Q & R\end{vmatrix}.$$

于是有斯托克斯公式的向量形式

$$\iint_{\Sigma} \text{rot}\,\boldsymbol{A} \cdot \boldsymbol{n} \mathrm{d}S = \oint_{\Gamma} \boldsymbol{A} \cdot \boldsymbol{t} \mathrm{d}S,$$

或

$$\iint_{\Sigma} (\text{rot}\,\boldsymbol{A})_n \mathrm{d}S = \oint_{\Gamma} A_t \mathrm{d}S.$$

其中 $\boldsymbol{n} = \{\cos\alpha, \cos\beta, \cos\gamma\}$ 为有向曲面 Σ 在点 (x, y, z) 的法向量，$\boldsymbol{t} = \{\cos\lambda, \cos\mu, \cos\gamma\}$ 为有向闭曲线 Γ 在点 (x,y,z) 的单位切向量. 斯托克斯公式的这一形式说明，向量场**A**沿有向闭曲线 Γ 的环流量等于向量场**A**的旋度通过有向闭曲面 Σ 的通量，当然有向闭曲线 Γ 的正向与有向闭曲面 Σ 的侧应符合右手规则.

习　题　11.7

1. $\oint_{\Gamma} x^2 y^3 \mathrm{d}x + \mathrm{d}y + z\mathrm{d}z$，$\Gamma$ 为 xOy 面内圆周 $x^2 + y^2 = a^2$ 逆时针方向.

2. $\oint_{\Gamma} (y^2 - z^2)\mathrm{d}x + (z^2 - x^2)\mathrm{d}y + (x^2 - y^2)\mathrm{d}z$，$\Gamma$ 为平面 $x + y + z = 1$ 在第一卦限部分三角形的边界，从 x 轴正向看为逆时针方向.

3. $\oint_{\Gamma} y\mathrm{d}x + z\mathrm{d}y + x\mathrm{d}z$，其中 Γ 为圆周 $x^2 + y^2 + z^2 = a^2$，$x + z = 0$，从 x 轴正向看为逆时针方向.

*4. 求向量场 $\boldsymbol{A} = y\boldsymbol{i} + x\boldsymbol{j} + 5\boldsymbol{k}$ 沿闭曲线 Γ 的环流量，Γ 为圆周 $(x-2)^2 + y^2 = 4, z = 0$.

*5. 求向量场 $\boldsymbol{A} = \text{grad}\, u$，$u = \arctan \dfrac{y}{x} - z$ 的旋度.

复习题 11

1. 选择题

(1) 设 L 是从 $O(0,0)$ 到 $B(1,1)$ 的直线段，则曲线积分 $\int_L y\mathrm{d}s = (\quad)$.

A. $\dfrac{1}{2}$　　B. $-\dfrac{1}{2}$　　C. $\dfrac{\sqrt{2}}{2}$　　D. $-\dfrac{\sqrt{2}}{2}$

(2) 设 $I = \int_L \sqrt{y}\, \mathrm{d}s$ 其中 L 是抛物线 $y = x^2$ 上点 $(0,0)$ 与点 $(1,1)$ 之间的一段弧，则 $I = (\quad)$.

A. $\dfrac{5\sqrt{5}}{6}$　　B. $\dfrac{5\sqrt{5}}{12}$　　C. $\dfrac{5\sqrt{5}-1}{6}$　　D. $\dfrac{5\sqrt{5}-1}{12}$

(3)闭曲线 C 为 $4x^2+y^2=1$ 的正向，则$\oint_C \frac{-y\mathrm{d}x+x\mathrm{d}y}{4x^2+y^2}=$(　　).

A. -2π　　B. 2π　　C. 0　　D. π

(4)曲线积分 $\int_L [f(x)-\mathrm{e}^x]\sin y\mathrm{d}x-f(x)\cos y\mathrm{d}y$ 与路径无关，其中 $f(x)$ 有一阶连续偏导数，且 $f(0)=0$，则 $f(x)=$(　　).

A. $\frac{1}{2}(\mathrm{e}^{-x}-\mathrm{e}^x)$　　B. $\frac{1}{2}(\mathrm{e}^x-\mathrm{e}^{-x})$

C. $\frac{1}{2}(\mathrm{e}^x+\mathrm{e}^{-x})$　　D. 0

(5)如果简单闭曲线 l 所围区域的面积为 σ，那么 σ 是(　　).

A. $\frac{1}{2}\oint_l x\mathrm{d}x-y\mathrm{d}y$　　B. $\frac{1}{2}\oint_l y\mathrm{d}y-x\mathrm{d}x$

C. $\frac{1}{2}\oint_l y\mathrm{d}x-x\mathrm{d}y$　　D. $\frac{1}{2}\oint_l x\mathrm{d}y-y\mathrm{d}x$

(6)Σ 为 yOz 平面上 $y^2+z^2\leqslant 1$，则$\iint_\Sigma (x^2+y^2+z^2)\mathrm{d}S=$(　　).

A. 0　　B. π　　C. $\frac{1}{4}\pi$　　D. $\frac{1}{2}\pi$

(7)设 Σ 为球面 $x^2+y^2+z^2=1$，则曲面积分$\iint_\Sigma \frac{\mathrm{d}S}{1+\sqrt{x^2+y^2+z^2}}$的值为(　　).

A. 4π　　B. 2π　　C. π　　D. $\frac{1}{2}\pi$

(8)设 S:$x^2+y^2+z^2=R^2(z\geqslant 0)$，$S_1$ 为 S 在第一卦限中部分，则有(　　).

A. $\iint_S x\mathrm{d}S=4\iint_{S_1} x\mathrm{d}S$　　B. $\iint_S y\mathrm{d}S=4\iint_{S_1} y\mathrm{d}S$

C. $\iint_S z\mathrm{d}S=4\iint_{S_1} z\mathrm{d}S$　　D. $\iint_S xyz\mathrm{d}S=4\iint_{S_1} xyz\mathrm{d}S$

2. 填空题

(1)设曲线 C 为圆周 $x^2+y^2=1$，则曲线积分$\oint_C (x^2+y^2-3x)\mathrm{d}S=$________.

(2)设 L 是抛物线 $y=x^3$ 上从点(2,8)到点(0,0)的一段弧，则曲线积分$\int_L (2x-4y)\mathrm{d}x=$________.

(3) $\oint\limits_{x^2+y^2=1} \frac{y\mathrm{d}x-x\mathrm{d}y}{x^2+y^2}=$________.

(4)设Σ为上半球面 $z=\sqrt{4-x^2-y^2}(z\geqslant 0)$,则曲面积分 $\iint\limits_{\Sigma}(x^2+y^2+z^2)\mathrm{d}S=$ ________.

(5)设 Σ 为上半球面 $z=\sqrt{4-x^2-y^2}$,则曲面积分 $\iint\limits_{\Sigma}\dfrac{\mathrm{d}S}{1+\sqrt{x^2+y^2+z^2}}$ 的值为________.

(6)S 为球面 $x^2+y^2+z^2=a^2$ 的外侧,则 $\iint\limits_{S}(y-z)\mathrm{d}y\mathrm{d}z+(z-x)\mathrm{d}z\mathrm{d}x+(x-y)\mathrm{d}x\mathrm{d}y=$ ________.

(7)光滑曲面 $z=f(x,y)$ 在 xOy 平面上的投影区域为 D,则曲面 $z=f(x,y)$ 的面积是________.

3. $\int_L y^2\mathrm{d}x+x^2\mathrm{d}y$,其中 L 为圆周 $x^2+y^2=R^2$ 的上半部分,L 的方向为逆时针.

4. 计算 $\int_L -x\cos y\mathrm{d}x+y\sin x\mathrm{d}y$,其中 L 是由点 $A(0,0)$ 到 $B(\pi,2\pi)$ 的直线段.

5. 计算 $I=\int_\Gamma x^3\mathrm{d}x+3zy^2\mathrm{d}y-x^2y\mathrm{d}z$,其中 Γ 是从点 $A(3,2,1)$ 到点 $B(0,0,0)$ 的直线段 AB.

6. $\int_L (y^2-z^2)\mathrm{d}x+(z^2-x^2)\mathrm{d}y+(x^2-y^2)\mathrm{d}z$,其中 L 为球面 $x^2+y^2+z^2=1$ 在第一卦限部分的边界,当从球面外看时为顺时针.

7. 计算曲线积分 $I=\int_C \dfrac{(y+x)\mathrm{d}x+(y-x)\mathrm{d}y}{x^2+y^2}$,其中 C 是自点 $A(-2,1)$ 沿曲线 $y=-\cos\dfrac{\pi}{2}x$ 到点 $B(2,1)$ 的曲线段.

8. 计算曲线积分 $\int_L \dfrac{(x-y)\mathrm{d}x+(x+y)\mathrm{d}y}{x^2+y^2}$,其中 L 是沿着圆 $(x-1)^2+(y-1)^2=1$ 从点 $A(0,1)$ 到点 $B(2,1)$ 的上半单位圆弧.

9. 计算曲线积分 $I=\int_{\widehat{AMO}}(\mathrm{e}^x\sin y-2y)\mathrm{d}x+(\mathrm{e}^x\cos y-2)\mathrm{d}y$,其中 $\widehat{AMO}$ 是由点 $A(a,0)$ 至点 $O(0,0)$ 的上半圆周 $x^2+y^2=ax$.

10. 确定 λ 的值,使曲线积分 $\int_C (x^2+4xy^\lambda)\mathrm{d}x+(6x^{\lambda-1}y^2-2y)\mathrm{d}y$ 在 xOy 平面上与路径无关.当起点为 $(0,0)$,终点为 $(3,1)$ 时,求此曲线积分的值.

11. 求抛物面 $z=x^2+y^2$ 被平面 $z=1$ 所割下的有界部分 Σ 的面积.

12. 计算曲面积分 $I=\iint\limits_{\Sigma}z^2\mathrm{d}S$,其中 Σ 是柱面 $x^2+y^2=4$ 介于 $0\leqslant z\leqslant 6$ 的部分.

13. 设曲面S为球面$x^2+y^2+z^2=4$被平面$z=1$截出的顶部,计算$I=\iint\limits_S \frac{1}{z}\mathrm{d}S$.

14. 计算曲面积分$\oiint\limits_\Sigma x\mathrm{d}y\mathrm{d}z+y\mathrm{d}z\mathrm{d}x+(z^2-2z)\mathrm{d}x\mathrm{d}y$,其中$\Sigma$为锥面$z=\sqrt{x^2+y^2}$与$z=1$所围的整个曲面的外侧.

15. 用高斯公式计算$\oiint\limits_\Sigma (x-y)\mathrm{d}x\mathrm{d}y+(y-z)x\mathrm{d}y\mathrm{d}z$,其中$\Sigma$:柱面$x^2+y^2=1$及平面$z=0,z=3$围成封闭曲面的外侧.

16. 计算$I=\iint\limits_\Sigma yz\mathrm{d}y\mathrm{d}z+xz\mathrm{d}z\mathrm{d}x+(x+y+z)\mathrm{d}x\mathrm{d}y$,其中$\Sigma$是$x^2+y^2+(z-a)^2=a^2$,$0\leqslant z\leqslant a$,取下侧.

17. 计算曲面积分$\iint\limits_\Sigma (2x+z)\mathrm{d}y\mathrm{d}z+z\mathrm{d}x\mathrm{d}y$,其中$\Sigma$是曲面$z=x^2+y^2$在$z\leqslant 1$的部分的下侧.

数学文化 11

德国的数学全才——高斯

C. F. 高斯(Carl Friedrich Gauss,1777—1855) 德国数学家、天文学家和物理学家,被誉为历史上伟大的数学家之一,和阿基米德、I.牛顿并列,同享盛名.1777 年 4 月 30 日生于不伦瑞克的一个工匠家庭,1855 年 2 月 23 日卒于格丁根.他童年时就显示出很高的才能.1792 年在不伦瑞克公爵的资助下入不伦瑞克的卡罗琳学院学习.1795 年入格丁根大学,曾在攻读古代语还是数学专业上产生犹豫,但数学上的适时成功,促使他致力于数学研究.大学的第一年发明二次互反律,第二年又得出正十七边形的尺规作图法,并给出可用尺规作出的正多边形的条件,解决了两千年来悬而未决的难题.1798 年转入黑尔姆施泰特大学,翌年因证明代数基本定理而获博士学位.从 1807 年到 1855 年逝世,他一直担任格丁根大学教授兼格丁根天文台台长.

高斯的数学成就遍及各个领域,在数论、代数学、非欧几何、微分几何、超几何级数、复变函数论以及椭圆函数论等方面均有一系列开创性贡献.他十分注重数学的应用,并且在对天文学、大地测量学和磁学的研究中,发明和发展了最小二乘法、曲面论、位势论等.

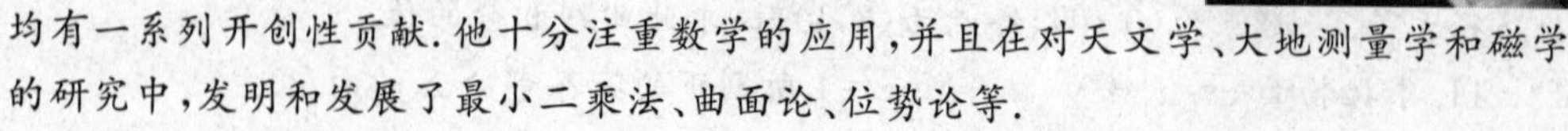

高斯于 1801 年发表的《算术研究》是数学史上为数不多的经典著作之一,它开辟了数论研究的全新时代.在这本书中,高斯不仅把 19 世纪以前数论中的一系列孤立的

结果予以系统的整理，给出了标准记号的和完整的体系，而且详细地阐述了他自己的成果，其中主要是同余理论、剩余理论以及型的理论.同余概念最早是由 L.欧拉提出的，高斯则首次引进了同余的记号并系统而又深入地阐述了同余式的理论，包括定义相同模的同余式运算、多项余式的基本定理的证明、对型以及多项式的同余式理论.19世纪 20 年代，他再次发展同余式理论，着重研究了可应用于高次同余式的互反律，继二次剩余之后，得出了三次和双二次剩余理论.此后，为了使这一理论趋于简单，他将复数引入数论，从而开创了复整数理论.高斯系统化并扩展了型的理论.他给出型的等价定义和一系列关于型的等价定理，研究了型的复合(乘积)以及关于二次和三次型的处理.1830 年，高斯对型和型类所给出的几何表示，标志着数的几何理论发展的开端.在《算术研究》中他还进一步发展了分圆理论，把分圆问题归结为解二项方程的问题，并建立起二项方程的理论.后来 N.H.阿贝尔按高斯对二项方程的处理，着手探讨了高次方程的可解性问题.

高斯在代数方面的代表性成就是他对代数基本定理的证明.高斯的方法不是去计算一个根，而是证明它的存在.这个方式开创了探讨数学中整个存在性问题的新途径.他曾先后四次给出这个定理的证明，在这些证明中应用了复数，并且合理地给出了复数及其代数运算的几何表示，这不仅有效地巩固了复数的地位，而且使单复变函数理论的建立更为真切、合理.在复分析方面，高斯提出了不少单复变函数的基本概念，著名的柯西积分定理(复变函数沿不包括奇点的闭曲线上的积分为零)，也是高斯在1811 年首先提出并加以应用的.复函数在数论中的深入应用，又使高斯发现椭圆函数的双周期性，开创椭圆函数论这一重大的领域；但与非欧几何一样，关于椭圆函数他生前未发表任何文章.

1812 年，高斯发表了在分析方面的重要论文《无穷级数的一般研究》，其中引入了高斯级数的概念.他除了证明这些级数的性质外，还通过对它们敛散性的讨论，开创了关于级数敛散性的研究.

非欧几何是高斯的又一重大发现.有关的思想最早可以追溯到 1792 年，即高斯15 岁那年.那时他已经意识到除欧氏几何外还存在着一个无逻辑矛盾的几何，其中欧氏几何的平行公设不成立.1799 年他开始重视开发新几何学的内容，并在 1813 年左右形成较完整的思想.高斯深信非欧几何在逻辑上相容并确认其具有可应用性.虽然高斯生前没有发表这一成果，但是他的遗稿表明，他是非欧几何的创立者之一.

高斯十分善于把数学成果有效地应用于其他科学领域.他于 1809 年发明的最小二乘法，对天文学和其他许多需要处理观察数据的学科有重要意义.另外，像球面三角中高斯方程组和内插法计算中的高斯内插公式在天文学计算中也有广泛应用.高斯致力于天文学研究前后约 20 年，并在该领域内发表伟大著作《天体运动理论》(1809).

1816 年起，高斯把数学应用从天体转向大地.他受汉诺威政府的委托进行大地测量.在这项工作中他创造了两种彼此独立的方法,推导旋转椭圆体上计算经纬度及方位角之差至四次项的公式.

在对大地测量的研究中,高斯创立了关于曲面的新理论.1827年发表《关于曲面的一般研究》,书中全面阐述了三维空间中的曲面的微分几何,并提出了内蕴曲面理论,在微分几何中获得扩展和系统化.高斯的曲面理论后来被他的学生B.黎曼所发展,成为爱因斯坦广义相对论的数学基础.

19世纪30年代起,高斯的注意力转向磁学,1839—1840年先后发表了《地磁概论》和《关于与距离平方成反比的引力和斥力的普遍定理》,后一篇论著还是19世纪位势理论方面的主导性文献.

高斯在学术上十分谨慎,他恪守这样的原则:"问题在思想上没有弄通之前决不动笔",并且认为只有在证明的严密性,文字词句和叙述体裁都达到无懈可击时才发表自己的成果,这使得他发表的作品比起他一生中所做的大量研究来说相比要少得多.

第12章 无穷级数

无穷级数是高等数学的一个重要组成部分，是研究函数和数值计算的有力工具，它在电学、力学等学科有着极广泛的应用. 无穷级数主要研究两个问题：一是无穷项（数或函数项）连加是否有结果，如何判定；另一个问题是一个数或函数是否可以分解或展开为无穷项的连加，如何展开. 本章先介绍无穷级数的一般概念，进而讨论级数的收敛和发散，并在此基础上进一步研究函数项级数，特别是幂级数和傅里叶级数.

§12.1 常数项级数的概念和性质

12.1.1 无穷级数的概念

我国古代数学巨著《九章算术》中有如下记载："一尺之棰，日取其半，万世不竭."若把这句话的意思写成数学式子，即

$$1=\frac{1}{2}+\frac{1}{4}+\frac{1}{8}+\frac{1}{16}+\cdots+\frac{1}{2^n}+\cdots \tag{1}$$

该式说明了常数1可以表示为$\frac{1}{2}+\frac{1}{4}+\frac{1}{8}+\frac{1}{16}+\cdots+\frac{1}{2^n}+\cdots$这无穷多项的连加. 反过来，上式中无穷多项的连加的结果是1. 事实上，在日常生活和工作中经常会遇到无穷多项连加的式子，如

$$1+2+3+4+\cdots+n+\cdots \quad 第 n 项为 n \tag{2}$$

$$\frac{3}{10}+\frac{3}{10^2}+\frac{3}{10^3}+\cdots+\frac{3}{10^n}+\cdots \quad 第 n 项为\frac{3}{10^n} \tag{3}$$

我们把这类无穷多项连加的式子称为无穷级数. 第 n 项称为级数的一般项. 一般地，我们有以下定义.

定义 1 给定序列 $u_1,u_2,u_3,\cdots,u_n,\cdots$，则式子

$$u_1+u_2+u_3+\cdots+u_n+\cdots \tag{4}$$

称为**无穷级数**，记作$\sum\limits_{n=1}^{\infty}u_n$.

即
$$\sum_{n=1}^{\infty}u_n=u_1+u_2+u_3+\cdots+u_n+\cdots$$

其中 u_n 叫做级数的**一般项**（或**通项**）.

当级数的每一项都是一个常数时,称这类级数叫做**常数项级数**(或**数项级数**),如(1)、(2)、(3)式.

由上可知,无穷级数实际上是一种无穷多项连加的式子,这种无穷多项连加的结果能否是一个确定的常数,这是因级数的不同而异的.如$\frac{1}{2}+\frac{1}{4}+\frac{1}{8}+\cdots+\frac{1}{2^n}+\cdots$的和为1,而$1+2+3+\cdots+n+\cdots$就不能用一个确定的数表示.为研究无穷级数中无限多个数量相加的数学含义,我们引入部分和概念.

定义2 若级数(4)的前n项之和为

$$s_n=u_1+u_2+\cdots+u_n, \tag{5}$$

则称s_n为级数(4)的**部分和**.当n依次取1,2,3,…时,它们构成一个新数列

$$\begin{aligned}s_1&=u_1\\s_2&=u_1+u_2\\s_3&=u_1+u_2+u_3\\&\vdots\\s_n&=u_1+u_2+u_3+\cdots+u_n\\&\vdots\end{aligned}$$

我们称此数列为级数(4)的**部分和数列**.

由此可见,由于级数的不同,级数的部分和数列是否有极限的结果也是各不相同的.根据部分和数列(5)是否有极限,我们给出级数(4)收敛与发散的概念.

定义 当n无限增大时,如果级数(4)的部分和数列(5)有极限s,即

$$\lim_{n\to\infty}s_n=s,$$

则称级数(4)**收敛**,这时极限s叫做级数(4)的**和**,并记作

$$s=u_1+u_2+u_3+\cdots+u_n+\cdots,$$

如果部分和数列(5)没有极限,则称级数(4)发散,发散的级数没有和.

当级数(4)收敛时,其部分和s_n是级数和s的近似值,它们之间的差值

$$r_n=s-s_n=u_{n+1}+u_{n+2}+\cdots+u_{n+k}+\cdots$$

叫做级数的**余项**.

例1 讨论级数$1+(-1)+1+(-1)+\cdots+(-1)^{n-1}+(-1)^n+\cdots$的敛散性.

解 若该级数逐项相加,部分和为

$$s_n=\begin{cases}0 & \text{当 } n \text{ 为偶数}\\1 & \text{当 } n \text{ 为奇数}\end{cases},$$

所以极限$\lim\limits_{n\to\infty}s_n$不存在,故级数发散.

例2 讨论等比级数(几何级数)

$$\sum_{k=0}^{\infty} aq^k = a + aq + aq^2 + \cdots + aq^n + \cdots \qquad (a \neq 0)$$

的敛散性.

解　若 $q \neq 1$,则部分和为

$$s_n = \sum_{k=0}^{n-1} aq^k = a + aq + aq^2 + \cdots + aq^{n-1} = \frac{a(1-q^n)}{1-q}.$$

当 $|q| < 1$ 时,$\lim\limits_{n\to\infty} q^n = 0$,故 $\lim\limits_{n\to\infty} s_n = \dfrac{a}{1-q}$,等比级数收敛,且和为 $\dfrac{a}{1-q}$;

当 $|q| > 1$ 时,$\lim\limits_{n\to\infty} q^n = \infty$,从而 $\lim\limits_{n\to\infty} s_n = \infty$,等比级数发散;

当 $|q| = 1$ 时,若 $q = 1$,则

$$s_n = \sum_{k=0}^{n-1} a \cdot 1^k = a + a + a + \cdots + a = n \cdot a \to \infty \quad (n \to \infty).$$

若 $q = -1$,则

$$s_n = \sum_{k=0}^{n-1} (-1)^k \cdot a = a - a + a - a + \cdots + (-1)^{n-2}a + (-1)^{n-1}a = \begin{cases} 0 & n \text{ 为偶数} \\ a & n \text{ 为奇数} \end{cases},$$

$\lim\limits_{n\to\infty} s_n$ 不存在. 所以当 $|q| = 1$ 时,等比级数发散.

综上,等比级数当 $|q| < 1$ 时收敛,和为 $\dfrac{a}{1-q}$,当 $|q| \geqslant 1$ 时发散,没有和.

例 3　讨论下列级数的敛散性:

(1) $\dfrac{1}{1 \cdot 2} + \dfrac{1}{2 \cdot 3} + \dfrac{1}{3 \cdot 4} + \cdots + \dfrac{1}{n(n+1)} + \cdots$;

(2) $\ln \dfrac{2}{1} + \ln \dfrac{3}{2} + \ln \dfrac{4}{3} + \cdots + \ln \dfrac{n+1}{n} + \cdots$.

解　(1) 因为 $\dfrac{1}{n(n+1)} = \dfrac{1}{n} - \dfrac{1}{n+1}$,

所以
$$\begin{aligned} s_n &= \left(1 - \frac{1}{2}\right) + \left(\frac{1}{2} - \frac{1}{3}\right) + \left(\frac{1}{3} - \frac{1}{4}\right) + \cdots + \left(\frac{1}{n} - \frac{1}{n+1}\right) \\ &= 1 - \frac{1}{n+1}. \end{aligned}$$

而
$$\lim_{n\to\infty} s_n = \lim_{n\to\infty}\left(1 - \frac{1}{n+1}\right) = 1,$$

所以级数 $\sum\limits_{n=1}^{\infty} \dfrac{1}{n(n+1)}$ 收敛于 1.

(2) 因为 $\ln \dfrac{n+1}{n} = \ln(n+1) - \ln n$,

所以 $s_n = \ln 2 - \ln 1 + \ln 3 - \ln 2 + \ln 4 - \ln 3 + \cdots + \ln(n+1) - \ln n$

$= \ln(n+1)$.

而
$$\lim_{n\to\infty} s_n = \lim_{n\to\infty} \ln(n+1) = \infty,$$

因此级数 $\sum_{n=1}^{\infty} \ln \frac{n+1}{n}$ 发散.

12.1.2 级数的基本性质

性质1 如果级数 $u_1 + u_2 + \cdots + u_n + \cdots$ 收敛于和 s,则它的各项同乘以一个常数 k 所得的级数

$$k \cdot u_1 + k \cdot u_2 + \cdots + k \cdot u_n + \cdots$$

也收敛,且和为 $k \cdot s$.

证明 设 $\sum_{n=1}^{\infty} u_n$ 与 $\sum_{n=1}^{\infty} k \cdot u_n$ 的部分和分别为 s_n、σ_n,则

$$\begin{aligned}\sigma_n &= k \cdot u_1 + k \cdot u_2 + \cdots + k \cdot u_n \\ &= k \cdot (u_1 + u_2 + \cdots + u_n) = k \cdot s_n.\end{aligned}$$

于是,有

$$\lim_{n\to\infty} \sigma_n = \lim_{n\to\infty} k \cdot s_n = k \cdot \lim_{n\to\infty} s_n = k \cdot s.$$

故级数 $\sum_{n=1}^{\infty} k \cdot u_n$ 收敛且和为 $k \cdot s$.

由关系式 $\sigma_n = k \cdot s_n$,有:如果 s_n 没有极限,且 $k \neq 0$,那么 σ_n 也没有极限.

因此,这一性质说明级数的每一项同乘一个不为零的常数后,它的敛散性不变.

性质2 设有级数 $u_1 + u_2 + \cdots + u_n + \cdots$ 和 $v_1 + v_2 + \cdots + v_n + \cdots$ 分别收敛于 s 与 σ,则级数

$$(u_1 \pm v_1) + (u_2 \pm v_2) + \cdots + (u_n \pm v_n) + \cdots$$

也收敛,且和为 $s \pm \sigma$.

证明 设级数 $\sum_{n=1}^{\infty} u_n$、$\sum_{n=1}^{\infty} v_n$ 的和分别为 s、σ,则 $\sum_{n=1}^{\infty} (u_n \pm v_n)$ 的部分和

$$\begin{aligned}z_n &= (u_1 \pm v_1) + (u_2 \pm v_2) + \cdots + (u_n \pm v_n) \\ &= (u_1 + u_2 + \cdots + u_n) \pm (v_1 + v_2 + \cdots + v_n) \\ &= s_n \pm \sigma_n\end{aligned}$$

故
$$\lim_{n\to\infty} z_n = \lim_{n\to\infty} (s_n \pm \sigma_n) = \lim_{n\to\infty} s_n \pm \lim_{n\to\infty} \sigma_n = s \pm \sigma.$$

这表明级数 $\sum_{n=1}^{\infty} (u_n \pm v_n)$ 收敛且其和为 $s \pm \sigma$.

由性质 2,我们可得到以下推论:

推论 1　若$\sum\limits_{n=1}^{\infty}u_n$与$\sum\limits_{n=1}^{\infty}v_n$收敛,则$\sum\limits_{n=1}^{\infty}(u_n \pm v_n) = \sum\limits_{n=1}^{\infty}u_n \pm \sum\limits_{n=1}^{\infty}v_n$也收敛,反之亦然.

推论 2　若$\sum\limits_{n=1}^{\infty}u_n$收敛,而$\sum\limits_{n=1}^{\infty}v_n$发散,则$\sum\limits_{n=1}^{\infty}(u_n \pm v_n)$一定发散.

推论 3　若$\sum\limits_{n=1}^{\infty}u_n$、$\sum\limits_{n=1}^{\infty}v_n$均发散,那么$\sum\limits_{n=1}^{\infty}(u_n \pm v_n)$可能收敛,也可能发散.

如:$u_n = 1, v_n = (-1)^n$,则

$$\sum_{n=1}^{\infty}(u_n \pm v_n) = \sum_{n=1}^{\infty}[1+(-1)^n] = 0+2+0+2\cdots+0+2+\cdots \text{发散}.$$

又如:$u_n = 1, v_n = -1$,则

$$\sum_{n=1}^{\infty}(u_n \pm v_n) = \sum_{n=1}^{\infty}[1-1] = 0+0+\cdots+0+\cdots \text{收敛}.$$

性质 3　在级数的前面去掉或加上有限项,不会影响级数的敛散性,不过在收敛时,一般来说级数的和是要改变的.

证明　将级数

$$u_1 + u_2 + \cdots + u_k + u_{k+1} + u_{k+2} + \cdots + u_{k+n} + \cdots$$

的前 k 项去掉,得到新级数

$$u_{k+1} + u_{k+2} + \cdots + u_{k+n} + \cdots$$

新级数的部分和为

$$\begin{aligned}\sigma_n &= u_{k+1} + u_{k+2} + \cdots + u_{k+n}\\ &= s_{k+n} - s_k,\end{aligned}$$

其中 s_{k+n} 是原级数前 $k+n$ 项的部分和,而 s_k 是原级数前 k 项之和(它是一个常数). 故当 $n \to \infty$ 时,σ_n 与 s_{k+n} 具有相同的敛散性. 在收敛时,其收敛的和有关系式

$$\sigma = s - s_k,$$

其中 $\sigma = \lim\limits_{n\to\infty}\sigma_n, s = \lim\limits_{n\to\infty}s_n, s_k = \sum\limits_{i=1}^{k}u_i$.

类似地,可以证明在级数的前面增加有限项,也不会影响级数的敛散性.

性质 4　将收敛级数的某些项加括号之后所成新级数仍收敛于原来的和.

证明　设有收敛级数

$$s = u_1 + u_2 + \cdots + u_n + \cdots$$

按照某一规律加括号后所成的级数为

$$u_1 + (u_2 + u_3) + u_4 + (u_5 + u_6 + u_7 + u_8) + \cdots,$$

用 σ_m 表示这一新级数的前 m 项之和,它是由原级数中前 n 项之和 s_n 所构成的 $(m < n)$,即有

$$\sigma_1 = s_1, \quad \sigma_2 = s_3, \quad \sigma_3 = s_4, \quad \sigma_4 = s_8, \quad \cdots, \quad \sigma_m = s_n, \quad \cdots$$

显然,当 $m \to \infty$ 时,有 $n \to \infty$,因此

$$\lim_{m\to\infty}\sigma_m = \lim_{n\to\infty}s_n = s.$$

该性质说明,收敛的级数加括号后仍收敛,另外,有括号的收敛级数去括号不一定收敛.

例如,级数 $(1-1)+(1-1)+\cdots$ 收敛于零,但去括号之后所得级数

$$1-1+1-1+\cdots+(-1)^{n-1}+(-1)^n+\cdots$$

却是发散的.

性质 5 (级数收敛的必要条件) 若级数 $\sum\limits_{n=1}^{\infty}u_n$ 收敛,则 $\lim\limits_{n\to\infty}u_n = 0$.

证明 设级数 $\sum\limits_{n=1}^{\infty}u_n = u_1 + u_2 + \cdots + u_n + \cdots$ 收敛于和 s,

由它的一般项 u_n 与部分和 $s_n = \sum\limits_{k=1}^{n}u_k$,有关系式 $u_n = s_n - s_{n-1}$.

则
$$\lim_{n\to\infty}u_n = \lim_{n\to\infty}(s_n - s_{n-1}) = \lim_{n\to\infty}s_n - \lim_{n\to\infty}s_{n-1} = s - s = 0.$$

该性质说明 $\lim\limits_{n\to\infty}u_n = 0$ 是级数 $\sum\limits_{n=1}^{\infty}u_n$ 收敛的必要条件,但不是充分条件. 也就是说级数收敛,一定有一般项极限为零;而一般项极限为零,级数不一定收敛,如前面例3(2). 相反,当级数的一般项极限不为零时,级数一定发散.

习　题　12.1

1. 写出下列级数的前五项:

(1) $\sum\limits_{n=1}^{\infty}\dfrac{n}{n^2+1}$;　　(2) $\sum\limits_{n=1}^{\infty}\dfrac{(-1)^{n-1}}{n^2}$;

(3) $\sum\limits_{n=1}^{\infty}\dfrac{n!}{n^n}$;　　(4) $\sum\limits_{n=1}^{\infty}ne^n$;

(5) $\sum\limits_{n=1}^{\infty}(-1)^{n-1}\sin\dfrac{n\pi}{3}$;　　(6) $\sum\limits_{n=1}^{\infty}\dfrac{1\cdot 3\cdot 5\cdots(2n-1)}{2\cdot 4\cdot 6\cdots(2n)}$.

2. 写出下列级数的一般项:

(1) $\dfrac{1}{2}+\dfrac{2}{3}+\dfrac{3}{4}+\dfrac{4}{5}+\cdots$;　　(2) $\dfrac{1}{2}+\dfrac{3}{5}+\dfrac{5}{10}+\dfrac{7}{17}+\cdots$;

(3) $-2+1+4+7+10+\cdots$；　(4) $\dfrac{1}{1\cdot 2}+\dfrac{1\cdot 3}{2\cdot 3}+\dfrac{1\cdot 3\cdot 5}{3\cdot 4}+\dfrac{1\cdot 3\cdot 5\cdot 7}{4\cdot 5}+\cdots$；

(5) $\dfrac{a}{4}-\dfrac{a^2}{8}+\dfrac{a^3}{12}-\dfrac{a^4}{16}+\cdots$；　(6) $\sqrt{\dfrac{1}{2}}+\sqrt{\dfrac{2}{5}}+\sqrt{\dfrac{3}{8}}+\sqrt{\dfrac{4}{11}}+\cdots$.

3. 判别下列级数的敛散性：

(1) $2+4+8+\cdots+2^n+\cdots$；

(2) $\dfrac{1}{3}-\dfrac{1}{9}+\dfrac{1}{27}-\cdots+(-1)^{n-1}\dfrac{1}{3^n}+\cdots$；

(3) $\dfrac{1}{1\cdot 3}+\dfrac{1}{3\cdot 5}+\dfrac{1}{5\cdot 7}+\dfrac{1}{7\cdot 9}+\cdots$；

(4) $\dfrac{1}{2}-\dfrac{3}{4}+\dfrac{5}{6}-\dfrac{7}{8}+\cdots$；

(5) $\left(\dfrac{1}{2}+\dfrac{1}{3}\right)+\left(\dfrac{1}{4}-\dfrac{1}{9}\right)+\left(\dfrac{1}{8}+\dfrac{1}{27}\right)+\left(\dfrac{1}{16}-\dfrac{1}{81}\right)+\cdots$；

(6) $1-\sin^1 1+\sin^2 1-\sin^3 1+\cdots$.

4. 求下列级数的和：

(1) $\dfrac{1}{1\cdot 6}+\dfrac{1}{6\cdot 11}+\dfrac{1}{11\cdot 16}+\cdots+\dfrac{1}{(5n-4)(5n+1)}+\cdots$；

(2) $\sum\limits_{n=1}^{\infty}(\sqrt{n+2}-2\sqrt{n+1}+\sqrt{n})$；

(3) $\sum\limits_{n=1}^{\infty}\dfrac{2+(-1)^{n-1}}{5^n}$.

§12.2　常数项级数的审敛法

运用级数收敛、发散的定义来判别级数的敛散性具有严谨、准确的优点，并可以求出级数的和. 但是，这种判别的方法有时较为烦琐，对于一些较复杂的级数则难以判别其敛散性，而有时我们只要求知道级数的敛散性，并不一定要求出它的和. 因此，需要寻求判别级数敛散性的更为简便的方法.

12.2.1　正项级数及审敛法

若级数 $\sum\limits_{n=1}^{\infty}u_n$ 中的各项都是非负的(即 $u_n\geqslant 0, n=1,2,\cdots$)，则称级数 $\sum\limits_{n=1}^{\infty}u_n$ 为**正项级数**. 由于级数的敛散性可归结为正项级数的敛散性问题，因此，正项级数的敛散性判定就显得十分重要.

定理 1 正项级数收敛的充要条件是它的部分和数列有界.

证明 设级数

$$u_1 + u_2 + \cdots + u_n + \cdots \tag{1}$$

是一个正项级数,它的部分和数列

$$s_1 = u_1,\quad s_2 = u_1 + u_2,\quad s_3 = u_1 + u_2 + u_3,\quad \cdots,\quad s_n = u_1 + u_2 + \cdots + u_n,\quad \cdots$$

是单调增加的,即 $s_1 \leqslant s_2 \leqslant s_3 \leqslant \cdots \leqslant s_n \leqslant \cdots$.

若数列 s_n 有上界 M,据单调有界数列必有极限的准则,级数(1) 必收敛于和 s,且 $0 \leqslant s_n \leqslant s \leqslant M$.

反过来,如果级数(1) 收敛于和 s,即 $\lim\limits_{n\to\infty} s_n = s$,据极限存在的数列必为有界数列的性质可知,部分和数列 s_n 是有界的.

1. 比较审敛法

定理 2 给定两个正项级数 $\sum\limits_{n=1}^{\infty} u_n$、$\sum\limits_{n=1}^{\infty} v_n$,

(1) 若 $u_n \leqslant v_n (n = 1,2,\cdots)$,而 $\sum\limits_{n=1}^{\infty} v_n$ 收敛,则 $\sum\limits_{n=1}^{\infty} u_n$ 亦收敛;

(2) 若 $u_n \geqslant v_n (n = 1,2,\cdots)$,而 $\sum\limits_{n=1}^{\infty} v_n$ 发散,则 $\sum\limits_{n=1}^{\infty} u_n$ 亦发散.

其中级数 $\sum\limits_{n=1}^{\infty} v_n$ 称作级数 $\sum\limits_{n=1}^{\infty} u_n$ 的**比较级数**.

证明 (1) 设 $\sum\limits_{n=1}^{\infty} v_n$ 收敛于 σ,由 $u_n \leqslant v_n (n = 1,2,\cdots)$,$\sum\limits_{n=1}^{\infty} u_n$ 的部分和 s_n 满足

$$s_n = u_1 + u_2 + \cdots + u_n \leqslant v_1 + v_2 + \cdots + v_n \leqslant \sigma,$$

即单调增加的部分和数列 s_n 有上界.

根据以上定理知,$\sum\limits_{n=1}^{\infty} u_n$ 收敛.

(2) 设 $\sum\limits_{n=1}^{\infty} v_n$ 发散,于是它的部分和

$$\sigma_n = v_1 + v_2 + \cdots + v_n \text{ 且有} \lim_{n\to\infty} \sigma_n = +\infty.$$

由 $u_n \geqslant v_n (n = 1,2,\cdots)$,有

$$s_n = u_1 + u_2 + \cdots + u_n \geqslant v_1 + v_2 + \cdots + v_n = \sigma_n,$$

从而有 $s_n \to +\infty (n \to \infty)$,即 $\sum\limits_{n=1}^{\infty} u_n$ 发散.

由于级数的每一项同乘以一个非零常数 k,以及去掉其有限项不会影响它的敛散性,比较审敛法可改写成如下形式.

推论　设 k 为正数，N 为正整数，$\sum_{n=1}^{\infty} u_n$、$\sum_{n=1}^{\infty} v_n$ 均为正项级数，有

(1) 若 $u_n \leqslant k \cdot v_n (n \geqslant N)$，而 $\sum_{n=1}^{\infty} v_n$ 收敛，则 $\sum_{n=1}^{\infty} u_n$ 亦收敛；

(2) 若 $u_n \geqslant k \cdot v_n (n \geqslant N)$，而 $\sum_{n=1}^{\infty} v_n$ 发散，则 $\sum_{n=1}^{\infty} u_n$ 亦发散.

例 1　讨论调和级数

$$\sum_{n=1}^{\infty} \frac{1}{n} = 1 + \frac{1}{2} + \frac{1}{3} + \cdots + \frac{1}{n} + \cdots$$

的敛散性.

解　调和级数的部分和序列有

$$s_2 = 1 + \frac{1}{2},$$

$$s_4 = 1 + \frac{1}{2} + \frac{1}{3} + \frac{1}{4} > 1 + \frac{1}{2} + \frac{1}{4} + \frac{1}{4} = 1 + \frac{2}{2},$$

$$s_8 = 1 + \frac{1}{2} + \frac{1}{3} + \frac{1}{4} + \frac{1}{5} + \frac{1}{6} + \frac{1}{7} + \frac{1}{8} >$$

$$1 + \frac{1}{2} + \frac{1}{4} + \frac{1}{4} + \frac{1}{8} + \frac{1}{8} + \frac{1}{8} + \frac{1}{8} = 1 + \frac{3}{2},$$

……

所以有

$$s_{2^n} > 1 + \frac{n}{2}.$$

即有

$$\lim_{n \to \infty} s_{2^n} \geqslant \lim_{n \to \infty} \left(1 + \frac{n}{2}\right) = +\infty.$$

所以调和级数发散.

例 2　讨论 p-级数

$$\sum_{n=1}^{\infty} \frac{1}{n^p} = 1 + \frac{1}{2^p} + \frac{1}{3^p} + \cdots + \frac{1}{n^p} + \cdots$$

的敛散性，其中 $p > 0$.

解　若 $0 < p \leqslant 1$，则由 $n^p \leqslant n$ 有 $\frac{1}{n^p} \geqslant \frac{1}{n}$，而调和级数 $\sum_{n=1}^{\infty} \frac{1}{n}$ 发散，故 $\sum_{n=1}^{\infty} \frac{1}{n^p}$ 亦发散；

若 $p > 1$，对于 $n - 1 \leqslant x \leqslant n (n \geqslant 2)$，有

$$(n-1)^p \leqslant x^p \leqslant n^p,$$

即有

$$\frac{1}{x^p} \geqslant \frac{1}{n^p}.$$

$$\frac{1}{n^p}=\int_{n-1}^{n}\frac{dx}{n^p}\leqslant\int_{n-1}^{n}\frac{dx}{x^p}=\frac{1}{1-p}x^{1-p}\Big|_{n-1}^{n}=\frac{1}{p-1}\left[\frac{1}{(n-1)^{p-1}}-\frac{1}{n^{p-1}}\right].$$

考虑比较级数 $\quad\dfrac{1}{p-1}\sum\limits_{n=2}^{\infty}\left[\dfrac{1}{(n-1)^{p-1}}-\dfrac{1}{n^{p-1}}\right]$,

它的部分和

$$s_n=\frac{1}{p-1}\sum_{k=2}^{n+1}\left[\frac{1}{(k-1)^{p-1}}-\frac{1}{k^{p-1}}\right]=\frac{1}{p-1}\left[1-\frac{1}{(n+1)^{p-1}}\right],$$

而

$$\lim_{n\to\infty}s_n=\lim_{n\to\infty}\frac{1}{p-1}\left[1-\frac{1}{(n+1)^{p-1}}\right]=\frac{1}{p-1}.$$

故$\dfrac{1}{p-1}\sum\limits_{n=2}^{\infty}\left[\dfrac{1}{(n-1)^{p-1}}-\dfrac{1}{n^{p-1}}\right]$收敛,由比较审敛法可知$\sum\limits_{n=2}^{\infty}\dfrac{1}{n^p}$收敛,

由级数的性质,$\sum\limits_{n=1}^{\infty}\dfrac{1}{n^p}$亦收敛.

综上讨论可知,当$0<p\leqslant 1$时,$p-$级数为发散的;当$p>1$时,$p-$级数是收敛的.

定理 3 (比较审敛法的极限形式)

设$\sum\limits_{n=1}^{\infty}u_n$及$\sum\limits_{n=1}^{\infty}v_n$为两个正项级数,如果极限

$$\lim_{n\to\infty}\frac{u_n}{v_n}=l(0<l<\infty),$$

则级数$\sum\limits_{n=1}^{\infty}u_n$与$\sum\limits_{n=1}^{\infty}v_n$同时收敛或同时发散.

证明 由极限的定义有

对$\varepsilon=\dfrac{l}{2}$,存在着自然数N,当$n>N$时,有不等式

$$\left|\frac{u_n}{v_n}-l\right|<\frac{l}{2},\frac{l}{2}<\frac{u_n}{v_n}<\frac{3l}{2}$$

即有

$$\frac{l}{2}\cdot v_n<u_n<\frac{3l}{2}\cdot v_n.$$

由比较审敛法的推论,两级数有相同的敛散性.

特别地,若取比较级数为$p-$级数$\sum\limits_{n=1}^{\infty}v_n=\sum\limits_{n=1}^{\infty}\dfrac{1}{n^p}$,则有

定理 4(极限审敛法) 设$\sum\limits_{n=1}^{\infty}u_n$为正项级数,

(1) 若$\lim\limits_{n\to\infty}n^p u_n=l(0<l\leqslant\infty,p\leqslant 1)$,则$\sum\limits_{n=1}^{\infty}u_n$发散;

(2) 若$\lim\limits_{n\to\infty}n^p u_n = l(0\leqslant l<\infty, p>1)$,则$\sum\limits_{n=1}^{\infty}u_n$ 收敛.

证明　若$\lim\limits_{n\to\infty}n^p u_n = \lim\limits_{n\to\infty}\dfrac{u_n}{\dfrac{1}{n^p}} = l\ (0<l<\infty)$,

故$\sum\limits_{n=1}^{\infty}u_n$ 与$\sum\limits_{n=1}^{\infty}\dfrac{1}{n^p}$ 具有相同的收敛性,亦即:

当 $p>1$ 时,$\sum\limits_{n=1}^{\infty}\dfrac{1}{n^p}$ 收敛,故$\sum\limits_{n=1}^{\infty}u_n$ 收敛;

当 $p\leqslant 1$ 时,$\sum\limits_{n=1}^{\infty}\dfrac{1}{n^p}$ 发散,故$\sum\limits_{n=1}^{\infty}u_n$ 发散;

当$\lim\limits_{n\to\infty}n^p u_n = \infty(p\leqslant 1)$ 且当 $n>N$ 时 $n^p u_n>1$,从而有 $u_n>\dfrac{1}{n^p}$,

因此$\sum\limits_{n=1}^{\infty}\dfrac{1}{n^p}$ 发散,故$\sum\limits_{n=1}^{\infty}u_n$ 发散.

当$\lim\limits_{n\to\infty}n^p u_n = 0(p>1)$ 且当 $n>N$ 时,$n^p u_n<1$,从而有 $u_n<\dfrac{1}{n^p}$,

因此$\sum\limits_{n=1}^{\infty}\dfrac{1}{n^p}$ 收敛,故$\sum\limits_{n=1}^{\infty}u_n$ 收敛.

例 3　判别级数

(1)$\sum\limits_{n=1}^{\infty}\sin\dfrac{1}{n}$;　　　　(2)$\sum\limits_{n=1}^{\infty}\ln\left(1+\dfrac{1}{n^2}\right)$.

的敛散性.

解　(1) 因$\lim\limits_{n\to\infty}n\cdot\sin\dfrac{1}{n} = \lim\limits_{n\to\infty}\dfrac{\sin\dfrac{1}{n}}{\dfrac{1}{n}} = 1$,

故级数$\sum\limits_{n=1}^{\infty}\sin\dfrac{1}{n}$ 发散;

(2) 因$\lim\limits_{n\to\infty}n^2\cdot\ln\left(1+\dfrac{1}{n^2}\right) = \lim\limits_{n\to\infty}n^2\cdot\dfrac{1}{n^2} = 1$,

故级数$\sum\limits_{n=1}^{\infty}\ln\left(1+\dfrac{1}{n^2}\right)$收敛.

2. 比值审敛法

定理 5　若正项级数$\sum\limits_{n=1}^{\infty}u_n$ 有$\lim\limits_{n\to\infty}\dfrac{u_{n+1}}{u_n} = \rho$,则当 $\rho<1$ 时,级数收敛;当 $\rho>1$(也包括 $\rho=+\infty$) 时,级数发散;当 $\rho=1$ 时,该审敛法失效.

证明 (1) 当 $\rho < 1$ 时,可取一适当小的正数 ε,使得 $\rho + \varepsilon = r < 1$. 据极限的定义,存在自然数 N,当 $n > N$ 时,

$$\frac{u_{n+1}}{u_n} < \rho + \varepsilon = r, \quad 即\ u_{n+1} < r \cdot u_n,$$

有

$$u_{N+1} < r \cdot u_N,$$
$$u_{N+2} < r \cdot u_{N+1} < r^2 \cdot u_N$$
$$u_{N+3} < r \cdot u_{N+2} < r^2 u_{N+1} < r^3 \cdot u_N, \cdots$$

级数 $u_{N+1} + u_{N+2} + u_{N+3} + \cdots$ 的各项小于收敛的等比级数($0 < r < 1$)

$$r \cdot u_N + r^2 \cdot u_N + r^3 \cdot u_N + \cdots$$

的对应项,故 $\sum\limits_{n=N+1}^{\infty} u_n$ 收敛,从而 $\sum\limits_{n=1}^{\infty} u_n$ 亦收敛.

(2) 当 $\rho > 1$ 时,存在充分小的正数 ε,使得 $\rho - \varepsilon > 1$. 据极限定义,当 $n > N$ 时,有

$$\frac{u_{n+1}}{u_n} > \rho - \varepsilon > 1, u_{n+1} > u_n,$$

因此,当 $n > N$ 时,级数的一般项是逐渐增大的,它不趋向于零,由级数收敛的必要条件,$\sum\limits_{n=1}^{\infty} u_n$ 发散.

(3) 当 $\rho = 1$ 时,级数可能收敛,也可能发散.

例如,对于 p - 级数 $\sum\limits_{n=1}^{\infty} \frac{1}{n^p}$,不论 p 取何值,总有

$$\lim_{n\to\infty} \frac{u_{n+1}}{u_n} = \lim_{n\to\infty} \frac{\frac{1}{(n+1)^p}}{\frac{1}{n^p}} = \lim_{n\to\infty}\left(\frac{n}{n+1}\right)^p = 1.$$

但是,级数在 $p > 1$ 时收敛,而当 $p \leqslant 1$ 时,它是发散的.

例 4 判别级数 $\sum\limits_{n=1}^{\infty} \frac{2^n \cdot n!}{n^n}$ 的收敛性.

解 因为 $\frac{u_{n+1}}{u_n} = \frac{2^{n+1} \cdot (n+1)!}{(n+1)^{n+1}} \cdot \frac{n^n}{2^n \cdot n!} = 2 \cdot \left(\frac{n}{n+1}\right)^n = 2 \cdot \frac{1}{\left(1 + \frac{1}{n}\right)^n}$,

$$\lim_{n\to\infty} \frac{u_{n+1}}{u_n} = \lim_{n\to\infty} \frac{2}{\left(1 + \frac{1}{n}\right)^n} = \frac{2}{\mathrm{e}} < 1.$$

故该级数收敛.

例 5 讨论 $\sum\limits_{n=1}^{\infty} n x^n$ ($x > 0$) 的敛散性.

解　$\lim\limits_{n\to\infty}\dfrac{u_{n+1}}{u_n}=\lim\limits_{n\to\infty}\dfrac{(n+1)x^{n+1}}{nx^n}=\lim\limits_{n\to\infty}\dfrac{n+1}{n}x=x$，

当 $0<x<1$ 时，由比值审敛法知，原级数收敛.

当 $x>1$ 时，由比值审敛法知，原级数发散.

当 $x=1$ 时，判别法失效. 但此时原级数 $\sum\limits_{n=1}^{\infty}nx^n=\sum\limits_{n=1}^{\infty}n$ 发散.

所以当 $0<x<1$ 时，原级数收敛；当 $x\geqslant 1$ 时，原级数发散.

3. 根值审敛法

定理 6　若正项级数 $\sum\limits_{n=1}^{\infty}u_n$ 有极限 $\lim\limits_{n\to\infty}\sqrt[n]{u_n}=\rho$，则

当 $\rho<1$ 时，级数收敛；当 $\rho>1$(也包括 $\rho=+\infty$) 时，级数发散；当 $\rho=1$ 时，该审敛法失效.

证明　(1) 当 $\rho<1$ 时，可取一适当小的正数 ε，使得 $\rho+\varepsilon=r<1$.

据极限的定义，存在自然数 N，当 $n>N$ 时，有

$$\sqrt[n]{u_n}<\rho+\varepsilon=r,\qquad u_n<r^n.$$

等比级数 $\sum\limits_{n=N+1}^{\infty}r^n(0<r<1)$ 是收敛的，因此 $\sum\limits_{n=N+1}^{\infty}u_n$ 亦收敛，故级数 $\sum\limits_{n=1}^{\infty}u_n$ 收敛.

(2) 当 $\rho>1$ 时，存在充分小的正数 ε，使得 $\rho-\varepsilon>1$，据极限定义，当 $n>N$ 时，有

$$\sqrt[n]{u_n}>\rho-\varepsilon>1,\qquad u_n>1,$$

因此，级数的一般项不趋向于零，由级数收敛的必要条件，$\sum\limits_{n=1}^{\infty}u_n$ 发散.

(3) 当 $\rho=1$ 时，级数可能收敛，也可能发散.

例如，级数 $\sum\limits_{n=1}^{\infty}\dfrac{1}{n^2}$ 是收敛，级数 $\sum\limits_{n=1}^{\infty}\dfrac{1}{n}$ 是发散的，而

$$\lim_{n\to\infty}\sqrt[n]{u_n}=\lim_{n\to\infty}\sqrt[n]{\frac{1}{n^2}}=\lim_{n\to\infty}\left(\frac{1}{\sqrt[n]{n}}\right)^2=1;$$

$$\lim_{n\to\infty}\sqrt[n]{u_n}=\lim_{n\to\infty}\sqrt[n]{\frac{1}{n}}=\lim_{n\to\infty}\left(\frac{1}{\sqrt[n]{n}}\right)=1.$$

对于比值法与根值法失效的情形($\rho=1$)，其级数的敛散性应另寻它法加以判定，通常是构造更精细的比较级数.

例 6　判别级数

$$1+\frac{1}{2^2}+\frac{1}{3^3}+\frac{1}{4^4}+\cdots+\frac{1}{n^n}+\cdots$$

的敛散性.

解 该级数的一般项为 $u_n=\dfrac{1}{n^n}$,

$$\lim_{n\to\infty}\sqrt[n]{u_n}=\lim_{n\to\infty}\sqrt[n]{\frac{1}{n^n}}=\lim_{n\to\infty}\frac{1}{n}=0<1.$$

由根值审敛法知,该级数收敛.

12.2.2 交错级数及其审敛法

各项是正、负交错的级数为交错级数,其形式如下

$$u_1-u_2+u_3-u_4+\cdots+(-1)^{n-1}u_n+\cdots \tag{2}$$

或
$$-u_1+u_2-u_3+u_4-\cdots+(-1)^nu_n+\cdots$$

其中 $u_1,u_2,u_3,u_4\cdots,u_n,\cdots$ 均为正数.

定理7(莱布尼茨审敛法) 如果交错级数(2)满足条件

(1)$u_n\geqslant u_{n+1}(n=1,2,\cdots)$;

(2)$\lim\limits_{n\to\infty}u_n=0$.

则交错级数(2)收敛,且收敛和 $s\leqslant u_1$,余项 r_n 的绝对值 $|r_n|\leqslant u_{n+1}$.

证明 先证 $\lim\limits_{n\to\infty}s_{2n}$ 存在.

将(2)式的前 $2n$ 项的部分和 s_{2n} 写成如下两种形式

$$s_{2n}=(u_1-u_2)+(u_3-u_4)+\cdots+(u_{2n-1}-u_{2n})$$

及
$$s_{2n}=u_1-(u_2-u_3)-(u_4-u_5)-\cdots-(u_{2n-2}-u_{2n-1})-u_{2n}.$$

由条件 $u_n\geqslant u_{n+1}(n=1,2,\cdots)$ 可知,所有括号内的差均非负,且数列 s_{2n} 单调增加;则由 $s_{2n}<u_1$,知数列 s_{2n} 有上界.由单调有界数列必有极限准则,当 n 无限增大时,s_{2n} 趋向于某值 s,并且 $s\leqslant u_1$.因此极限 $\lim\limits_{n\to\infty}s_{2n}$ 存在,且 $\lim\limits_{n\to\infty}s_{2n}=s\leqslant u_1$.

再证 $\lim\limits_{n\to\infty}s_{2n+1}=s$.

因 $s_{2n+1}=s_{2n}+u_{2n+1}$,由条件 $\lim\limits_{n\to\infty}u_n=0$ 知 $\lim\limits_{n\to\infty}u_{2n+1}=0$,所以

$$\lim_{n\to\infty}s_{2n+1}=\lim_{n\to\infty}s_{2n}+\lim_{n\to\infty}u_{2n+1}=s+0=s.$$

由于级数的偶数项之和与奇数项之和都趋向于同一极限,故级数(2)的部分和当 $n\to\infty$ 时具有极限 s.这就证明了级数(2)收敛于 s,且 $s\leqslant u_1$.

最后证明 $|r_n|\leqslant u_{n+1}$.

其余项可以写成 $r_n=\pm(u_{n+1}-u_{n+2}+\cdots)$,其绝对值为

$$|r_n|=u_{n+1}-u_{n+2}+\cdots,$$

此式的右端也是一个交错级数,它满足收敛的两个条件,故其和应小于它的首项,即

$$|r_n|\leqslant u_{n+1}.$$

例 7　试证明交错级数

$$\sum_{n=1}^{\infty}(-1)^{n-1}\frac{1}{n}=1-\frac{1}{2}+\frac{1}{3}-\frac{1}{4}+\cdots+(-1)^{n-1}\frac{1}{n}+\cdots \text{收敛.}$$

证明

$$u_n=\frac{1}{n}>\frac{1}{n+1}=u_{n+1},$$

且

$$\lim_{n\to\infty}u_n=\lim_{n\to\infty}\frac{1}{n}=0.$$

故此交错级数收敛，并且和 $s<1$.

12.2.3　绝对收敛与条件收敛

设有级数

$$u_1+u_2+\cdots+u_n+\cdots, \tag{3}$$

其中 $u_n(n=1,2,\cdots)$ 为任意实数，该级数称为**任意项级数**.

下面，我们考虑级数(3) 各项的绝对值所组成的正项级数

$$|u_1|+|u_2|+\cdots+|u_n|+\cdots \tag{4}$$

的敛散性问题.

定义　如果任意项级数各项加绝对值后形成的正项级数收敛，则称此任意项级数**绝对收敛**；如果任意项级数各项加绝对值后形成的正项级数发散，而原任意项级数收敛，则称此任意项级数**条件收敛**.

例 8　证明 $\sum\limits_{n=1}^{\infty}(-1)^{n-1}\frac{1}{n^p}$ 在 $0<p\leqslant 1$ 时为条件收敛，而在 $p>1$ 时为绝对收敛.

证明　因为级数 $\sum\limits_{n=1}^{\infty}(-1)^{n-1}\frac{1}{n^p}$ 为一个交错级数，且有当 $n\to\infty$ 时，$\frac{1}{n^p}$ 单调下降并趋于零. 故对任意的 $p>0$，原级数 $\sum\limits_{n=1}^{\infty}(-1)^{n-1}\frac{1}{n^p}$ 总是收敛的.

而其绝对值级数 $\sum\limits_{n=1}^{\infty}\frac{1}{n^p}$ 是 $p-$ 级数，当 $0<p\leqslant 1$ 时发散；当 $p>1$ 时收敛.

所以，级数 $\sum\limits_{n=1}^{\infty}(-1)^{n-1}\frac{1}{n^p}$ 在 $0<p\leqslant 1$ 时为条件收敛，而在 $p>1$ 时为绝对收敛.

绝对收敛的级数的一些性质是其他级数所没有的，这些性质给我们提供了判别任意项级数的判别方法，也为我们解决了级数各项位置变动以后其和是否变动以及两个级数相乘的收敛和的问题.

性质 1　如果任意项级数绝对收敛，则此任意项级数也收敛.

证明　设级数 $\sum\limits_{n=1}^{\infty}|u_n|$ 收敛，令 $v_n=\frac{1}{2}(u_n+|u_n|)(n=1,2,\cdots)$.

显然 $v_n \geqslant 0$,且 $v_n \leqslant |u_n|$,

而 $\sum\limits_{n=1}^{\infty}|u_n|$ 收敛,由比较审敛法,正项级数 $\sum\limits_{n=1}^{\infty}v_n$ 收敛,从而 $\sum\limits_{n=1}^{\infty}2v_n$ 亦收敛.

另一方面,$u_n = 2v_n - |u_n|$,

由级数性质,级数 $\sum\limits_{n=1}^{\infty}u_n = \sum\limits_{n=1}^{\infty}[2v_n - |u_n|]$ 收敛.

该性质将任意项级数的敛散性判定转化成正项级数的收敛性判定.

例 9 判定任意项级数 $\sum\limits_{n=1}^{\infty}\dfrac{\sin(n\alpha)}{n^2}$($\alpha$ 为实数)的收敛性.

解 因 $\left|\dfrac{\sin(n\alpha)}{n^2}\right| \leqslant \dfrac{1}{n^2}$,而 $\sum\limits_{n=1}^{\infty}\dfrac{1}{n^2}$ 收敛,故 $\sum\limits_{n=1}^{\infty}\left|\dfrac{\sin(n\alpha)}{n^2}\right|$ 亦收敛,

据以上定理,故级数 $\sum\limits_{n=1}^{\infty}\dfrac{\sin(n\alpha)}{n^2}$ 收敛.

* **性质 2** 绝对收敛的级数不会因为改变其项的位置而改变其和.(证明略)

我们知道有限项相加的重要性质之一是其和与相加的次序无关,即加法具有交换律、结合律.在无穷级数中改变各项位置也叫**级数的重排**.绝对收敛的任意项级数重排后,无论是任意地改变位置还是任意地添加括号,都不会因此而改变它的收敛和.而其他的收敛级数就不具有这一性质,经过重排以后和是会改变的.

如交错级数 $\sum\limits_{n=1}^{\infty}(-1)^{n+1}\dfrac{1}{n}$ 是条件收敛的,将级数写为

$$\sum_{n=1}^{\infty}(-1)^{n-1}\cdot\frac{1}{n} = 1-\frac{1}{2}+\frac{1}{3}-\frac{1}{4}+\cdots+\frac{1}{2n-1}-\frac{1}{2n}+\cdots,$$

则它的前 $2n$ 项所作成的部分和为

$$s_{2n} = \sum_{k=1}^{n}\left(\frac{1}{2k-1}-\frac{1}{2k}\right),\text{并假设其收敛于和 } s.$$

对级数的项作如下重排:

$$1-\frac{1}{2}-\frac{1}{4}+\frac{1}{3}-\frac{1}{6}-\frac{1}{8}+\cdots+\frac{1}{2k-1}-\frac{1}{4k-2}-\frac{1}{4k}+\cdots.$$

它的前 $3n$ 项所作成的部分和为

$$\begin{aligned} s_{3n}^{*} &= \sum_{k=1}^{n}\left(\frac{1}{2k-1}-\frac{1}{4k-2}-\frac{1}{4k}\right) \\ &= \sum_{k=1}^{n}\left(\frac{1}{4k-2}-\frac{1}{4k}\right) = \frac{1}{2}\sum_{k=1}^{n}\left(\frac{1}{2k-1}-\frac{1}{2k}\right) \\ &= \frac{1}{2}s_{2n}. \end{aligned}$$

$$s_{3n-1}^{*}=\frac{1}{2}s_{2n}+\frac{1}{4n},s_{3n-2}^{*}=s_{3n-1}^{*}+\frac{1}{4n-2}.$$

$$\lim_{n\to\infty}s_{3n-1}^{*}=\lim_{n\to\infty}\left(\frac{1}{2}\cdot s_{2n}+\frac{1}{4n}\right)=\frac{1}{2}s;$$

$$\lim_{n\to\infty}s_{3n}^{*}=\lim_{n\to\infty}\frac{1}{2}\cdot s_{2n}=\frac{1}{2}s;$$

$$\lim_{n\to\infty}s_{3n-2}^{*}=\lim_{n\to\infty}\left(s_{3n-1}^{*}+\frac{1}{4n-2}\right)=\frac{1}{2}s,$$

这表明,重排之后的新级数收敛于$\frac{1}{2}s$.

***性质 3**　设有两个收敛级数$\sum_{n=1}^{\infty}u_n$与$\sum_{n=1}^{\infty}\nu_n$,规定两个级数按多项式乘法规则形式地作乘法

$$\left(\sum_{n=1}^{\infty}u_n\right)\left(\sum_{n=1}^{\infty}\nu_n\right)=\sum_{n=1}^{\infty}\tau_n,$$

其中 $\tau_n=u_1\nu_n+u_2\nu_{n-1}+u_3\nu_{n-2}+\cdots+u_n\nu_1$.

则当这两个级数都绝对收敛时,这两个级数相乘的乘积级数$\sum_{n=1}^{\infty}\tau_n$也绝对收敛.且当$\sum_{n=1}^{\infty}u_n=A,\sum_{n=1}^{\infty}\nu_n=B$时,$\sum_{n=1}^{\infty}\tau_n=AB$.若两个级数不绝对收敛,则不一定成立.

习　题　12.2

1. 用比较判别法判定下列级数的敛散性:

(1)$1+\frac{1}{3}+\frac{1}{5}+\cdots+\frac{1}{2n-1}+\cdots$;

(2)$\frac{1}{2\cdot 5}+\frac{1}{3\cdot 6}+\frac{1}{4\cdot 7}+\cdots+\frac{1}{(n+1)(n+4)}+\cdots$;

(3)$1+\frac{1+2}{1+2^2}+\frac{1+3}{1+3^2}+\cdots+\frac{1+n}{1+n^2}+\cdots$;

(4)$\sum_{n=1}^{\infty}\frac{1}{\ln\sqrt{n+1}}$;　　(5)$\sum_{n=1}^{\infty}\frac{1}{n\sqrt{n+1}}$;

(6)$\sum_{n=1}^{\infty}\frac{2^n}{(2n-1)3^n}$.

2. 用比值判别法判定下列级数的敛散性:

(1)$\frac{4}{3}+2\cdot\left(\frac{4}{3}\right)^2+3\cdot\left(\frac{4}{3}\right)^3+\cdots+n\cdot\left(\frac{4}{3}\right)^n+\cdots$;

(2) $\frac{1}{2}+\frac{1}{5}+\frac{1}{10}+\frac{1}{17}+\cdots$;

(3) $\sqrt{2}+\sqrt{\frac{3}{2}}+\sqrt{\frac{4}{3}}+\sqrt{\frac{5}{4}}+\cdots$;

(4) $1+\ln 0.6+\ln 0.6^2+\ln 0.6^3+\cdots$;

(5) $\sum_{n=1}^{\infty}\frac{2^n n!}{n^n}$;　　(6) $\sum_{n=1}^{\infty}\frac{5^{n-1}}{n!}$;

(7) $\sum_{n=1}^{\infty}\frac{1}{2^{2n-1}(2n-1)}$;　　(8) $\sum_{n=1}^{\infty}2^{2n}\sin^2\frac{\pi}{3^n}$.

3. 判别下列级数的敛散性,如果收敛指出是绝对收敛还是条件收敛:

(1) $1-\frac{1}{\sqrt{2}}+\frac{1}{\sqrt{3}}-\frac{1}{\sqrt{4}}+\cdots+(-1)^{n-1}\frac{1}{\sqrt{n}}+\cdots$;

(2) $\frac{1}{\pi}\sin\frac{\pi}{2}-\frac{1}{\pi^2}\sin\frac{\pi}{3}+\frac{1}{\pi^3}\sin\frac{\pi}{4}-\frac{1}{\pi^4}\sin\frac{\pi}{5}+\cdots$;

(3) $\sum_{n=1}^{\infty}\frac{(-1)^{n-1}n}{n+1}$;　　(4) $\sum_{n=1}^{\infty}(-1)^{n-1}\frac{n}{3^{n-1}}$;

(5) $\sum_{n=2}^{\infty}(-1)^n\frac{1}{\ln n}$;　　(6) $\sum_{n=1}^{\infty}(-1)^{n-1}\frac{n}{2n-1}$.

§12.3 幂 级 数

12.3.1 函数项级数的一般概念

设有定义在区间 I 上的函数列 $u_1(x),u_2(x),\cdots,u_n(x),\cdots$,则由此函数列构成的表达式

$$\sum_{n=1}^{\infty}u_n(x)=u_1(x)+u_2(x)+\cdots+u_n(x)+\cdots \tag{1}$$

称作**函数项级数**.

对于确定的值 $x_0\in I$,函数项级数(1)称为常数项级数

$$\sum_{n=1}^{\infty}u_n(x_0)=u_1(x_0)+u_2(x_0)+\cdots+u_n(x_0)+\cdots. \tag{2}$$

若该常数项级数(2)收敛,则称点 x_0 是函数项级数(1)的**收敛点**;若该常数项级数(2)发散,则称点 x_0 是函数项级数(1)的**发散点**;函数项级数的所有收敛点的集合称为它的**收敛域**;函数项级数的所有发散点的集合称为它的**发散域**.

对于函数项级数收敛域内任意一点 x,函数项级数(1)收敛,其收敛和自然应依赖

于 x 的取值,故其收敛和应为 x 的函数,即为 $s(x)$. 通常称 $s(x)$ 为函数项级数的**和函数**. 它的定义域就是级数的收敛域,并记为

$$s(x)=u_1(x)+u_2(x)+\cdots+u_n(x)+\cdots.$$

若将函数项级数(1) 的前 n 项之和(即部分和) 记作 $s_n(x)$,则在收敛域上有 $\lim\limits_{n\to\infty}s_n(x)=s(x)$;

若把 $r_n(x)=s(x)-s_n(x)$ 叫做函数项级数的**余项**(这里 x 在收敛域上),则 $\lim\limits_{n\to\infty}r_n(x)=0$.

12.3.2 幂级数及其收敛域

函数项级数中最常见的一类级数是所谓幂级数,它的形式是

$$a_0+a_1x+a_2x^2+\cdots+a_nx^n+\cdots \tag{3}$$

或
$$a_0+a_1(x-x_0)+a_2(x-x_0)^2+\cdots+a_n(x-x_0)^n+\cdots. \tag{4}$$

其中常数 $a_0,a_1,a_2,\cdots,a_n,\cdots$ 称作**幂级数系数**. 幂级数在$(-\infty,\infty)$ 上都有定义. 由于(4) 式是幂级数的一般形式,作变量代换 $t=x-x_0$ 可以把它化为(3) 的形式. 因此,我们在讨论幂级数的收敛性的时候,为方便起见用幂级数(3) 式作为讨论的对象.

当我们在几何级数 $\sum\limits_{n=1}^{\infty}aq^{n-1}$ 中,令 $a=1,q=x$,则此几何级数 $1+x+x^2+\cdots+x^n+\cdots$ 显然也是幂级数,根据其收敛性有:

当 $|x|<1$ 时,该级数收敛于和 $\dfrac{1}{1-x}$;当 $|x|\geqslant 1$ 时,该级数发散.

因此,该幂级数的收敛域是开区间$(-1,1)$,发散域是$(-\infty,-1]$ 及$[1,+\infty)$,如果在开区间$(-1,1)$ 内取值,则 $1+x+x^2+\cdots+x^n+\cdots=\dfrac{1}{1-x}$,函数 $\dfrac{1}{1-x}$ 就是该级数的和函数 $s(x)$.

定理 1(阿贝尔定理) 若 $x=x_0(\neq 0)$ 时,幂级数 $\sum\limits_{n=0}^{\infty}a_nx^n$ 收敛,则适合不等式 $|x|<|x_0|$ 的一切 x 均使幂级数绝对收敛;

若 $x=x_0(\neq 0)$ 时,幂级数 $\sum\limits_{n=0}^{\infty}a_nx^n$ 发散,则适合不等式 $|x|>|x_0|$ 的一切 x 均使幂级数发散.

证明 先设 $x=x_0(\neq 0)$ 是幂级数 $\sum\limits_{n=0}^{\infty}a_nx^n$ 的收敛点,即级数

$$a_0+a_1x_0+a_2x_0^2+\cdots+a_nx_0^n+\cdots$$

收敛,并有 $\lim\limits_{n\to\infty}a_nx_0^n=0$.

于是存在一个正数M,使得

$$|a_n x_0^n| \leqslant M (n=0,1,2,\cdots),$$

从而

$$|a_n x^n| = \left| a_n x_0^n \cdot \frac{x^n}{x_0^n} \right| = |a_n x_0^n| \cdot \left| \frac{x}{x_0} \right|^n \leqslant M \cdot \left| \frac{x}{x_0} \right|^n (n=0,1,2,\cdots)$$

当$|x|<|x_0|$时,$\left|\frac{x}{x_0}\right|<1$,等比级数$\sum_{n=0}^{\infty} M \cdot \left|\frac{x}{x_0}\right|^n$收敛,从而$\sum_{n=0}^{\infty}|a_n x^n|$收敛,故幂级数$\sum_{n=0}^{\infty} a_n x^n$绝对收敛.

用反证法证明后半部分.假设幂级数$\sum_{n=0}^{\infty} a_n x^n$当$x=x_0(\neq 0)$时发散,而有一点$x_1$适合$|x_1|>|x_0|$使级数收敛.

据定理一的前半部分.级数当$x=x_0(\neq 0)$时应收敛,这与定理的条件相矛盾,故定理的第二部分应成立.

阿贝尔定理揭示了幂级数的收敛域与发散域的结构形式,即对于幂级数$\sum_{n=0}^{\infty} a_n x^n$有:

若在$x=x_0(\neq 0)$处收敛,则在开区间$(-|x_0|,|x_0|)$之内,它亦收敛;

若在$x=x_0(\neq 0)$处发散,则在开区间$(-|x_0|,|x_0|)$之外,它亦发散.

这表明,幂级数的发散点不可能位于原点与收敛点之间.

推论 如果幂级数$\sum_{n=0}^{\infty} a_n x^n$不是仅在一点收敛,也不是在整个数轴上都收敛,则必有一个确定的正数R存在,并且当$|x|<R$时,幂级数绝对收敛;当$|x|>R$时,幂级数发散;当$x=\pm R$时,幂级数可能收敛,也可能发散.

这个正数R通常称作幂级数的**收敛半径**.

由幂级数在$x=\pm R$处的敛散性就可决定它在区间$(-R,R)$,$[-R,R)$,$(-R,R]$或$[-R,R]$上收敛,这个区间叫做幂级数的**收敛域**.

特别地,如果幂级数只在$x=0$处收敛,则规定收敛半径$R=0$;如果幂级数对一切x都收敛,则规定收敛半径$R=+\infty$.

定理 2 设有幂级数$\sum_{n=0}^{\infty} a_n x^n$,且

$$\lim_{n \to \infty} \left| \frac{a_{n+1}}{a_n} \right| = \rho \quad (\text{其中 } a_{n+1}, a_n \text{ 是幂级数的相邻两项的系数})$$

当$\rho \neq 0$,则$R=\frac{1}{\rho}$;当$\rho=0$,则$R=+\infty$;当$\rho=+\infty$,则$R=0$.

证明　考察幂级数的各项取绝对值所成的级数

$$|a_0|+|a_1x|+|a_2x^2|+\cdots+|a_nx^n|+\cdots.$$

该级数相邻两项之比为　$\dfrac{|a_{n+1}x^{n+1}|}{|a_nx^n|}=\left|\dfrac{a_{n+1}}{a_n}\right|\cdot|x|$.

若$\lim\limits_{n\to\infty}\left|\dfrac{a_{n+1}}{a_n}\right|=\rho(\neq 0)$存在，据比值审敛法.

当$\lim\limits_{n\to\infty}\dfrac{|a_{n+1}x^{n+1}|}{|a_nx^n|}=\lim\limits_{n\to\infty}\left|\dfrac{a_{n+1}}{a_n}\right|\cdot|x|=\rho\cdot|x|<1$，即$|x|<\dfrac{1}{\rho}$时，原级数收敛，从而原幂级数绝对收敛；

当$\rho\cdot|x|>1$，即$|x|>\dfrac{1}{\rho}$时，原级数从某个n开始，有$|a_{n+1}x^{n+1}|>|a_nx^n|$. 从而$|a_nx^n|$不趋向于零，进而$a_nx^n$也不趋向于零，因此原幂级数发散.

所以收敛半径$R=\dfrac{1}{\rho}$；

若$\rho=0$，则对任何x，有

$$\lim_{n\to\infty}\frac{|a_{n+1}x^{n+1}|}{|a_nx^n|}=\lim_{n\to\infty}\left|\frac{a_{n+1}}{a_n}\right|\cdot|x|=\rho\cdot|x|=0,$$

从而原级数收敛，原幂级数绝对收敛，则有收敛半径$R=+\infty$；

若$\rho=+\infty$，则对任何$x\neq 0$，有

$$\lim_{n\to\infty}\frac{|a_{n+1}x^{n+1}|}{|a_nx^n|}=\lim_{n\to\infty}\left|\frac{a_{n+1}}{a_n}\right|\cdot|x|=+\infty.$$

依极限理论知，从某个n开始有

$$\frac{|a_{n+1}x^{n+1}|}{|a_nx^n|}>1,\ |a_{n+1}x^{n+1}|>|a_nx^n|,$$

因此$\lim\limits_{n\to\infty}|a_nx^n|\neq 0$，从而$\lim\limits_{n\to\infty}a_nx^n\neq 0$，原幂级数发散，该级数仅在零点收敛，故收敛半径$R=0$.

例 1　求下列幂级数的收敛半径与收敛域：

(1) $\sum\limits_{n=1}^{\infty}\dfrac{1}{n^2}x^n$；　　(2) $\sum\limits_{n=1}^{\infty}\dfrac{2n-1}{2^n}x^{2n-2}$；　　(3) $\sum\limits_{n=1}^{\infty}\dfrac{2^n}{n+1}(x-2)^n$.

解　(1) 因为$a_n=\dfrac{1}{n^2}$，则$\lim\limits_{n\to\infty}\left|\dfrac{a_{n+1}}{a_n}\right|=\lim\limits_{n\to\infty}\left(\dfrac{n}{n+1}\right)^2=1$.

收敛半径为$R=1$.

又当$|x|=1$时，$\sum\limits_{n=1}^{\infty}\left|\dfrac{1}{n^2}x^n\right|=\sum\limits_{n=1}^{\infty}\dfrac{1}{n^2}$收敛，则$\sum\limits_{n=1}^{\infty}\dfrac{1}{n^2}$绝对收敛.

所以该级数的收敛域为$[-1,1]$.

(2) 此幂级数缺少奇次幂项，可据比值审敛法的原理来求收敛半径.

$$\lim_{n\to\infty}\left|\frac{u_{n+1}(x)}{u_n(x)}\right|=\lim_{n\to\infty}\left|\frac{\dfrac{2n+1}{2^{n+1}}x^{2n}}{\dfrac{2n-1}{2^n}x^{2n-2}}\right|=\lim_{n\to\infty}\frac{2n+1}{4n-2}|x|^2=\frac{1}{2}|x|^2.$$

当$\frac{1}{2}|x|^2<1$,即$|x|<\sqrt{2}$时,幂级数收敛;

当$\frac{1}{2}|x|^2>1$,即$|x|>\sqrt{2}$时,幂级数发散.

对于左端点$x=-\sqrt{2}$,幂级数化为

$\sum\limits_{n=1}^{\infty}\frac{2n-1}{2^n}(-\sqrt{2})^{2n-2}=\sum\limits_{n=1}^{\infty}\frac{2n-1}{2^n}\cdot 2^{n-1}=\sum\limits_{n=1}^{\infty}\frac{2n-1}{2}$,它是发散的;

对于右端点$x=\sqrt{2}$,幂级数化为

$\sum\limits_{n=1}^{\infty}\frac{2n-1}{2^n}(\sqrt{2})^{2n-2}=\sum\limits_{n=1}^{\infty}\frac{2n-1}{2^n}\cdot 2^{n-1}=\sum\limits_{n=1}^{\infty}\frac{2n-1}{2}$,它也是发散的.

故收敛域为$(-\sqrt{2},\sqrt{2})$.

(3) 令$y=x-2$,所给级数转化为$\sum\limits_{n=1}^{\infty}\frac{2^n}{n+1}y^n$.

收敛半径 $R=\lim\limits_{n\to\infty}\left|\frac{a_n}{a_{n+1}}\right|=\lim\limits_{n\to\infty}\left|\frac{n+2}{2(n+1)}\right|=\frac{1}{2}$.

故级数当$|y|<\frac{1}{2}$时收敛;当$|y|>\frac{1}{2}$时发散;当$y=\frac{1}{2}$或$-\frac{1}{2}$时,级数分别为$\sum\limits_{n=1}^{\infty}\frac{2^n}{n+1}\left(\frac{1}{2}\right)^n$和$\sum\limits_{n=1}^{\infty}\frac{2^n}{n+1}\left(-\frac{1}{2}\right)^n$,前者发散,后者收敛.故$\sum\limits_{n=1}^{\infty}\frac{2^n}{n+1}y^n$的收敛域为$-\frac{1}{2}\leqslant y<\frac{1}{2}$.

又$y=x-2$,所以$-\frac{1}{2}\leqslant x-2<\frac{1}{2}$,从而$\frac{3}{2}\leqslant x<\frac{5}{2}$.原级数的收敛域为$\frac{3}{2}\leqslant x<\frac{5}{2}$.

12.3.3 幂级数的运算性质

对下述性质,我们均不予以证明地给出.

性质1 设幂级数$a_0+a_1x+a_2x^2+\cdots+a_nx^n+\cdots$和$b_0+b_1x+b_2x^2+\cdots+b_nx^n+\cdots$的收敛半径分别为$R_a$和$R_b$(均为正数),取$R=\min(R_a,R_b)$,则在区间$(-R,R)$内有以下命题成立:

(1) $\sum_{n=0}^{\infty}(a_n \pm b_n)x^n = \sum_{n=0}^{\infty}a_nx^n \pm \sum_{n=0}^{\infty}b_nx^n$；

(2) $\left(\sum_{n=0}^{\infty}a_nx^n\right)\left(\sum_{n=o}^{\infty}b_nx^n\right) = \sum_{n=0}^{\infty}(a_0b_n + a_1b_{n-1} + \cdots + a_nb_0)x^n$.

性质 2　设幂级数 $\sum_{n=0}^{\infty}a_nx^n$ 在 $(-R,R)$ 内的和函数 $s(x)$，则

(1) $s(x)$ 在 $(-R,R)$ 内连续. 若幂级数在 $x = R$（或 $x = -R$）也收敛，则 $s(x)$ 在 $x = R$ 处左连续（或在 $x = -R$ 处右连续）.

(2) $s(x)$ 在 $(-R,R)$ 内每一点都是可导的，且有逐项求导公式

$$s'(x) = \left(\sum_{n=0}^{\infty}a_nx^n\right)' = \sum_{n=0}^{\infty}(a_nx^n)' = \sum_{n=1}^{\infty}na_nx^{n-1}.$$

求导后的幂级数与原幂级数有相同的收敛半径 R.

(3) $s(x)$ 在 $(-R,R)$ 内可以积分，且有逐项积分公式

$$\int_0^x s(x)\mathrm{d}x = \int_0^x\left(\sum_{n=0}^{\infty}a_nx^n\right)\mathrm{d}x = \sum_{n=0}^{\infty}a_n\int_0^x x^n\mathrm{d}x = \sum_{n=0}^{\infty}\frac{a_n}{n+1}x^{n+1},$$

其中 x 是 $(-R,R)$ 内任一点，积分后的幂级数与原级数有相同的收敛半径 R.

例 2　求数项级数 $1 - \frac{1}{2} + \frac{1}{3} - \frac{1}{4} + \cdots + (-1)^{n-1}\frac{1}{n} + \cdots$ 之和.

解　由 $1 + x + x^2 + \cdots + x^{n-1} + \cdots = \frac{1}{1-x}(-1 < x < 1)$ 两边积分，得

$$\int_0^x 1\mathrm{d}x + \int_0^x x\mathrm{d}x + \int_0^x x^2\mathrm{d}x + \cdots + \int_0^x x^{n-1}\mathrm{d}x + \cdots = \int_0^x \frac{1}{1-x}\mathrm{d}x,$$

即
$$x + \frac{1}{2}x^2 + \frac{1}{3}x^3 + \cdots + \frac{1}{n}x^n + \cdots = -\ln(1-x).$$

当 $x = -1$ 时，幂级数化为

$$(-1) + \frac{1}{2}(-1)^2 + \frac{1}{3}(-1)^3 + \cdots + \frac{1}{n}(-1)^n + \cdots$$
$$= -\left[1 - \frac{1}{2} + \frac{1}{3} - \cdots + (-1)^{n-1}\frac{1}{n} + \cdots\right],$$

为收敛的交错级数.

当 $x = 1$ 时，幂级数成为调和级数 $1 + \frac{1}{2} + \frac{1}{3} + \cdots + \frac{1}{n} + \cdots$，是发散的.

故　$x + \frac{1}{2}x^2 + \frac{1}{3}x^3 + \cdots + \frac{1}{n}x^n + \cdots = -\ln(1-x)\ (-1 \leqslant x < 1)$，

且有
$$-\left[1 - \frac{1}{2} + \frac{1}{3} - \cdots + (-1)^{n-1}\frac{1}{n} + \cdots\right] = -\ln 2,$$

所以 $$1-\frac{1}{2}+\frac{1}{3}-\cdots+(-1)^{n-1}\frac{1}{n}+\cdots=\ln 2.$$

例 3 求$\sum\limits_{n=1}^{\infty}(-1)^{n+1}\frac{x^{n+1}}{n(n+1)}$的和函数.

解 $\rho=\lim\limits_{n\to\infty}\left|\frac{a_{n+1}}{a_n}\right|=\lim\limits_{n\to\infty}\left|\frac{\frac{(-1)^{n+2}}{(n+1)(n+2)}}{\frac{(-1)^{n+1}}{n(n+1)}}\right|=\lim\limits_{n\to\infty}\frac{n}{n+2}=1,$

所以该级数收敛半径为 $R=1$.

设 $$s(x)=\sum_{n=1}^{\infty}(-1)^{n+1}\frac{x^{n+1}}{n(n+1)}\quad(-1<x<1),$$

$$s'(x)=\sum_{n=1}^{\infty}(-1)^{n+1}\frac{x^n}{n},$$

$$s''(x)=\sum_{n=1}^{\infty}(-1)^{n+1}x^{n-1}=1-x+x^2-x^3+\cdots=\frac{1}{1+x},$$

$$\int_0^x s''(x)\mathrm{d}x=\int_0^x\frac{1}{1+x}\mathrm{d}x,\qquad s'(x)-s'(0)=\ln(1+x),$$

又 $s'(0)=\sum\limits_{n=1}^{\infty}(-1)^{n+1}\frac{0^n}{n}=0$,所以 $s'(x)=\ln(1+x)$.

$$\int_0^x s'(x)\mathrm{d}x=\int_0^x\ln(1+x)\mathrm{d}x,$$

$$s(x)-s(0)=(1+x)\ln(1+x)\Big|_0^x-\int_0^x\mathrm{d}x,$$

$$s(x)=(1+x)\ln(1+x)-x.$$

当 $x=-1$ 时,幂级数化为

$$\sum_{n=1}^{\infty}(-1)^{n+1}\frac{(-1)^{n+1}}{n(n+1)}=\sum_{n=1}^{\infty}\frac{1}{n(n+1)},$$

它是收敛的;

当 $x=1$ 时,幂级数化为

$$\sum_{n=1}^{\infty}(-1)^{n+1}\frac{1^{n+1}}{n(n+1)}=\sum_{n=1}^{\infty}\frac{(-1)^{n+1}}{n(n+1)},$$

它是收敛的;

因此,当 $x\in[-1,1]$ 时,有

$$\sum_{n=1}^{\infty}(-1)^{n+1}\frac{x^{n+1}}{n(n+1)}=(1+x)\ln(1+x)-x.$$

例 4 求$1\cdot\frac{1}{2}+2\cdot\left(\frac{1}{2}\right)^2+3\cdot\left(\frac{1}{2}\right)^3+\cdots+n\cdot\left(\frac{1}{2}\right)^n+\cdots$的和.

解　考虑辅助幂级数 $x+2x^2+3x^3+\cdots+nx^n+\cdots$

$$\rho=\lim_{n\to\infty}\left|\frac{a_{n+1}}{a_n}\right|=\lim_{n\to\infty}\frac{n+1}{n}=1,\qquad R=1.$$

设　$s(x)=x+2x^2+3x^3+\cdots+nx^n+\cdots\quad(-1<x<1)$

$$=x\cdot(1+2x+3x^2+\cdots+nx^{n-1}+\cdots)$$

$$=x\cdot(x+x^2+x^3+\cdots+x^n+\cdots)'$$

$$=x\cdot\left(\frac{x}{1-x}\right)'=x\cdot\frac{1}{(1-x)^2}.$$

故当 $-1<x<1$ 时,有

$$x+2x^2+3x^3+\cdots+nx^n+\cdots=\frac{x}{(1-x)^2},$$

令 $x=\frac{1}{2}$,得

$$\frac{1}{2}+\frac{2}{2^2}+\frac{3}{2^3}+\cdots+\frac{n}{2^n}+\cdots=\frac{\frac{1}{2}}{\left(1-\frac{1}{2}\right)^2}=2.$$

习　题　12.3

1. 求下列幂级数的收敛半径:

(1) $\sum\limits_{n=0}^{\infty}\frac{x^n}{(2n)!}$;　　(2) $\sum\limits_{n=1}^{\infty}n!x^n$;

(3) $\sum\limits_{n=1}^{\infty}\frac{x^n}{n\cdot 3^n}$;　　(4) $\sum\limits_{n=1}^{\infty}\frac{x^n}{2\cdot 4\cdot 6\cdots(2n)}$;

(5) $\sum\limits_{n=1}^{\infty}\frac{x^{n-1}}{2^n}$;　　(6) $\sum\limits_{n=1}^{\infty}\frac{n}{n+1}\left(\frac{x-1}{2}\right)^n$.

2. 求下列级数的收敛域:

(1) $\sum\limits_{n=1}^{\infty}(-1)^{n-1}\frac{x^n}{n}$;　　(2) $\sum\limits_{n=0}^{\infty}\frac{x^n}{n!}$;

(3) $\sum\limits_{n=1}^{\infty}\frac{\ln(n+1)}{n+1}x^{n+1}$;　　(4) $\sum\limits_{n=1}^{\infty}3^n(x-3)^n$;

(5) $\sum\limits_{n=1}^{\infty}\frac{2n-1}{2^n}x^{2n}$;　　(6) $\sum\limits_{n=1}^{\infty}\frac{(-1)^{n-1}(x-5)^n}{\sqrt{n}}$.

3. 求下列级数的和函数(其中 $|x|<1$):

(1) $x+\frac{x^3}{3}+\frac{x^5}{5}+\frac{x^7}{7}+\cdots$;　　(2) $2x+4x^3+6x^5+8x^7+\cdots$;

(3) $\sum_{n=1}^{\infty} \frac{2n-1}{2^n} x^{2n-2}$，并求$\sum_{n=1}^{\infty} \frac{2n-1}{2^n}$的值；

(4) $\sum_{n=0}^{\infty} (-1)^n (2n+1) x^{2n}$，并求$\sum_{n=0}^{\infty} \frac{(-1)^n (2n+1)}{4^n}$.

§12.4 函数的幂级数展开

12.4.1 泰勒公式与泰勒级数

1. 泰勒公式

如果函数 $f(x)$ 在含有 x_0 的某个开区间 (a,b) 有直到 $(n+1)$ 阶的导数，则对任一 $x \in (a,b)$ 有

$$f(x) = f(x_0) + f'(x_0)(x-x_0) + \frac{f''(x_0)}{2!}(x-x_0)^2 + \cdots + \frac{f^{(n)}(x_0)}{n!}(x-x_0)^n + R_n(x).$$

该公式称为**泰勒公式**，其中 $R_n(x)$ 称为**余项**. 当 $R_n(x) = \frac{f^{(n+1)}(\xi)}{(n+1)!}(x-x_0)^{n+1}$（$\xi$ 在 x_0 与 x 之间）时，称为**拉格朗日型余项**；当 $R_n(x) = o[(x-x_0)^n]$ 时，称为**皮亚诺余项**.

证明 由条件可知函数 $R_n(x)$ 和 $\varphi(x) = (x-x_0)^{n+1}$ 在 $[x_0,x]$ 上或 $[x,x_0]$ 满足柯西定理的条件，在该区间上运用 n 次柯西中值定理，有

$$\begin{aligned}\frac{R_n(x)}{(x-x_0)^{n+1}} &= \frac{R_n(x)-R_n(x_0)}{\varphi(x)-\varphi(x_0)} = \frac{R'_n(\xi_1)}{\varphi'(\xi_1)}（其中 \xi 在 x, x_0 之间，有）\\ &= \frac{R'_n(\xi_1)-R'_n(x_0)}{\varphi'(\xi_1)-\varphi'(x_0)} = \cdots = \frac{R_n^{(n)}(\xi_n)}{\varphi^{(n)}(\xi_n)} \\ &= \frac{R_n^{(n)}(\xi_n)-R_n^{(n)}(x_0)}{(n+1)!(\xi_n-x_0)} = \frac{R_n^{(n)}(\xi)}{(n+1)!}\end{aligned}$$

因此有 $$R_n(x) = \frac{f^{(n+1)}(\xi)}{(n+1)!}(x-x_0)^{n+1}（其中 \xi 在 x_0 与 x 之间）$$

特别地，当 $x_0 = 0, \xi = \theta x\ (0 < \theta < 1)$ 时，公式变为

$$f(x) = f(0) + f'(0)x + \frac{f''(0)}{2!}x^2 + \cdots + \frac{f^{(n)}(0)}{n!}x^n + R_n(x),$$

其中 $R_n = \frac{f^{(n+1)}(\theta x)}{(n+1)!}x^{n+1}$.

该公式称为**麦克劳林公式**.

例 1 将函数 $f(x) = \sin x$ 展开为 x 的 n 次多项式.

解 因为 $f^{(n)}(x) = \sin\left(x + \frac{n\pi}{2}\right)$,

则有　$f^{(n)}(0)=\begin{cases}0 & \text{当 } n=2m \\ (-1)^{m-1} & \text{当 } n=2m-1\end{cases}\quad (m=1,2,3,\cdots)$，

所以　$\sin x=x-\frac{x^3}{3!}+\frac{x^5}{5!}-\cdots+(-1)^{m-1}\frac{x^{2m-1}}{(2m-1)!}+R_{2m}(x)\quad x\in\mathbf{R}(0<\theta<1)$，

其中 $R_{2m}(x)=\frac{(-1)^m\cos\theta x}{(2m+1)!}x^{2m+1}$，$(0<\theta<1)$.

由上例的方法，我们还可以得到其他常用的展开式：

$$e^x=1+x+\frac{x^2}{2!}+\cdots+\frac{x^n}{n!}+\frac{e^{\theta x}}{(n+1)!}x^{n+1}\quad x\in\mathbf{R}\quad(0<\theta<1).$$

$$\cos x=1-\frac{x^2}{2!}+\frac{x^4}{4!}-\frac{x^6}{6!}+\cdots+\frac{(-1)^m x^{2m}}{(2m)!}+\frac{(-1)^{m+1}\cos\theta x}{(2m+2)!}x^{2m+2}\quad(0<\theta<1).$$

$$(1+x)^\alpha=1+\alpha x+\frac{\alpha(\alpha-1)}{2!}x^2+\cdots+\frac{\alpha(\alpha-1)\cdots(\alpha-n+1)}{n!}x^n+R_n(x),$$

其中 $R_n=\frac{\alpha(\alpha-1)\cdots(\alpha-n)}{(n+1)!}(1+\theta x)^{\alpha-n-1}x^{n+1}$，$(0<\theta<1)$.

$$\ln(1+x)=x-\frac{x^2}{2}+\frac{x^3}{3}-\cdots+(-1)^{n-1}\frac{x^n}{n}+\frac{(-1)^n}{n+1}\frac{x^{n+1}}{(1+\theta x)^{n+1}}\quad(0<\theta<1).$$

2. 泰勒级数

由泰勒公式我们知道一个在 $x=x_0$ 处有 $n+1$ 阶导数的函数 $f(x)$ 可以展开为 x 的 n 次多项式和一个余项 $R_n(x)$ 的和的形式. 余项 $|R_n(x)|$ 就是用 n 次多项式

$$P_n(x)=f(x_0)+f'(x_0)(x-x_0)+\frac{f''(x_0)}{2!}(x-x_0)^2+\cdots+\frac{f^{(n)}(x_0)}{n!}(x-x_0)^n$$

代替 $f(x)$ 时所产生的误差. 如果随着 n 的增大，误差越来越小，则说明近似代替的效果越来越好.

特别地，若 $f(x)$ 在 $x=x_0$ 的某一个邻域内具有各阶导数 $f'(x),f''(x),\cdots,f^{(n)}(x),\cdots$，且其余项有 $\lim\limits_{n\to\infty}R_n(x)=0$，则有 $\lim\limits_{n\to\infty}[f(x)-P_n(x)]=0$. 即有 $f(x)=\lim\limits_{n\to\infty}P_n(x)$，从而有

$$f(x)=f(x_0)+f'(x_0)(x-x_0)+\frac{f''(x_0)}{2!}(x-x_0)^2+\cdots+\frac{f^{(n)}(x_0)}{n!}(x-x_0)^n+\cdots,$$

这时说明 $f(x)$ 可以用

$$f(x_0)+f'(x_0)(x-x_0)+\frac{f''(x_0)}{2!}(x-x_0)^2+\cdots+\frac{f^{(n)}(x_0)}{n!}(x-x_0)^n+\cdots$$

来精确表示. 反之，若 $f(x)$ 可以用上面这个式子来精确表示，即有

$$f(x)=\lim_{n\to\infty}P_n(x)\Rightarrow\lim_{n\to\infty}R_n(x)=\lim_{n\to\infty}[f(x)-P_n(x)]=0.$$

因此有以下定义：

定义 若 $f(x)$ 在点 $x=x_0$ 的某一邻域 $U(x_0)$ 有任意阶导数 $f'(x_0), f''(x_0), \cdots, f^{(n)}(x_0), \cdots$，就称

$$f(x_0)+f'(x_0)(x-x_0)+\frac{f''(x_0)}{2!}(x-x_0)^2+\cdots+\frac{f^{(n)}(x_0)}{n!}(x-x_0)^n+\cdots$$

为 $f(x)$ 在 $x=x_0$ 处的**泰勒级数**.

以上定义说明只要 $f(x)$ 在 $x=x_0$ 处的某个邻域内具有任意阶导数，函数 $f(x)$ 就可以展开成为泰勒级数，并且该级数在 x_0 的某个邻域内收敛于 $f(x)$ 的充要条件为 $\lim\limits_{n\to\infty}R_n(x)=0$. 这时 $f(x)$ 称为泰勒级数的和函数，即有等式

$$f(x)=f(x_0)+f'(x_0)(x-x_0)+\frac{f''(x_0)}{2!}(x-x_0)^2+\cdots+\frac{f^{(n)}(x_0)}{n!}(x-x_0)^n+\cdots,$$

等式右边的级数称为 $f(x)$ 在 $x=x_0$ 处的**泰勒展开式**，或称为 $f(x)$ 的**泰勒级数**.

特别地，当 $x_0=0$ 时，有

$$f(x)=f(0)+\frac{f'(0)}{1!}x+\frac{f''(0)}{2!}x^2+\cdots+\frac{f^{(n)}(0)}{n!}x^n+\cdots,$$

等式右边的级数称为函数 $f(x)$ 的**麦克劳林展开式**，或称为 $f(x)$ 的**麦克劳林级数**.

12.4.2 函数的幂级数展开

1. 直接展开法

由于令 $x-x_0=t$ 时泰勒级数就变为变量为 t 的麦克劳林级数，因此我们在将函数展开成幂级数时仅考虑函数展开成麦克劳林级数的问题. 将函数展开成麦克劳林级数可按如下几步进行：

(1) 求出函数在 $x=0$ 处的函数值和各阶导数值 $f(0), f'(0), f''(0), \cdots, f^{(n)}(0), \cdots$

若函数的某阶导数不存在，则函数不能展开；

(2) 写出麦克劳林级数

$$f(0)+\frac{f'(0)}{1!}x+\frac{f''(0)}{2!}x^2+\cdots+\frac{f^{(n)}(0)}{n!}x^n+\cdots,$$

并求其收敛半径 R.

(3) 考察当 $x\in(-R,R)$ 时，拉格朗日余项

$$R_n(x)=\frac{f^{(n+1)}(\theta\cdot x)}{(n+1)!}x^{n+1}\quad(0<\theta<1),$$

当 $n\to\infty$ 时，是否趋向于零.

若 $\lim\limits_{n\to\infty}R_n(x)=0$，则第二步写出的级数就是函数的麦克劳林展开式；

若 $\lim\limits_{n\to\infty}R_n(x)\neq 0$，则函数无法展开成麦克劳林级数.

例 2　将函数 $f(x)=\mathrm{e}^x$ 展开成 x 的幂级数.

解　因为 $f(x)=f'(x)=f''(x)=\cdots=f^{(n)}(x)=\cdots=\mathrm{e}^x$,

则 $$f(0)=f'(0)=f''(0)=\cdots=f^{(n)}(0)=\cdots=\mathrm{e}^0=1,$$

所以得麦克劳林级数 $$1+\frac{x}{1!}+\frac{x^2}{2!}+\cdots+\frac{x^n}{n!}+\cdots,$$

而 $$\rho=\lim_{n\to\infty}\left|\frac{a_{n+1}}{a_n}\right|=\lim_{n\to\infty}\left|\frac{\frac{1}{(n+1)!}}{\frac{1}{n!}}\right|=\lim_{n\to\infty}\frac{1}{n+1}=0,$$

故 $$R=+\infty,$$

对于任意 $x\in(-\infty,+\infty)$,有

$$|R_n(x)|=\left|\frac{\mathrm{e}^{\theta\cdot x}}{(n+1)!}\cdot x^{n+1}\right|\leqslant \mathrm{e}^{|x|}\cdot\frac{|x|^{n+1}}{(n+1)!}\quad(0<\theta<1).$$

这里 $\mathrm{e}^{|x|}$ 是与 n 无关的有限数,用比值法考查幂级数 $\sum_{n=1}^{\infty}\frac{|x|^{n+1}}{(n+1)!}$ 的敛散性,有

$$\lim_{n\to\infty}\left|\frac{u_{n+1}(x)}{u_n(x)}\right|=\lim_{n\to\infty}\left|\frac{\frac{|x|^{n+2}}{(n+2)!}}{\frac{|x|^{n+1}}{(n+1)!}}\right|=\lim_{n\to\infty}\frac{|x|}{n+2}=0<1,$$

故该级数收敛,从而一般项趋向于零,即 $\lim\limits_{n\to\infty}\frac{|x|^{n+1}}{(n+1)!}=0$,从而有 $\lim\limits_{n\to\infty}R_n(x)=0$,所以

$$\mathrm{e}^x=1+\frac{x}{1!}+\frac{x^2}{2!}+\cdots+\frac{x^n}{n!}+\cdots(-\infty<x<+\infty).$$

例 3　将函数 $f(x)=\cos x$ 在 $x=0$ 处展开成幂级数.

解　$f^{(n)}(x)=\cos\left(x+n\cdot\frac{\pi}{2}\right)\quad(n=0,1,2,\cdots)$,

$f^{(n)}(0)$ 依次循环地取 $1,0,-1,0,\cdots\qquad(n=0,1,2,\cdots)$,

于是得幂级数 $$1-\frac{x^2}{2!}+\frac{x^4}{4!}-\cdots+(-1)^k\frac{x^{2k}}{(2k)!}+\cdots.$$

容易求出,它的收敛半径为 $R=+\infty$,则对任意的 $x\in(-\infty,+\infty)$,有

$$|R_n(x)|=\left|\frac{\cos\left(\theta\cdot x+n\cdot\frac{\pi}{2}\right)}{(n+1)!}\cdot x^{n+1}\right|\leqslant\frac{|x|^{n+1}}{(n+1)!}\quad(0<\theta<1).$$

由例 2 可知,$\lim\limits_{n\to\infty}\frac{|x|^{n+1}}{(n+1)!}=0$,故 $\lim\limits_{n\to\infty}R_n(x)=0$.

因此,我们得到展开式

$$\cos x=1-\frac{x^2}{2!}+\frac{x^4}{4!}-\cdots+(-1)^k\frac{x^{2k}}{(2k)!}+\cdots\quad x\in(-\infty,+\infty).$$

例 4 将函数 $f(x)=(1+x)^m$ 展开成 x 的幂级数,其中 m 为任意常数.

解 $f(x)$ 的各阶导数为 $f'(x)=m(1+x)^{m-1}$;

$$f''(x)=m(m-1)(1+x)^{m-2};$$

……

$$f^{(n)}(x)=m(m-1)\cdots(m-n+1)(1+x)^{m-n};$$

……

所以 $f(0)=1,\quad f'(0)=m,\quad f''(0)=m(m-1),\cdots,$

$f^{(n)}(0)=m(m-1)\cdots(m-n+1),\cdots$

于是得幂级数

$$1+mx+\frac{m(m-1)}{2!}x^2+\cdots+\frac{m(m-1)\cdots(m-n+1)}{n!}x^n+\cdots,$$

$$\rho=\lim_{n\to\infty}\left|\frac{a_{n+1}}{a_n}\right|=\lim_{n\to\infty}\left|\frac{m-n}{n+1}\right|=1.$$

则收敛半径 $R=1$,级数在区间 $(-1,1)$ 上收敛.

假设收敛的和函数为 $F(x)$,即有

$$F(x)=1+mx+\frac{m(m-1)}{2!}x^2+\cdots+\frac{m(m-1)\cdots(m-n+1)}{n!}x^n+\cdots.$$

现在证明 $F(x)=(1+x)^m,x\in(-1,1)$,将上式两边求导,有

$$F'(x)=m\left[1+\frac{(m-1)}{1!}x+\cdots+\frac{(m-1)\cdots(m-n+1)}{(n-1)!}x^{n-1}+\cdots\right].$$

两边同乘以 $(1+x)$,并将右端合并得

$$(1+x)F'(x)=m\left[1+mx+\frac{m(m-1)}{2!}x^2+\cdots+\frac{m(m-1)\cdots(m-n+1)}{n!}x^n+\cdots\right]$$
$$=mF(x).$$

解此可分离变量的微分方程 $(1+x)F'(x)=mF(x)$,并注意到 $F(0)=1$ 的初始条件,得 $F(x)=(1+x)^m$.

所以 $$(1+x)^m=1+mx+\frac{m(m-1)}{2!}x^2+\cdots+\frac{m(m-1)\cdots(m-n+1)}{n!}x^n+\cdots$$

$x\in(-1,1)$.

该展开式称为**二项展开式**.特别地,当 m 为正整数时,级数的项数有限,变为一个多项式,这个多项式就是代数学中的二项式定理.

2. 间接展开法

利用直接展开法将一个函数展开成 x 的幂级数的缺陷是有些函数的高阶导数求起来很麻烦,即使求出,讨论余项是否趋于零也是一个更加困难的问题.如果利用一些已知的函数展开式以及幂级数的运算性质(如逐项求导,逐项求积等)将所给函数展开,将能回避这些困难.我们已经知道的展开式有

$$\frac{1}{1-x}=1+x+x^2+\cdots+x^n+\cdots \quad x\in(-1,1); \tag{1}$$

$$e^x=1+x+\frac{x^2}{2!}+\cdots+\frac{x^n}{n!}+\cdots \quad x\in(-\infty,+\infty); \tag{2}$$

$$\cos x=1-\frac{x^2}{2!}+\frac{x^4}{4!}-\cdots+(-1)^k\frac{x^{2k}}{(2k)!}+\cdots \quad x\in(-\infty,+\infty); \tag{3}$$

$$(1+x)^m=1+mx+\frac{m(m-1)}{2!}x^2+\cdots+$$
$$\frac{m(m-1)\cdots(m-n+1)}{n!}x^n+\cdots \quad x\in(-1,1). \tag{4}$$

将(1) 式中的 x 用 $-x$ 代入，即得

$$\frac{1}{1+x}=1-x+x^2-\cdots+(-1)^nx^n+\cdots \quad x\in(-1,1). \tag{5}$$

将(5) 式两边在 0 到 x 上积分，可得

$$\ln(1+x)=x-\frac{x^2}{2}+\frac{x^3}{3}-\cdots+(-1)^{n-1}\frac{x^n}{n}+\cdots \quad x\in(-1,1]. \tag{6}$$

将(1) 式两边在 0 到 x 上积分，并两边同乘(−1)，可得

$$\ln(1-x)=-x-\frac{x^2}{2}-\frac{x^3}{3}-\cdots-\frac{x^n}{n}-\cdots \quad x\in[-1,1). \tag{7}$$

将(3) 式两边在 0 到 x 上积分，可得

$$\sin x=x-\frac{x^3}{3!}+\frac{x^5}{5!}-\cdots+(-1)^k\frac{x^{2k+1}}{(2k+1)!}+\cdots \quad x\in(-\infty,+\infty). \tag{8}$$

利用这些已知的展开式，我们就可以将函数展开成为幂级数.

例 5 将函数 $f(x)=\dfrac{1}{x^2-2x-3}$ 展开成 x 的幂级数.

解 因为

$$f(x)=\frac{1}{x^2-2x-3}=\frac{1}{(x+1)(x-3)}$$
$$=\frac{1}{4}\left(\frac{1}{1+x}+\frac{1}{3-x}\right)=\frac{1}{4(1+x)}+\frac{1}{12\left(1-\frac{x}{3}\right)},$$

而由(1)、(5) 式知

$$\frac{1}{1+x}=1-x+x^2-\cdots+(-1)^nx^n+\cdots \quad x\in(-1,1);$$

$$\frac{1}{1-\frac{x}{3}}=1+\frac{x}{3}+\frac{x^2}{9}+\cdots+\frac{x^n}{3^n}+\cdots \quad x\in(-3,3).$$

所以有

$$f(x)=\frac{1}{4}[1-x+x^2-\cdots+(-1)^n x^n+\cdots]+\frac{1}{12}\left[1+\frac{x}{3}+\frac{x^2}{9}+\cdots+\frac{x^n}{3^n}+\cdots\right]$$
$$=\frac{1}{4}\sum_{n=0}^{\infty}\left(\frac{1}{3^{n+1}}+(-1)^n\right)x^n \quad x\in(-1,1).$$

例 6 将$\frac{1}{x}$展开成$x-2$的幂级数.

解 $\frac{1}{x}=\frac{1}{2+(x-2)}=\frac{1}{2}\cdot\frac{1}{1+\frac{x-2}{2}}\quad\left(-1<\frac{x-2}{2}<1\right)$

$$=\frac{1}{2}\left[1-\frac{x-2}{2}+\frac{(x-2)^2}{4}+\cdots+(-1)^n\frac{(x-2)^n}{2^n}+\cdots\right],(0<x<4).$$

例 7 将$\ln x$展开为$x-1$的幂级数

解 因为$\ln(1+x)=x-\frac{x^2}{2}+\frac{x^3}{3}-\frac{x^4}{4}+\cdots+(-1)^{n-1}\frac{x^n}{n}+\cdots,\quad x\in(-1,1]$,

而$\ln x=\ln[1+(x-1)]$,故在上式中,将x换成$x-1$,得

$$\ln x=(x-1)-\frac{(x-1)^2}{2}+\frac{(x-1)^3}{3}-\frac{(x-1)^4}{4}+\cdots+(-1)^{n-1}\frac{(x-1)^n}{n}+\cdots,$$

$x\in(0,2]$.

习 题 12.4

1. 将下列函数展开成x的幂级数,并指出收敛域.

(1)$y=e^{-2x}$; (2)$y=\sin x\cos x$;

(3)$y=\cos^2 x$; (4)$y=x^2e^{-x}$;

(5)$y=\ln(3+2x-x^2)$; (6)$y=\arctan x$.

2. 将下列函数展开成指定的幂级数.

(1)$y=\frac{1}{x}$展开成$x-3$的幂级数;

(2)$y=\ln(1+x)$展开成$x-1$的幂级数;

(3)$y=\cos x$展开成$x+\frac{\pi}{3}$的幂级数.

§12.5 函数幂级数展开式的应用

幂级数在各个方面的应用相当广泛,这主要因为它具有以下特点:(1) 幂级数的收敛域是一个区间,其构造简单、直观;(2) 幂级数运算具有良好的性质,如在收敛域内可以逐项微分或积分;(3) 幂级数的部分和是一个多项式,它可以在其收敛域内逼

近其和函数到任何需要的精度;(4) 由于多项式函数是最简单的初等函数,因此利用幂级数进行函数在某一点的函数值的计算,只要通过有限次的四则运算即可实现. 在计算机应用越来越广泛的今天,幂级数的这些特点更加体现了它在近似计算方面的优越性. 下面介绍幂级数的几种主要应用.

12.5.1　函数的多项式逼近

首先应当指出函数的多项式逼近是就局部而言,由上册可知,当给定函数 $y=f(x)$ 在 x_0 的某个邻域内可导,它可以由一个关于 x_0 处的增量 Δx 的线性函数

$$f(x_0)+f'(x_0)\Delta x$$

近似的表示,当令 $\Delta x=x-x_0$ 时,即有

$$f(x)\approx f(x_0)+f'(x_0)(x-x_0),$$

也就是说,函数 $y=f(x)$ 在 x_0 的某个邻域内可以用 x 的线性函数来近似表示. 这种表示的误差是 $|\Delta y-\mathrm{d}y|$,当 $x\to x_0$ 时,它是比 $x-x_0$ 高阶的无穷小.

当然这种近似是相当粗糙的,而且不能精确地估计其误差. 函数的幂级数展开很好地解决了这一问题. 当把一个函数展开为一个幂级数时,如果我们取级数的前 n 项和来近似地表示函数 $f(x)$,即

$$f(x)\approx f(x_0)+f'(x_0)(x-x_0)+\frac{f''(x_0)}{2!}(x-x_0)^2+\cdots+\frac{f^{(n)}(x_0)}{n!}(x-x_0)^n.$$

它的误差是比 $(x-x_0)^n$ 更高阶的无穷小. 因此,我们有如下定义:

定义　如果函数 $y=f(x)$ 在 x_0 的某一邻域内有任意阶导数,则称 n 次多项式函数

$$T_n(x)=f(x_0)+f'(x_0)(x-x_0)+\frac{f''(x_0)}{2!}(x-x_0)^2+\cdots+\frac{f^{(n)}(x_0)}{n!}(x-x_0)^n$$

为函数 $y=f(x)$ 在点 x_0 处的 n 次**泰勒多项式逼近函数**,其中系数

$$a_0=f(x_0),\quad a_1=f'(x_0),\quad a_2=\frac{f''(x_0)}{2!},\quad \cdots,\quad a_n=\frac{f^{(n)}(x_0)}{n!}$$

称为 $y=f(x)$ 在 x_0 处的**泰勒系数**.

由于 $f(x)=T_n(x)+R_n(x)$,称

$$R_n(x)=f(x)-T_n(x)$$

为泰勒多项式逼近函数的**余项**,它是 $(x-x_0)^n$ 高阶的无穷小.

由此我们知道,只要函数 $y=f(x)$ 在点 x_0 某个邻域可以展开成 x 的幂级数,那么这个函数就有泰勒多项式逼近函数. 如

$$\mathrm{e}^x\approx 1+x+\frac{1}{2!}x^2+\frac{1}{3!}x^3+\cdots+\frac{1}{n!}x^n\quad x\in(-\infty,+\infty);\tag{1}$$

$$\sin x \approx x - \frac{x^3}{3!} + \frac{x^5}{5!} - \frac{x^7}{7!} + \cdots + (-1)^{n-1}\frac{x^{2n-1}}{(2n-1)!} \quad x \in (-\infty, +\infty); \tag{2}$$

$$\cos x \approx 1 - \frac{x^2}{2!} + \frac{x^4}{4!} - \cdots + (-1)^n \frac{x^{2n}}{(2n)!} \quad x \in (-\infty, +\infty); \tag{3}$$

$$\ln(1+x) = x - \frac{x^2}{2} + \frac{x^3}{3} - \cdots + (-1)^n \frac{x^{n+1}}{n+1} + \cdots \quad x \in (-1, 1]. \tag{4}$$

利用这些展开式我们可以把一个函数在收敛域内近似地表示为一个 n 次多项式，并可以估计误差，从而为近似计算函数值打下基础.

例 1 将函数 $y = \mathrm{e}^{\frac{x}{2}}$ 表示成 x 的 n 次多项式，并估计误差.

解 在式(1)中用 $\frac{x}{2}$ 代替 x，并取前 n 项部分和，即得

$$\mathrm{e}^{\frac{x}{2}} \approx 1 + \frac{x}{2} + \frac{x^2}{2^2 \cdot 2!} + \frac{x^3}{2^3 \cdot 3!} + \cdots + \frac{x^n}{2^n \cdot n!}.$$

由麦克劳林公式可知误差

$$|R_n| = \left| \frac{f^{(n+1)}(\xi)}{(n+1)!} x^{n+1} \right| = \left| \frac{\mathrm{e}^{\frac{\xi}{2}}}{2^{n+1} \cdot (n+1)!} x^{n+1} \right|$$

$$= \frac{\mathrm{e}^{\frac{\xi}{2}}}{2^{n+1} \cdot (n+1)!} |x|^{n+1} \quad \xi \in (0, x).$$

当 $x \in (-R, R)$ 时，$\mathrm{e}^{\frac{\xi}{2}} \leqslant \mathrm{e}^{\frac{R}{2}}$，

所以
$$R_n(x) \leqslant \frac{\mathrm{e}^{\frac{R}{2}}}{2^{n+1} \cdot (n+1)!} |x|^{n+1}.$$

12.5.2 近似计算

根据函数的多项式逼近函数，可以求函数值的近似值. 如以下几例：

例 2 计算 $\sin 15°$ 的近似值，精确到 10^{-4}.

解 因为 $15° = \frac{\pi}{12}$，由式(2)可得

$$\sin \frac{\pi}{12} \approx \frac{\pi}{12} - \frac{1}{3!}\left(\frac{\pi}{12}\right)^3 + \frac{1}{5!}\left(\frac{\pi}{12}\right)^5 - \cdots + (-1)^{n-1}\frac{1}{(2n-1)!}\left(\frac{\pi}{12}\right)^{2n-1},$$

$$|R_n| \leqslant \left| \frac{(-1)^n}{(2n+1)!}\left(\frac{\pi}{12}\right)^{2n+1} \right| < \frac{1}{3^{2n+1} \cdot (2n+1)!}.$$

当取前 2 项作为其近似值时，其误差不大于第三项

$$|R_2| \leqslant \frac{1}{3^5 \cdot (5)!} < 1 \times 10^{-4},$$

所以
$$\sin 15° \approx \frac{\pi}{12} - \frac{1}{3!}\left(\frac{\pi}{12}\right)^3 \approx 0.2588.$$

例 3　计算$\sqrt{e}$的近似值,精确到 10^{-3}.

解　设 $f(x)=e^x$,由式(1) 取前五项作为其近似值,即

$$e^x \approx 1+\frac{x}{1!}+\frac{x^2}{2!}+\frac{x^3}{3!}+\frac{x^4}{4!}.$$

令 $x=\frac{1}{2}$,得

$$\sqrt{e}\approx 1+\frac{1}{2}+\frac{1}{8}+\frac{1}{48}+\frac{1}{348}\approx 1.648,$$

其误差

$$\begin{aligned}|r| &= \frac{1}{5!}\left(\frac{1}{2}\right)^5+\frac{1}{6!}\left(\frac{1}{2}\right)^6+\frac{1}{7!}\left(\frac{1}{2}\right)^7+\cdots \\ &< \frac{1}{5!}\left(\frac{1}{2}\right)^5\left[1+\frac{1}{6}\cdot\frac{1}{2}+\frac{1}{6\cdot 6}\left(\frac{1}{2}\right)^2+\cdots\right] \\ &= \frac{1}{5!}\left(\frac{1}{2}\right)^5\frac{1}{1-\frac{1}{12}}<\frac{1}{1000}.\end{aligned}$$

对于一些不能直接计算的定积分,我们也可以用幂级数求其近似值. 如果被积函数在积分区间上能展开成为收敛的幂级数,就把这个幂级数逐项积分,然后再由这个积分后的幂级数计算该定积分的近似值.

例 4　计算定积分$\int_0^1\frac{\sin x}{x}dx$ 的近似值,精确到 10^{-4}.

解　将被积函数作幂级数展开,有

$$\frac{\sin x}{x}=1-\frac{x^2}{3!}+\frac{x^4}{5!}-\cdots+(-1)^n\frac{x^{2n}}{(2n+1)!}+\cdots\quad x\in(-\infty,+\infty),$$

所以

$$\begin{aligned}\int_0^1\frac{\sin x}{x}dx &= \int_0^1\left[1-\frac{x^2}{3!}+\frac{x^4}{5!}-\cdots+(-1)^n\frac{x^{2n}}{(2n+1)!}+\cdots\right]dx \\ &= 1-\frac{1}{3\cdot 3!}+\frac{1}{5\cdot 5!}-\cdots+(-1)^n\frac{1}{(2n+1)\cdot(2n+1)!}+\cdots.\end{aligned}$$

若取前三项作为其近似值,则误差不大于第四项,所以误差

$$|R_3|\leqslant\frac{1}{7\cdot 7!}<1\times 10^{-4},$$

因此

$$\int_0^1\frac{\sin x}{x}dx\approx 1-\frac{1}{3\cdot 3!}+\frac{1}{5\cdot 5!}\approx 0.9461.$$

例 5　计算定积分$\frac{2}{\sqrt{\pi}}\int_0^{\frac{1}{2}}e^{-x^2}dx$ 的近似值,要求误差不超过 0.0001.

解　由 $e^{-x^2}\approx 1-x^2+\frac{x^4}{2}-\frac{x^6}{3!}+\cdots+\frac{(-1)^n x^{2n}}{n!}$,得

$$\frac{2}{\sqrt{\pi}}\int_0^{\frac{1}{2}} e^{-x^2}\,dx \approx \frac{2}{\sqrt{\pi}}\int_0^{\frac{1}{2}}\left[1-x^2+\frac{x^4}{2}-\frac{x^6}{3!}+\cdots+\frac{(-1)^n x^{2n}}{n!}\right]dx$$

$$=\frac{2}{\sqrt{\pi}}\left(x-\frac{x^3}{3}+\frac{x^5}{5\cdot 2!}-\frac{x^7}{7\cdot 3!}+\cdots+\frac{(-1)^n x^{2n+1}}{(2n+1)n!}\right)\Bigg|_0^{\frac{1}{2}}$$

$$=\frac{1}{\sqrt{\pi}}\left(1-\frac{1}{2^2\cdot 3}+\frac{1}{2^4\cdot 5\cdot 2!}-\frac{1}{2^6\cdot 7\cdot 3!}+\cdots+(-1)^n\frac{1}{x^{2n}\cdot(2n+1)\cdot n!}\right),$$

取前四项的和作为近似值,其误差为

$$|r|\leqslant\frac{1}{\sqrt{\pi}}\frac{1}{2^8\cdot 9\cdot 4!}<\frac{1}{90\,000},$$

所以

$$\frac{2}{\sqrt{\pi}}\int_0^{\frac{1}{2}} e^{-x^2}\,dx=\frac{1}{\sqrt{\pi}}\left(1-\frac{1}{2^2\cdot 3}+\frac{1}{2^4\cdot 5\cdot 2!}-\frac{1}{2^6\cdot 7\cdot 3!}\right)\approx 0.5205.$$

12.5.3 微分方程的幂级数解法

当微分方程不能用初等方法求解时,一般可用幂级数来求解.如果该级数收敛速度足够快,取它的前几项就可以得到一个满足一定精度的解.

例 6 求微分方程 $y'+xy=1+x$ 的解.

解 设微分方程的解为

$$y=a_0+a_1x+a_2x^2+\cdots+a_nx^n+\cdots,$$

则
$$y'=a_1+2a_2x+3a_3x^2+\cdots+na_nx^{n-1}+\cdots,$$

代入原方程,有

$$(a_1+2a_2x+3a_3x^2+\cdots+na_nx^{n-1}+\cdots)+$$
$$x(a_0+a_1x+a_2x^2+\cdots+a_nx^n+\cdots)=1+x,$$

即 $a_1+(a_0+2a_2)x+(a_1+3a_3)x^2+\cdots+(a_{n-1}+(n+1)a_{n+1})x^n+\cdots=1+x.$

比较两边同次项系数,有 $a_1=1, a_0+2a_2=1, a_1+3a_3=0, a_2+4a_4=0,\cdots$

令 $a_0=c$,则有

$$a_1=1,\quad a_2=\frac{1}{2}(1-C),\quad a_3=-\frac{1}{3},\quad a_4=-\frac{1}{8}(1-C),\quad a_5=\frac{1}{15},\quad\cdots,$$

所以微分方程的通解为

$$y=C+x+\frac{1}{2}(1-C)x^2-\frac{1}{3}x^3-\frac{1}{8}(1-C)x^4+\frac{1}{15}x^5+\cdots.$$

例 7 求微分方程 $y''-xy=0$ 满足初始条件 $y(0)=1, y'(0)=1$ 的特解.

解 设方程的解为 $\quad y=a_0+a_1x+a_2x^2+\cdots+a_nx^n+\cdots,$

则
$$y'=a_1+2a_2x+3a_3x^2+\cdots+na_nx^{n-1}+\cdots.$$

由初始条件 $y(0)=1, y'(0)=1$ 可得 $a_0=1, a_1=1$.

又 $$y''=2a_2+3\cdot 2a_3x+4\cdot 3a_4x^2+\cdots+n\cdot(n-1)a_nx^{n-2}+\cdots.$$

代入原方程,得

$$(2a_2+3\cdot 2a_3x+4\cdot 3a_4x^2+\cdots+n\cdot(n-1)a_nx^{n-2}+\cdots)$$
$$-(a_0x+a_1x^2+a_2x^3+\cdots+a_nx^{n+1}+\cdots)=0.$$

比较系数,有

$$a_2=0,\quad a_3=\frac{a_0}{3\cdot 2}=\frac{1}{3\cdot 2},\quad a_4=\frac{a_1}{4\cdot 3}=\frac{1}{4\cdot 3};$$

$$a_5=\frac{a_2}{5\cdot 4}=0,\quad a_6=\frac{a_3}{6\cdot 5}=\frac{1}{6\cdot 5\cdot 3\cdot 2};$$

$$a_7=\frac{a_4}{7\cdot 6}=\frac{1}{7\cdot 6\cdot 4\cdot 3},\quad \cdots,\quad a_{3m-1}=0;$$

$$a_{3m}=\frac{1}{3m\cdot(3m-1)\cdot(3m-3)\cdot(3m-4)\cdots 3\cdot 2};$$

$$a_{3m+1}=\frac{1}{(3m+1)(3m)(3m-2)(3m-3)\cdots 4\cdot 3}\quad (m=1,2,3,\cdots).$$

所以原方程的特解为

$$y=1+x+\frac{1}{3\cdot 2}x^3+\frac{1}{4\cdot 3}x^4+\cdots+$$
$$\frac{1}{3m(3m-1)(3m-3)(3m-4)\cdots 3\cdot 2}x^{3m}+$$
$$\frac{1}{(3m+1)(3m)(3m-2)(3m-3)\cdots 4\cdot 3}x^{3m+1}+\cdots\quad x\in(-\infty,+\infty).$$

习　题　12.5

1. 求下列各式的近似值:

(1) $\sqrt{e}$,精确到 10^{-4};

(2) $\cos 10^\circ$,精确到 10^{-4};

(3) $\ln 3$,精确到 10^{-4};

(4) $\sqrt[5]{250}$,精确到 10^{-3};

(5) $\int_0^{\frac{1}{2}}\frac{dx}{1+x^4}$,取展开式的前三项;

(6) $\int_0^{0.2}e^{-x^2}dx$,取展开式的前三项;

(7) $\int_0^{\frac{1}{2}}\frac{\arctan x}{x}dx$,取展开式的前三项.

2. 用幂级数解法求下列方程的特解:

(1) $(1-x)y'+y=1+x, y(0)=0$;

(2) $xy''+y=0, y(0)=0, y'(0)=1$.

§12.6 傅里叶级数

12.6.1 三角级数 三角函数系的正交性

在科学实验和工程技术中常碰到一些周期运动,这种运动用函数来表示就是周期函数.正弦函数 $y = A\sin(\omega t + \varphi)$ 是一种最为常见的周期函数,通常用它来描述简谐振动.其中 A 为振幅,φ 为初相角,ω 为角频率.y 的周期为$\frac{2\pi}{\omega}$.

对于一些较复杂的周期运动,仅用一个正弦函数并不能正确的描述.对这一问题,早在18世纪中叶,丹尼尔·伯努利在解决弦振动问题时就提出了这样的见解:任何复杂的振动都可以分解成一系列谐振动之和.这一事实用数学语言来描述即为:在一定的条件下,任何周期为 $T(=2\pi/\omega)$ 的函数 $f(t)$,都可用一系列以 T 为周期的正弦函数所组成的级数来表示,即

$$f(t) = A_0 + \sum_{n=1}^{\infty} A_n \sin(n\omega t + \varphi_n), \tag{1}$$

其中 $A_0, A_n, \varphi_n (n = 1,2,3,\cdots)$ 都是常数.

显然 $f(t)$ 也是一个周期为$\frac{2\pi}{\omega}$的周期函数.上式说明了 $f(t)$ 是由许多不同频率的简谐振动叠加而成的.在电工学中,通常称 A_0 为 $f(t)$ 的直流分量,$A_1\sin(\omega t + \varphi_1)$ 称为**一次谐波**,$A_2\sin(2\omega t + \varphi_2)$ 称为**二次谐波**等.

为方便起见,我们将 $A_n\sin(n\omega t + \varphi_n)$ 展开,得

$$A_n\sin(n\omega t + \varphi_n) = A_n\sin\varphi_n\cos n\omega t + A_n\cos\varphi_n\sin n\omega t,$$

如果记 $\frac{a_0}{2} = A_0, \quad a_n = A_n\sin\varphi_n, \quad b_n = A_n\cos\varphi_n, \quad x = \omega t.$

(1) 式则变为

$$\frac{a_0}{2} + \sum_{n=1}^{\infty}(a_n\cos nx + b_n\sin nx). \tag{2}$$

我们称形如(2)式的级数为**三角级数**.其中 $a_0, a_n, b_n (n = 1,2,\cdots)$ 都是常数,且称之为该三角级数的**系数**.显然,若(2)式收敛,其和必为一个以 2π 为周期的函数.

为了进一步讨论三角级数的性质,我们引进三角函数系的概念.

定义 由 $1,\cos x,\sin x,\cos 2x,\sin 2x,\cdots,\cos nx,\sin nx,\cdots$ 组成的函数系统称为**三角函数系**.如果三角函数系中任意两个不同函数的乘积在区间$[-\pi,\pi]$上积分为零,则称此三角函数系具有**正交性**.

因为 $\int_{-\pi}^{\pi}\cos nx\,\mathrm{d}x = \int_{-\pi}^{\pi}\sin nx\,\mathrm{d}x = 0 \quad (n = 1,2,\cdots);$

$$\int_{-\pi}^{\pi}\cos nx\sin mx\,\mathrm{d}x = 0 \quad (n,m = 1,2,\cdots);$$

$$\int_{-\pi}^{\pi}\cos nx\cos mx\,\mathrm{d}x = \int_{-\pi}^{\pi}\sin nx\sin mx\,\mathrm{d}x = 0 \quad (n \neq m,\quad n,m = 1,2,\cdots).$$

显然三角函数系 $1,\cos x,\sin x,\cos 2x,\sin 2x,\cdots,\cos nx,\sin nx,\cdots$ 在$[-\pi,\pi]$上具有正交性. 且有$\int_{-\pi}^{\pi}1^2\,\mathrm{d}x = 2\pi$,

$$\int_{-\pi}^{\pi}\cos^2 nx\,\mathrm{d}x = \int_{-\pi}^{\pi}\sin^2 nx\,\mathrm{d}x = \pi \quad (n = 1,2,\cdots).$$

12.6.2　函数展开成傅里叶级数

设 $f(x)$ 是周期为 2π 的周期函数,且能展开成三角级数

$$f(x) = \frac{a_0}{2} + \sum_{n=1}^{\infty}(a_n\cos nx + b_n\sin nx). \tag{3}$$

对(3) 式两端在区间$[-\pi,\pi]$上逐项积分,由三角函数系的正交性,得

$$\int_{-\pi}^{\pi}f(x)\,\mathrm{d}x = \int_{-\pi}^{\pi}\frac{a_0}{2}\mathrm{d}x + \sum_{n=1}^{\infty}\left(a_n\int_{-\pi}^{\pi}\cos nx\,\mathrm{d}x + b_n\int_{-\pi}^{\pi}\sin nx\,\mathrm{d}x\right) = \frac{a_0}{2}\cdot 2\pi = a_0\pi,$$

从而有
$$a_0 = \frac{1}{\pi}\int_{-\pi}^{\pi}f(x)\,\mathrm{d}x.$$

再用 $\cos nx$ 乘以(3) 式两边,再从 $-\pi$ 到 π 逐项积分,得

$$\int_{-\pi}^{\pi}f(x)\cos nx\,\mathrm{d}x = \int_{-\pi}^{\pi}\frac{a_0}{2}\cos nx\,\mathrm{d}x + \sum_{k=1}^{\infty}\Big(a_k\int_{-\pi}^{\pi}\cos kx\cos nx\,\mathrm{d}x +$$
$$b_k\int_{-\pi}^{\pi}\sin kx\cos nx\,\mathrm{d}x\Big) = a_n\int_{-\pi}^{\pi}\cos^2 nx\,\mathrm{d}x = a_n\pi,$$

从而有
$$a_n = \frac{1}{\pi}\int_{-\pi}^{\pi}f(x)\cos nx\,\mathrm{d}x \quad n = 1,2,\cdots$$

类似地,用 $\sin nx$ 同乘(3) 式两边,再从 $-\pi$ 到 π 逐项积分,得

$$b_n = \frac{1}{\pi}\int_{-\pi}^{\pi}f(x)\sin nx\,\mathrm{d}x \quad n = 1,2,\cdots$$

由于当 $n = 0$ 时,a_n 的表达式即为 a_0,把它们合并为一个式子,则有

$$a_n = \frac{1}{\pi}\int_{-\pi}^{\pi}f(x)\cos nx\,\mathrm{d}x \quad n = 0,1,2,\cdots \tag{4}$$

$$b_n = \frac{1}{\pi}\int_{-\pi}^{\pi}f(x)\sin nx\,\mathrm{d}x \quad n = 1,2,\cdots \tag{5}$$

(4)、(5) 两式反映了函数 $f(x)$ 与三角级数(2) 的关系,如果(4)、(5) 两式的积分存在,由两式确定的系数 $a_n(n = 0,1,2,\cdots)$,$b_n(n = 1,2,\cdots)$ 为 $f(x)$ 的**傅里叶**(Fourier) **系数**,以 $f(x)$ 的傅里叶系数为系数的三角级数(3) 为 $f(x)$ 的傅里叶级数.

需要说明的是,对一般的以 2π 为周期的函数 $f(x)$,它有傅里叶级数和能展开成傅里叶级数,并不是一回事.因为虽按上两式可计算出 a_n,b_n,便有了傅里叶级数,但此时该傅里叶级数是否收敛?即使收敛,又是否收敛到 $f(x)$?为解决这个问题,我们不加证明地给出以下定理.

定理(Dirichlet 定理,收敛定理) 设 $f(x)$ 是以 2π 为周期的函数,如果它满足:

(1) 在一个周期内连续或只有有限个第一类间断点;

(2) 至多只有有限个极值点(即不作无限次振荡).

则 $f(x)$ 的傅里叶级数在 $(-\infty,\infty)$ 上处处收敛,且其和:

当 x 为 $f(x)$ 的连续点时,等于 $f(x)$;

当 x 为 $f(x)$ 的间断点时,等于左、右极限的平均值:$\frac{1}{2}[f(x-0)+f(x+0)]$;

当 x 为 $[-\pi,\pi]$ 的端点 $x=\pi$ 或 $x=-\pi$ 时,等于 $\frac{1}{2}[f(\pi-0)+f(\pi+0)]$.

该定理的条件简称为**狄里赫莱特条件**,工程技术中的非正弦周期函数,一般都能满足狄里赫莱特条件.

例 1 设 $f(x)$ 为以 2π 为周期的函数,它在 $(-\pi,\pi]$ 上的表达式为:$f(x)=x$,将 $f(x)$ 展开成傅里叶级数.

解 显然 $f(x)=x$ 满足狄里赫莱特条件,它仅在点 $x=(2k+1)\pi,k=0,\pm1,\pm2,\cdots$ 处不连续,故相应的傅里叶级数在这些点处收敛于 $\frac{1}{2}[f(\pi^-)+f(\pi^+)]=\frac{1}{2}(-\pi+\pi)=0$,而在其他的点处收敛于 $f(x)$(见图 12-1).

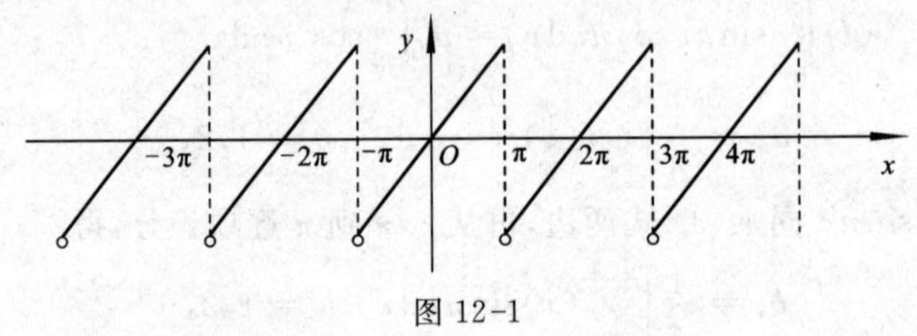

图 12-1

又 $$a_0=\frac{1}{\pi}\int_{-\pi}^{\pi}f(x)\mathrm{d}x=\frac{1}{\pi}\int_{-\pi}^{\pi}x\mathrm{d}x=0;$$

$$a_n=\frac{1}{\pi}\int_{-\pi}^{\pi}f(x)\cos nx\,\mathrm{d}x=\frac{1}{\pi}\int_{-\pi}^{\pi}x\cos nx\,\mathrm{d}x=0,\quad n=1,2,\cdots;$$

$$b_n=\frac{1}{\pi}\int_{-\pi}^{\pi}f(x)\sin nx\,\mathrm{d}x=\frac{1}{\pi}\int_{-\pi}^{\pi}x\sin nx\,\mathrm{d}x=(-1)^{n+1}\frac{2}{n},\quad n=1,2,\cdots;$$

所以 $$f(x)=2\sum_{n=1}^{\infty}(-1)^{n+1}\frac{1}{n}\sin nx,\quad x\neq(2k+1)\pi,\quad k=0,\pm1,\pm2,\cdots.$$

例 2　设 $f(x)$ 是周期为 2π 的函数，它在$[-\pi,\pi]$上的表达式为

$$f(x)=\begin{cases}-x & \text{当}-\pi\leqslant x<0\\ x & \text{当}\ 0\leqslant x\leqslant\pi\end{cases},$$

将 $f(x)$ 展开成傅里叶级数.

解　$$a_0=\frac{1}{\pi}\int_{-\pi}^{0}(-x)\mathrm{d}x+\frac{1}{\pi}\int_0^{\pi}x\mathrm{d}x=\frac{2}{\pi}\int_0^{\pi}x\mathrm{d}x=\frac{2}{\pi}\left[\frac{x^2}{2}\right]_0^{\pi}=\pi;$$

$$a_n=\frac{1}{\pi}\int_{-\pi}^{0}(-x)\cos nx\,\mathrm{d}x+\frac{1}{\pi}\int_0^{\pi}x\cos nx\,\mathrm{d}x=\frac{2}{\pi}\int_0^{\pi}x\cos nx\,\mathrm{d}x$$

$$=\frac{2}{\pi}\left[\frac{1}{n}x\sin nx+\frac{1}{n^2}\cos nx\right]_0^{\pi}=\frac{2}{\pi n^2}[(-1)^n-1];$$

$$b_n=\frac{1}{\pi}\int_{-\pi}^{0}(-x)\ \sin nx\,\mathrm{d}x+\frac{1}{\pi}\int_0^{\pi}x\sin nx\,\mathrm{d}x=0.$$

写出傅里叶级数

$$\frac{\pi}{2}+\frac{2}{\pi}\sum_{n=1}^{\infty}\frac{1}{n^2}[(-1)^n-1]\cos nx=\frac{\pi}{2}-\frac{4}{\pi}\left(\cos x+\frac{1}{3^2}\cos 3x+\frac{1}{5^2}\cos 5x+\cdots\right).$$

由于函数 $f(x)$ 在各个周期内及端点处都连续(见图 12-2)，即 $f(x)$ 在其定义域内连续，所以该傅里叶级数收敛于 $f(x)$，即

$$\frac{\pi}{2}-\frac{4}{\pi}\left(\cos x+\frac{1}{3^2}\cos 3x+\frac{1}{5^2}\cos 5x+\cdots\right)=f(x)\quad(-\infty<x<+\infty),$$

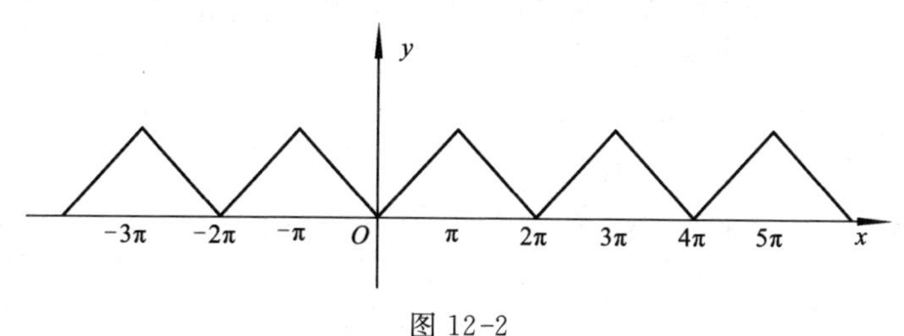

图 12-2

对于定义在$[-\pi,\pi)$上的非周期函数 $f(x)$，若函数 $f(x)$ 在区间$[-\pi,\pi)$上满足狄氏条件，我们将 $f(x)$ 扩大定义，使其成为以 2π 为周期的函数 $F(x)$，即在$[(2n-1)\pi,(2n+1)\pi)$ $(n=\pm1,\pm2,\cdots)$上重复取它在区间$[-\pi,\pi)$上的值. 按这种方式拓展函数的定义域使其成为周期函数的方法称为**周期延拓**. 经延拓后的函数 $F(x)$ 在每个周期上满足狄氏条件，可以将其展开成傅里叶级数，展开后再将其定义域限制在$[-\pi,\pi)$就得到定义在$[-\pi,\pi)$上非周期函数 $f(x)$ 的傅里叶级数. 因为由收敛定理可知，经延拓后的 $F(x)$ 在连续点处都收敛于 $F(x)$，仅在不连续点 x_0 处收敛于 $\frac{1}{2}[F(x_0-0)+F(x_0+0)]$，那么在区间$[-\pi,\pi)$上的连续点都收敛于 $f(x)$，在不连

续点 x_0 处收敛于 $\frac{1}{2}[f(x_0-0)+f(x_0+0)]$，而在 $[-\pi,\pi)$ 的端点处收敛于 $\frac{1}{2}[f(-\pi+0)+f(\pi-0)]$.

例 3 把 $f(x)=\begin{cases}-\frac{\pi}{4} & \text{当} -\pi\leqslant x<0\\ \frac{\pi}{4} & \text{当} 0\leqslant x<\pi\end{cases}$ 展开成傅里叶级数,并由此推出:

(1) $\frac{\pi}{4}=1-\frac{1}{3}+\frac{1}{5}-\frac{1}{7}+\cdots$;

(2) $\frac{\pi}{3}=1+\frac{1}{5}-\frac{1}{7}-\frac{1}{11}+\frac{1}{13}+\frac{1}{17}-\frac{1}{19}-\frac{1}{23}+\frac{1}{25}+\cdots$.

解 用周期延拓的方法将将函数 $f(x)$ 延拓成为以 2π 为周期的函数

$$a_n=\frac{1}{\pi}\int_{-\pi}^{\pi}f(x)\cos nx\,\mathrm{d}x$$

$$=\frac{1}{\pi}\int_{-\pi}^{0}\left(-\frac{\pi}{4}\right)\cos nx\,\mathrm{d}x+\frac{1}{\pi}\int_{0}^{\pi}\frac{\pi}{4}\cos nx\,\mathrm{d}x=0 \quad n=0,1,2,\cdots$$

$$b_n=\frac{1}{\pi}\int_{-\pi}^{\pi}f(x)\sin nx\,\mathrm{d}x$$

$$=\frac{1}{\pi}\left[\int_{0}^{\pi}\frac{\pi}{4}\sin nx\,\mathrm{d}x+\int_{-\pi}^{0}\left(-\frac{\pi}{4}\right)\sin nx\,\mathrm{d}x\right]$$

$$=\begin{cases}\frac{1}{n} & n=1,3,5,\cdots\\ 0 & n=2,4,6,\cdots\end{cases}$$

所以 $f(x)=\sin x+\frac{1}{3}\sin 3x+\frac{1}{5}\sin 5x+\cdots+\frac{1}{2n-1}\sin(2n-1)x+\cdots \quad -\pi<x<\pi,x\neq 0$.

在上式中,令 $x=\frac{\pi}{2}$ 立即可得(1)式

$$\frac{\pi}{4}=1-\frac{1}{3}+\frac{1}{5}-\frac{1}{7}+\cdots.$$

将上式两边同乘以 $\frac{1}{3}$,得

$$\frac{\pi}{12}=\frac{1}{3}-\frac{1}{9}+\frac{1}{15}-\frac{1}{21}+\cdots,$$

将此式与上式相加，即得(2)式

$$\frac{\pi}{3}=\frac{\pi}{4}+\frac{\pi}{12}=1+\frac{1}{5}-\frac{1}{7}-\frac{1}{11}+\frac{1}{13}+\frac{1}{17}-\frac{1}{19}-\cdots.$$

12.6.3　奇函数和偶函数的傅里叶级数

设 $f(x)$ 为以 2π 为周期的奇函数. 则 $f(x)\cos nx$ 是奇函数，$f(x)\sin nx$ 是偶函数. 由此计算 $f(x)$ 的傅里叶系数

$$a_n=\frac{1}{\pi}\int_{-\pi}^{\pi}f(x)\cos nx\,\mathrm{d}x=0, n=0,1,2,\cdots;$$

$$b_n=\frac{1}{\pi}\int_{-\pi}^{\pi}f(x)\sin nx\,\mathrm{d}x=\frac{2}{\pi}\int_0^{\pi}f(x)\sin nx\,\mathrm{d}x, n=1,2,\cdots.$$

于是，$f(x)$ 的傅里叶级数为 $\sum\limits_{n=1}^{\infty}b_n\sin nx$，

由于该级数只含有正弦项，称此级数为**正弦级数**.

同理，设 $f(x)$ 为以 2π 为周期的偶函数，则 $f(x)\cos nx$ 为偶函数，$f(x)\sin nx$ 是奇函数. 由此得 $f(x)$ 的傅里叶系数为

$$a_n=\frac{1}{\pi}\int_{-\pi}^{\pi}f(x)\cos nx\,\mathrm{d}x=\frac{2}{\pi}\int_0^{\pi}f(x)\cos nx\,\mathrm{d}x\quad n=0,1,2,\cdots;$$

$$b_n=\frac{1}{\pi}\int_{-\pi}^{\pi}f(x)\sin nx\,\mathrm{d}x=0\quad n=1,2,\cdots.$$

于是，$f(x)$ 的傅里叶级数为 $\frac{a_0}{2}+\sum\limits_{n=1}^{\infty}a_n\cos nx$.

由于该级数只含有余弦项，称此级数为**余弦级数**.

例 4　设 2π 为周期的函数 $f(x)=|\sin x|, x\in[-\pi,\pi)$，将 $f(x)$ 展开成傅里叶级数.

解　显然 $f(x)=|\sin x|$ 在整个数轴上连续，由收敛定理知，其傅里叶级数处处收敛于 $f(x)$，又 $f(x)=|\sin x|$ 是偶函数，故由上面的讨论知，其傅里叶级数是余弦级数，其形式为 $\frac{a_0}{2}+\sum\limits_{n=1}^{\infty}a_n\cos nx$.

其中

$$a_n=\frac{1}{\pi}\int_{-\pi}^{\pi}f(x)\cos nx\,\mathrm{d}x=\frac{2}{\pi}\int_0^{\pi}f(x)\cos nx\,\mathrm{d}x$$

$$=\frac{2}{\pi}\int_0^{\pi}\sin x\cos nx\,\mathrm{d}x=\frac{1}{\pi}\int_0^{\pi}[\sin(1-n)x+\sin(1+n)x]\mathrm{d}x\quad n=0,1,2,\cdots;$$

当 $n\neq1$ 时，

$$a_n=\frac{1}{\pi}\cdot\left[\frac{\cos(n-1)x}{n-1}-\frac{\cos(n+1)x}{n+1}\right]\Bigg|_0^{\pi}=\begin{cases}0 & n=3,5,\cdots\\ -\dfrac{4}{\pi}\cdot\dfrac{1}{n^2-1} & n=0,2,4,\cdots\end{cases}.$$

当 $n=1$ 时，$a_n=\frac{2}{\pi}\int_0^{\pi}\sin x\cos x\,\mathrm{d}x=\frac{1}{\pi}\int_0^{\pi}\sin 2x\,\mathrm{d}x=0$，有

$$a_n=\begin{cases}0 & n=1,3,5,\cdots\\ -\dfrac{4}{\pi}\cdot\dfrac{1}{n^2-1} & n=0,2,4,\cdots\end{cases}.$$

所以所求傅里叶级数为

$$f(x)=|\sin x|=\frac{2}{\pi}-\sum_{m=1}^{\infty}\frac{4}{\pi(4m^2-1)}\cos 2mx \quad x\in(-\infty,+\infty).$$

在实际工作中,有时需要把定义在$[0,\pi)$上的函数展开成正弦级数或余弦级数.设$g(x)$是一个定义在$[0,\pi)$上的函数,并且满足收敛定理的条件,将$g(x)$补充定义成为$[-\pi,\pi)$上的奇函数(见图12-3),得到新函数

$$f(x)=\begin{cases}-g(-x) & 当-\pi\leqslant x<0\\ g(x) & 当0\leqslant x<\pi\end{cases}$$

再将$[-\pi,\pi)$上的$f(x)$作周期延拓成为$(-\infty,+\infty)$周期为2π的周期函数$F(x)$,这种方法称为**周期奇延拓**.奇延拓后求出的傅里叶级数是正弦级数,在区间$(0,\pi)$上它收敛于$g(x)$,在区间的端点收敛于0.

如果将函数$g(x)$补充函数定义,使

$$f(x)=\begin{cases}g(-x) & 当-\pi\leqslant x<0\\ g(x) & 当0\leqslant x<\pi\end{cases}$$

成为$[-\pi,\pi)$上的偶函数(见图12-4),再将$f(x)$作周期延拓成为$(-\infty,+\infty)$上周期为2π的周期函数$F(x)$,这种方法称为**周期偶延拓**.显然偶延拓后求出的傅里叶级数是余弦级数,在区间$(0,\pi)$上它收敛于$g(x)$,在区间的端点收敛于0.

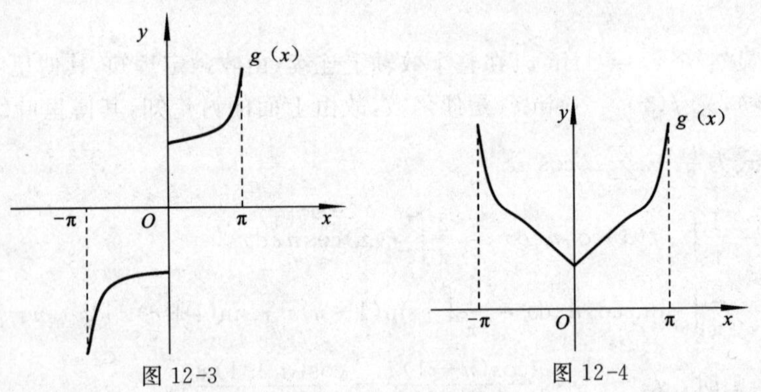

图 12-3　　图 12-4

例 5　将函数$g(x)=x\ (0\leqslant x\leqslant\pi)$分别展开成正弦级数和余弦级数.

解　(1) 展开成正弦级数

对函数$g(x)$进行奇延拓,则

$$f(x)=\begin{cases}-(-x) & 当-\pi\leqslant x<0\\ x & 当0\leqslant x<\pi\end{cases}$$

即
$$f(x)=x \quad 当 -\pi \leqslant x<\pi$$
再进行周期延拓,得周期为 2π 的周期函数 $F(x)$,它在一个周期内的表达式为
$$F(x)=x \quad (-\pi \leqslant x<\pi)$$
它的傅里叶系数为
$$a_n=0 \quad (n=0,1,2,3,\cdots),$$
$$b_n=\frac{2}{\pi}\int_0^\pi x\sin nx\,\mathrm{d}x=\frac{2}{\pi}\left[-\frac{1}{n}x\cos nx+\frac{1}{n^2}\sin nx\right]_0^\pi$$
$$=(-1)^{n+1}\frac{2}{n} \quad (n=1,2,3,\cdots),$$
所以 $g(x)$ 在 $[0,\pi)$ 上的傅里叶展开式为
$$g(x)=2\left(\sin x-\frac{1}{2}\sin 2x+\frac{1}{3}\sin 3x-\cdots+(-1)^{n+1}\frac{1}{n}\sin nx+\cdots\right) \quad (0\leqslant x<\pi). \tag{6}$$
(2) 展开成余弦级数

将 $g(x)$ 偶延拓,得函数
$$f(x)=\begin{cases}-x & 当 -\pi\leqslant x<0 \\ x & 当 0\leqslant x<\pi\end{cases},$$
即
$$f(x)=|x|(-\pi\leqslant x<\pi)$$
再对 $f(x)$ 进行周期延拓,得到以 2π 为周期的函数 $F(x)$,它在一个周期内的表达式为
$$F(x)=|x| \quad 当 -\pi\leqslant x<\pi.$$
傅里叶系数为
$$a_0=\frac{2}{\pi}\int_0^\pi x\mathrm{d}x=\pi;$$
$$a_n=\frac{2}{\pi}\int_0^\pi x\cos nx\,\mathrm{d}x=\frac{2}{\pi}\left[\frac{1}{n}x\sin nx+\frac{1}{n^2}\cos nx\right]_0^\pi=\frac{2}{n^2\pi}[(-1)^n-1]$$
$$=\begin{cases}0 & 当 n 为偶数 \\ -\dfrac{4}{n^2\pi} & 当 n 为奇数\end{cases}.$$
因此 $g(x)$ 在 $[0,\pi)$ 上的展开式为
$$g(x)=\frac{\pi}{2}-\frac{4}{\pi}\left(\cos x+\frac{1}{3^2}\cos 3x+\frac{1}{5^2}\cos 5x+\cdots+\frac{1}{n^2}\cos nx+\cdots\right) \quad (0\leqslant x<\pi). \tag{7}$$
这里需要指出的是在 $(-\infty,+\infty)$ 级数(1) 和级数(2) 是两个不同的级数.它们的和函数的图象分别如图 12-1 和图 12-2 所示,但它们在 $(0,\pi)$ 上都收敛于同一个函数 $g(x)=x$.因此无论是用奇延拓还是用偶延拓的方法将定义在 $[0,\pi]$ 上的函数展开成傅里叶级数,只要函数满足收敛定理的条件,尽管级数的形式可能不同,但它们收敛的结果是相同的.

例 6 将如图 12-5 所示的矩形脉冲函数展开成傅里叶级数.

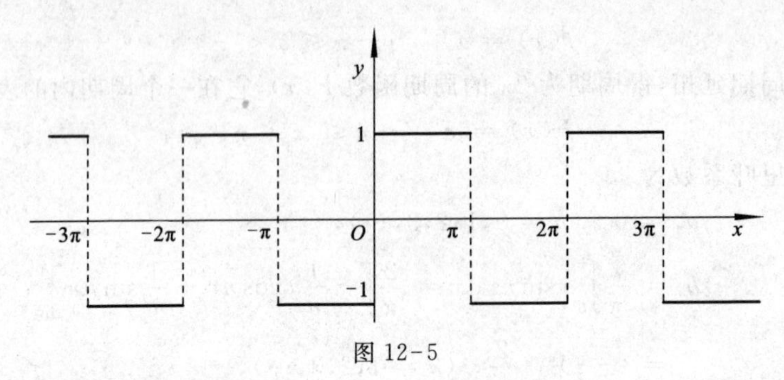

图 12-5

解 从矩形脉冲函数的图形上可以看出,$u(t)$ 是一个以 2π 为周期的周期奇函数,它在 $[-\pi,\pi]$ 上的表达式为

$$u(t)=\begin{cases}-1 & 当 -\pi\leqslant t<0\\ 1 & 当 0\leqslant t<\pi\end{cases},$$

$$a_n=\frac{1}{\pi}\int_{-\pi}^{\pi}u(t)\cos nt\,\mathrm{d}t=0\quad(n=0,1,2,\cdots),$$

$$b_n=\frac{1}{\pi}\int_{-\pi}^{\pi}u(t)\sin nt\,\mathrm{d}t=\frac{2}{\pi}\int_{0}^{\pi}\sin nt\,\mathrm{d}t=-\frac{2}{n\pi}[\cos nt]_0^{\pi}=\frac{2}{n\pi}[1-(-1)^n]\quad(n=1,2,\cdots).$$

由于矩形脉冲函数满足收敛定理的条件,但在 $t=n\pi(n\in\mathbf{Z})$ 时函数不连续,所以当 t 为函数的连续点时,它所对应的傅里叶级数收敛于 $u(t)$,而在 $t=n\pi$ 时级数收敛于 $\frac{u(-\pi+0)+u(\pi-0)}{2}=\frac{-1+1}{2}=0$,所以展开后的级数为

$$\sum_{n=1}^{\infty}\frac{2[1-(-1)^n]}{n\pi}\sin nt=\frac{4}{\pi}\left(\sin t+\frac{1}{3}\sin 3t+\frac{1}{5}\sin 5t+\cdots\right)=u(t)\ t\neq n\pi(n\in\mathbf{Z}).$$

展开后的傅里叶级数说明矩形脉冲函数的波形是由一系列不同频率的正弦波叠加而成,第一个正弦波被称为**基波**,这些正弦波的频率依次为基波频率的奇数倍.

习　题　12.6

1. 将下列周期为 2π 的函数展开成傅里叶级数:

(1) $f(x)=\mathrm{e}^{ax},\quad -\pi\leqslant x<\pi$;

(2) $f(x)=\begin{cases}x & 当 -\pi\leqslant x<\frac{\pi}{2}\\ \frac{2}{\pi} & 当 \frac{\pi}{2}\leqslant x<\pi\end{cases}$;

(3) $f(x)=\begin{cases}\pi+x & 当 -\pi\leqslant x<0\\ \pi-x & 当 0\leqslant x<\pi\end{cases}$;

(4) $f(x)=\begin{cases}k_1 & \text{当} -\pi\leqslant x<0\\ k_2 & \text{当} 0\leqslant x<\pi\end{cases}$.

2. 将下列周期为 2π 的函数展开成正弦级数或余弦级数：

(1) $f(x)=3x,\quad -\pi\leqslant x<\pi$；

(2) $f(x)=2x^2,\quad -\pi\leqslant x<\pi$；

(3) $f(x)=2\sin\dfrac{x}{3},\quad -\pi\leqslant x<\pi$；

(4) $f(x)=\cos\dfrac{x}{2},\quad -\pi\leqslant x<\pi$.

3. 将函数 $f(x)=\dfrac{\pi-x}{2}\quad(0\leqslant x\leqslant\pi)$ 展开成正弦级数.

§12.7　一般周期函数的傅里叶级数

12.7.1　周期为 $2l$ 的周期函数的傅里叶级数

在实际问题中，周期函数的周期未必都是 2π. 因此，有必要研究一般周期为 $2l$ 时的情况. 当函数以 $2l$ 为周期时，我们只需作代换 $x=\dfrac{lt}{\pi}$，即可将定义在 $[-l,l]$ 上的周期函数 $f(x)$ 转换成 $[-\pi,\pi]$ 上的周期函数 $F(t)=f\left(\dfrac{lt}{\pi}\right)$. 如果 $f(x)$ 在 $[-l,l]$ 上满足收敛定理的条件，则 $F(t)$ 就在 $[-\pi,\pi]$ 上满足收敛定理的条件，由此即可通过将 $F(t)$ 在 $[-\pi,\pi]$ 上展开傅里叶级数，从而将 $f(x)$ 展成傅里叶级数. 具体的见下面的定理：

定理　设周期为 $2l$ 的周期函数 $f(x)$ 满足收敛定理的条件，则其傅里叶级数的展开式为

$$f(x)=\frac{a_0}{2}+\sum_{n=1}^{\infty}\left(a_n\cos\frac{n\pi}{l}x+b_n\sin\frac{n\pi}{l}x\right),\tag{1}$$

其中系数 a_n,b_n 为

$$\begin{aligned}a_n&=\frac{1}{l}\int_{-l}^{l}f(x)\cos\frac{n\pi}{l}x\,dx\quad n=0,1,2,\cdots;\\ b_n&=\frac{1}{l}\int_{-l}^{l}f(x)\sin\frac{n\pi}{l}x\,dx\quad n=1,2,\cdots.\end{aligned}\tag{2}$$

若 $f(x)$ 为奇函数，其傅里叶级数的展开式为

$$f(x)=\sum_{n=1}^{\infty}b_n\sin\frac{n\pi}{l}x,\tag{3}$$

其中

$$b_n=\frac{2}{l}\int_{0}^{l}f(x)\sin\frac{n\pi}{l}x\,dx\quad n=1,2,\cdots.\tag{4}$$

若 $f(x)$ 为偶函数,其傅里叶级数的展开式为

$$f(x)=\frac{a_0}{2}+\sum_{n=1}^{\infty}a_n\cos\frac{n\pi}{l}x, \tag{5}$$

其中

$$a_n=\frac{2}{l}\int_0^l f(x)\cos\frac{n\pi}{l}x\,dx \quad n=0,1,2,\cdots. \tag{6}$$

证明 首先,令 $\frac{\pi x}{l}=z$,把 $f(x)$ 变换为以 2π 为周期的周期函数 $F(z)=f\left(\frac{lz}{\pi}\right)$. 并且它满足收敛定理的条件. 现在将 $F(z)$ 展开成傅里叶级数

$$F(z)=\frac{a_0}{2}+\sum_{n=1}^{\infty}(a_n\cos nz+b_n\sin nz),$$

其中

$$a_n=\frac{1}{\pi}\int_{-\pi}^{\pi}F(z)\cos nz\,dz \quad n=0,1,2,\cdots,$$

$$b_n=\frac{1}{\pi}\int_{-\pi}^{\pi}F(z)\sin nz\,dz \quad n=1,2,\cdots,$$

在上式中,令 $z=\frac{\pi x}{l}$,将 z 全转化为 x,得

$$f(x)=\frac{a_0}{2}+\sum_{n=1}^{\infty}(a_n\cos\frac{n\pi}{l}x+b_n\sin\frac{n\pi}{l}x),$$

及

$$a_n=\frac{1}{\pi}\int_{-\pi}^{\pi}F(z)\cos nz\,dz=\frac{1}{l}\int_{-l}^{l}f(x)\cos\frac{n\pi}{l}x\,dx \quad n=0,1,2,\cdots,$$

$$b_n=\frac{1}{\pi}\int_{-\pi}^{\pi}F(z)\sin nz\,dz=\frac{1}{l}\int_{-l}^{l}f(x)\sin\frac{n\pi}{l}x\,dx \quad n=1,2,\cdots.$$

同理可证当 $f(x)$ 为奇函数或偶函数时傅里叶级数展开式及其系数.

例 1 设 $f(x)$ 是周期为 4 的函数,它在 $[-2,2]$ 上的表达式为

$$f(x)=\begin{cases}0 & \text{当} -2\leqslant x<0\\ 1 & \text{当} 0\leqslant x<2\end{cases},$$

将 $f(x)$ 展开成傅里叶级数.

解 由题设知 $l=2$,且 $f(x)$ 满足收敛定理的条件,它的傅里叶系数为

$$a_0=\frac{1}{2}\int_{-2}^{0}0\,dx+\frac{1}{2}\int_0^2 1\,dx=1;$$

$$a_n=\frac{1}{2}\int_0^2 1\cdot\cos\frac{n\pi x}{2}dx=\left[\frac{1}{2}\cdot\frac{2}{n\pi}\sin\frac{n\pi x}{2}\right]_0^2=0.$$

$$b_n=\frac{1}{2}\int_0^2 1\cdot\sin\frac{n\pi x}{2}dx=\left[-\frac{1}{2}\cdot\frac{2}{n\pi}\cos\frac{n\pi x}{2}\right]_0^2=\frac{1}{n\pi}(1-\cos n\pi)=\frac{1}{n\pi}[1-(-1)^n]$$

$$=\begin{cases}\frac{2}{n\pi} & \text{当} n=1,3,5,\cdots\\ 0 & \text{当} n=2,4,6,\cdots\end{cases}$$

由于当 $x=2k(k=0,\pm1,\pm2,\cdots)$ 时 $f(x)$ 间断，在这些点上傅里叶级数不收敛于 $f(x)$，所以 $f(x)$ 的傅里叶级数展开式为

$$f(x)=\frac{1}{2}+\frac{2}{\pi}\left(\sin\frac{\pi x}{2}+\frac{1}{3}\sin\frac{3\pi x}{2}+\frac{1}{5}\sin\frac{5\pi x}{2}+\cdots\right)$$

$$(-\infty<x<+\infty;x\neq0,\pm1,\pm2,\pm3,\cdots).$$

例 2　把函数 $f(x)=x^2$，$x\in(-1,1]$ 展成傅里叶级数.

解　显然 $f(x)=x^2$ 是偶函数，将函数 $f(x)$ 延拓成以 2 为周期的周期函数，且 $l=1$，故

$$b_n=0\quad n=1,2,\cdots;$$

$$a_0=\frac{2}{l}\int_0^l f(x)\mathrm{d}x=2\int_0^1 x^2\mathrm{d}x=\frac{2}{3}\quad n=0,1,2,\cdots;$$

$$a_n=\frac{2}{l}\int_0^l f(x)\cos\frac{n}{l}x\mathrm{d}x=2\int_0^1 x^2\cos n\pi x\mathrm{d}x=(-1)^n\frac{4}{n^2\pi^2},n=1,2,\cdots.$$

又 $f(x)$ 在 $(-1,1]$ 上处处连续，故其傅里叶级数处处收敛于 $f(x)=x^2$.

所以
$$f(x)=x^2=\frac{1}{3}+\frac{4}{n^2\pi^2}\sum_{n=1}^{\infty}(-1)^n\frac{1}{n^2}\cos n\pi x,x\in(-1,1]$$

12.7.2　定义在 $[-l,l]$ 或 $[0,l]$ 上的函数展开成傅里叶级数

设函数 $f(x)$ 只在 $[-l,l]$ 上有定义，并且满足收敛定理的条件，将 $f(x)$ 在 $(-l,l]$ 或 $[-l,l)$ 外补充定义，把它延拓成以 $2l$ 为周期的函数 $F(x)$，然后将 $F(x)$ 展开成傅里叶级数. 由于在 $(-l,l)$ 上 $F(x)\equiv f(x)$，这样就得到了 $f(x)$ 的傅里叶级数展开式，根据收敛定理该级数在区间端点处收敛于 $\dfrac{f(-l+0)+f(l-0)}{2}$.

例 3　将函数 $f(x)=x+1(-1\leqslant x\leqslant1)$ 展开成傅里叶级数.

解　将 $f(x)=x+1$ 在区间 $[-1,1)$ 外作周期延拓，得到的新函数 $F(x)$ 是一个周期为 2 的函数，它在一个周期内的表达式为(见图 12-6)

$$F(x)=x+1\quad(-1\leqslant x<1)$$

函数 $F(x)$ 在 $x=2k-1(k\in\mathbf{Z})$ 处不连续，因此当 $x\in(-1,1)$ 时所对应的傅里叶级数收敛于 $F(x)$ 即 $f(x)$，而在 $x=\pm1$ 时对应的级数收敛于

$$\frac{f(-1+0)+f(1-0)}{2}=\frac{0+2}{2}=1.$$

$$a_0=\frac{1}{l}\int_{-l}^{l}f(x)\mathrm{d}x=\int_{-1}^{1}(x+1)\mathrm{d}x=\left[\frac{(x+1)^2}{2}\right]_{-1}^{1}=2;$$

$$a_n=\frac{1}{l}\int_{-l}^{l}f(x)\cos\frac{n\pi x}{l}\mathrm{d}x=\int_{-1}^{1}(x+1)\cos n\pi x\mathrm{d}x=2\int_0^1\cos n\pi x\mathrm{d}x=0\quad(n=1,2,3,\cdots);$$

$$b_n=\frac{1}{l}\int_{-l}^{l}f(x)\sin\frac{n\pi x}{l}\mathrm{d}x=\int_{-1}^{1}(x+1)\sin n\pi x\mathrm{d}x=2\int_0^1 x\sin n\pi x\mathrm{d}x$$

$$=2\left[-\frac{1}{n\pi}x\cos n\pi x+\frac{1}{(n\pi)^2}\sin n\pi x\right]_0^1=-\frac{2}{n\pi}\cos n\pi=(-1)^{n+1}\frac{2}{n\pi}\quad(n=1,2,\cdots).$$

所以 $f(x)$ 的傅里叶级数为

$$f(x)=1+\frac{2}{\pi}\left(\sin\pi x-\frac{1}{2}\sin 2\pi x+\frac{1}{3}\sin 3\pi x-\cdots+\frac{(-1)^{n+1}}{n}\sin n\pi x+\cdots\right)\ (-1<x<1).$$

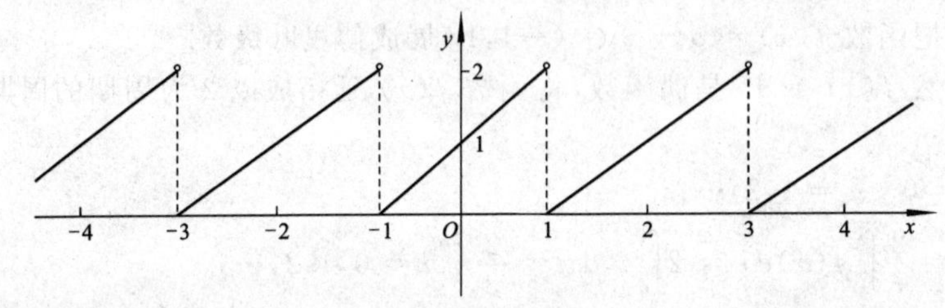

图 12-6

如果 $f(x)$ 是定义在 $[0,l]$ 上的非周期函数,由上节可知我们可以利用周期奇延拓或周期偶延拓的方法分别将其展开成正弦级数或余弦级数.

例 4 把 $f(x)=x$ 在 $[0,2]$ 内分别展开成正弦级数和余弦级数.

解 显然 $f(x)=x$ 满足收敛定理中的条件,且 $l=2$.

将 $f(x)$ 延拓成奇函数,利用(4) 式求其系数 $b_n(n=1,2,\cdots)$:

$$b_n=\frac{2}{l}\int_0^l f(x)\sin\frac{n\pi}{l}x\,dx=\int_0^2 x\sin\frac{n\pi}{2}x\,dx=(-1)^{n+1}\frac{4}{n\pi},\quad n=1,2,\cdots.$$

因为在 $[0,2]$ 内,$f(x)$ 连续,所以展开式为 $f(x)=\frac{4}{\pi}\sum_{n=1}^{\infty}(-1)^{n+1}\frac{1}{n}\sin\frac{n\pi}{2}x$.

将 $f(x)$ 延拓成偶函数,利用(6) 式求其系数 $a_n(n=0,1,2,\cdots)$,

$$a_n=\frac{2}{l}\int_0^l f(x)\cos\frac{n\pi}{l}x\,dx=\int_0^2 x\cos\frac{n\pi}{2}x\,dx.$$

当 $n=0$ 时,$a_0=\int_0^2 x\,dx=2$;

当 $n\neq 0$ 时,$a_n=\int_0^2 x\cos\frac{n\pi}{2}x\,dx=\frac{4}{n^2\pi^2}[(-1)^n-1]=\begin{cases}0 & n=2,4,\cdots\\ -\frac{8}{n^2\pi^2} & n=1,3,\cdots\end{cases}$.

由 $f(x)$ 在 $[0,2]$ 上连续,所以 $f(x)$ 的傅里叶级数收敛于 $f(x)$,故有

$$f(x)=1-\sum_{n=1}^{\infty}\frac{8}{\pi^2}\frac{1}{(2n-1)^2}\cos\frac{(2n-1)\pi}{2}x\quad x\in[0,2].$$

例 5 把定义在 $[0,\pi]$ 上的函数 $f(x)=\begin{cases}1 & 当\ 0\leqslant x<h\\ \frac{1}{2} & 当\ x=h\\ 0 & 当\ h<x\leqslant\pi\end{cases}$ (其中 $0<h<\pi$) 展成正弦级数.

解　将此函数 $f(x)$ 周期奇延拓，且知在定义区间满足收敛定理的条件，因此可以展开成正弦级数，其系数为

$$b_n=\frac{2}{\pi}\int_0^{\pi}f(x)\sin nx\,\mathrm{d}x=\frac{2}{\pi}\int_0^{h}\sin nx\,\mathrm{d}x=\frac{2}{n\pi}(1-\cos nh).$$

所以当 x 为连续点时，有 $f(x)=\dfrac{2}{\pi}\sum\limits_{n=1}^{\infty}\dfrac{1-\cos nh}{n}\sin nx$.

当 $x=0$ 时，该级数收敛于 $\dfrac{1+(-1)}{2}=0$；

当 $x=h$ 时，该级数收敛于 $\dfrac{1+0}{2}=\dfrac{1}{2}$；

当 $x=\pi$ 时，该级数收敛于 $\dfrac{0+0}{2}=0$.

12.7.3　傅里叶级数的复数形式

由欧拉公式可将傅里叶级数转换成复数形式，这在工程力学和电子学等领域有着较大的实际意义. 我们已经知道，将一个周期函数展开成正弦级数，就是将一个复杂的周期性波形分解为许多不同频率的正弦谐波的叠加，这些正弦谐波的频率通常称为原波形的**频率成分**. 对每一种频率成分的参数的分析在工程上称为**频谱分析**. 采用复数形式的傅里叶级数有利于进行频谱分析.

设函数 $f(x)$ 是以 $2l$ 为周期的周期函数，它的傅里叶级数展开式为

$$\frac{a_0}{2}+\sum_{n=1}^{\infty}\left(a_n\cos\frac{n\pi x}{l}+b_n\sin\frac{n\pi x}{l}\right).$$

将欧拉公式

$$\cos\frac{n\pi x}{l}=\frac{\mathrm{e}^{\frac{\mathrm{i}n\pi x}{l}}+\mathrm{e}^{\frac{-\mathrm{i}n\pi x}{l}}}{2};$$

$$\sin\frac{n\pi x}{l}=\frac{\mathrm{e}^{\frac{\mathrm{i}n\pi x}{l}}-\mathrm{e}^{\frac{-\mathrm{i}n\pi x}{l}}}{2\mathrm{i}}=\frac{\mathrm{i}}{2}\left(-\mathrm{e}^{\frac{\mathrm{i}n\pi x}{l}}+\mathrm{e}^{\frac{-\mathrm{i}n\pi x}{l}}\right),$$

代入上式，得

$$\begin{aligned}&\frac{a_0}{2}+\sum_{n=1}^{\infty}\left[\frac{a_n}{2}\left(\mathrm{e}^{\frac{\mathrm{i}n\pi x}{l}}+\mathrm{e}^{\frac{-\mathrm{i}n\pi x}{l}}\right)+\frac{\mathrm{i}b_n}{2}\left(-\mathrm{e}^{\frac{\mathrm{i}n\pi x}{l}}+\mathrm{e}^{\frac{-\mathrm{i}n\pi x}{l}}\right)\right]\\&=\frac{a_0}{2}+\sum_{n=1}^{\infty}\left[\frac{a_n-\mathrm{i}b_n}{2}\mathrm{e}^{\frac{\mathrm{i}n\pi x}{l}}+\frac{a_n+\mathrm{i}b_n}{2}\mathrm{e}^{\frac{-\mathrm{i}n\pi x}{l}}\right]\end{aligned}$$

令 $\dfrac{a_0}{2}=c_0$，　$\dfrac{a_n-\mathrm{i}b_n}{2}=c_n$，　$\dfrac{a_n+\mathrm{i}b_n}{2}=\overline{c_n}$　$(n=1,2,3,\cdots)$.

其中 c_n 与 $\overline{c_n}$ 是共轭复数，且

$$c_0=\frac{1}{2l}\int_{-l}^{l}f(x)\,\mathrm{d}x;$$

$$c_n=\frac{1}{2}\left[\frac{1}{l}\int_{-l}^{l}f(x)\cos\frac{n\pi x}{l}\mathrm{d}x-\frac{\mathrm{i}}{l}\int_{-l}^{l}f(x)\sin\frac{n\pi x}{l}\mathrm{d}x\right]=\frac{1}{2l}\int_{-l}^{l}f(x)\mathrm{e}^{\frac{-\mathrm{i}n\pi x}{l}}\mathrm{d}x;$$

$$\overline{c_n}=\frac{1}{2l}\int_{-l}^{l}f(x)\mathrm{e}^{\frac{\mathrm{i}n\pi x}{l}}\mathrm{d}x.$$

由 c_n 与$\overline{c_n}$ 的表达式可知,c_n 与$\overline{c_n}$ 的下标连同表达式中的 n 只相差一个负号,只要把 c_n 的下标 n 换成 $-n$ 即可得$\overline{c_n}$,因此 c_0,c_n,c_{-n} 可统一写成一个式子,即

$$c_n=\frac{1}{2l}\int_{-l}^{l}f(x)\ \mathrm{e}^{-\mathrm{i}\frac{n\pi x}{l}}\mathrm{d}x\quad(n\in\mathbf{Z}).$$

于是,傅里叶级数可写为

$$\begin{aligned}&\frac{a_0}{2}+\sum_{n=1}^{\infty}\left[\frac{a_n-\mathrm{i}b_n}{2}\mathrm{e}^{\frac{\mathrm{i}n\pi x}{l}}+\frac{a_n+\mathrm{i}b_n}{2}\mathrm{e}^{\frac{-\mathrm{i}n\pi x}{l}}\right]\\&=c_0+\sum_{n=1}^{\infty}\left[c_n\mathrm{e}^{\frac{\mathrm{i}n\pi x}{l}}+c_{-n}\mathrm{e}^{\frac{-\mathrm{i}n\pi x}{l}}\right]=\sum_{n=-\infty}^{+\infty}c_n\mathrm{e}^{\frac{\mathrm{i}n\pi x}{l}}.\end{aligned}$$

即有函数 $f(x)$ 的傅里叶级数的复数形式为

$$f(x)=\sum_{n=-\infty}^{+\infty}c_n\mathrm{e}^{\frac{\mathrm{i}n\pi x}{l}},$$

其中 $c_n=\frac{1}{2l}\int_{-l}^{l}f(x)\mathrm{e}^{-\mathrm{i}\frac{n\pi x}{l}}\mathrm{d}x\quad(n\in\mathbf{Z})$

例 6 周期为 T 的电脉冲信号,在一个周期$[0,T)$ 内的函数表达式为

$$u(t)=\begin{cases}E & 当\ 0\leqslant t<\xi\\0 & 当\ \xi\leqslant t<T\end{cases}$$

其中 ξ 和 T 是两个正常数,且 $\xi<T$,试将函数 $u(t)$ 展开成复数形式的傅里叶级数.

解 由于函数周期为 T,而$\int_{-\frac{T}{2}}^{\frac{T}{2}}f(x)\mathrm{d}x=\int_0^T f(x)\mathrm{d}x$.

因此在计算傅里叶系数时积分区间也可取$[0,T]$$(T=2l)$

$$\begin{aligned}c_n&=\frac{1}{T}\int_0^T u(t)\mathrm{e}^{-\mathrm{i}\frac{2n\pi}{T}t}\mathrm{d}t=\frac{1}{T}\int_0^{\xi}E\mathrm{e}^{-\mathrm{i}\frac{2n\pi}{T}t}\mathrm{d}t=\frac{E}{-2\mathrm{i}n\pi}\left[\mathrm{e}^{-\mathrm{i}\frac{2n\pi}{T}t}\right]_0^{\xi}=\frac{E}{2\mathrm{i}n\pi}\left[1-\mathrm{e}^{-\mathrm{i}\frac{2n\pi}{T}\xi}\right]\\&=\frac{E}{n\pi}\cdot\frac{1}{2\mathrm{i}}\left[\mathrm{e}^{\mathrm{i}\frac{n\pi}{T}\xi}\cdot\mathrm{e}^{-\mathrm{i}\frac{n\pi}{T}\xi}-\mathrm{e}^{-\mathrm{i}\frac{2n\pi}{T}\xi}\right]=\frac{E}{n\pi}\cdot\mathrm{e}^{-\mathrm{i}\frac{n\pi}{T}\xi}\cdot\frac{1}{2\mathrm{i}}\left(\mathrm{e}^{\mathrm{i}\frac{n\pi}{T}\xi}-\mathrm{e}^{-\mathrm{i}\frac{n\pi}{T}\xi}\right)\\&=\frac{E}{n\pi}\cdot\mathrm{e}^{-\mathrm{i}\frac{n\pi}{T}\xi}\sin\frac{n\pi\xi}{T}.\end{aligned}$$

当 $n=0$ 时, $c_0=\frac{1}{T}\int_0^T u(t)\mathrm{d}t=\frac{1}{T}\int_0^{\xi}E\mathrm{d}t=\frac{E\xi}{T}$.

由收敛定理可知 $u(t)$ 的傅里叶级数展开式为

$$u(t)=\frac{E\xi}{T}+\frac{E}{\pi}\sum_{\substack{n=-\infty\\n\neq0}}^{+\infty}\left(\frac{1}{n}\mathrm{e}^{-\mathrm{i}\frac{n\pi\xi}{T}}\sin\frac{n\pi\xi}{T}\right)\mathrm{e}^{\mathrm{i}\frac{2n\pi}{T}t}$$

$$(-\infty<t<+\infty,t\neq kT,t\neq kT+\xi,k\in\mathbf{Z}).$$

习　题　12.7

1. 周期为 4 的函数 $u(t)$ 在 $[-2,2)$ 上的表达式为

$$u(t)=\begin{cases}t_0 & \text{当 } -2\leqslant t<0\\ 0 & \text{当 } 0\leqslant t<2\end{cases},$$

将其展开为傅里叶级数.

2. 周期为 6 的函数 $f(x)$ 在 $[-3,3)$ 上的表达式

$$f(x)=\begin{cases}2x+1 & \text{当 } -3\leqslant x<0\\ 1 & \text{当 } 0\leqslant x<3\end{cases},$$

将其展开成傅里叶级数.

3. 周期为 2 的函数 $f(x)$ 在 $[-1,1)$ 上的表达式

$$f(x)=\begin{cases}x & \text{当 } -1\leqslant x<0\\ 1 & \text{当 } 0\leqslant x<\dfrac{1}{2}\\ -1 & \text{当 } \dfrac{1}{2}\leqslant x<1\end{cases},$$

将其展开成傅里叶级数.

4. 周期为 2 的函数 $f(x)$ 在 $[-1,1)$ 上的表达式

$$f(x)=\begin{cases}x+1 & \text{当 } -1\leqslant x<0\\ -x+1 & \text{当 } 0\leqslant x<1\end{cases},$$

将其展开成傅里叶级数.

5. 将函数 $f(x)=x(2-x)\quad(0\leqslant x<\pi)$ 分别展开成正弦级数和余弦级数.

6. 设 $f(x)$ 是以 2 为周期的函数，在 $[-1,1)$ 上的表达式为

$$f(x)=\mathrm{e}^{-x}\quad(-1\leqslant x<1),$$

将其展开成复数形式的傅里叶级数.

7. 将上题结果化为实数形式(即三角形式).

复习题 12

1. 选择题：

(1) 级数 $\sum\limits_{n=1}^{\infty}u_n$ 收敛的充要条件是(　　)

A. $\lim\limits_{n\to\infty}u_n=0$

B. $\lim\limits_{n\to\infty}\dfrac{u_{n+1}}{u_n}=r<1$

C. $\lim\limits_{n\to\infty}S_n$ 存在(其中 $S_n=u_1+u_2+\cdots+u_n$)

D. $u_n<\dfrac{1}{n^2}$

(2) 级数 $1+\left(\frac{1}{2}\right)^2+\left(\frac{1}{3}\right)^2+\cdots+\left(\frac{1}{n}\right)^2+\cdots$ 是(　　)

A. 等比级数　　B. 等差级数

C. 调和级数　　D. p 级数

(3) 若级数 $\sum_{n=1}^{\infty} au_n$ 发散,则 $\sum_{n=1}^{\infty} au_n \quad (a \neq 0)$ (　　)

A. 一定发散　　B. 可能收敛,也可能发散

C. $a>0$ 时收敛,$a<0$ 时发散　　D. $|a|<1$ 时收敛,$|a|>1$ 时发散

(4) 设正项级数 $\sum_{n=1}^{\infty} u_n$ 收敛,则下面级数中一定收敛的是(　　)

A. $\sum_{n=1}^{\infty}(u_n+a) \quad (0 \leqslant a<1)$　　B. $\sum_{n=1}^{\infty} \sqrt{u_n}$

C. $\sum_{n=1}^{\infty} \frac{1}{u_n}$　　D. $\sum_{n=1}^{\infty}(-1)^n u_n$

(5) 若级数 $\sum_{n=1}^{\infty} \frac{1}{n^{p+1}}$ 发散,则(　　)

A. $p \leqslant 0$　　B. $p>0$　　C. $p \leqslant 1$　　D. $p<1$

(6) $\lim\limits_{n \to \infty} u_n=0$ 是级数收敛的(　　)

A. 充分条件　　B. 必要条件　　C. 充要条件　　D. 无关条件

(7) 若正项级数 $\sum_{n=1}^{\infty} u_n$ 发散,则一定有(　　)

A. 对 $\sum_{n=1}^{\infty} u_n$ 部分项加括号后所成的级数收敛

B. 对 $\sum_{n=1}^{\infty} u_n$ 部分项加括号后所成级数发散

C. 对 $\sum_{n=1}^{\infty} u_n$ 部分项加括号后所成的级数收敛性不定

D. $\sum_{n=1}^{\infty} u_n \neq 0$

(8) 在下列级数中发散的是(　　)

A. $\sum_{n=1}^{\infty} \frac{3}{2^n}$　　B. $\sum_{n=1}^{\infty}(-1)^{n-1} \frac{1}{\sqrt{n}}$　　C. $\sum_{n=1}^{\infty} \frac{n}{2n^3+1}$　　D. $\sum_{n=1}^{\infty} \frac{1}{\sqrt[3]{n(n+1)}}$

(9) 下列级数中收敛的是(　　)

A. $\sum_{n=1}^{\infty} \frac{n}{n+1}$　　B. $\sum_{n=1}^{\infty} \frac{1}{n \sqrt{n+1}}$　　C. $\sum_{n=1}^{\infty} \frac{1}{2(n+1)}$　　D. $\sum_{n=1}^{\infty} \frac{1}{(n+1)^{\frac{1}{2}}}$

(10) 级数 $\sum_{n=0}^{\infty}\left(\frac{2}{5}\right)^{n+1}$ 的和 $S=$(　　)

A. $\frac{3}{2}$　　B. $\frac{5}{3}$　　C. $\frac{2}{5}$　　D. $\frac{2}{3}$

(11) 级数 $\sum_{n=1}^{\infty}\frac{2^n}{n+2}x^n$ 的收敛半径 R 是(　　)

A. 1　　B. 2　　C. $\frac{1}{2}$　　D. ∞

(12) 幂级数 $\sum_{n=1}^{\infty}\frac{\ln(n+1)}{n+1}x^n$ 的收敛区间是(　　)

A. $[-1,1]$　　B. $(-1,1)$　　C. $[-1,1)$　　D. $(-1,1]$

(13) $\sum_{n=1}^{\infty}(-1)^{n-1}\frac{(x-1)^n}{5n}$ 的收敛区间是(　　)

A. $(0,2)$　　B. $(0,2]$　　C. $[0,2)$　　D. $[0,2]$

(14) $\sum_{n=1}^{\infty}\frac{x^n}{n!}$ $(-\infty<x<+\infty)$的和函数是(　　)

A. e^x　　B. e^x-1　　C. e^x+1　　D. $\frac{1}{1-x}$

(15) 幂级数 $\sum_{n=0}^{\infty}(-1)^n\frac{x^n}{2^n}$　$|x|<2$ 的和函数是(　　)

A. $\frac{1}{1+2x}$　　B. $\frac{1}{1-2x}$　　C. $\frac{2}{2+x}$　　D. $\frac{2}{2-x}$

2. 判别下列级数的敛散性：

(1) $\sum_{n=1}^{\infty}\frac{1}{n+\sqrt{n}}$；　　(2) $\sum_{n=1}^{\infty}\frac{1}{\sqrt{n^2+n}}$；

(3) $\sum_{n=1}^{\infty}\frac{n^2}{2n^2+n}$；　　(4) $\sum_{n=1}^{\infty}\frac{1+n^2}{1+n^3}$.

3. 判别下列级数是条件收敛，还是绝对收敛：

(1) $\sum_{n=1}^{\infty}(-1)^{n-1}\frac{n}{\sqrt{2n^2+1}}$；　　(2) $\sum_{n=1}^{\infty}(-1)^{n-1}\frac{1}{\sqrt{2n^2-5n}}$；

(3) $\sum_{n=1}^{\infty}\frac{(-1)^{n-1}}{n}$；　　(4) $\sum_{n=1}^{\infty}(-1)^{n-1}\left(\frac{2}{3}\right)^n$.

4. 求下列级数的收敛域：

(1) $\sum_{n=1}^{\infty}\frac{\ln(n+2)}{n+2}x^{n+2}$；　　(2) $\sum_{n=1}^{+\infty}(-1)^n\frac{(x-4)^n}{n\cdot 3^n}$；

(3) $\sum_{n=1}^{\infty}(-1)^n\frac{x^{2n+1}}{2n+1}$；　　(4) $\sum_{n=1}^{\infty}\frac{(x-5)^n}{\sqrt{n}}$；

(5) $\sum_{n=1}^{\infty}\frac{2n+1}{n!}x^{2n}$；　　(6) $\sum_{n=1}^{\infty}\frac{3^n+(-2)^n}{n}x^n$；

(7) $\sum_{n=0}^{\infty}x\mathrm{e}^{-nx}$；　　(8) $\sum_{n=1}^{\infty}(\sqrt{n+1}-\sqrt{n})2^n x^{2n}$.

5. 将下列级数展开成幂级数，并写出收敛区间：

(1) $x^2\cos x$；　　(2) $\frac{x}{9+x^2}$；

(3) $\ln(a+x)$；　　(4) $\sin^2 x$；

(5) $\arcsin x$；　　(6) $\frac{x}{1+x-2x^2}$；

(7) $\ln\sqrt{\frac{1+x}{1-x}}$；　　(8) 将 $1/x$ 展成 $(x-1)$ 的幂级数；

(9) 将 e^x 展成 $(x-x_0)$ 的幂级数.

6. 取级数的前三项，计算下列积分的近似值：

(1) $\int_{0.1}^{1}\frac{\mathrm{e}^x}{x}\mathrm{d}x$.　　(2) $\int_{1}^{2}\mathrm{e}^{-\frac{x^2}{2}}\mathrm{d}x$.

数学文化 12

法国的“天才教师”—— 傅里叶

几千年来，音乐里一直藏着一个谜.为什么有一些音符合节奏时，所发出来的声音就是那么好听?有些音符，无论怎么配在一起，就是曲不成调.傅里叶是第一个以数学来计算音乐的人.他认为，当在钢琴上弹一个音时，就发出一个波长的音波，当一次弹几个和弦时，和弦的美是来自这些音波的叠加.怎么叠加?他认为那是一组三角函数的加法.为此，著名的“傅里叶分析”又称为音乐的“谐波分析”.如今，学生们打开高等数学课本，一定可以看到“傅里叶分析”在电波、热传导、流体力学 …… 中的应用.但是，有谁知道它来自于一个长期在沙漠里，寻找天地和弦的数学家呢?

奥塞尔(Auxerre)是法国中部的一个小城，在古罗马时，这里是罗马大道的必经之站，城内高耸着许多教堂的尖塔，尖塔的墙上镶着许多美仑美奂的彩色玻璃.13世纪以来，奥塞尔是欧洲出产彩色玻璃的中心.1768年3月21日，在科学史有“牛顿第二”之

称的傅里叶(Jean Baptiste Joseph Fourier),就是生在奥塞尔的一个裁缝之家.

傅里叶的父母在他8岁时相继病故,一个奥塞尔的主教收容了傅里叶,他看这孩子温文有礼,就请教堂附近一个妇人照顾他,傅里叶也进入这间教堂所办的小学就读;傅里叶在12岁时就显出一流的文学才能,他负责替主教记录讲道稿,甚至还自己写稿卖给一些不会讲道的主教.

很多人认为这个孩子这么乖,又这么懂事,将来一定可以当大主教,哪知傅里叶自己写道:"我的心充满了烦躁、叛逆,我不知道我在写什么,那些照本宣科的人也不知自己在胡扯什么.听道是最无聊的事,我尤其怕听自己写的讲道稿,又怕被人家看出,只好自愿担任管炉火的工作,在教室里做事比听道有趣.火炉与讲道大厅有一道大幔子隔开,我在火炉边没有什么事做,就找一些书读,一天我偶然读到数学,数学立刻成为我无聊时的最佳解闷剂."

数学本来只是一种加、减、乘、除的计算方法,后来数学才逐渐被发现是"了解上帝创造"的最佳方法.例如"三角几何"的英文是geometry,"geo"是大地的意思,"metry"是测量的方法,所以看似复杂的大地,竟然只要知道三角的几何,就知道怎么测量大地.因此在看得见的世界背后,有一个看不见的数学天地.

人类必须用纯理智的思索,才能走进数学城堡的大门.数学也是训练人抽象思维的最佳方式,所有的科学都需要依靠实验,只有数学不用实验证明,反而用来解析实验.

傅里叶写道:"我到处收集别人用剩的蜡烛,这样夜里没有炉火时,我还可以再读数学."对一个拒绝听道的孩子不要太早失望,因为他可能在他处找到上帝.

1789年,傅里叶参加过革命军,反对腐败的路易斯王朝.但是,不久他就发现得势的革命军,反成为野心分子残杀异己的工具.他退出军队,又回到教堂管炉火、写讲章、读数学.这时他提出"数值分析"(Numerical Analysis),求得多项式根的方法.当时兵荒马乱,很少人注意到这个研究.管炉火的薪水很低,傅里叶只好回到以前就读的教会学校,当数学的代课老师.不久学生就发现这个代课老师,才是真正的数学高手.

傅里叶的数学能力首先是被学生肯定的,而后才逐渐有名,他发现的数值分析法也被注意到了.1794年拿破仑任命他为巴黎师范大学的首席数学教授,那时傅里叶才27岁.年轻的他,充满了热情与改革数学教育的抱负.他知道教堂里沉闷冗长的讲道,会把上帝活泼的真理讲死了.同样沉闷的方式,也会把数学讲成一堆垃圾.傅里叶以巴黎师范大学首席数学教授的身份,要求老师四点:

第一、上课时,老师不能坐在椅子上,必须站着教学.站着教书,是扫除教学沉闷的第一步.

第二、上每一堂课以前,老师必须准备一点"新东西"来教,而非老调重弹.傅里叶说:"教学是一种创作."因此一门课无论教多少次,每一次上课前,老师都应该预备一点新东西.

第三、教学时,不只是要教理论,而且要教这个理论产生的历史渊源,傅里叶是第一个在数学课堂上教数学史的人,因而学生可以从科学史上,知道一个课本上的公式,是怎么发展来的.

第四、每一次上课,老师都要准备一个小题目,与学生一起讨论,增加师生间的互动.而且每次讨论前,老师都要预备内容,以免沦为未经深思的辩论.

傅里叶被称为"天才教师"(geniusteacher),连拿破仑在晚上举办宴会时,也请博立叶去演讲数学.傅里叶讲的数学,一定是促进他们的食欲吧!

1798年,拿破仑率领远征军,进攻埃及.拿破仑要求傅里叶同行:"看我如何把欧洲文明,分享给埃及百姓."拿破仑的军队三天之内就攻入开罗,以后又节节胜利.傅里叶却在这时逐渐对政治失望,他没想到分享文明是用战争,而非用教育.他在埃及建立学校,希望用教育重整埃及的秩序.从此傅里叶与拿破仑渐行渐远.

1801年,傅里叶回国,他被任命为法国格勒诺布尔(Grenoble)的行政长官.傅里叶显然不是一个好市长,埃及炎热的沙漠有一段记载,深深地吸引他,为此他率领一支考古队进入沙漠,考证在沙漠间流传的一个古老传说.

圣经是一本以历史呈现的书,因此考古是判断圣经真伪的好方法.圣经里多次提到埃及,例如以色列人约瑟被卖到埃及,后来还担任宰相,帮助埃及人度过七个干旱之年.这么大的事件,应该在古埃及土地里留下痕迹,但是由埃及人写的历史里没有这一段的干旱,埃及史里也没提到这一个宰相.

当时的埃及动荡不安,有些暴徒专在黑夜,拿开山刀切开法国旅客的喉咙.傅里叶的沙漠考古队,在炎热中奋力地挖掘.他不知道还有多少时间可以工作.可惜的是,1805年法国在海上被英国打败,傅里叶只好撤退.英国的考古队继续在原址开挖,后来挖出了约在公元前3200年时埃及的第四个古王朝,有一个从来不为人所知的法老王的雕像,他的额头上有七个无花果的印记,代表七个丰年,考古队还发现那个法老王的宰相就是约瑟.他们还挖出了一口深井,井深约有100公尺,是当时埃及旱灾时所挖的深井.这口井后来就称为"约瑟井"(Joseph'sWell),是目前人类最古老的一口井.

傅里叶回到法国后,他的热忱没有消退,1807年发表了《热的数学理论》(The Mathematical Theory of Heat),电磁学大师马克斯威尔(Clerk Maxwell)说:"这是一首伟大的数学诗篇".

傅里叶进而以三角函数里的波谱去分析潮汐的运动、季节风的改变,与星球的运转,他认为这些现象如同音乐的和弦一样,都有一定的"周期".

1814年拿破仑战败,被送到地中海的厄尔巴岛(Elba).1815年3月1日,拿破仑偷渡回国,受到全国热烈的欢迎.傅里叶却公开反对拿破仑,傅里叶到里昂(Lyon),请当地指挥官反抗拿破仑,傅里叶立刻被捕,并且由拿破仑亲自审问他.在审问中傅里叶说了一句非常有名的话,他对拿破仑说:"我确信你是失败的,因为在你的周围只剩下一群狂热的追随者. 狂热过去,什么都会过去的!”

傅里叶能够分辨理想的热忱与盲目的狂热,他的看法是正确的. 1815 年 6 月 18 日,拿破仑兵败滑铁卢(waterloo),傅里叶才自监狱中被放出.

出狱后,傅里叶继续研究热的理论数学,并发表以边界条件解微分方程式的方法. 1830 年 5 月 16 日,他因心脏病去世.

第 13 章 MATLAB 数学实验(下)

§13.1 多元函数及其微积分

13.1.1 绘制三维图形

MATLAB 7.0 提供了丰富的三维绘图工具,其中常用的有绘制空间曲线的 plot3 函数,绘制三维网格图形的 mesh 函数,绘制三维曲面图的 surf 函数,绘制三维条形图的 bar3 函数和绘制三维饼图的 pie3 函数等. 三维绘图与二维绘图基本上没有太大的区别,部分参数的设置几乎完全一样. 其实函数 plot3、bar3、scatter3、pie3、stem3 等都是二维绘图函数的扩展,在参数设置上与二维绘图完全一致. 下面分别介绍三维的绘图方法.

1. 三维网格图与曲面图

MATLAB 在绘制三维网格图与曲面图时,往往先将要绘制图形的定义区域分成若干网格,然后计算这些网格节点上的二元函数值,最后才能使用 mesh、meshc、meshz 和 surf 函数绘制相应的图形. 生成网格使用 meshgrid 函数,该函数连同在本节实例中常用的高斯分布函数的调用格式如表 13-1 所示.

表 13-1 meshgrid、peaks 函数调用格式

函数及调用格式	说明
[U,V]=meshgrid(x,y)	利用向量 x 和 y 生成网格矩阵 $\boldsymbol{U}$ 和 $\boldsymbol{V}$,以便 mesh、surf 等函数用来绘图. 其中 x、y 分别是长度为 n 和 m 升序排列的行向量. 生成的方法是将 x 复制 n 次生成网格矩阵 $\boldsymbol{U}$,将 y 转置成列向量后复制 m 次生成网格矩阵 $\boldsymbol{V}$. 坐标 (u_{ij},v_{ij})表示 xOy 平面上网格节点的坐标,第三维坐标 $z_{ij}=f(u_{ij},v_{ij})$
[U,V]=meshgrid(x)	相当于[U,V]=meshgrid(x,x),生成的网格矩阵 $\boldsymbol{U}$、$\boldsymbol{V}$ 都是方阵
[U,V,W]=meshgrid(x,y,z)	以与[U,V]=meshgrid(x,y)相同的方式生成三维网格矩阵
Z=peaks	生成一个 49 阶的高斯分布的方阵
Z=peaks(n)	生成一个 n 阶的高斯分布的方阵
Z=peaks(V)	生成一个高斯分布的方阵,阶数等于预先给定的向量 V 的长度

续表

函数及调用格式	说　　明
Z=peaks(X,Y)	由预先给定的向量 **X**、**Y** 生成高斯分布的矩阵
[X,Y,Z]=peaks	生成一个 49 阶的高斯分布的方阵 **Z**,并给出相应的 **X**、**Y** 矩阵
[X,Y,Z]=peaks(n)	生成一个 n 阶的高斯分布的方阵 **Z**,并给出相应的 **X**、**Y** 矩阵
[X,Y,Z]=peaks(V)	生成一个高斯分布的方阵 **Z**,阶数等于预先给定的向量 **V** 的长度.并给出相应的 **X**、**Y** 矩阵

例 1　给定向量 $\boldsymbol{x}=(1,2,3,4)$,$\boldsymbol{y}=(10,11,12,13,14)$,试由向量 $\boldsymbol{x}$、$\boldsymbol{y}$ 生成网格矩阵.

```
>> x= [1 2 3 4];                %输入向量 x
>> y= [10 11 12 13 14];         %输入向量 y
>> [U,V]= meshgrid(x,y)         %生成网格矩阵
U=
     1     2     3     4
     1     2     3     4
     1     2     3     4
     1     2     3     4
     1     2     3     4
V=
    10    10    10    10
    11    11    11    11
    12    12    12    12
    13    13    13    13
    14    14    14    14
```

例 2　生成一个 5 阶高斯分布矩阵,并给出相应的 **X**、**Y** 向量矩阵.

```
>> [X,Y,Z]= peaks(5)
X=
   - 3.0000   - 1.5000         0    1.5000    3.0000
   - 3.0000   - 1.5000         0    1.5000    3.0000
   - 3.0000   - 1.5000         0    1.5000    3.0000
   - 3.0000   - 1.5000         0    1.5000    3.0000
   - 3.0000   - 1.5000         0    1.5000    3.0000
Y=
   - 3.0000   - 3.0000   - 3.0000   - 3.0000   - 3.0000
```

```
   - 1.5000    - 1.5000    - 1.5000    - 1.5000    - 1.5000
          0           0           0           0           0
     1.5000      1.5000      1.5000      1.5000      1.5000
     3.0000      3.0000      3.0000      3.0000      3.0000
Z=
     0.0001      0.0042    - 0.2450    - 0.0298    - 0.0000
   - 0.0005      0.3265    - 5.6803    - 0.4405      0.0036
   - 0.0365    - 2.7736      0.9810      3.2695      0.0331
   - 0.0031      0.4784      7.9966      1.1853      0.0044
     0.0000      0.0312      0.2999      0.0320      0.0000
```

绘制三维网格图形或曲面图形使用的 mesh、meshc、meshz 和 surf 函数的调用格式如表 13-2 所示.

表 13-2 mesh、meshc、meshz 和 surf 函数的调用格式

函数及调用格式	说明
mesh(X,Y,Z,C)	在 X、Y 决定的网格区域上绘制数据 $\boldsymbol{Z}$ 的网格图. 颜色由矩阵 $\boldsymbol{C}$ 决定,若 C 缺省,默认颜色矩阵是 $\boldsymbol{C}=\boldsymbol{Z}$
mesh(Z)	在颜色和网格区域都在系统默认的情况下绘制数据 $\boldsymbol{Z}$ 的网格图
mesh(Z,C)	在系统默认网格区域的情况下绘制数据 $\boldsymbol{Z}$ 的网格图. 颜色由矩阵 $\boldsymbol{C}$ 决定
mesh(…,'ProName',ProVal,…)	绘制三维网格图,并对指定的属性设置属性值
meshc(…)	绘制三维网格图,并在 xOy 面绘制相应的等高线图
meshz(…)	绘制三维网格图,并在网格图周围绘制垂直水平面的参考平面
surf(Z)	在默认区域上绘制数据 Z 的三维曲面图. 颜色默认
surf(X,Y,Z)	在 X、Y 确定的区域上绘制数据 Z 的三维曲面图. 其中 X、Y 是向量,若 length(X)=n,length(Y)=m,则[m,n]=size(Z). 颜色默认
surf(X,Y,Z,C)	同 surf(X,Y,Z),但颜色由参数矩阵 $\boldsymbol{C}$ 确定
surf(…,'ProName',ProVal,…)	绘制三维曲面图,并对参数 ProName 指定的属性设置属性值

例 3 在 $-4 \leqslant x \leqslant 4, -4 \leqslant y \leqslant 4$ 上绘制 $z = x^2 + y^2$ 的三维网格图.

```
>>[x,y]= meshgrid(- 4:0.125:4);        %定义网格数据向量 x,y
>>z= x.^2+ y.^2;                        %计算二元函数值
>>meshc(x,y,z)                          %绘制三维网格图
```

绘制的三维网格图如图 13-1 所示.

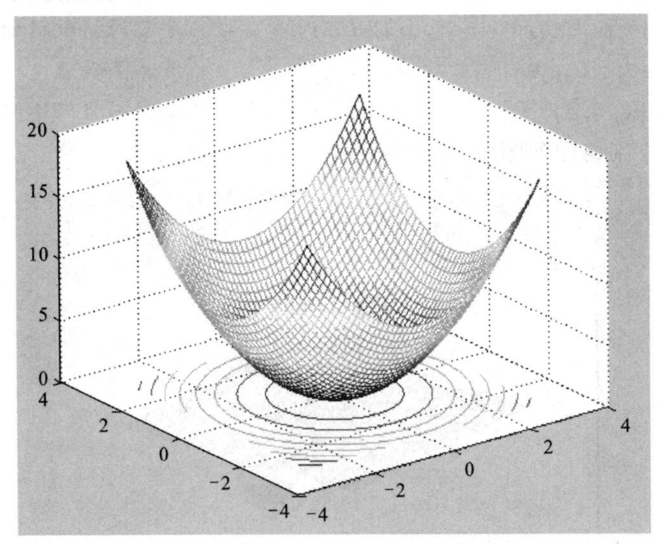

图 13-1 $z=x^2+y^2$ 的三维网格图

例 4 绘制高斯分布函数的网格图.

```
> > [x,y]= meshgrid(- 3:0.125:3);          %定义网格数据向量x,y
> > z= peaks(x,y);                         %计算函数值
> > meshz(x,y,z)                           %绘制三维网格图
```

绘制的三维网格图如图 13-2 所示.

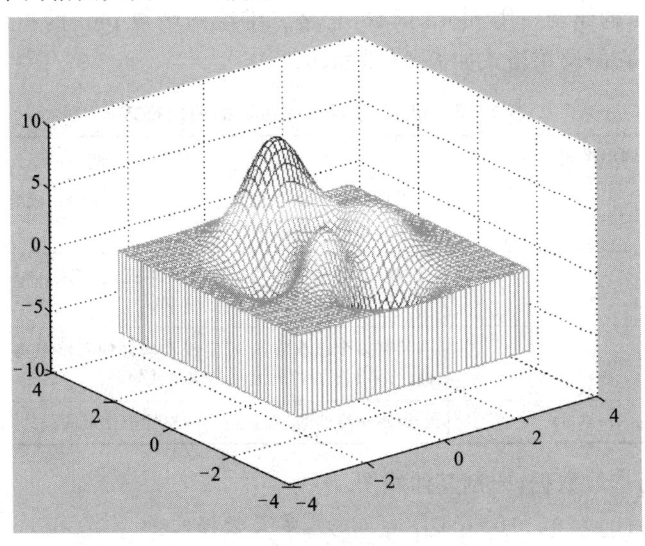

图 13-2 高斯分布函数的网格图

例 5 用 surf 绘制高斯分布函数的曲面图.

```
> > [x,y]= meshgrid(- 3:0.125:3);        %定义网格数据向量 x,y
> > z= peaks(x,y);                       %计算函数值
> > surf(x,y,z)                          %绘制三维网格图
```

绘制的三维网格图如图 13-3 所示.

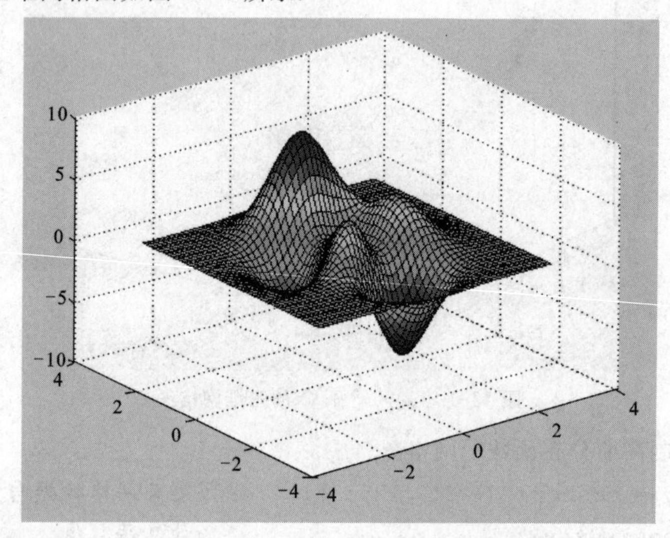

图 13-3 高斯分布函数的曲面图

2. 三维曲线图与带形图

三维曲线图的绘制使用 plot3 函数,它是二维绘图函数 plot 的扩展,由原来的二维改变为三维.它的调用格式如表 13-3 所示.

表 13-3 plot3 与 ribbon 函数的调用格式

函数及调用格式	说 明
plot3(x,y,z)	以默认线形属性绘制三维点集(x_i, y_i, z_i)确定的曲线. **x**、**y**、**z** 为相同大小的向量或矩阵
plot3(x,y,z,S)	以参数 S 确定的线形属性绘制三维点集(x_i, y_i, z_i)确定的曲线. **x**、**y**、**z** 为相同大小的向量或矩阵.
plot3(x1,y1,z1,S1,…)	绘制多个以参数 S_i 确定线形属性的三维点集(x_i, y_i, z_i)确定的曲线. **x**、**y**、**z** 为相同大小的向量或矩阵.
plot3(…,'ProName',proval)	绘制三维曲线,根据指定的属性值设定曲线的属性

例 6 自行选取数据,绘制其曲线图.

```
> > t= [0:pi/200:10* pi];      %定义数据向量
> > x= 2* cos(t);              %计算 x 坐标向量
```

```
> > y= 3* sin(t);                %计算 y 坐标向量
> > z= t. ^ 2;                   %计算 z 坐标向量
> > plot3(x,y,z)                 %绘制空间曲线
```

绘制的空间曲线如图 13-4 所示.

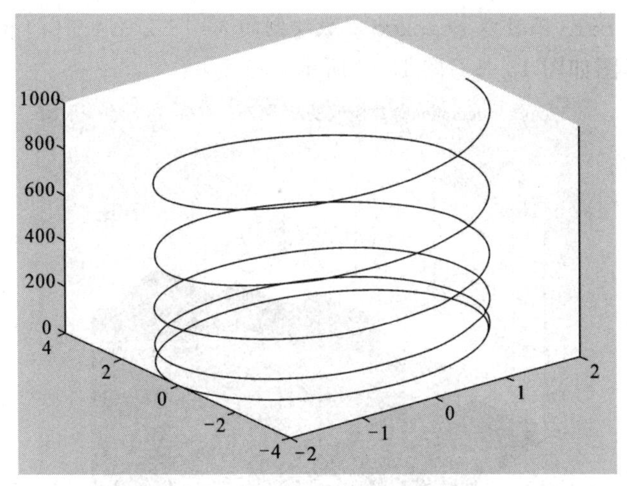

图 13-4　函数 plot3 绘制的空间曲线

3. 三维条形图

绘制三维条形图使用 bar3 和 bar3h 函数，bar3 用于绘制垂直的条形图，bar3h 用于绘制水平的条形图. 它们的调用格式如表 13-4 所示.

表 13-4　bar3、bar3h 函数的调用格式

函数及调用格式	说　明
bar3(z)	绘制 z 的三维条形图. 若 z 是向量，则 y 的标度范围是 1 至 length(z)；若 z 是矩阵，y 的标度为 1 至矩阵的列数.
bar3(y,z)	在参数向量 y 指定的位置绘制三维条形图. 其中 y 是单调向量，z 是矩阵.
bar3(…,width)	以参数 width 指定的宽度绘制条形图. width 的缺省值为 0.8，width 为 1 时条形相连
bar3(…,'style')	在参数'style'指定条件下绘制三维条形图. style 取值有'detached'，'grouped'和'stacked'，detached 表示在 y 方向上以分离的条形显示 z 中每一行的元素条形，该值为默认；grouped 表示在 y 方向上依次显示每一行元素的条形；stacked 表示在 y 方向上依次显示各行元素和的条形.
bar3(…,LineSpec)	以参数 LineSpec 指定的线型要素绘制三维条形图.

例 7　在各种 style 参数的条件下绘制矩阵 $\boldsymbol{A}=(1\ 2\ 3;4\ 5\ 6;7\ 8\ 9)$ 的三维条形图.

```
> > z= [1 2 3;4 5 6;7 8 9];      %以输入数据矩阵
> > bar3(z,'detached')            %以 detached 参数绘制条形图
```

```
>> title('bar3 函数以 detached 参数绘制的 A=[1 2 3;4 5 6;7 8 9]的条形图')
>> bar3(z,'grouped')                  %以 grouped 参数绘制条形图
>> title('bar3 函数以 grouped 参数绘制的 A=[1 2 3;4 5 6;7 8 9]的条形图')
>> bar3(z,'stacked')                  %以 stacked 参数绘制条形图
>> title('bar3 函数以 stacked 参数绘制的 A=[1 2 3;4 5 6;7 8 9]的条形图')
```

绘制的条形图如图 13-5～图 13-7 所示.

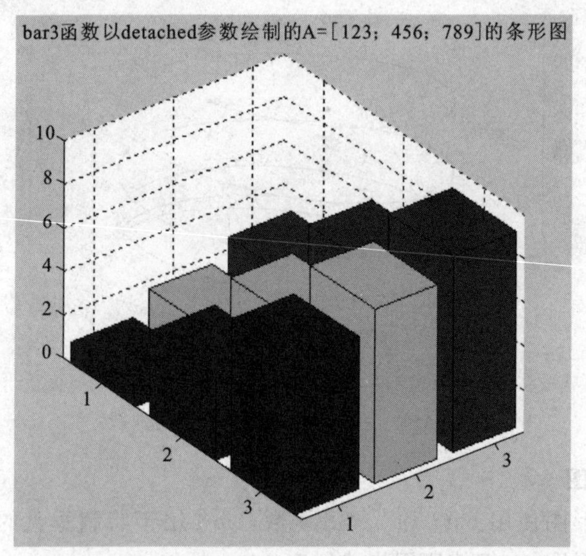

图 13-5　以 detached 参数绘制的条形图

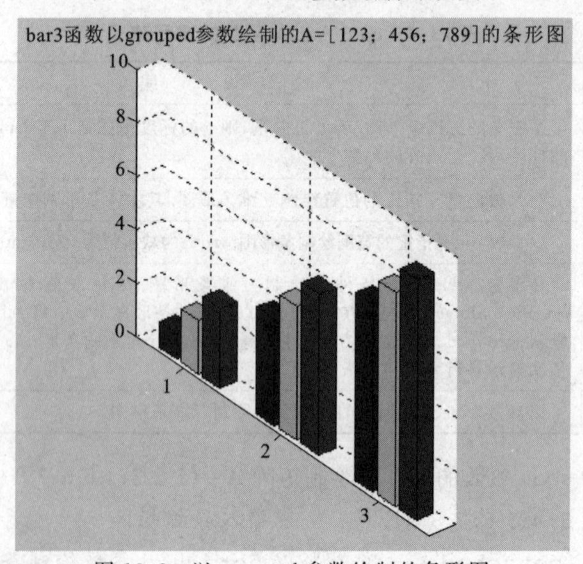

图 13-6　以 grouped 参数绘制的条形图

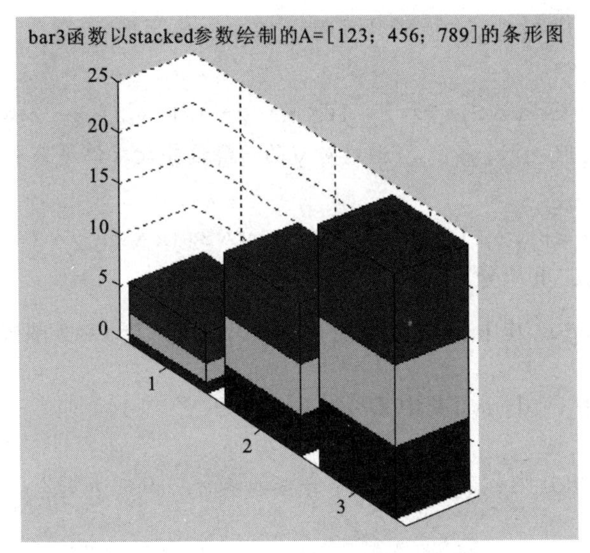

图 13-7　以 stacked 参数绘制的条形图

13.1.2　多元函数的微积分

多元函数的求偏导数、高阶偏导数,以及重积分、线积分等使用的命令和一元函数的微积分使用的命令相同.只是在命令中的参数设置时注意是对哪一个变量求导和积分即可.

例 8　求二元函数 $\frac{2xy}{x^2+y^2}$ 的两个一阶偏导数和三个二阶偏导数.

```
> > S= 2* x* y/(x^2+ y^2);          %定义二元符号函数
> > dfx= diff(S,x)                  %计算对 x 的一阶偏导数
dfx=
2* y/(x^2+ y^2)- 4* x^2* y/(x^2+ y^2)^2
> > dfy= diff(S,y)                  %计算对 y 的一阶偏导数
dfy=
2* x/(x^2+ y^2)- 4* x* y^2/(x^2+ y^2)^2
> > d2fx= diff(S,x,2)               %计算对 x 的二阶偏导数
d2fx=
- 12* y/(x^2+ y^2)^2* x+ 16* x^3* y/(x^2+ y^2)^3
> > d2fxy= diff(dfx,y)              %计算对 x、y 的二阶交叉偏导数
d2fxy=
2/(x^2+ y^2)- 4* y^2/(x^2+ y^2)^2- 4* x^2/(x^2+ y^2)^2+ 16* x^
2* y^2/(x^2+ y^2)^3
```

```
>> d2fy= diff(S,y,2) %计算对 y 的二阶偏导数
d2fy=
- 12* y/(x^2+ y^2)^2* x+ 16* x* y^3/(x^2+ y^2)^3
>> d2fy= diff(dfy,y)    %通过对 y 的一阶偏导数求偏导来求对 y 的二阶偏导数
d2fy=
- 12* y/(x^2+ y^2)^2* x+ 16* x* y^3/(x^2+ y^2)^3
```

例 9 求下列二重积分：

(1) $\iint\limits_D \frac{\sin x}{x}\mathrm{d}x\mathrm{d}y$，其中 D 是由直线 $y=x, y=\frac{x}{2}$ 及 $x=2$ 围成的区域.

(2) $\iint\limits_D \ln(x^2+y^2)\mathrm{d}x\mathrm{d}y$，其中 D 为：$1\leqslant x^2+y^2\leqslant 16$.

(1)若先对 y 积分则积分上下限为：$\frac{x}{2}\leqslant y\leqslant x,\quad 0\leqslant x\leqslant 2$，分二次操作完成该二重积分.

```
>> S= sin(x)/x;             %定义被积符号表达式
>> s1= int(S,y,x/2,x)       %先对符号变量 y 积分
s1=
1/2* sin(x)
>> int(s1,0,2)              %再对符号变量 x 积分
ans=
- 1/2* cos(2)+ 1/2          %最后的积分结果
```

(2)将此二重积分化为极坐标形式

$$\iint\limits_D 2r\ln r\mathrm{d}r\mathrm{d}\theta \qquad D: 1\leqslant r\leqslant 4, 0\leqslant\theta\leqslant 2\pi.$$

```
>> syms r sita              %定义符号变量
>> S= 2* r* log(r);         %定义被积符号表达式
>> s2= int(S,r,1,4)         %先对变量 r 积分
s2=
32* log(2)- 15/2
>> int(s2,sita,0,2* pi)     %再对变量 sita 积分
ans=
64* pi* log(2)- 15* pi      %最后的积分结果
```

例 10 求以下曲线积分：

(1) $\int_L -x\cos y\mathrm{d}x+y\sin x\mathrm{d}y$，其中 L 是由点 $A(0,0)$ 到 $B(\pi,2\pi)$ 的直线段.

(2) $\int_L 2xy\,\mathrm{d}x + x^2\,\mathrm{d}y$,其中 L 为曲线 $x=2\cos t, y=3\sin t, \left(0 \leqslant t \leqslant \frac{\pi}{4}\right)$ 且依参数增大方向.

(3)AB 直线方程为 $y=2x$,将曲线积分化为以下定积分形式

$$\int_0^{\pi}(-x\cos 2x+4x\sin x)\,\mathrm{d}x.$$

```
> > S= - x* cos(2* x)+ 4* x* sin(x);          %定义被积符号表达式
> > int(S,0,pi)                %求该表达式在[0,π]上的定积分
ans=
4* pi                          %最后的线积分结果
```

(4)根据已知条件将曲线积分化为以下定积分形式

$$\int_0^{\frac{\pi}{4}}(-24\sin^2 t\cos t+12\cos^3 t)\,\mathrm{d}t.$$

```
> > syms t                   %定义符号变量
> > S= - 24* sin(t)^ 2* cos(t)+ 12* cos(t)^ 3;  %定义被积符号表达式
> > int(S,0,pi/4)            %计算积分
ans=
3* 2^(1/2)                   %最后结果
```

习　题　13.1

1. 绘制下列函数在给定条件下的图形:

(1)使用 mesh 命令绘制 $z=2x^2+3y^2, x\in[-2,2], y\in[-3,3]$的网格图.

(2)使用 mesh 命令绘制 $z=\sqrt{x^2+y^2}, x\in[-3,3], y\in[-3,3]$的网格图.

(3)使用 surf 命令绘制 $y=2x^2, x\in[-3,3], y\in[0,4]$ 的曲面图.

(4)使用 surf 命令绘制 $z=x^2+y^2, x\in[-3,3], y\in[-3,3]$ 的曲面图.

2. 绘制方程为 $\begin{cases} x=2\cos t \\ y=2\sin t \\ z=2t \end{cases}, t\in[0,8\pi]$ 的空间曲线图.

3. 绘制下列表格中所列数据的二维、三维条型图.

x	−3	−2	−1	0	1	2	3
y	3	2	4	6	3	2	1

4. 绘制矩阵 $\boldsymbol{A}=\begin{pmatrix} 3 & 6 & 4 \\ 2 & 4 & 1 \\ 1 & 2 & 3 \end{pmatrix}$ 的三维条型图.

5. 求下列函数的偏导数:

(1)已知 $z=\arctan\dfrac{y}{x}$,求$\dfrac{\partial z}{\partial x},\dfrac{\partial^2 z}{\partial x\partial y}$;

(2)已知 $z=\arctan\dfrac{y}{x}$,求$\dfrac{\partial z}{\partial x},\dfrac{\partial^2 z}{\partial x\partial y}$;

(3)设 $z=x^2\ln y$,而 $x=\dfrac{u}{v}$,$y=3u-2v$,求$\dfrac{\partial z}{\partial u},\dfrac{\partial z}{\partial v}$;

(4)设 $z=f(x^2+y^2,xy)$,求$\dfrac{\partial z}{\partial y},\dfrac{\partial^2 z}{\partial x\partial y}$.

6. 求下列重积分:

(1)计算二重积分 $I=\iint\limits_D(1-\dfrac{x}{2}-2y)\mathrm{d}x\mathrm{d}y$,其中 D:$-1\leqslant x\leqslant 1,-2\leqslant y\leqslant 2$;

(2)计算 $\iint\limits_D xy^2\mathrm{d}x\mathrm{d}y$,其中 D 是抛物线 $y^2=2x$ 与直线 $x=\dfrac{1}{2}$ 所围闭区域;

(3)计算 $\iint\limits_D\sin\sqrt{x^2+y^2}\mathrm{d}x\mathrm{d}y$,$D=\{(x,y)\mid \pi^2\leqslant x^2+y^2\leqslant 4\pi^2\}$;

(4)求 $\iint\limits_D(1-x^2-y^2)\mathrm{d}x\mathrm{d}y$,其中 D 是由 $y=x,y=0,x^2+y^2=1$ 在第一象限内所围成的区域.

7. 求下列曲线积分

(1) $\int\limits_L \mathrm{e}^{\sqrt{x^2+y^2}}\mathrm{d}s$,其中 L 为圆周 $x^2+y^2=1$,直线 $y=x$ 及 x 轴在第一象限所围图形的边界.

(2) $\int\limits_L y^2\mathrm{d}x+x^2\mathrm{d}y$,其中 L 为圆周 $x^2+y^2=R^2$ 的上半部分,L 的方向为逆时针.

§13.2 无穷级数及曲线拟合

把序列 $u_1,u_2,\cdots,u_n,\cdots$依次相加而成的式子 $\sum\limits_{n=1}^{\infty}u_n=u_1+u_2+\cdots+u_n+\cdots$ 叫做**无穷级数**,简称**级数**. 如果 $u_n(n=1,2,\cdots)$都是常数,那么 $\sum\limits_{n=1}^{\infty}u_n$ 叫做**数项级数**,如果 $u_n(n=1,2,\cdots)$都是函数,那么 $\sum\limits_{n=1}^{\infty}u_n$ 叫做**函数项级数**. MATLAB 通过调用函数 symsum 对级数求和,通过调用函数 taylor 将一个函数展开为级数. 现将这两种函数的各种调用格式列于下表(见表 13-5).

表 13-5　级数操作函数的调用格式

调用格式	说　　明
symsum(s)	对符号表达式 s 中的默认符号变量 k 从 0 到 $k-1$ 求和
symsum(s,v)	对符号表达式 s 中的指定符号变量 v 从 0 到 $v-1$ 求和
symsum(s,v,a,b)	对符号表达式 s 中的指定符号变量 v 从 a 到 b 求和
symsum(s,a,b)	对符号表达式 s 中的默认符号变量 k 从 a 到 b 求和
taylor(f)	将符号函数 f 展开成默认符号变量 x 的 $n-1$ 阶麦克劳林展开式,并给出前六项 $\sum_{n=0}^{5}\frac{f^{(n)}(0)}{n!}x^n$
taylor(f,m,v)	将多元符号函数 f 展开成指定符号变量 v 的 $m-1$ 阶麦克劳林展开式,并给出前六项 $\sum_{n=0}^{5}\frac{1}{n!}\cdot\frac{\partial^n}{\partial v^n}f(x,y,\cdots 0)v^n$
taylor(f,m,v,a)	将多元符号函数 f 在 $v=a$ 处展开成指定符号变量 v 的 $m-1$ 阶泰勒展开式,并给出前 m 项 $\sum_{n=0}^{m}\frac{1}{n!}\cdot\frac{\partial^n}{\partial v^n}f(x,y,\cdots a)(v-a)^n$
taylor(f,m)	将符号函数 f 展开成默认符号变量 x 的 $m-1$ 阶麦克劳林展开式,并给出前 m 项 $\sum_{n=0}^{m}\frac{f^{(n)}(0)}{n!}x^n$ (m 为正整数)
taylor(f,a)	将符号函数 f 在 $x=a$ 处展开成默认符号变量 x 的 $n-1$ 阶泰勒展开式,并给出前六项 $\sum_{n=0}^{5}\frac{f^{(n)}(a)}{n!}(x-a)^n$ (a 为实数)
taylor(f,m,a)	将符号函数 f 在 $x=a$ 处展开成默认符号变量 x 的 $m-1$ 阶泰勒展开式,并给出前 m 项 $\sum_{n=0}^{m}\frac{f^{(n)}(a)}{n!}(x-a)^n$

13.2.1　级数求和与级数展开

例 1　求级数 $\sum_{n=0}^{\infty}\frac{1}{2^n}$ 的前 n 项和与 $\sum_{n=1}^{\infty}\frac{1}{n^2}$ 的级数和.

```
>> syms n k                              %定义符号变量
>> r1= symsum(1/2^n,n)                   %计算 ∑(n=0,∞) 1/2^n 的前 n 项和
r1=
- 2* (1/2)^n
```

```
>> r2= symsum(1/n^2,n,1,inf)      %计算 ∑(n=1→∞) 1/n^2 的级数和
r2=
1/6* pi^2
```

例 2 求级数 $\sum\limits_{n=1}^{\infty}\frac{(-1)^{n-1}x^n}{n}$ 和级数 $\sum\limits_{n=0}^{\infty}\frac{-1}{2^n(n+1)}x^n$ 的和函数.

```
>> r3= symsum((-1)^(n-1)* x^n/n,n,1,inf)
                          %计算级数 ∑(n=1→∞) (-1)^(n-1)x^n/n 的和函数
r3=
log(1+ x)
>> r4= symsum(- x^n/(2^n* (n+ 1)),n,0,inf)
                          % 计算级数 ∑(n=0→∞) -1/(2^n(n+1)) x^n 的和函数
r4=
2/x* log(1- 1/2* x)
```

例 3 函数 $x^2\ln(1+2x)$ 展开成 $x-2$ 的幂级数

```
>> syms x y a b                %定义符号变量
>> f= x^2* log(1+ 2* x);       %定义符号表达式
>> taylor(f,5,2)               %将函数在 x= 2 点展开成 5 阶 Taylor 级数
ans=
4* log(5)+ (8/5+ 4* log(5))* (x- 2)+ (32/25+ log(5))* (x- 2)^2+ 62/
375* (x- 2)^3- 38/1875* (x- 2)^4
>> taylor(f,6,x,2)             %将函数在 x= 2 点展开成 6 阶 Taylor 级数
ans=
4* log(5)+ (8/5+ 4* log(5))* (x- 2)+ (32/25+ log(5))* (x- 2)^2+ 62/
375* (x- 2)^3- 38/1875* (x- 2)^4+ 184/46875* (x- 2)^5
```

例 4 将二元函数 $\frac{a}{x+y}$ 展开为 x 的 5 阶、y 的 8 阶麦克劳林级数、在 $x=2$ 展开为 6 阶的泰勒级数.

```
>> syms x y a            %定义符号变量
>> f= a/(x+ y);          %定义符号表达式
>> taylor(f,5,x)         %计算 x 的 5 阶麦克劳林级数
ans=
a/y- a/y^2* x+ a/y^3* x^2- a/y^4* x^3+ a/y^5* x^4
>> taylor(f,5)           %利用默认符号变量计算 x 的 5 阶麦克劳林级数
```

```
ans=
a/y- a/y^2* x+ a/y^3* x^2- a/y^4* x^3+ a/y^5* x^4
>> taylor(f,8,y)      %计算 y 的 8 阶麦克劳林级数
ans=
a/x- a/x^2* y+ a/x^3* y^2- a/x^4* y^3+ a/x^5* y^4- a/x^6* y^5+ a/x
^7* y^6- a/x^8* y^7
>> taylor(f,6,x,2)    %在 x=2 点计算 x 的 6 阶泰勒级数
ans=
a/(2+ y)- a/(2+ y)^2* (x- 2)+ a/(2+ y)^3* (x- 2)^2- a/(2+ y)^4*
(x- 2)^3+ a/(2+ y)^5* (x- 2)^4- a/(2+ y)^6* (x- 2)^5
```

13.2.2 泰勒级数运算器

MATLAB 7.0 带有泰勒级数运算器,其调用格式有两种:

(1)在命令窗口输入:taylortool

打开的泰勒级数运算器显示默认函数 $f = x\cos x$ 在$[-2\pi,2\pi]$的麦克劳林级数的图形,并在级数显示框显示该级数的前 7 项(见图 13-8).

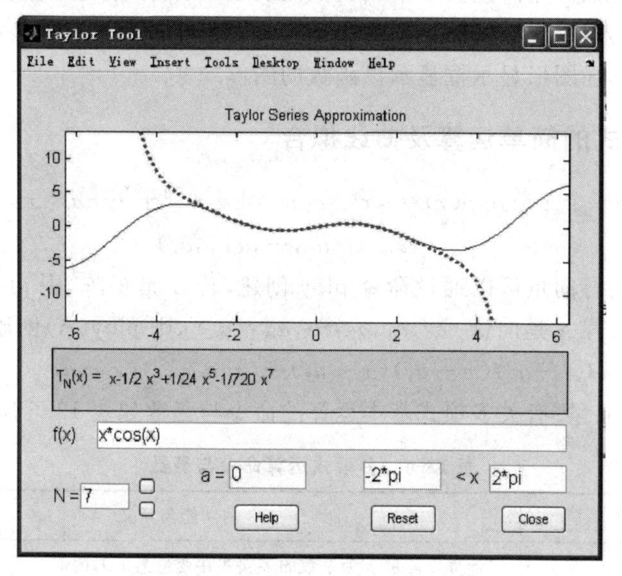

图 13-8 泰勒级数运算器默认状态

(2)在命令窗口输入:taylortool('f')

这时打开的泰勒级数运算器显示指定函数 f 在相应区间上的级数的图形,并在级数显示框显示该级数的前 7 项,如输入 taylortool('x * sin(x)^2)后显示的图形界面如图 13-9 所示.

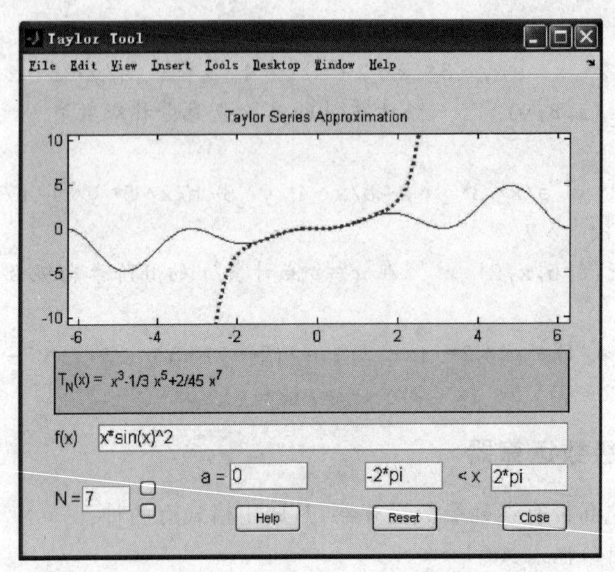

图 13-9　泰勒级数运算器自定义函数显示状态

不管在何种状态,用户只要在泰勒级数运算器的函数输入框输入函数表达式,在各参数输入框输入相应的参数,泰勒级数运算器即刻在级数显示框显示该函数用户要求的级数展开项,在图形显示框显示该函数的图形.

13.2.3　多项式的简单运算及曲线拟合

MATLAB 中一个多项式 $p(x)=a_0x^n+a_1x^{n-1}+a_2x^{n-2}+\cdots+a_{n-1}x+a_n$ 是通过行向量

$$p=(a_0,a_1,a_2,\cdots,a_{n-1},a_n)$$

表示的. 多项式的行向量可以通过命令 ploy 创建,若 **A** 是矩阵,则 ploy(A)创建矩阵 **A** 的特征多项式;若 **A** 是向量 $(a_0,a_1,a_2,\cdots,a_{n-1},a_n)$,则 ploy(A)创建多项式

$$(x-a_0)(x-a_1)(x-a_2)\cdots(x-a_{n-1})(x-a_n)$$

的展开式的系数向量. 有关多项式基本运算的命令与函数如表 13-6 所示.

表 13-6　多项式运算命令与函数

命令与函数	功能与意义
Polyval(p,x)	计算以向量 p 为系数的多项式在变量为 x 时的值
Poly2sym(p)	将多项式的向量形式 p 表示为符号多项式形式
Poly(A)	计算矩阵 **A** 的特征多项式向量
Poly(x)	给出一个长度为 $n+1$ 的向量,其中元素是次数为 n 的多项式系数,这个多项式的根是长度为 n 的向量 x 中的元素

续表

命令与函数	功能与意义
Roots(p)	计算多项式 p 的根，是一个长度为 n 的向量，即方程 $p(x)=0$ 的解
Conv(p,q)	计算多项式 p 与 q 的乘积.
[k,r]=deconv(p,q)	计算多项式 p 除 q，其中 k 是商多项式，r 是残值多项式

例 5　求多项式 x^4-3x^2+2x+1 当 $x=1$ 和 3 时的值，并求多项式的根. 操作如下：

```
> > p= [1 0 - 3 2 1];          %输入多项式系数向量
> > poly2sym(p)                %将多项式向量表示为符号多项式形式
ans=
x ^ 4- 3* x ^ 2+ 2* x+ 1
> > polyval(p,1)               %计算多项式当 x= 1 时的值
ans=
     1
> > polyval(p,3)               %计算多项式当 x= 3 时的值
ans=
   61
> > roots(p)                   %计算多项式的根
ans=
  - 1. 9404
    1. 1385+ 0. 4851i
    1. 1385- 0. 4851i
  - 0. 3365
```

例 6　设有两多项式 $p: x^4-3x^2+2x-1$ 和 $q: 2x^3-3x^2+x-4$，求它们的乘积 pq、计算 pq 的伴随矩阵和特征值并计算它们的商. 具体操作如下：

```
> > p= [4 0 - 3 2 - 1];        %输入系数向量 p
> > q= [2 - 3 1 - 4];          %输入系数向量 q
> > pq= conv(p,q)              %计算乘积 pq
pq=
     8    - 12    - 2    - 3    - 11    17    - 9     4
> > poly2sym(pq)               %将系数向量转成符号多项式形式
ans=
8* x ^ 7- 12* x ^ 6- 2* x ^ 5- 3* x ^ 4- 11* x ^ 3+ 17* x ^ 2- 9* x+ 4
> > compan(pq)                 %计算多项式 pq 的伴随矩阵
```

```
ans=
    1.5000    0.2500    0.3750    1.3750   -2.1250    1.1250   -0.5000
    1.0000         0         0         0         0         0         0
         0    1.0000         0         0         0         0         0
         0         0    1.0000         0         0         0         0
         0         0         0    1.0000         0         0         0
         0         0         0         0    1.0000         0         0
         0         0         0         0         0    1.0000         0
>> d= eig(ans)              %计算特征值
d=
    1.8260
  - 1.1670
  - 0.1630+ 1.0338i
  - 0.1630- 1.0338i
    0.7307
    0.2182+ 0.4955i
    0.2182- 0.4955i
>> dd= real(d)              %利用 real 命令抽取特征值的实部
dd=
      1.8260
    - 1.1670
    - 0.1630
    - 0.1630
      0.7307
      0.2182
      0.2182
>> [k,r]= deconv(p,q)   %计算 pq 的商,k 为商,r 为残值
k=
     2     3
r=
     0     0     4     7     11
```

多项式可以用来拟合数据曲线.如果有一组实验数据,可以用 polyfit 命令返回多项式,该多项式叫做内部插值多项式,也就是对该命令中指定次数拟合最好的最小二乘曲线.

例 7 有一组实验数据如下(见表 13-7):

表 13-7

x	1	2	3	4	5	6	7	8	9	10
y	2	8	4	5	3	7	9	12	18	30

试将该组数据拟合成次数分别为 3 次和 5 次的两条最小二乘曲线,并比较哪一条能拟合得更好一些.

具体操作过程如下:

```
> > x= [1:10];                                  %输入数据向量 x
> > y= [2 8 4 5 3 7 9 12 18 30];                %输入数据向量 y
> > nh3= polyfit(x,y,3);                        %拟合数据 x、y 的 3 次多项式
> > plot(x,y,'* ',x,polyval(nh3,x),'b- ');      %作 3 次多项式 nh3 的图形
> > legend('实验数据','拟合曲线');                %图形标注
> > x= [1:10];
> > y= [2 8 4 5 3 7 9 12 18 30];
> > nh4= polyfit(x,y,5);
> > plot(x,y,'* ',x,polyval(nh5,x),'b- ');
> > legend('实验数据','拟合曲线');
```

显然,相比之下,拟合的次数越高拟合的程度就越好(见图 13-10,图 13-11).

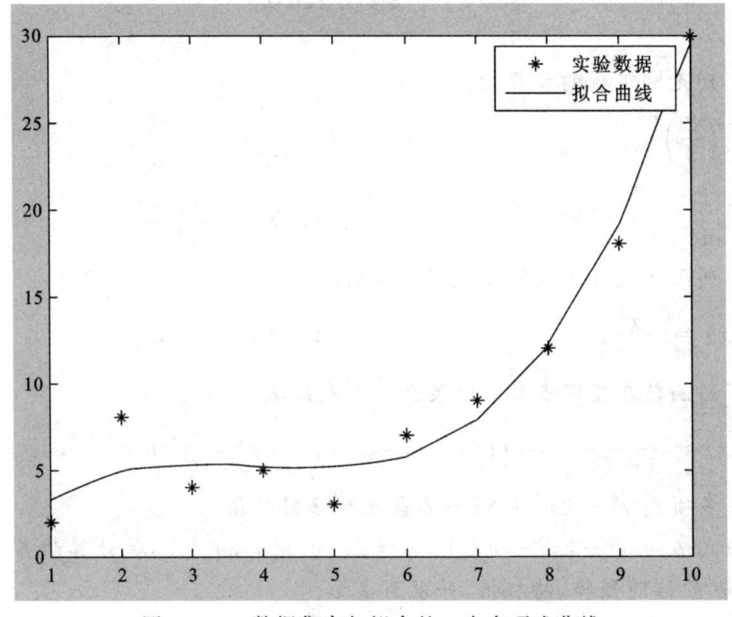

图 13-10 数据集合与拟合的 3 次多项式曲线

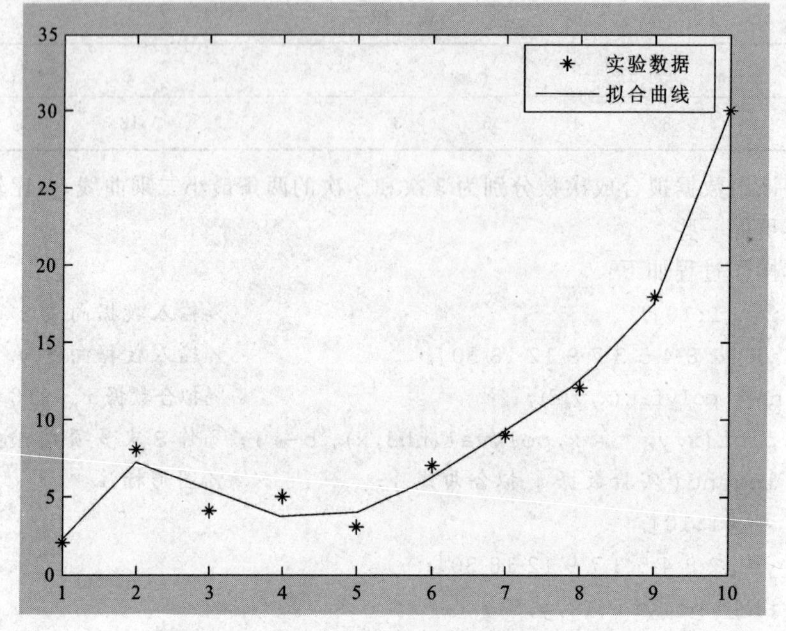

图 13-11　数据集合与拟合的 5 次多项式曲线

习　题　13.2

1. 求下列无穷级数的和函数：

(1) $\sum_{n=1}^{\infty}\left(\frac{2}{3}\right)^{n-1}$；　　　(2) $\sum_{n=1}^{\infty}(-1)^n\frac{1}{n^2}$；

(3) $\sum_{n=1}^{\infty}\frac{x^n}{n!}\quad(-\infty<x<+\infty)$；　　　(4) $\sum_{n=0}^{\infty}\frac{(-1)^n x^{2n}}{n!}$.

2. 将下列函数展开成 5 阶麦克劳林级数：

(1) $f(x)=\frac{x^2}{x-3}$；　　　(2) $f(x)=x^2\mathrm{e}^{-x}$.

3. 将下列函数在指定点处 6 阶展开成泰勒级数：

(1) $f(x)=\frac{x}{3-2x},x=1$；　　　(2) $f(x)=x^2\ln x,x=1$.

4. 计算多项式 x^6-2x^5+3x-2 当 $x=2$ 时的值.

5. 多项式 $p=x^6-2x^3-x+1$，$q=2x^5+x^4-3x+1$，试计算两多项式的乘积 pq 及乘积 pq 的伴随矩阵、特征值，并求商 p/q.

6. 某次实验得到下表数据(见表 13-8)：

表　13-8

x	1	2	3	4	5	6	7	8	9	10
y	3.21	2.1	4.8	8.7	5.8	8.32	7.65	5.43	3.32	2.76

试将该组数据拟合成次数分别为 3 次和 5 次的两条最小二乘曲线,并比较哪一条曲线拟合得更好.

§13.3　MATLAB 编程基础

MATLAB 作为一种广泛应用于科学计算的工具软件,不仅具有强大的数值计算、符号计算、矩阵计算的能力和丰富的画图功能,还可以像 C 语言、FORTRAN 等计算机高级语言一样进行程序设计,编写扩展名为 .m 的 M 文件,实现各种复杂的计算,这使得 MATLAB 在科学计算中的应用更加深入,常常作为系统仿真的工具应用. MATLAB 提供文件编辑器和编译器,这给用户带来了极大的方便,事实上,MATLAB 自带的许多函数就是 M 文件函数,用户也可利用 M 文件来生成和扩充自己的函数库,从而提高工作效率. 在图 13-12 所示的 M 文件编辑器中进行 M 文件的创建和编辑. 在 MATLAB 主界面的工具栏中单击 按钮可以打开该窗口.

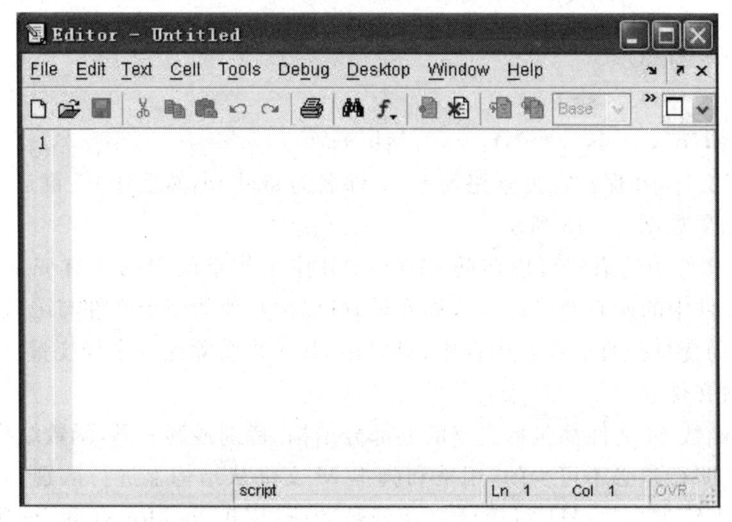

图 13-12　M 文件编辑器

13.3.1　文件类型与变量类型

1. M 文件

MATLAB 有两种常用的工作方式:一种是直接交互的指令操作方式;另一种是 M 文

件的编程工作方式.在前一种工作方式下,MATLAB 当作一种高级的"数学演算与图形器";在后一种工作方式下,M 文件类似于其他的高级语言,是一种程序化的编程语言.

MATLAB 中的 M 文件有两种形式:一种是命令文件,或称为脚本文件;另一种是 M 函数文件.它们都是由若干 MATLAB 语句或命令组成的文件.两种文件的扩展名都为 M 文件.

(1)命令文件

它是许多 MATLAB 代码按顺序组成的命令序列集合,不接受参数的输入和输出,与 MATLAB 工作区共享变量空间.脚本 M 文件一般用来实现一个相对独立的功能,比如对某个数据集进行某种分析、绘图,求解某个已知条件下的微分方程等.用户可以通过命令窗口直接键入文件名来运行命令文件.

通过命令文件,用户可以把为实现一个具体功能的一系列 MATLAB 代码书写在一个 M 文件中,每次只需要键入文件名就可以运行命令文件中的所有代码.

例 1 用 M 命令文件绘出曲线 $y=e^{-\frac{1}{3}t}\sin 3t$ 及它的包络线 $y_0=e^{-\frac{1}{3}t}$ 的取值范围为 $[0,4\pi]$.

解 ① 新建一个 M 文件.

② 在 M 文件编辑窗口输入下列语句:

```
t=0:0.1:4*pi;
y0=exp(-t/3);
y=exp(-t/3).*sin(3*t);
plot(t,y,'o',t,y0,'.-',t,-y0,':b');
```

③ 保存文件,并保存在搜索路径上.文件名为 sjzd.m,然后按 F5 键运行该文件即可.其运行结果如图 13-13 所示.

M 命令文件中的语句可以访问 MATLAB 中工作空间中的所有变量与数据,同时 M 命令文件中的所有变量都是全局变量,可以被其他的命令文件与函数文件访问,并且这些全局变量一直保存在内存中,可以用 clear 来清除这些全局变量.

(2)函数文件

一般的函数 M 文件都包括完整的五部分结构.特别强调一下,函数结构中的前三部分,函数声明行是必不可少的,用来和脚本 M 文件从结构上进行区别,并且指定函数名称和输入输出参数;H1 行简要概括函数功能,用于 lookfor 查询中;帮助文字提供函数文件的细节帮助,显示在 help 结果中,方便用户了解函数具体功能和参数意义,调用方法,以及保护作者的版权等.

函数 M 文件的命名一般习惯和函数名一致,方便调用.否则,函数调用就需要通过文件名和函数声明中对应的参数列表.

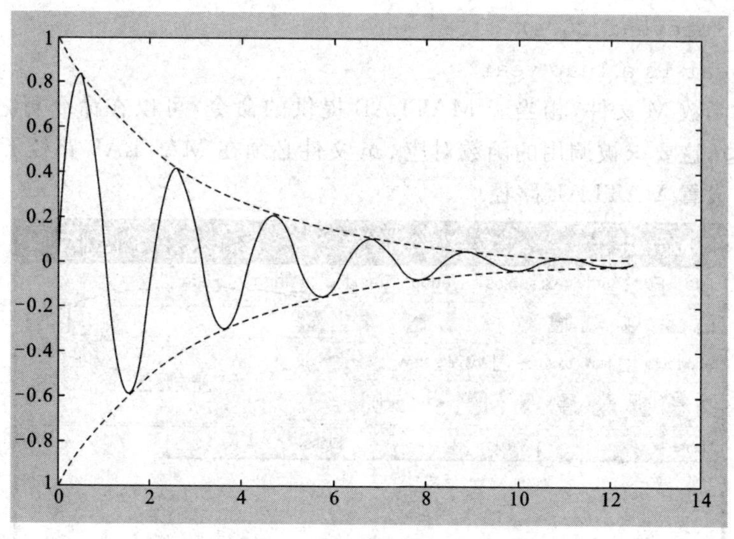

图 13-13　衰减震荡曲线

例 2　函数 M 文件实例

在 M 文件编辑窗口输入下列语句：

```
    function y= isleapyear(year)
y= 0;
if rem(year,4)= = 0
    y= y+ 1;
end
if rem(year,100)= = 0
    y= y- 1
end
if rem(year,400)= = 0
    y= y+ 1;
end
if y= = 1
    fprintf('% 4d year is a leap year.\n',year);
else
    fprintf('% 4d year is not a leap year.\n',year);
end
```

将该文件以 isleapyear.m 为文件名保存在 work 文件夹中，用户可以使用如下方法调用 isleapyear 函数.

```
>> isleapyear(2004)
2004 year is a leap year.
```

编好的函数 M 文件,相当于 MATLAB 提供的命令,可以在命令行进行函数调用.但要注意,这要求被调用的函数对应 .m 文件必须在 MATLAB 路径下,也可以通过图 13-14 设置 MATLAB 路径.

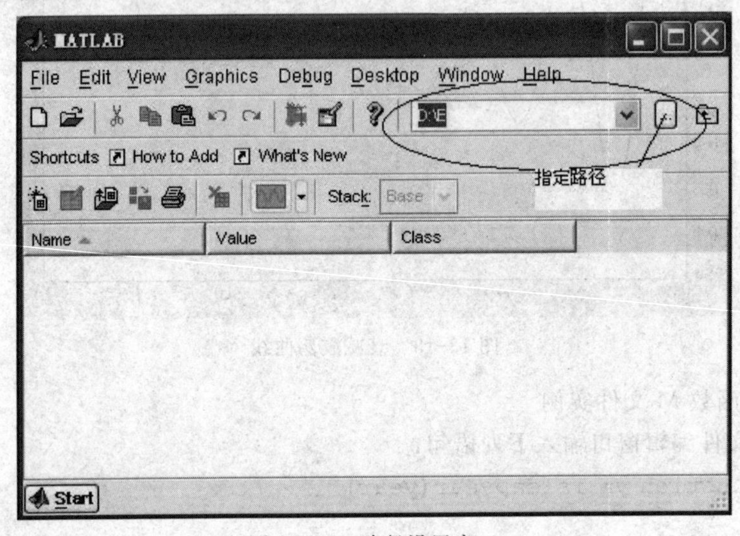

图 13-14 路径设置窗口

2. 变量类型

(1)变量的定义

和很多其他计算机语言一样,常数和变量是基本的语言元素.在 MATLAB 中使用变量要比其他语言中要方便一些,不必声明变量的数据类型,只要用表达式给变量赋值就可以创建该变量.但 MATLAB 中的变量也有自己的命名规则,即必须以字母开头,之后可以是任意字母、数字或下划线,不能有空格;变量名区分大小写;在 MATLAB 7.0 中,变量名不能超过 63 个字符,第 63 个字符后面的部分将被省略.

除了上述命名规则外,MATLAB 还包括一些特殊的变量,如表 13-9 所示.

表 13-9

变量名称	变量含义	变量名称	变量含义
ans	MATLAB 默认变量名	i(j)	复数中的虚数单位
pi	圆周率	nargin	所有函数的输入变量数目
eps	浮点数相对误差	nargout	所有函数的输出变量数目
NaN	不定值,如 0/0		

(2)变量类型

有的变量可以在整个程序中起作用,有的变量则只在程序的一定范围内起作用.变量的作用范围称为**作用域**.根据作用域的不同,变量可以分为下面几种.

① 局部变量:每个 MATLAB 函数都有自己的局部变量.局部变量的作用范围仅限于本函数,一旦运行超出本函数,变量的值将不保留.

② 全局变量:全局变量用 global 关键字进行声明,其作用范围为整个 M 文件.

如果希望扩展变量的作用范围,可以采用两种方法.一种是将该变量声明为全局变量;另一种是将该变量作为函数参数进行传递.

13.3.2 M 文件的控制语句

程序控制语句决定程序运行时的走向,包括顺序控制、循环控制、条件控制、错误控制和终止控制运行等控制.

1. 顺序语句

顺序语句就是依次顺序执行程序的各条语句,批处理文件就是典型的顺序语句的文件,这种语句不需要任何特殊的流控制.

例 3 用顺序语句作 $y=\sin x$ 在$[0,2\pi]$上的图象.

```
x= [0:0.01:2* pi];
y= sin(x);
plot(x,y,'- b');
```

2. 循环控制

使用循环控制语句可以重复执行代码块.用 for 语句执行指定次数,而 while 语句适合于循环一直执行,没有限定的次数,直到满足设定的条件.

(1)for 循环

for 循环允许一组命令以固定的和预订的次数重复执行,for 循环的语法结构如下:

```
for  循环变量=数组
   循环体
end
```

for 循环可以有多重嵌套,请看下面的示例代码:

例 4 使用 for 循环求 $\sum_{i=1}^{10} i^2$ 的值.

```
sum= 0;
for i= 1:10
  sum= sum+ i* i;
  end
```

运行结果：

```
>> sum=
  385
```

注：不能在 for 循环体内对循环变量赋值来终止循环的执行，可用专门的 break 命令完成.

(2) while 循环

while 循环以不定的次数来求一组命令的值. while 循环的语法结构如下：

```
while  表达式
  循环体
end
```

while 循环的次数是不固定的，只要表达式的值为真，循环体就会被执行，通常表达式给出的是一个标量值，但也可以是数组或者矩阵，如果是后者，则要求所有的元素都必须为真. 请看下面的示例代码：

例 5 利用前面介绍的 Jacobi 方法求解下列方程组

$$\begin{cases}10x_1 - 2x_2 - x_3 = 3\\ -2x_1 + 10x_2 - x_3 = 15\\ -x_1 - 2x_2 + 5x_3 = 10\end{cases}$$

解 利用 jacobi 方法求解方程组上述方程组

```
A=[10 -2 -1;-2 10 -1;-1 -2 5];
b=[3 15 10]';
x0=[0 0 0]';
D=diag(diag(A));
D=inv(D);
L=tril(A,-1);
U=triu(A,1);
B=-D*(L+U);
F=D*b;
s=B*x0+F;
while norm(s-x0)>0.0001
    x0=s;
    s=B*x0+F;
end
```

运行结果：

```
>> s=
    1.0000
    2.0000
    3.0000
```

3. 条件控制

条件控制使得可以有选择地运行程序块. 当条件可以用是或否来回答时,使用if 当条件根据表达式值的不同可有多个选项时,使用switch和case语句.

(1)if-else-end语句

if-else-end的语法结构如下:

```
if  条件式
    表达式1
else  表达式2
end
```

或者简化结构:

```
if  条件式
     表达式
end
```

或者多个条件式的复杂结构:

```
if  条件式1
   表达式1
elseif  条件式2
   表达式2
elseif  条件式3
   表达式3
…
else  表达式n
end
```

例6 编写一段判断常数奇偶性的程序.

```
clear
a= 5;
if rem(a,2)= = 0
    disp(strcat(num2str(a),'是偶数'));
else
    disp(strcat(num2str(a),'是奇数'));
end
```

运行结果:

5 是奇数

(2)switch 和 case 语句

switch 语句与 if 语句具有相当的意义,对于数值类型来说,相当于判断 if result ==value,对于字符串类型来说,相当于 if strcmp(result,value). switch 语句的语法结构如下:

```
switch  开关语句
  case  条件语句 1
        执行语句 1
  case  条件语句 2
        执行语句 2
  …
otherwise
     执行语句
end
```

例 7 switch—case—otherwise—end 分支语句的使用.

解 编制 M 文件如下:

```
function panbie(method)
switch method
  case{'linear','bilinear'};
  disp('Method is linear');
  case'cubic'
  disp('Method is cubic');
  case  'nearest'
  disp('Method is nearest');
otherwise
disp('Unknown method');
end
```

将上述程序以 panbie.m 为文件名保存,在命令窗口中运行该文件.

```
>> panbie('nearest')
Method is nearest
>> panbie('statics')
Unknown method
```

4. 程序调试和错误处理

对于编程者来说,程序运行出现错误是在所难免的,尤其对在大规模、多人共同参与的情况下,因此掌握程序调试的方法和技巧对提高工作效率很重要. 一般来说,错误分为两种,即语法错误和逻辑错误. 语法错误一般是变量名与函数名的误写、标点符号的缺漏和 end 的漏写等,对于这类错误,MATLAB 在运行或 P 码编译是一般都能发现,终止执行并报错,用户很容易发现并纠正. 而逻辑错误可能是程序本身的算法问题,也可能是 MATLAB 的指令使用不当,导致最终的结果与预期值偏离,这种错误发生在运行过程中,影响因素比较多,而这时函数的工作空间已被删除,调试起来比较困难.

下面主要介绍程序的常见调试的方法.

(1)用"Debug"菜单进行调试

Debug 菜单下各个子项的含义如下:

① Step:在调试模式下,执行 M 文件的当前行,对应的快捷键为 F10.

② Step In:在调试模式下,执行 M 文件的当前行,如果 M 文件当前行调用了另一个函数,那么进入该函数内部,对应的快捷键为 F11.

③ Step Out:当在调试模式下执行 Step In 进入某一个函数内部之后,执行 Step Out 可以完成函数剩余部分的所有代码,并退出函数,暂停在进入函数内部前的 M 文件所在行末尾.

④ Run:运行当前 M 文件,对应的快捷键为 F5;当前 M 文件设置了断点时,然后运行到断点后暂停.

⑤ Go Until Cursor:运行当前 M 文件到在光标所在行尾.

注意的是,以上这些调试项,除了 Run 都需要首先在 M 文件中设置断点,然后 Run 运行到断点位置后,才可启用.

⑥Set/Clear Breakpoint:在光标所在行开头设置或清除断点.

⑦ Set/Modify Conditional Breakpoint...:在光标所在行开头设置或修改条件断点,选择此子项,会打开条件断点设置对话框,用于设置在满足什么条件时此处断点有效.

⑧ Enable/Disable Breakpoint:将当前行的断点设置为有效或无效.

⑨ Clear Breakpoints in all files:清除 M 文件中的断点.

⑩ Stop if Errors/Warnings...:设置出现某种运行错误或警告时,停止程序运行,选择此子项,会打开错误/警告设置对话框.

⑪ Exit Debug Mode:退出调试模式.

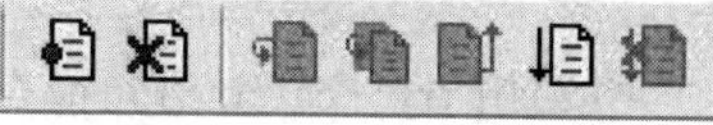
图 13-15　调试工具按钮

上面讲述了 Debug 菜单下每一个子项的意义,实际上,很多子项都有对应的快捷工具按钮. MATLAB 代码调试器中,如图 13-15 所示的部分工具按钮就是用于 M 文件调试的.

通常的调试过程:先单击 Run 按钮,运行一遍 M 文件,针对系统给出具体的出错信息,在适当的地方设置断点或条件断点,再次运行到断点位置(见图 13-16),此时 MATLAB 把运行控制权交给键盘,命令窗口出现“K>>”提示符(见图 13-17),此时可以在命令窗口查询 M 文件运行过程中的所有变量,包括函数运行时的中间变量.运行到断点位置之后,用户可以选择 Step/Step Into/Step Out 等调试运行方式,逐行运行并适时查询变量取值,从而逐渐找到错误所在并将其排除.

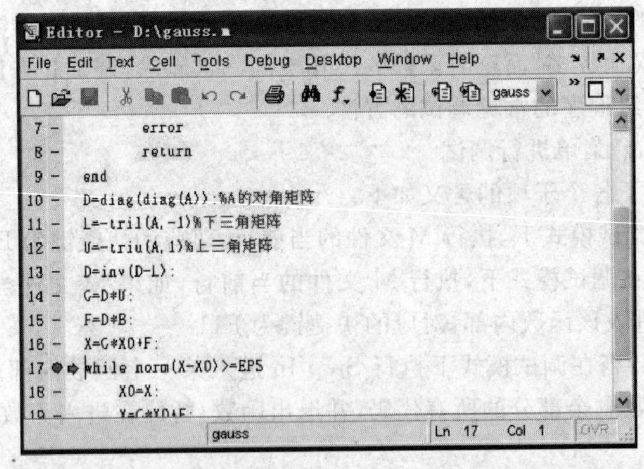

图 13-16 设置断点后 Run 运行到断点所在位置

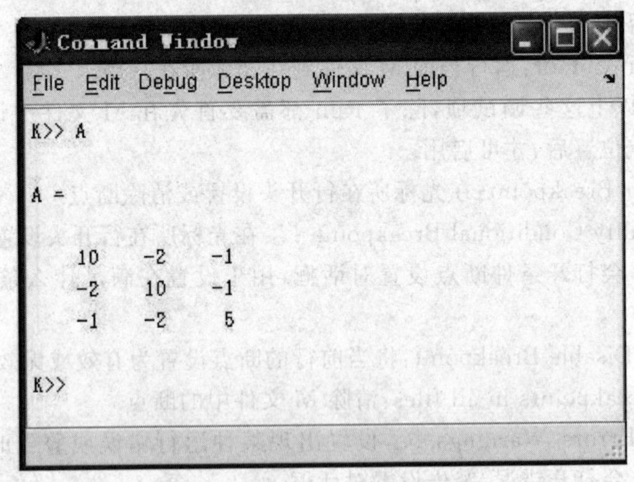

图 13-17 调试模式将 MATLAB 命令窗口把控制权交给键盘

(2)用 try - catch 语句检查错误

用 try - catch 语句,使用该语句可以捕获未知错误.使用 try - catch 语句时,try 块中的语句可以正常执行,catch 块抛出错误信息.如下面的示例代码:

例 8　try - catch 语句的使用.

```
function matrixmultiply(x,y)
try
        z= x* y
catch
      disp'* * Error multiply x* y'
end
```

将上述程序以 matrixmultiply. m 为文件名保存，在命令窗口中运行该文件.

```
> > x= [1 1 1;2 2 2];
> > y= [2 2 2;1 2 3];
> > matrixmultiply(x,y)
* * Error multiply x* y
```

上述程序中，由于 A 和 B 不满足矩阵相乘的条件，即 A 的列数不等于 B 的行数，结果出错.

习　题　13.3

1. M 文件的名称必须与主函数的名称是否一样？调用时使用 M 文件的名称还是主函数的名称？

2. 熟悉掌握各种流程控制语句的使用. switch/case 语句和 if/elseif 语句之间有什么区别？

3. 试举例用 M 文件和匿名函数实现同一计算机功能.

4. MATLAB 提供了哪几种程序调试手段，试编程进行体会.

数学文化 13

法国的牛顿——拉普拉斯

拉普拉斯(Pierre Simon de Laplace，1749—1827 年)，法国数学家、天文学家. 生前颇负盛名，被誉为法国的牛顿.

1749 年 3 月 23 日拉普拉斯生于诺曼底的博蒙昂诺日，1827 年 3 月 5 日卒于巴黎. 拉普拉斯是一个农民的儿子，家境贫寒，靠邻居资助上学，从小显露数学才华，在博蒙军事学校读书不久就成为该校数学教员. 1767 年，18 岁的拉普拉斯从乡下带着介绍信到繁华的巴黎去见大名鼎鼎的达朗贝尔，推荐信交上，却久无音信. 幸亏拉普拉斯毫不灰心，晚上回到住处，细心地写了一篇力学论文，求教于达朗贝尔. 这回引起了达朗贝尔的注意,给拉普拉斯回了一封热情洋溢的信,里面有这样的话:"你用不着别人的介绍,你自己就是很好的推荐书."经过达朗贝尔介绍获得巴黎陆军学校数学教授职位.1785 年当选为法国科学院院士.1795 年任综合工科学校教授,后又在高等师范学校任教授.1816 年成为法兰西学院院士,次年任该院院长.主要研究天体力学和物理学,认为数学只是一种解决问题的工具,但在运用数学时创造和发展了许多新的数学方法.主要成就有:在《天体力学》(5 卷 1799—1825)中汇聚了他在天文学中的几乎全部发现,试图给出由太阳系引起的力学问题的完整分析解答.在《概率的分析理论》(1812)中总结了当时整个概率论的研究,论述了概率在选举、审判调查、气象等方面的应用,导入"拉普拉斯变换"等.

他 24 岁时就已经详细应用牛顿引力定律深入研究整个太阳系,其中各个行星及其卫星的运动不仅受太阳的制约,而且以难以捉摸的多种方式彼此互相影响.牛顿曾经认为,要使这一复杂的系统免于陷入混乱,需要有上帝的不时干预.拉普拉斯决心要从别的方面寻找这一保证,并终于能够证明,从数学上所理解的这个理想的太阳系是一个稳恒的动力系统,它能永世保持不变.这不过是他在其不朽的著作《天体力学》中所记载的一系列成果之一.书中主要阐述天体运行的数学理论,讨论地球的形状、月离理论、三体问题以及行星摄动等等,并且引入著名的拉普拉斯方程.这本书不仅记录了他自己的多种发明和发现,而且还总结了几代著名数学家如牛顿、达朗贝尔、欧拉及拉格朗日诸大家在引力理论方面的研究工作(从 1799 到 1825 年分五卷出版).关于这本书有许多传说.其中最常被提起的是有一次拿破仑想给拉普拉斯提级加薪,说他写了一部关于世界体系的巨著,但未提到上帝是宇宙的创造者.据传拉普拉斯回答说,"陛下,我不需要做那个假设.(Sire,je n'avais pas besoin de cette hypothese)"《天体力学》对后世的影响是巨大的,其中的势论研究尤其广泛深入,对十几门不同的学科——从引力论到流体力学、电磁学以及原子物理学,产生了深远的影响.这本书也启蒙了年轻一代的科学家,例如英国的著名数学家哈密尔顿在 16 岁时就如饥似渴地阅读这本学理艰深的天文巨著,并且发现并订正了其中的一处错误,遂对于自己的数学才能增强了信心,从此踏上了数学生涯,并创立了四元数体系.另一位英国数学家格林(George Green,1793—1841 就是著名的格林公式的发现者)读了《天体力学》之后,顿受启发,开始将数学应用于电磁理论.

拉普拉斯的另一部脍炙人口的天文学著作是《宇宙体系论》,不像《天体力学》那样理论深奥难懂,它尽弃一切数学公式,深入浅出,通俗流畅,为世人所推崇.《宇宙体系论》提倡有名的太阳系生成的星云假说,这个假说 1755 年康德(Immanuel Kant,1724—1804 德国哲学家)已经述及,所以后世通常叫做"康德—拉普拉斯星云假说".

拉普拉斯对于概率论也有很大的贡献,这从他的巨著《概率的分析理论》中随处可见,他把自己在概率论上的发现以及前人的所有发现统归一处.今天我们每一位学人耳熟能详的那些名词,诸如随机变量、数字特征、特征函数、拉普拉斯变换和拉普拉斯中心极限定律等等都可以说是拉普拉斯引入或者经他改进的. 尤其是拉普拉斯变换,导致了后来海维塞德发现运算微积在电工理论中的应用. 不能不说后来的傅里叶变换、梅森变换、Z—变换和小波变换也受它的影响.

尽管拉普拉斯在社会政治角逐中有些"左右逢源"、"随遇而安",但是和他对于科学的贡献来对比是不值一提的. 由于有年轻时吃了达朗贝尔的闭门羹的经历,拉普拉斯在自己身处高位之后,对于年轻的学者总是乐于慷慨帮助和鼓励关照,他提拔过化学家盖吕萨克、数学物理学家泊松和年轻的柯西等人. 当旅行家和自然研究者洪堡到法国考察水成岩的分布情况时,拉普拉斯慷慨地资助了他.

拉普拉斯和当时的拉格朗日、勒让德并称为法国的 3L,不愧为 19 世纪初数学界的巨擘泰斗.

附录

附录 A　MATLAB 常用基本命令速查表

1. MATLAB 系统基本命令

命令字或符号	功　　能
exit/quit	退出 MATLAB
cd	改变当前目录
pwd	显示当前目录
path	显示并设置当前路径
what/dir/ls	列出当前目录中文件清单
type/dbtype	显示文件内容
load	在文件中装载工作区
save	将工作区保存到文件中
diary	文本记录命令
!	后面跟操作系统命令
clear	清除所有变量并恢复除 eps 外的所有预定义变量
sym/syms	定义符号变量，sym 一次只能定义一个变量，syms 一次可以定义一个或多个变量
who	显示当前内存变量列表，只显示内存变量名
whos	显示当前内存变量详细信息，包括变量名、大小、所占用二进制位数
size/length	显示矩阵或向量的大小命令
pack	重构工作区命令
format	输出格式命令
casesen	切换字母大小写命令
which＋＜函数名＞	查询给定函数的路径
exist（'变量名/函数名'）	查询变量或函数，返回 0，表示查询内容不存在；返回 1，表示查询内容在当前工作空间；返回 2，表示查询内容在搜索路径中的 M 文件；返回 3，表示查询内容在搜索路径中的 MEX 文件；返回 4，表示查询内容在搜索路径的 MDL 文件；返回 5，表示查询内容是 MATLAB 的内部函数；返回 6，表示查询内容在搜索路径中的 P 文件；返回 7，表示查询内容是一个目录；返回 8，表示查询内容是一个 Java 类

续表

命令字或符号	功　　能
ans	分配最新计算的而又没有给定名称的表达式的值. 当在命令窗口中输入表达式而不赋值给任何变量时,在命令窗口中会自动创建变量 ans,并将表达式的运算结果赋给该变量. 但是变量 ans 仅保留最近一次的计算结果
eps	返回机器精度,定义了 1 与最接近可代表的浮点数之间的差. 在一些命令中也用作偏差. 可重新定义,但不能由 clear 命令恢复. MATLAB 7.0 为 2.2204e-016
realmax	返回计算机能处理的最大浮点数. MATLAB 7.0 为 1.7977e+308
realmin	返回计算机能处理的最小的非零浮点数. MATLAB 7.0 为 2.2251e-308
pi	即 π,若 eps 足够小,则用 16 位十进制数表示其精度
inf	定义为 1/0,即当分母或除数为 0 时返回 inf,不中断执行而继续运算
nan	定义为"Not a number",即未定式 0/0 或∞/∞
i/j	定义为虚数单位 $\sqrt{-1}$. 可以为 i 和 j 定义其他值,但不再是预定义常数
nargin	给出一个函数调用过程中输入自变量的个数
nargout	给出一个函数调用过程中输入自变量的个数
computer	给出本台计算机的基本信息,如 pcwin
version	给出 MATLAB 的版本信息
format shot	以 4 位小数的浮点格式输出
format long	以 14 位小数的浮点格式输出
format short e	以 4 位小数加 e+000 的浮点格式输出
format long e	以 15 位小数加 e+000 的浮点格式输出
format hex	以 16 进制格式输出
format +	提取数值的符号
format bank	以银行格式输出,即只保留 2 位小数
format rat	以有理数格式输出
more on/off	屏幕显示控制. more on 表示满屏停止,等待键盘输入;more off 表示不考虑窗口一次性输出
more (n)	如果输出多于 n 行,则只显示 n 行
tic	启动一个记时器
toc	显示记时以来的时间. 如果计时器没有启动则显示 0

续表

命令字或符号	功　　能
clock	显示表示日期和时间的具有 6 个元素的向量,依次为 yyyy、00mm、00dd、00hh、00mm、00ss,前五个元素是整数,第六个元素是小数
etime(t1,t2)	计算从 t_1 到 t_2 时间间隔所经过的时间,以秒计. t_1、t_2 分别表示日期和时间的向量
cputime	显示自 MATLAB 启动以来 CPU 运行的时间
date	显示以 dd-mm-yyyy 格式的当前日期
calendar(yyyy,mm)	显示当年当月按 6×7 矩阵排列的日历
datenum(yyyy,mm,dd)	显示当年当月当日的序列数,从公元 0000 年 1 月 1 日起算
datestr(d,form)	显示序列数 d 表示的 form 表示形式的日期. form 参数从 0～18 共 19 个整数,各代表 0:dd-mmm-yyyy,1:dd-mmm-yyyy,2:mm/dd/yy,3:mmm(月的前三个字母),4:m(月的首写字母),5:m#(月份的阿拉伯数字),6:mm/dd,7:dd,8:ddd(显示星期),9:d(显示星期的大写),10:yyyy,11:yy,12:mmmyy,13:HH:MM:SS,14:HH:MM:SS PM,15:HH:MM,16:HH:MM PM,17:QQ-YY,18:QQ(几刻钟)
datetick(axis,form)	在坐标轴上写数据
datevec(d)	将日期序列数 d 显示为日期 yyyy mm dd 形式
eomday(yyyy,mm)	显示当年当月的天数
now	显示当天当时的序列数
[daynr,dayname]=weekday(day)	显示参数 day 的星期数. daynr 表示星期的数字,dayname 表示星期的前三个字母. 参数 day 是字符型或序列型日期

2. 绘图及图形操作基本命令与函数

命令或函数名称	功能及说明
compose(f,g)	求 $f=f(y)$,$g=g(x)$的复合函数 $f(g(x))$
compose(f,g,z)	求 $f=f(y)$,$g=g(x)$,$x=z$ 的复合函数 $f(g(z))$
compose(f,g,x,z)	求 $f=f(x)$,$x=g(z)$的复合函数 $f(g(z))$
compose(f,g,x,y,z)	求 $f=f(x)$,$x=g(y)$,$y=z$ 的复合函数 $f(g(z))$
g=finverse(f)	求符号函数 f 的反函数 g
g=finverse(f,v)	求符号函数 f 对指定自变量 v 的反函数 g
figure/figure(gcf)	显示当前图形窗口. 用于创建新的图形窗口,也可以用来在两个图形窗口中间进行切换
gcf/shg	显示当前图形窗口,同 figure/figure(gcf)

续表

命令或函数名称	功能及说明
clf/clg	清除当前图形窗口. 如果在 hold on 状态,图形窗口内的内容将被清除. clg 与 clf 功能相同,是 MATLAB 早期版本中的清除图形窗口内图象命令
clc	清除命令窗口. 相当于命令窗口 edit 菜单下的 clear command window 选项
home	移动光标到命令窗口的左上角
hold on	保持当前图形,并允许在当前图形状态下,用同样的缩放比例加入另一个图形
hold off	释放图形窗口,将 hold on 状态下加入的新图形作为当前图形
hold	在 hold on 和 hold off 两种状态下进行切换
ishold	测试当前图形的 hold 状态. 若是 hold on 状态,则显示 1;若是 hold off 状态,则显示 0
subplot（m，n，p）/subplot (mnp)	将图形窗口分成 $m \times n$ 个窗口,并指定第 p 个子窗口为当前窗口. 子窗口的编号是从左至右、再从上到下进行编号
subplot	将图形窗口设定为单窗口模式,相当于 subplot(1,1,1)/subplot(111)
axis([xmin xmax ymin ymax])	根据向量[xmin xmax ymin ymax]设置二维图形窗口中坐标轴的最大、最小值
axis([xmin xmax ymin ymax zmin zmax])	根据向量[xmin xmax ymin ymax zmin zmax]设置三维图形窗口中坐标轴的最大、最小值
axis([xmin xmax ymin ymax zmin zmax cmin cmax])	根据向量[xmin xmax ymin ymax zmin zmax cmin cmax]设置三维图形窗口中坐标轴的最大、最小值和颜色
axis auto	将当前图形窗口的坐标轴刻度设置为缺省状态
axis manual	固定坐标轴刻度,若当前图形窗口为 hold on 状态,则后面的图形将采用同样的刻度
axis tight	采用与 x 方向和 y 方向相同的坐标轴刻度,即只绘制包含数据的部分坐标
axis fill	设定坐标轴边界,用来适应数据值的范围
axis equal	设置 x 轴、y 轴为同样的刻度
axis ij	翻转 y 轴,使之正数在下,负数在上
axis xy	复位 y 轴,使之正数在上,负数在下
axis image	重新设置图形窗口的大小,与 axis equal 相同,以适应数据的范围
axis square	重新设置图形窗口的大小,使窗口为正方形
axis normal	将图形窗口复位至标准大小
axis vis3d	锁定坐标轴之间的关系. 一般用于图形旋转时

续表

命令或函数名称	功能及说明
axis off	不显示坐标轴及刻度
axis on	显示坐标轴及刻度.
axis (v)	根据向量 v 设置坐标轴刻度,使 xmin=v1,xmax=v2,ymin=v3,ymax=v4,zmin=v5,zmax=v6. 对于对数图形,使用原数值而不使用对数值
axis(axis)	固定坐标轴刻度,即当图形窗口位于 hold on 状态下也不改变坐标轴刻度
box	设定图形四周是否都设定坐标轴. box on 则开启该功能,box off 则关闭该功能,box 则在 box on 和 box off 之间切换
datetick(axis,format)	根据日期格式 format 格式化坐标轴上的文本. 参数 axis 可以是'x'(默认值),'y','z'. help datetick 可以显示更多用法和信息
dragrect(x,step)	允许用户在屏幕上拖动图形. help dragrect 可以显示更多的用法
xlim([xmin xmax])	设定 x 轴的最大、最小值,使 xmin=xmin,xmax=xmax
xlim	测定 x 轴的最大、最小值
ylim([ymin ymax])	设定 y 轴的最大、最小值,使 ymin=ymin,ymax=ymax
ylim	测定 y 轴的最大、最小值
zlim([zmin zmax])	设定 z 轴的最大、最小值,使 zmin=zmin,zmax=zmax
zlim	测定 z 轴的最大、最小值
grid on	根据图形窗口中图形的坐标形式,绘制图形窗口的网格
grid off	清除图形窗口中的网格
grid	在 grid on 和 grid off 之间切换
Plot(X,Y)	对向量 x 绘制向量 y 的图形. 以 x 为横坐标,以 y 为纵坐标,将有序点集 (x_i,y_i) 连成曲线. 可以增加确定图形线型和着色的参数
Fplot('fcn', [x_{min}, x_{max}])	绘制由 fcn 表示的函数在区间[x_{min}, x_{max}]上图形. fcn 可以是代表某一函数的变量,也可以是 x 和 y 的数学表达式. 中括号内最多可以是 4 个值,前两个是自变量 x 的范围,后两个是 y 的范围. 在中括号后还可以加确定图形线型和着色的参数
polar(theta,rho)	绘制极坐标函数 rho=f(theta)的图象. 其中 theta 是极角,以弧度为单位,rho 是极径
polar(theta,rho,S)	同 polar(theta,rho),参数 S 确定要绘制的曲线的线型、点型、颜色
Bar(X,Y)	以 x 为横坐标绘制 y 的条形图. x 必须是严格递增向量
legend('str1','str2',…)	在图的右上角加线形标注. str1 是 plot 函数中的第一对数组 (x_1,y_1),str2 是 plot 函数中的第二对数组 (x_2,y_2),标注的线型也取处 plot 函数中相应的线型.

续表

命令或函数名称	功能及说明
[U,V]=meshgrid(x,y)	利用向量 **x** 和 **y** 生成网格矩阵 **U** 和 **V**,以便 mesh、surf 等函数用来绘图.其中 **x**、**y** 分别是长度为 n 和 m 升序排列的行向量.生成的方法是将 **x** 复制 n 次生成网格矩阵 **U**,将 **y** 转置成列向量后复制 m 次生成网格矩阵 **V**.坐标 (u_{ij},v_{ij}) 表示 xoy 平面上网格节点的坐标,第三维坐标 $z_{ij}=f(u_{ij},v_{ij})$
[U,V]=meshgrid(x)	相当于[U,V]=meshgrid(x,x),生成的网格矩阵 **U**、**V** 都是方阵
[U,V,W]=meshgrid(x,y,z)	以与[U,V]=meshgrid(x,y)相同的方式生成三维网格矩阵
Z = peaks	生成一个 49 阶的高斯分布的方阵
Z = peaks(n)	生成一个 n 阶的高斯分布的方阵
Z = peaks(V)	生成一个高斯分布的方阵,阶数等于预先给定的向量 v 的长度
Z = peaks(X,Y)	由预先给定的向量 x、y 生成高斯分布的矩阵
[X,Y,Z] = peaks	生成一个 49 阶的高斯分布的方阵 **Z**,并给出相应的 **X**、**Y** 矩阵
[X,Y,Z] = peaks(n)	生成一个 n 阶的高斯分布的方阵 **Z**,并给出相应的 **X**、**Y** 矩阵
[X,Y,Z] = peaks(V)	生成一个高斯分布的方阵 **Z**,阶数等于预先给定的向量 **v** 的长度,并给出相应的 **x**、**y** 矩阵
mesh(X,Y,Z,C)	在 X、Y 决定的网格区域上绘制数据 Z 的网格图.颜色由矩阵 C 决定,若 C 缺省,默认颜色矩阵是 $C=Z$
mesh(Z)	在颜色和网格区域都在系统默认的情况下绘制数据 Z 的网格图
mesh(Z,C)	在系统默认网格区域的情况下绘制数据 Z 的网格图.颜色由矩阵 C 决定
mesh(…,'ProName',ProVal,…)	绘制三维网格图,并对指定的属性设置属性值
meshc(…)	绘制三维网格图,并在 xOy 面绘制相应的等高线图
meshz(…)	绘制三维网格图,并在网格图周围绘制垂直水平面的参考平面
surf(Z)	在默认区域上绘制数据 **Z** 的三维曲面图.颜色默认
surf(X,Y,Z)	在 X、Y 确定的区域上绘制数据 Z 的三维曲面图.其中 X、Y 是向量,若 length(X)=n,length(Y)=m,则[m,n]=size(Z).颜色默认
surf(X,Y,Z,C)	同 surf(X,Y,Z),但颜色由参数矩阵 **C** 确定
surf(…,'ProName',ProVal,…)	绘制三维曲面图,并对参数 ProName 指定的属性设置属性值
plot3(x,y,z)	以默认线形属性绘制三维点集 (x_i,y_i,z_i) 确定的曲线.x、y、z 为相同大小的向量或矩阵
plot3(x,y,z,S)	以参数 S 确定的线形属性绘制三维点集 (x_i,y_i,z_i) 确定的曲线.**x**、**y**、**z** 为相同大小的向量或矩阵

续表

命令或函数名称	功能及说明
plot3(x1,y1,z1,S1,…)	绘制多个以参数 S_i 确定线形属性的三维点集(x_i,y_i,z_i)确定的曲线. **x**、**y**、**z** 为相同大小的向量或矩阵
plot3(…,'ProName',proval)	绘制三维曲线,根据指定的属性值设定曲线的属性
bar3(z)	绘制 z 的三维条形图. 若 z 是向量,则 y 的标度范围是 1 至 length(z);若 z 是矩阵,y 的标度为 1 至矩阵的列数
bar3(y,z)	在参数向量 **y** 指定的位置绘制三维条形图. 其中 **y** 是单调向量,**z** 是矩阵
bar3(…,width)	以参数 width 指定的宽度绘制条形图. width 的缺省值为 0.8,width 为 1 时条形相连
bar3(…,'style')	在参数'style'指定条件下绘制三维条形图. style 取值有'detached','grouped'和'stacked',detached 表示在 y 方向上以分离的条形显示 z 中每一行的元素条形,该值为默认;grouped 表示在 y 方向上依次显示每一行元素的条形;stacked 表示在 y 方向上依次显示各行元素和的条形
bar3(…,LineSpec)	以参数 LineSpec 指定的线型要素绘制三维条形图

3. 微积分基本命令

命令或函数名称	功能及说明
limit(F,x,a)	计算当 $x\to a$ 时符号函数表达式 F 的极限值
limit(F)	按系统默认自变量 v,计算当 $v\to 0$ 时符号函数表达式 F 的极限值
limit(F,a)	按系统默认自变量 v,计算当 $v\to a$ 时符号函数表达式 F 的极限值
limit(F,x,a,'right')	计算当 $x\to a$ 时符号函数表达式 F 的右极限值
limit(F,x,a,'left')	计算当 $x\to a$ 时符号函数表达式 F 的左极限值
diff(S,'v')/diff(S,sym('v'))	计算符号表达式 S 对指定符号变量 v 的一阶导数
diff(S)	计算符号表达式 S 对系统默认自变量的一阶导数
diff(S,n)	计算符号表达式 S 对系统默认自变量的 n 阶导数
diff(S,'v',n)/diff(S,n,'v')	计算符号表达式 S 对指定符号变量 v 的 n 阶导数
int(S)	对符号表达式 S 中的默认自变量求 S 的不定积分
int(S,v)	对符号表达式 S 中的指定变量 v 求 S 的不定积分
int(S,a,b)	对符号表达式 S 中的默认自变量在区间$[a,b]$上求 S 的定积分
int(S,v,a,b)	对符号表达式 S 中的指定自变量 v 在区间$[a,b]$上求 S 的定积分
symsum(s)	对符号表达式 s 中的默认符号变量 k 从 0 到 $k-1$ 求和
symsum(s,v)	对符号表达式 s 中的指定符号变量 v 从 0 到 $v-1$ 求和

续表

命令或函数名称	功能及说明
symsum(s,v,a,b)	对符号表达式 s 中的指定符号变量 v 从 a 到 b 求和
symsum(s,a,b)	对符号表达式 s 中的默认符号变量 k 从 a 到 b 求和
taylor(f)	将符号函数 f 展开成默认符号变量 x 的 $n-1$ 阶麦克劳林展开式，并给出前六项 $\sum_{n=0}^{5}\frac{f^{(n)}(0)}{n!}x^n$
taylor(f,m,v)	将多元符号函数 f 展开成指定符号变量 v 的 $m-1$ 阶麦克劳林展开式，并给出前六项 $\sum_{n=0}^{5}\frac{1}{n!}\frac{\partial^n}{\partial v^n}f(x,y,\cdots,0)v^n$
taylor(f,m,v,a)	将多元符号函数 f 在 $v=a$ 处展开成指定符号变量 v 的 $m-1$ 阶泰勒展开式，并给出前 m 项 $\sum_{n=0}^{m}\frac{1}{n!}\cdot\frac{\partial^n}{\partial v^n}f(x,y,\cdots,a)(v-a)^n$
taylor(f,m)	将符号函数 f 展开成默认符号变量 x 的 $m-1$ 阶麦克劳林展开式，并给出前 m 项 $\sum_{n=0}^{m}\frac{f^{(n)}(0)}{n!}x^n$（$m$ 为正整数）
taylor(f,a)	将符号函数 f 在 $x=a$ 处展开成默认符号变量 x 的 $n-1$ 阶泰勒展开式，并给出前六项 $\sum_{n=0}^{5}\frac{f^{(n)}(a)}{n!}(x-a)^n$（$a$ 为实数）
taylor(f,m,a)	将符号函数 f 在 $x=a$ 处展开成默认符号变量 x 的 $m-1$ 阶泰勒展开式，并给出前 m 项 $\sum_{n=0}^{m}\frac{f^{(n)}(a)}{n!}(x-a)^n$
Polyval(p,x)	计算以向量 p 为系数的多项式在变量为 x 时的值
Poly2sym(p)	将多项式的向量形式 p 表示为符号多项式形式
Poly(A)	计算矩阵 **A** 的特征多项式向量
Poly(x)	给出一个长度为 $n+1$ 的向量，其中元素是次数为 n 的多项式系数，这个多项式的根是长度为 n 的向量 x 中的元素
Roots(p)	计算多项式 p 的根，是一个长度为 n 的向量，即方程 $p(x)=0$ 的解
Conv(p,q)	计算多项式 p 与 q 的乘积
[k,r]=deconv(p,q)	计算多项式 p 除 q，其中 k 是商多项式，r 是残值多项式
F=fourier(f)	符号表达式 f 的 fourier 变换. 默认的自变量为 x，默认返回值是关于 w 的函数. 如果 $f=f(w)$，fourier 函数返回关于 t 的函数
F=fourier(f,v)	返回函数 F 是关于符号表达式对象 v 的函数，而不是默认的 w

续表

命令或函数名称	功能及说明
F=fourier(f,u,v)	对关于 u 的函数 f 进行变换,返回函数 F 是关于 v 的函数
f=ifourier(F)	求符号表达式 F 的 fourier 逆变换.默认的自变量为 w,默认返回 x 的函数.如果 $F=F(x)$,ifourier 返回关于 t 的函数
f=ifourier(F,u)	求符号表达式 F 的 fourier 逆变换,返回函数 f 是关于符号表达式对象 u 的函数,而不是默认 x 的函数
f=ifourier(F,v,u)	对关于 v 的函数 F 进行逆变换,返回关于 u 的函数 f
L=lapace(f)	求符号表达式 f 的 laplace 变换.默认的自变量为 x,默认返回值是关于 s 的函数.如果 $f=f(s)$,laplace 函数返回关于 t 的函数
L=lapace(f,t)	求自变量为 t 的函数的 Laplace 变换 L
L=lapacer(f,t,s)	对关于 t 的函数 f 进行 Laplace 变换,返回函数 L 是关于 s 的函数
f=ilapace(L)	求符号表达式 L 的 Laplace 逆变换.默认的自变量为 s,默认返回 t 的函数.如果 $L=L(x)$,ilaplace 返回关于 t 的函数
f=ilapace(L,y)	求符号表达式 L 的 Laplace 逆变换,返回函数 f 是关于符号表达式对象 y 的函数,而不是默认 t 的函数
f=ilapace(L,y,x)	关于 y 的函数 L 进行变换,返回关于 x 的函数 f

4. 方程操作基本命令

方程操作命令及调用格式	说明
solve('eq')	对系统默认的符号变量求方程 $eq=0$ 的根
solve('eq','v')	对指定变量 v 求解方程 eq(v)=0 的根
[x1, x2, … xn] = solve ('eq1','eq2',…'eqn')	对系统默认的一组符号变量求方程组 $(eq)_i=0(i=1,2,\cdots,n)$ 的根
[v1, v2, … vn] = solve ('eq1','eq2',…'eqn','v1','v2',…'vn')	对指定的一组符号变量 $v_1,v_2,\cdots,v_n$ 求方程组 $(eq)_i=0(\mathrm{i}=1,2,\cdots,n)$ 的根
linsolve(A,B)	求符号线性方程(组) $\boldsymbol{Ax}=\boldsymbol{B}$ 的解.相当于 X=sym(A)\sym(B)
fsolve(f,x0)	从 x_0 开始搜索 $f=0$ 的解
fsolve(f,x0,options)	根据指定的优化参数 options 从 x_0 开始搜索 $f=0$ 的解
fsolve(f,x0,options,p1,p2…)	优化参数 option 不是默认时,在 $p_1,p_2,\cdots$ 条件下求 $f=0$ 解.优化参数 option 可取的值有 0(默认)和 1
[x,fv]=fsolve(f,x0,options,p1,p2…)	优化参数 option 为默认时,在 $p_1,p_2,\cdots$ 条件下求 $f=0$ 解,并输出根和目标函数值

续表

方程操作命令及调用格式	说　明
[x,fv,ex]=fsolve(f,x0,options,p1,p2…)	优化参数 option 为默认时，在 $p_1,p_2,\cdots$ 条件下求 $f=0$ 解，并输出根和目标函数值，并通过 exitflag 返回函数的退出状态
[x,fv,ex,out]=fsolve(f,x0,options,p1,p2…)	优化参数 option 为默认时，在 $p_1,p_2,\cdots$ 条件下求 $f=0$ 解，并给出优化信息
[x,fv,ex,out,jac]=fsolve(f,x0,options,p1,p2…)	优化参数 option 为默认时，在 $p_1,p_2\cdots$ 条件下求 $f=0$ 解，输出值为 x 处的 jacobian 函数
[x1,x2,…]=dsolve('eq1,eq2,…','cond1,cond2…','v')	在初始条件为 cond1,cond2…时求微分方程组 eq1,eq2,…对指定变量 v 的特解
[x1,x2,…]=dsolve('eq1','eq2',…,'cond1','cond2'…,'v')	同[x1,x2,…]=dsolve('eq1,eq2,…','cond1,cond2…','v')

5. 线性代数基本命令

矩阵操作命令及调用格式	说　明
det(A)	求矩阵 **A** 的行列式的值
inv(A)	求矩阵 **A** 的逆矩阵
D=eig(A)	求矩阵 **A** 的特征向量 **D**
D=eig(A,B)	求矩阵 **A**、**B** 的广义特征向量 **D**
cond(A)	求矩阵 **A** 的条件数
condest(A)	求矩阵 **A** 的 1－范数矩阵条件数
rcond(A)	求矩阵 **A** 的逆条件数
X=A\B	求解矩阵方程 $\boldsymbol{Ax}=\boldsymbol{B}$
X=B/A	求解矩阵方程 $\boldsymbol{Xa}=\boldsymbol{B}$
null(A)	求齐次方程组 $\boldsymbol{Ax}=\boldsymbol{0}$ 的一个基础解系
[V,D]=eig(A)	求矩阵 **A** 的特征值，其中 **V**、**D** 矩阵分别为特征向量与特征值矩阵，且满足 $\boldsymbol{AV}=\boldsymbol{VD}$
[V,D]=eig(A,'nobalance')	求矩阵 **A** 的特征值，禁止“平衡”程序的运行，当在矩阵 **A** 中有的元素小到与截断误差相当时，减少计算的误差

习题参考答案

习题 8.1

1. A 点在第 4 卦限；B 点在第 5 卦限；C 点在第 8 卦限；D 点在第 3 卦限．

2. $(a,b,0),(0,b,c),(a,0,c),(a,0,0),(0,b,0),(0,0,c)$.

3. $(-x,y,-z),(-x,-y,z),(x,y,-z),(x,-y,z)$.

4. $(0,1,-2)$.

5. $(-2,0,0)$.

6. (1)$z=7$ 或 $z=-5$. (2)$x=2$.

7. $\overrightarrow{D_1A}=-\overrightarrow{AD_1}=-\left(\boldsymbol{c}+\frac{1}{5}\boldsymbol{a}\right)$,

$\overrightarrow{D_2A}=-\overrightarrow{AD_2}=-\left(\boldsymbol{c}+\frac{2}{5}\boldsymbol{a}\right)$,

$\overrightarrow{D_3A}=-\left(\boldsymbol{c}+\frac{3}{5}\boldsymbol{a}\right)$, $\overrightarrow{D_4A}=-\left(\boldsymbol{c}+\frac{4}{5}\boldsymbol{a}\right)$

8. (1)$\left(\frac{2}{3},\frac{2}{3},1\right)$;

(2)$\cos\alpha=\frac{8}{9},\cos\beta=-\frac{4}{9},\cos\gamma=\frac{1}{9}$.

9. $a_x=5$, $a_y=11\,j$.

10. $A(-5,4,-12)$.

11. $\alpha=15$, $\gamma=-\frac{1}{5}$.

12. $\cos\gamma=-\frac{6}{7}$.

习题 8.2

1. (1)-4; (2)$\arccos\left(-\frac{2\sqrt{2}}{9}\right)$; (3)$-\frac{2\sqrt{2}}{3}$.

2. $\vec{x}=(-4,2,-4)$.

3. $(\widehat{a,b})=\frac{\pi}{3}$.

4. (1)$35\sqrt{3}$; (2)76.

5. (1)$-8\boldsymbol{j}-24\boldsymbol{k}$; (2)$-\boldsymbol{j}-\boldsymbol{k}$; (3)2;

(4)$2\boldsymbol{i}+\boldsymbol{j}+21\boldsymbol{k}$;

6. $\pm\frac{1}{\sqrt{35}}(-\boldsymbol{i}+3\boldsymbol{j}+5\boldsymbol{k})$. 7. $\sqrt{19}$. 8. 略

习题 8.3

1. $(x-1)^2+(y-3)^2+(z+2)^2=14$.

2. $(x-3)^2+(y-3)^2+(z-3)^2=9$ 或 $(x-5)^2+(y-5)^2+(z-5)^2=25$.

3. $z=-(x^2+y^2)+1$.

4. $4x^2-9(y^2+z^2)=36$, $4(x^2+z^2)-9y^2=36$.

5. $3y^2-z^2=16$, $3x^2+2z^2=16$.

6. $\frac{x^2}{4}+\frac{y^2}{3}+\frac{z^2}{3}=1$ 为旋转椭球面．

习题 8.4

1. $\begin{cases} x^2+y^2=\frac{1}{5} \\ z=0 \end{cases}$.

2. $\begin{cases} x=\frac{3}{\sqrt{2}}\cos t \\ y=\frac{3}{\sqrt{2}}\cos t \quad (0\leqslant t\leqslant 2\pi) \\ z=3\sin t \end{cases}$.

3. (1)椭球面； (2)单叶双曲面； (3)椭圆；(4)双曲线； (5)圆锥面；(6)通过 z 轴的两相交平面．

习题 8.5

1. $(x-3)-(y+1)-(z-4)=0$,或 $x-y-z=0$.

2. $x-3y-2z=0$.

3. $y=-5$.

4. $x+3y=0$

5. $5x-4z-12=0$.

6. $6x+2y+3z\pm42=0$.

7. $3(x+2)-y+5(z-4)=0$，或 $3x-y+5z-14=0$.

8. $6x+3y+2z-20=0$.

9. $8x+y+2z\pm2\sqrt[3]{12}=0$.

10. $x+z-6=0$ 或 $x-2y-z+4=0$.

习题 8.6

1. $\begin{cases}x=1-2t\\y=1+t\\z=1+3t\end{cases}$.

2. $\dfrac{x-1}{3}=\dfrac{y}{-4}=\dfrac{z+3}{1}$.

3. $\dfrac{x-1}{-5}=\dfrac{y-2}{1}=\dfrac{z-1}{5}$.

4. (1)直线与平面平行；
(2)直线与平面垂直； (3)直线在平面上．

5. $\dfrac{x-1}{2}=\dfrac{y}{-1}=\dfrac{z+2}{2}$.

6. $\sqrt{10}$.

7. $\begin{cases}4x-y+z=1\\17x+31y-37z-117=0\end{cases}$.

8. $x+2y+2z-10=0$ 或 $4y+3z-16=0$.

9. $4x+3y-6z+18=0$.

10. $(2,9,6)$.

11. $\dfrac{x+1}{2}=\dfrac{y-2}{-3}=\dfrac{z+3}{6}$.

12. 13.

复习题 8

1. (1)$\lambda=2\mu$； (2)$\pm\dfrac{1}{\sqrt{195}}(7,11,5)$；
(3)$\cos\alpha_1\cos\alpha_2+\cos\beta_1\cos\beta_2+\cos\gamma_1\cos\gamma_2$；
(4)$-x+8y+13z-9=0$； (5)$\arccos\dfrac{1}{6}$；
(6)$5\sqrt{2}$； (7)$\begin{cases}2x^2+2y^2+2xy=1\\z=0\end{cases}$；
(8)$x-y+z=0$.

2. (1)B； (2)A； (3)C； (4)A.

3. (1)$2\boldsymbol{a}\cdot(\boldsymbol{b}\times\boldsymbol{c})$；
(2)$3x^2+3y^2+3z^2+4x+6y+8z-29=0$；
(3)$\begin{cases}x=2\sqrt{2}\cos t\\y=4\sin t\\z=2\sqrt{2}\cos t\end{cases}$；
(4)$(x+1)^2+(y-3)^2+(z-3)^2=1$；
(5)$7x-26y+18z=0$；
(6)$-x+y+3z-16=0$；
(7)$\begin{cases}y-z=1\\x+y+z=0\end{cases}$；
(8)$x+20y+7z-12=0$ 及 $x-z+4=0$；
(9)$\dfrac{x-2}{2}=\dfrac{Y-1}{-1}=\dfrac{Z-3}{4}$；
(10)$\begin{cases}2x-z-3=0\\34x-y-6z+53=0\end{cases}$.

习题 9.1

1. (1)$\{(x,y)\mid y-x>0,x\geqslant0,x^2+y^2<1\}$；
(2)$\{(x,y)\mid 1<x^2+y^2\leqslant2\}$；
(3)$(x-\ln y)^2\ln y$； (4)$(0,0)$.

2. (1)1； (2)e^3； (3)-4； (4)1； (5)0.

3. 证明略.

习题 9.2

1. $\dfrac{1}{y}-\dfrac{y}{x^2}$； 2. $y[\cos(xy)-\sin(2xy)]$；

3. $\dfrac{2}{y}\csc\dfrac{2x}{y}$； 4. $\dfrac{1}{2x}$； 5. $\dfrac{1}{z}x^{\frac{y}{z}}\ln x$；

6. $4(\ln 2+1)$； 7. $\dfrac{2xy}{(x^2+y^2)^2}$；

8. $(1-2x^2y^2)e^{-x^2y^2}$； 9. $\dfrac{\pi}{4}$； 10. 2； 11. 1.

习题 9.3

1. -0.3； 2. (1)$dz=3x^2y^2dx+2x^3ydy$；
(2)$dz=\dfrac{1}{2\sqrt{xy}}dx-\dfrac{\sqrt{xy}}{y^2}dy$；
(3)$du=\dfrac{2x}{x^2+y^2+z^2}dx+\dfrac{2y}{x^2+y^2+z^2}dy+\dfrac{2z}{x^2+y^2+z^2}dz$；
(4)$dz=\dfrac{y}{x^2+y^2}dx-\dfrac{x}{x^2+y^2}dy$；
(5)$dz=-\dfrac{x}{(x^2+y^2)^{\frac{3}{2}}}(ydx-xdy)$；
(6)$dz=yzx^{yz-1}dx+zx^{yz}\ln xdy+yx^{yz}\ln xdz$.

3. $du\big|_{(1,1,2)}=-dx-dy+\dfrac{1}{2}dz$.

4. $\mathrm{d}z=\left(1+2x\ln(x+y)^2+\frac{2(x^2+1)}{x+y}\right)\mathrm{d}x+\frac{2(1+x^2)}{x+y}\mathrm{d}y$.

习题 9.4

1. $\frac{(1+x)\mathrm{e}^x}{1+x^2\mathrm{e}^{2x}}$. 2. yx^{y-1}. 3. $2xf_1'+\frac{y}{\sqrt{1-x^2}}f_2'$.

4. $f+x(2f_1'+y\sec^2 xf_2')$. 5. $\frac{3}{x}f'$.

6. $-\frac{2xyf'}{f^2}$. 7. $2^x\ln 2f'_1+yf'_2+yzf'_3$.

8. $\mathrm{e}^yf'_1+x\mathrm{e}^{2y}f''_{11}+\mathrm{e}^yf''_{13}+x\mathrm{e}^yf''_{21}+f''_{23}$.

习题 9.5

1. $\frac{z}{x+z}$或$\frac{1}{1+\ln\frac{z}{y}}$.

2. $\frac{\ln z}{\ln y-\frac{x}{z}}$或$\frac{z\ln z}{z\ln y-x}$或$\frac{z^x\ln z}{y^x\ln y-xz^{x-1}}$.

3. $\frac{1}{2z-yf'}$. 4. $\frac{yf(xy)}{f(z)-1}$. 5. $\frac{\mathrm{e}^z}{(1-\mathrm{e}^z)^3}$.

6. $\frac{\mathrm{d}x}{\mathrm{d}z}=\frac{z-y}{y-x}$, $\frac{\mathrm{d}y}{\mathrm{d}z}=\frac{z-x}{x-y}$. 7. 省略.

8. $\mathrm{d}z=-\frac{2xf'_2}{yf'_1}\mathrm{d}x-\frac{z}{y}\mathrm{d}y$.

9. (1) $\frac{\mathrm{d}y}{\mathrm{d}x}=\frac{-3x+z}{3y-2z}$, $\frac{\mathrm{d}z}{\mathrm{d}x}=\frac{2x-y}{3y-2z}$.

(2) $\frac{\partial u}{\partial x}=\frac{-3v^3-x}{9u^2v^2-xy}$, $\frac{\partial v}{\partial x}=\frac{3u^2+yv}{9u^2v^2-xy}$

$\frac{\partial u}{\partial y}=\frac{3v^2+xu}{9u^2v^2-xy}$, $\frac{\partial v}{\partial y}=\frac{-3u^3-y}{9u^2v^2-xy}$.

10. $\frac{\mathrm{d}y}{\mathrm{d}x}=\frac{f_xF_t-f_tF_x}{f_tF_y+F_t}$

习题 9.6

1. 切平面:$x+2y-4=0$;

法线:$\frac{x-2}{1}=\frac{y-1}{2}=\frac{z}{0}$.

2. 切线:$\frac{x-1}{16}=\frac{y-1}{9}=\frac{z-1}{-1}$;法平面:$16x+9y-z-24=0$.

3. $(-1,1,-1)$或$\left(-\frac{1}{3},\frac{1}{9},-\frac{1}{27}\right)$.

4. $x-y+2z=\pm\frac{\sqrt{22}}{2}$;

5. $\frac{x-2}{\frac{1}{2}}=\frac{y-1}{1}=\frac{z-1}{-1}$

6. $x-4y+3z-12=0$.

习题 9.7

1. $\left(\frac{2}{9},\frac{4}{9},-\frac{4}{9}\right)$. 2. $1+2\sqrt{3}$. 3. 5.

4. $\frac{6\sqrt{14}}{7}$. 5. $3\,i-2\,j-6\,k,6\,i+3\,j$.

6. $\frac{5}{3}$. 7. $x_0+y_0+z_0$. 8. $\sqrt{21}$.

习题 9.8

1. 0. 2. $\frac{\sqrt{3}}{6}$. 3. 长、宽、高分别为 2,2,1.

4. $\left(\frac{1}{2},\frac{1}{2},\sqrt{2}\right)$. 5. $3\sqrt{3}abc$.

6. $x+2y+6z-6=0$,最小体积是 3.

7. $z_{\min}=z_{(0,0)}=0$, $z_{\max}=z_{(0,1)}=z_{(1,0)}=z_{(0,-1)}=z_{(-1,0)}=1$. 8. $\left(\frac{8}{5},\frac{16}{5}\right)$.

复习题 9

1. BDABA CCADB CCBBA

2. (1) $\{(x,y)\mid 1\leqslant x^2+y^2\leqslant 4\}$; (2) e^2; (3) 4;
(4) $-6y^5f'(x^6-y^6)$; (5) $f'_1+yf'_2+yzf'_3$;
(6) $yf'_1+\frac{1}{y}f'_2-\frac{y}{x^2}g'\left(\frac{y}{x}\right)$;
(7) $\frac{11}{7}\sqrt{14}$; (8) $9x+y-z-27=0$;
(9) $\frac{x-\frac{1}{4}}{1}=\frac{y+\frac{1}{3}}{-1}=\frac{z-\frac{1}{2}}{1}$或$\frac{x-4}{4}=\frac{y+\frac{8}{3}}{-2}=\frac{z-2}{1}$; (10) $\frac{\pi}{6}$; (11) $a=-5,b=-2$;
(12) 1; (13) $-\frac{2}{3}\mathrm{d}x-\frac{1}{3}\mathrm{d}y$.

3. (1) $\mathrm{d}z\big|_{(1,0)}=2\mathrm{d}x+\mathrm{d}y$;

(2) $\frac{\partial z}{\partial x}=\frac{2}{3}(3x-4y)$, $\frac{\partial z}{\partial y}=\frac{10}{3}-\frac{8}{9}(3x-4y)$;

(3) $\frac{\partial z}{\partial x}=(1+xy)^x\left[\ln(1+xy)+\frac{xy}{1+xy}\right]$

$\frac{\partial z}{\partial y}=x(1+xy)^{x-1}\cdot x=x^2(1+xy)^{x-1}$；

(4) $\frac{\partial z}{\partial x}=-\frac{y}{x^2}f_1'+\frac{1}{y}f_2'$；

(5) $dz=e^x f'\cdot(\sin y dx+\cos y dy)$；

(6) $\frac{\partial^2 z}{\partial x\partial y}=\cos x f_2'-2f_{11}''+y\sin x\cos x f_{22}''+(2\sin x-y\cos x)f_{12}''(f_{12}''=f_{21}'')$；

(7) $\frac{\partial^2 z}{\partial x\partial y}=yf''+\varphi'+y\varphi''$；(8) y；(9)略；

(10) $a=-5, b=-2$；(11) $\frac{1}{2\sqrt{3}}$；

(12) $3x+2y-z+8=0$ 或 $3x+2y-z-8=0$；

(13) $\frac{x-2\sqrt{2}}{1}=\frac{y-2}{-\sqrt{2}}=\frac{z-\frac{1}{2}}{0}$；

(14) $a=50, b=20$；

(15) $(0,0)$ 点处无极值， $f\left(1,\frac{1}{2}\right)=4$ 是极小值；

(16) $x=y=z=\frac{a}{3}$； (17) $\left(\frac{4}{5},\frac{3}{5},\frac{35}{6}\right)$；

(18) $(\frac{1}{2},-\frac{1}{2},0)$； (19)证明略.

习题 10.1

1. $\iint\limits_D \rho g x\,dxdy$.

2. (1)10； (2) $k\pi$； (3)2.

3. (1) $\iint\limits_D (x+y)^2 d\sigma \geqslant \iint\limits_D (x+y)^3 d\sigma$；

(2) $\iint\limits_D (x+y)^2 d\sigma \leqslant \iint\limits_D (x+y)^3 d\sigma$；

(3) $\iint\limits_D \ln(x+y) d\sigma \geqslant \iint\limits_D \ln(x+y)^2 d\sigma$；

(4) $\iint\limits_D \sin^2(x+y) d\sigma \leqslant \iint\limits_D (x+y)^2 d\sigma$.

4. (1) $0\leqslant \iint\limits_D xy(x+y)d\sigma \leqslant 2$；

(2) $0\leqslant \iint\limits_D \sin^2 x\sin^2 y d\sigma \leqslant \pi^2$；

(3) $0\leqslant \iint\limits_D \sqrt{x^2+y^2}d\sigma \leqslant 2\sqrt{5}$.

习题 10.2

1. (1) $\iint\limits_D (x^3+y)dxdy=4$；

(2) $\iint\limits_D \frac{y^2}{x^2}dxdy=\frac{9}{4}$；

(3) $\iint\limits_D e^{-y^2}dxdy=\frac{1}{2}(1-e^{-1})$；

(4) $\iint\limits_D \sin(x+y)dxdy=2$；

(5) $\iint\limits_D xe^{xy}dxdy=e^{-1}$；

(6) $\iint\limits_D (x+y)dxdy=14$.

2. (1) $\iint\limits_D \operatorname{arctg}\frac{y}{x}dxdy=\frac{3\pi^3}{64}$；

(2) $\iint\limits_D (x^2+y^2)dxdy=2\pi$；

(3) $\iint\limits_D (1-x^2-y^2)dxdy=\frac{\pi}{2}$.

3. (1) $\iint\limits_D \sqrt{1-x^2-y^2}dxdy=\frac{\pi}{6}$；

(2) $\iint\limits_D \sqrt{x^2+y^2}dxdy=\frac{16\pi}{3}-\frac{32}{9}$；

(3) $\iint\limits_D \frac{x+y}{x^2+y^2}d\sigma=1-\frac{\pi}{4}$.

4. (1) $\int_0^1 dx\int_{x^2}^{x} f(x,y)dy=\int_0^1 dy\int_y^{\sqrt{y}} f(x,y)dx$；

(2) $\int_0^2 dy\int_{y^2}^{2y} f(x,y)dx=\int_0^4 dx\int_{\frac{x}{2}}^{\sqrt{x}} f(x,y)dy$；

(3) $\int_0^1 dx\int_0^x f(x,y)dy+\int_1^2 dx\int_0^{2-x} f(x,y)dy=\int_0^1 dy\int_y^{2-y} f(x,y)dx$；

(4) $\int_0^1 dy\int_y^{1+\sqrt{1-y^2}} f(x,y)dx=\int_0^1 dx\int_0^x f(x,y)dy+\int_1^2 dx\int_0^{\sqrt{2x-x^2}} f(x,y)dy$.

5. (1) $\int_0^2 dx\int_x^{\sqrt{3}x} f(\sqrt{x^2+y^2})dy=\int_{\frac{\pi}{4}}^{\frac{\pi}{2}} d\theta\int_0^{2\sec\theta} f(r)rdr$；

(2) $\int_0^1 dx\int_{-x}^{\sqrt{1-x^2}} f(x,y)dy=\int_{-\frac{\pi}{4}}^0 d\theta\int_0^{\sec\theta} f(r\cos\theta, r\sin\theta)rdr+\int_0^{\frac{\pi}{2}} d\theta\int_0^1 f(r\cos\theta, r\sin\theta)rdr$;

(3) $\int_0^2 dx\int_{\sqrt{2x-x^2}}^{\sqrt{4-x^2}} f(x,y)dy=\int_0^{\frac{\pi}{2}} d\theta\int_{2\cos\theta}^2 f(r\cos\theta, r\sin\theta)rdr$.

6. $\frac{3\pi a^4}{32}$

习题 10.3

1. $\frac{3}{2}$. 2. $\frac{1}{364}$. 3. $\frac{1}{2}\left(\ln 2-\frac{5}{8}\right)$.

4. $\frac{1}{48}$. 5. 0. 6. $\frac{7\pi}{12}$. 7. $\frac{16\pi}{3}$. 8. $\frac{4\pi}{5}$.

9. $\frac{7\pi a^4}{6}$. 10. (1) $\frac{32\pi}{3}$; (2) πa^3.

11. (1) $\frac{\pi}{10}$; (2) 8π; (3) $\frac{7\pi}{12}$; (4) $\frac{1}{8}$.

习题 10.4

1. (1) $\sqrt{2}\pi$; (2) $16R^2$.

2. (1) $\bar{x}=\frac{a}{3},\bar{y}=\frac{a}{3}$; (2) $\bar{x}=0,\bar{y}=\frac{4b}{3\pi}$;

(3) $\bar{x}=\frac{1}{5},\bar{y}=\frac{2}{5},\bar{z}=\frac{1}{5}$.

3. (1) $I_x=\frac{72}{5},I_y=\frac{96}{7}$; (2) $I_y=\frac{\pi a^3 b}{4}$;

(3) $I_z=\frac{8\pi R^5}{15}$.

4. (1) $F=\left\{0,0,2\pi Ga\mu\left(\frac{1}{\sqrt{R^2+a^2}}-\frac{1}{\sqrt{r^2+a^2}}\right)\right\}$;

(2) $F=\{0,0,-2\pi G\rho(h+\sqrt{R^2+(a-h)^2}-\sqrt{R^2+a^2})\}$.

复习题 10

1. (1) $(e-1)^2$;

(2) $\int_0^{\frac{\pi}{2}} d\theta\int_0^{2\sin\theta} f(\rho\cos\theta,\rho\sin\theta)\rho d\rho$;

(3) $\int_0^{\frac{1}{2}} dx\int_{x^2}^x f(x,y)dy$; (4) $\frac{32}{45}a^5$;

(5) $\frac{1}{2}(1-e^{-1})$; (6) $\frac{1}{8}a^2b^2c^2$.

2. (1) A; (2) C; (3) D; (4) C; (5) C; (6) C; (7) D; (8) D.

3. (1) 0; (2) $1-\cos 1$; (3) $\pi^2-\frac{40}{9}$;

(4) $9\pi R^2+\frac{\pi}{4}R^4$;

(5) $\frac{3}{2}+\cos 1+\sin 1-\cos 2-2\sin 2$;

(6) $\frac{9}{4}$; (7) $-6\pi^2$; (8) $\frac{5}{4}\pi$;

(9) $\frac{59}{480}\pi R^5$; (10) $\frac{250}{3}\pi$; (11) $\frac{368}{105}\mu$;

(12) $\frac{1}{2}ab\sqrt{1+\frac{c^2}{a^2}+\frac{c^2}{b^2}}$; (13) $I_z=336\pi$;

(14) $\left(0,0,-\frac{2GmM}{R^2}\left(1-\frac{a}{\sqrt{a^2+R^2}}\right)\right)$.

4. 略

习题 11.1

1. (1) $2\pi a^3$; (2) $1+\sqrt{2}$; (3) $2\pi(1+\pi^2)$.

2. $2(e-1)+\frac{\pi}{4}e$. 3. $2+\sqrt{2}$.

4. $\frac{1}{3}(\sqrt{125}-\sqrt{27})$. 5. $2\pi a^2\sqrt{a^2+b^2}$.

6. 8. 7. $8\sqrt{3}\pi$. 8. $\bar{x}=\frac{32}{3}$, $\bar{y}=\frac{32}{3}$

习题 11.2

1. (1) $\int_L 5dx+2dy$; (2) 始,终;

(3) $\int_L (P(x,y)\cos\alpha+Q(x,y)\cos\beta)ds$,切向量.

(4) -2; (5) 2π.

2. $ab\pi$. 3. $-\frac{2}{3}$. 4. 1. 5. $-\frac{4}{7}$.

6. (1) 1; (2) 1. 7. $\frac{4}{3}$. 8. -2π.

9. $\int_v \frac{2\sqrt{x}P(x,y)+Q(x,y)}{\sqrt{4x+1}}ds$. 10. 略.

习题 11.3

1. (1) $\frac{81}{2}\pi$; (2) 1;. (3) $\frac{5}{64}\times 3^6\pi$.

(4) -2π. (5) $\frac{1}{2}$; (6) $\frac{4}{9}$; (7) $2\pi ab$.

2. 9π. 3. (1) $e^{\pi}-1$; (2) $-\frac{a^2}{2}$.

4. $b-\frac{a}{2}$.

5. (1) $x^2+x\sin y$; (2) $x+xe^{xy}$.

6. 略.

习题 11.4

1. (1) $s=\iint\limits_{D_{xy}}\sqrt{1+\left(\frac{\partial z}{\partial x}\right)^2+\left(\frac{\partial z}{\partial y}\right)^2}\mathrm{d}x\mathrm{d}y$;

(2) 12π; (3) $3\iint\limits_{\Sigma}\mathrm{d}S$.

2. (1) $\frac{21\sqrt{2}\pi}{2}$; (2) $\frac{5\sqrt{3}}{6}$; (3) $\frac{2\pi}{15}(6\sqrt{3}+1)$;

(4) $(\sqrt{3}-1)\ln 2+\frac{3-\sqrt{3}}{2}$.

3. $\frac{4}{3}\pi a^2$. 4. $\left(\frac{1}{2},\frac{1}{2},\frac{1}{2}\right)$. 5. $\frac{4}{3}\pi\mu$.

习题 11.5

1. $\frac{1}{3}a^3h^2$. 2. $\frac{\pi}{24}$. 3. $\frac{4}{3}$.

4. $\frac{324}{5}\pi$. 5. $2\pi e(1-e)$. 6. $\frac{8}{3}$.

7. $\iint\limits_{\Sigma}\left(\frac{2}{3}x+\frac{2}{3}y+\frac{1}{3}x+\frac{1}{3}z\right)\mathrm{d}S=\frac{1}{3}\iint\limits_{\Sigma}(3x+2y+z)\mathrm{d}S$.

习题 11.6

1. $\frac{4}{3}$. 2. $-\frac{9}{2}\pi$. 3. $2\pi a^3$.

4. $\frac{3}{2}\pi$. 5. 0. 6. 38π.

习题 11.7

1. $-\frac{\pi}{8}a^6$. 2. -2. 3. $-\sqrt{2}\pi a^2$.

*4. 0. *5. 0.

复习题 11

1. (1)C; (2)D; (3)D; (4)B; (5)D; (6)D; (7)B; (8)C.

2. (1) 2π (2) 12; (3) -2π; (4) 32π; (5) $\frac{8}{3}\pi$; (6) 0;

(7) $S=\iint\limits_{D}\sqrt{1+\left(\frac{\partial z}{\partial x}\right)^2+\left(\frac{\partial z}{\partial y}\right)^2}\mathrm{d}\sigma$.

3. $-\frac{4}{3}R^3$. 4. 4π. 5. $-\frac{87}{4}$. 6. 4.

7. $-2\pi+2\arctan 2$. 8. $\frac{1}{2}\ln 5-\arctan 2$.

9. $\frac{\pi a^2}{4}$. 10. $\lambda=3,26$. 11. $\frac{5\sqrt{5}-1}{6}\pi$.

12. 288π. 13. $4\pi\ln 2$.

14. $\frac{\pi}{2}$. 15. $-\frac{9\pi}{2}$.

16. $-\frac{1}{3}\pi a^3$. 17. $\frac{\pi}{2}$.

习题 12.1

1. (1) $\frac{1}{2}+\frac{2}{5}+\frac{3}{10}+\frac{4}{17}+\frac{5}{26}$;

(2) $1-\frac{1}{4}+\frac{1}{9}-\frac{1}{16}+\frac{1}{25}$;

(3) $1+\frac{2}{4}+\frac{6}{27}+\frac{24}{256}+\frac{120}{3125}$;

(4) $e+2e^2+3e^3+4e^4+5e^5$;

(5) $\sin\frac{\pi}{3}-\sin\frac{2\pi}{3}+\sin\frac{3\pi}{3}-\sin\frac{4\pi}{3}+\sin\frac{5\pi}{3}$;

(6) $\frac{1}{2}+\frac{1\cdot 3}{2\cdot 4}+\frac{1\cdot 3\cdot 5}{2\cdot 4\cdot 6}+\frac{1\cdot 3\cdot 5\cdot 7}{2\cdot 4\cdot 6\cdot 8}+\frac{1\cdot 3\cdot 5\cdot 7\cdot 9}{2\cdot 4\cdot 6\cdot 8\cdot 10}$.

2. (1) $u_n=\frac{n}{n+1}$; (2) $u_n=\frac{2n-1}{n^2+1}$;

(3) $u_n=3n-5$;

(4) $u_n=\frac{1\cdot 3\cdot 5\cdot\cdots\cdot(2n-1)}{n(n+1)}$;

(5) $u_n=(-1)^{n-1}\frac{a^n}{4n}$; (6) $u_n=\sqrt{\frac{n}{3n-1}}$.

3. (1)发散; (2)收敛,和为$\frac{1}{4}$;

(3)收敛,和为$\frac{1}{2}$; (4)发散;

(5)收敛,和为$\frac{5}{4}$; (6)收敛,和为$\frac{1}{1+\sin 1}$.

4.(1)收敛,和为$\frac{1}{5}$; (2)收敛,和为$1-\sqrt{2}$;

(3)收敛,和为$\frac{2}{3}$.

习题 12.2

1.(1)发散;(2)收敛;(3)发散;(4)发散;(5)收敛;(6)收敛.

2.(1)发散;(2)收敛;(3)发散;(4)发散;(5)发散;(6)收敛;(7)收敛;(8)收敛.

3.(1)条件收敛;(2)绝对收敛;(3)发散;(4)绝对收敛;(5)条件收敛;(6)发散.

习题 12.3

1.(1)$R=+\infty$; (2)$R=0$; (3)$R=3$; (4)$R=+\infty$; (5)$R=2$; (6)$R=2$.

2.(1)$(-1,1]$; (2)$(-\infty,+\infty)$;

(3)$(-1,1)$; (4)$\left(\frac{8}{3},\frac{10}{3}\right)$;

(5)$(-\sqrt{2},\sqrt{2})$; (6)$[4,6)$.

3.(1)$f(x)=\frac{1}{2}\ln\frac{1+x}{1-x}$;

(2)$f(x)=\frac{2x}{(1-x^2)^2}$;

(3)$f(x)=\frac{2+x^2}{(2-x^2)^2}, f(1)=3$;

(4)$f(x)=\frac{1-x^2}{(1+x^2)^2}, f(\frac{1}{2})=\frac{12}{25}$.

习题 12.4

1.(1) $\sum_{n=0}^{\infty}(-1)^n\frac{(2x)^n}{n!}, x\in(-\infty,+\infty)$;

(2) $\frac{1}{2}\sum_{n=0}^{\infty}(-1)^n\frac{(2x)^{2n+1}}{(2n+1)!}, x\in(-\infty,+\infty)$;

(3) $1+\sum_{n=1}^{\infty}(-1)^n\frac{(2x)^{2n}}{2(2n)!}, x\in(-\infty,+\infty)$;

(4) $\sum_{n=0}^{\infty}(-1)^n\frac{x^{n+2}}{n!}, x\in(-\infty,+\infty)$;

(5)$\ln 3+\sum_{n=1}^{\infty}\frac{1}{n}[(-1)^n-3^{-n}]x^n, x\in(-1,1]$;

(6) $\sum_{n=1}^{\infty}\frac{(-1)^{n-1}x^{2n-1}}{2n-1}, x\in[-1,1]$.

2.(1) $\frac{1}{3}\sum_{n=0}^{\infty}\frac{(-1)^n}{3^n}(x-3)^n, x\in(0,6)$;

(2)$\ln 2+\sum_{n=1}^{\infty}\frac{(-1)^{n-1}}{n2^n}(x-1)^n, x\in(-1,3]$;

(3) $\frac{1}{2}\sum_{n=1}^{\infty}(-1)^n\left[\frac{\left(x+\frac{\pi}{3}\right)^{2n}}{(2n)!}+\sqrt{3}\frac{\left(x+\frac{\pi}{3}\right)^{2n+1}}{(2n+1)!}\right]$,

$x\in(-\infty,+\infty)$.

习题 12.5

1.(1)1.649,($n=6$);(2)0.9848,($n=2$);(3)1.0986,($n=6$);(4)3.017;(5)0.4939;(6)0.4613;(7)0.487.

2.(1) $y=x+\sum_{n=1}^{\infty}\frac{x^{n+1}}{n(n+1)}$;

(2)$y=\sum_{n=1}^{\infty}\frac{(-1)^{n-1}x^n}{n[(n-1)!]^2}$.

习题 12.6

1.(1)$e^{ax}=\frac{e^{a\pi}-e^{-a\pi}}{\pi}\left[\frac{1}{2a}+\sum_{n=1}^{\infty}\frac{(-1)^n}{n^2+a^2}(a\cos nx-n\sin nx)\right]$,

$x\neq(2k-1)\pi,(k\in\mathbf{Z})$;

(2) $f(x)=\frac{2}{\pi}\sum_{n=1}^{\infty}\frac{1}{n}\left[\frac{1}{n}\sin\frac{n\pi}{2}-(-1)^n\frac{\pi}{2}\right]\sin nx$,

$x\neq(2k-1)\pi,(k\in\mathbf{Z})$;

(3) $f(x)=\frac{\pi}{2}+\frac{4}{\pi}\sum_{n=1}^{\infty}\frac{\cos(2n-1)x}{(2n-1)^2}$,

$x\in(-\infty,+\infty)$;

(4) $f(x)=\frac{k_2+k_1}{2}-\frac{2(k_2+k_1)}{\pi}\sum_{n=1}^{\infty}\frac{1}{2n-1}\sin(2n-1)x$, $x\neq k\pi,(k\in\mathbf{Z})$.

2.(1) $f(x)=6\sum_{n=1}^{\infty}\frac{(-1)^{n+1}}{n}\sin nx$, $x\neq(2k-1)\pi,(k\in\mathbf{Z})$;

(2) $f(x)=2x^2=\frac{2\pi^2}{3}+8\sum_{n=1}^{\infty}\frac{(-1)^n}{n^2}\cos nx$ $x\in(-\infty,+\infty)$;

(3) $f(x)=\sum_{n=1}^{\infty}\frac{(-1)^n 18\sqrt{3}n}{(1-9n^2)\pi}\sin nx, x\neq(2k-1)\pi,(k\in\mathbf{Z})$;

(4) $f(x)=\frac{2}{\pi}+\frac{4}{\pi}\sum_{n=1}^{\infty}\frac{(-1)^{n-1}}{4n^2-1}\cos nx, x\neq(2k-1)\pi, (k\in\mathbf{Z})$.

3. $f(x)=\sum_{n=1}^{\infty}\frac{\sin nx}{n}, x\in[0,\pi]$.

习题 12.7

1. $u(t)=\frac{t_0}{2}+\frac{2t_0}{\pi}\sum_{n=1}^{\infty}\frac{1}{(2n-1)}sin\frac{(2n-1)\pi x}{2}$, $x\neq 2k, (k\in\mathbf{Z})$.

2. $f(x)=-\frac{1}{4}+\sum_{n=1}^{\infty}\frac{3}{n^2\pi^2}[1-(-1)^n]\cos\frac{n\pi x}{3}-\frac{1}{n\pi}[1+(-1)^n 8]\sin\frac{n\pi x}{3}\quad x\neq 3k, (k\in\mathbf{Z})$.

3. $f(x)=-\frac{1}{4}+2\sum_{n=1}^{\infty}\left[\frac{1}{(2n-1)^2\pi^2}+\frac{(-1)^{n-1}}{(2n-1)\pi}\right]\cos(2n-1)\pi x+\sum_{n=1}^{\infty}\frac{1}{n\pi}(1-\cos\frac{n\pi}{2})\sin n\pi x,\quad x\neq k$, 且 $x\neq 2k+\frac{1}{2}, (k\in\mathbf{Z})$.

4. $f(x)=\frac{1}{2}+\frac{4}{\pi}\sum_{n=1}^{\infty}\frac{1}{(2n-1)^2}\cos(2n-1)\pi x, x\in(-\infty,+\infty)$.

5. $f(x)=\frac{16}{\pi^2}\sum_{n=1}^{\infty}\frac{(-1)^n-1}{n^2}\sin\frac{n\pi x}{2}, x\in[0,\pi)$;

$f(x)=\frac{2}{3}+\frac{8}{\pi^2}\sum_{n=1}^{\infty}\frac{(-1)^{n-1}-1}{n^2}\cos\frac{n\pi x}{2}, x\in[0,\pi)$.

6. $f(x)=\sum_{n=1}^{\infty}\frac{(-1)^n(e-e^{-1})}{2(1+n^2\pi^2)}(1-in\pi)e^{in\pi x}$.

7. $f(x)=\frac{e-e^{-1}}{2}+\sum_{n=1}^{\infty}\frac{(-1)^n(e-e^{-1})}{1+n^2\pi^2}(\cos n\pi x+n\pi\sin n\pi x)$.

复习题 12

1. (1)C; (2)D; (3)A; (4)D; (5)A; (6)B; (7)C; (8)D; (9)B; (10)D; (11)C; (12)C; (13)B; (14)B; (15)C.

2. (1)发散; (2)发散; (3)发散; (4)发散.

3. (1)条件收敛; (2)绝对收敛;
(3)条件收敛; (4)绝对收敛

4. (1)$[-1,1)$; (2)$(1,7]$; (3)$[-1,1]$;
(4)$[4,6)$; (5)$(-\infty,+\infty)$;
(6)$\left[-\frac{1}{3},\frac{1}{3}\right)$; (7)$[0,+\infty)$;
(8)$\left[-\frac{1}{\sqrt{2}},\frac{1}{\sqrt{2}}\right]$.

5. (1) $x^2\cos x=\sum_{n=0}^{\infty}\frac{(-1)^n x^{2(n+1)}}{(2n)!}\quad(-\infty,+\infty)$;

(2) $\sum_{n=0}^{\infty}\frac{(-1)^n x^{2n+1}}{9^{n+1}}\quad(-3,3)$;

(3) $\ln(a+x)=\ln a+\sum_{n=1}^{\infty}(-1)^{n-1}\frac{1}{n}\left(\frac{x}{a}\right)^n(-a,a]$;

(4) $\sin^2 x=\sum_{n=1}^{\infty}(-1)^{n-1}\frac{(2x)^{2n}}{2(2n)!}\quad(-\infty,+\infty)$;

(5) $\arcsin x=x+\sum_{n=1}^{\infty}\frac{2(2n)!}{(n!)^2(2n+1)}\left(\frac{x}{2}\right)^{2n+1}\quad(-1,1)$;

(6) $\frac{x}{1+x-2x^2}=\frac{1}{3}\sum_{n=1}^{\infty}[1-(-2)^n]x^n\quad(-1/2,1/2)$;

(7) $\ln\sqrt{\frac{1+x}{1-x}}=\frac{1}{2}\ln(1+x)-\frac{1}{2}\ln(1+x)=\frac{1}{2}\left[\sum_{n=1}^{\infty}\frac{(-1)^{n-1}}{n}x^n-\sum_{n=1}^{\infty}\frac{1}{n}x^n\right]=\frac{1}{2}\sum_{n=1}^{\infty}\frac{(-1)^{n-1}}{n}x^n$
$x\in(-1,1)$

(8) $\frac{1}{x}=\sum_{n=0}^{\infty}(-1)^n(x-1)^n\quad(0,2)$;

(9) $e^x=e^{x_0}\sum_{n=0}^{\infty}\frac{(x-x_0)^n}{n!}\quad(-\infty,+\infty)$.

6. (1)3.4501; (2)0.3407.

参 考 文 献

[1] 同济大学数学系.高等数学[M].北京:高等教育出版社,2007.

[2] 上海交通大学数学系.高等数学[M].2 版.上海:上海交通大学出版社,2009.

[3] 蔡高厅,邱文忠.高等数学[M].天津:天津大学出版社,2004.

[4] 施庆生,陈晓龙,郭金吉.高等数学[M].苏州:苏州大学出版社,2005.

[5] 刘彬.高等数学学习指导[M].北京:化学工业出版社,2004.

[6] 叶其孝,王燿东等翻译.托马斯微积分[M].10 版.北京:高等教育出版社,2003.

[7] George B. Thomas, Maurice D. Weir, Joel Hass. Thomas' Calculus[M]. 11th, Editin. Addison Wesley Press. 2009.